Springer-Lehrbuch

E. Brommundt · G. Sachs

Technische Mechanik

Eine Einführung

2., neubearbeitete und erweiterte Auflage

Mit 393 Abbildungen

Springer-Verlag Berlin Heidelberg NewYork
London Paris Tokyo
Hong Kong Barcelona Budapest

Professor Dr. Eberhard Brommundt

Institut für Technische Mechanik
Technische Universität Braunschweig
Schleinitzstraße 20
3300 Braunschweig

Professor Dr. Gottfried Sachs

Lehrstuhl für Flugmechanik und Flugregelung
Technische Universität München
Arcisstraße 21
8000 München 2

ISBN-13: 978-3-540-54527-9 e-ISBN-13: 978-3-642-88359-0
DOI: 10.1007/978-3-642-88359-0

Die Deutsche Bibliothek - CIP Einheitsaufnahme
Brommundt, Eberhard:
Technische Mechanik: e. Einf. / E. Brommundt, G. Sachs
Berlin; Heidelberg; NewYork; London; Paris; Tokyo; Hong Kong;
Barcelona; Budapest: Springer 1991
(Springer-Lehrbuch)
2. Aufl.-1991
ISBN-13: 978-3-540-54527-9

NE: Sachs, Gottfried

Satz: Reproduktionsfertige Vorlage der Autoren

62/3020 543210 - Gedruckt auf säurefreiem Papier

Vorwort

Dieses Buch wendet sich an Ingenieurstudenten der Anfangssemester. Es will den Leser mit den Grundlagen von Statik, Elastostatik, Kinematik und Kinetik vertraut machen und ihm die Fähigkeit zum selbständigen Lösen von Aufgaben vermitteln. Es will darlegen, wie sich Intuition und Anschauung mit Hilfe von Begriffen klar fassen und durch formale Ansätze ausdrücken lassen.
Die Erfahrung der Autoren mit Studenten der Elektrotechnik zeigt, daß viele Anfänger den Weg von der Problemstellung zur Lösung verlieren, wenn man ihn nicht systematisch anlegt. Deshalb fassen wir die Grundannahmen in zehn Axiomen zusammen und lösen Aufgaben (ab Abschnitt 1.10) nach einem einheitlichen Schema, das von der Statik ausgehend auch die Kinetik erfaßt, wozu dort konsequent mit d'Alemenbertschen (Trägheits-) Kräften und Momenten gearbeitet wird. Diese Systematik unterstützend werden die Beispiele und auch eine Reihe von allgemeinen Aussagen nach dem Muster *Gegeben/Gesucht/Lösung* behandelt. Trotz der kurzen Darstellung wiederholen wir wichtige Dinge gelegentlich, um sie zu betonen.
Die Forderung nach Anschaulichkeit und der knappe Raum gebieten, viele Aussagen am charakteristischen Beispiel herauszuarbeiten und zu besprechen; der Leser erkennt unmittelbar die allgemeine Bedeutung. Auf graphische Methoden wird weitgehend verzichtet; dreidimensionale (räumliche) Aufgabenstellungen werden nur vereinzelt betrachtet.
Beiden Verfassern hat *E. Mönchs* Einführungsvorlesung Technische Mechanik so gut gefallen, daß sie in Teilen deren Gliederung folgen. Aus *V. M. Starzinskijs* Theoretischer Mechanik kam die Anregung, die Grundannahmen der Statik als Axiome herauszustellen.
In dieser zweiten Auflage wurden neben einer Reihe von kleineren Ergänzungen die Schwingungen mit zwei Freiheitsgraden aufgenommen und die Bezeichnungen weitgehend an das Normblatt DIN 1304 angepaßt.
Wir danken allen Mitarbeiterinnen und Mitarbeitern, die mit großer Sorgfalt den Text und die Formeln geschrieben haben, sowie dem Springer-Verlag für das Anfertigen der Bilder und die gute Ausstattung.

Braunschweig und München, Juli 1991 E. Brommundt G. Sachs

Inhaltsverzeichnis

1 Statik des starren Körpers

Die *Statik* ist die Lehre von den Kräften und dem Gleichgewicht an ruhenden Körpern (griech. *στατικός*: stehend, *στατική*: Kunst des Wiegens).
Der *starre Körper* ist eine Idealisierung: Er verformt sich unter der Einwirkung von Kräften nicht, seine Punkte behalten festen Abstand.
Die Annahme eines starren Körpers ist brauchbar, weil
- im speziellen Fall die Verformungen klein (gegenüber den Abmessungen) sein mögen,
- im allgemeinen Fall jeder verformte Körper während der Untersuchung als jeweils "eingefroren" (= starr) angesehen werden kann.

Grundüberlegungen zu Kräften und Gleichgewicht

1.1 Allgemeine Überlegungen

1.1.1 Kraft, Schnittprinzip

Aus unserer Alltagserfahrung "wissen" wir, was eine Kraft ist!

Als Grundbegriff einer Wissenschaft - der Physik - läßt sich die Kraft nicht streng definieren, man kann sie nur an Beispielen erläutern (vgl. "Punkt", "Gerade", "Ebene" in der Geometrie). Die Bilder 1.1.1a und 1.1.2a zeigen zwei Beispiele. Im ersten Bild ist eine Kraft erforderlich, um den Klotz vom Gewicht G am Seil zu halten, im zweiten dehnt die Gewichtskraft G die Feder.

Wir erkennen das Da-Sein einer Kraft an ihrer Wirkung. Um rechnen zu können, müssen wir die Kräfte *sichtbar* machen. Dies gelingt durch

SCHNEIDEN

(Eulersches Schnittprinzip).

1.1.2 Schnittbilder

Gedankliches Aufschneiden der *Systeme,* d.h. der abgegrenzten Gebilde, in den *Lageplänen* – vgl. die Stellen 1, 2, 3 in Bild 1.1.1b bzw. 1.1.2b – liefert die *Schnittbilder* (vgl. bild 1.1.1c bzw. 1.1.2c), in denen die Kraftwirkungen durch Pfeile erfaßt, als *Kräfte* "sichtbar" herausgestellt sind. Die dabei entstehenden

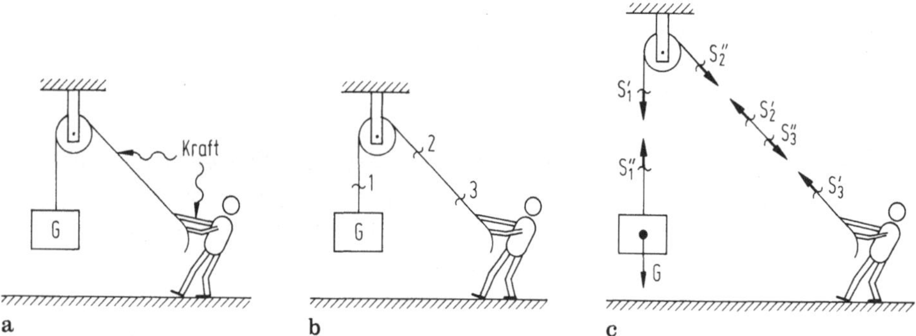

Bild 1.1.1. Seilzug. a, b Lagepläne, c Schnittbilder

Teilsysteme (Mensch in Bild 1.1.1c oder Feder in Bild 1.1.2c) "merken" vom Schneiden nichts. Das Klotzgewicht G als "Fernkraft" ist in den Schnittbildern ebenfalls als Pfeil gezeichnet (vgl. Abschnitt 1.1.3).

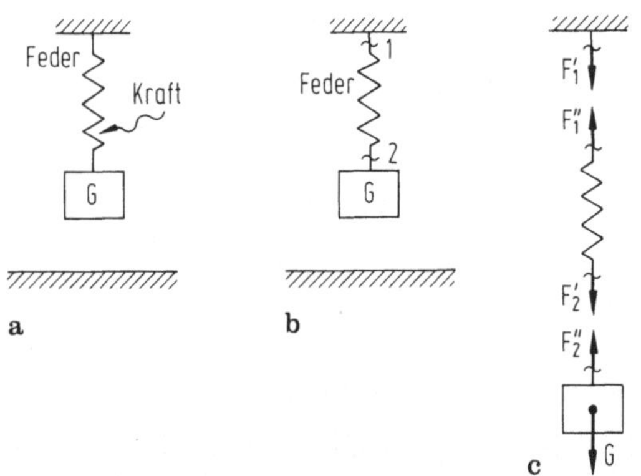

Bild 1.1.2. Feder.
a, b Lagepläne, c Schnittbilder

Lageplan, Schnittbild, Freikörper-Bild

Lagepläne zeigen die Lage – die räumliche Anordnung, die Geometrie – des betrachteten und zu untersuchenden mechanischen Systems. In der Regel enthalten sie auch einige bekannte (vorgegebene) Kräfte; in den Beispielen etwa den Hinweis auf das Gewicht G.

Schnittbilder entstehen aus den Lageplänen durch gezielte gedachte Schnitte, die die interessierenden Kräfte "sichtbar" machen, sie herausstellen. Dazu muß das System noch einmal *in geschnittener Form* gezeichnet werden.

Freikörper-Bild (engl. *free body diagram):* Ein Körper oder ein Teilsystem von Körpern heißt *freigeschnitten,* wenn es mit keinem anderen Teil des Gesamtgebildes mehr in Verbindung steht und alle Kraftwirkungen, die von "außen" wirken, durch Kraftpfeile erfaßt sind. (Obige Schnittbilder enthalten die Freikörper-Bilder für die Klötze, das Seilstück zwischen den Schnitten und für die Feder.)

Vektorcharakter der Kraft

Die Schnitte zeigen (vgl. Bild 1.1.3): Kraft = gerichtete Größe.
Sie wird dargestellt durch einen

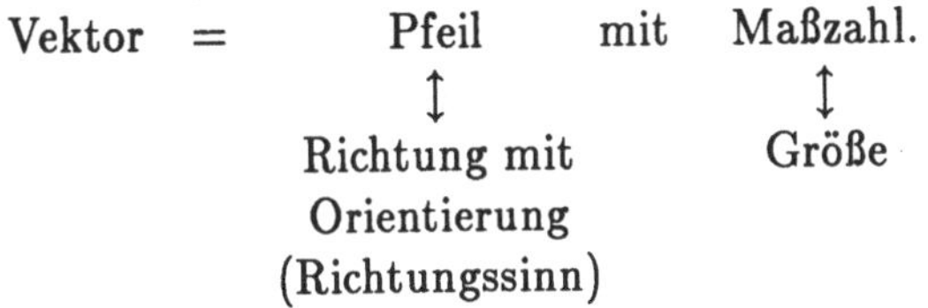

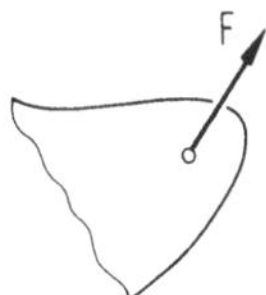

Bild 1.1.3. Kraftvektor

Reaktionsprinzip

Die Schnitte zeigen auch: Die Kräfte auf die beiden *Ufer* eines Schnittes gehen auseinander hervor, sie müssen gleiche Größe (Aktion = Reaktion) und Richtung, doch *entgegengesetzte* Orientierung haben (3. Newtonsches Gesetz).In Bild 1.1.4, das ein Seil unter der Wirkung zweier Kräfte F zeigt, gilt also $S' = S'' =: S$. Auch in den Bildern 1.1.1c und 1.1.2c treten die Kräfte *paarig* auf: $S_1' = S_1'', F_1' = F_1''$ usw. Man kann sich vorstellen, daß bei einem Wieder-Zusammensetzen der Teile der Schnittbilder die paarigen Kräfte sich gerade wieder wegheben.

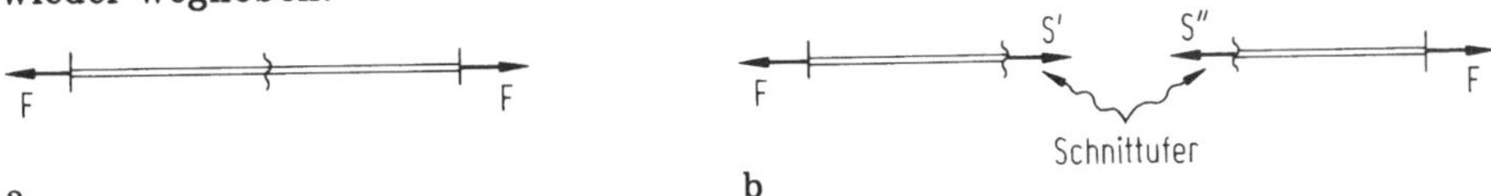

Bild 1.1.4. Kräfte an einem Seil. a Lageplan, b Schnittbild

1.1.3 Einteilung und Benennung von Kräften

Die Einteilung und Benennung kann nach unterschiedlichen Gesichtspunkten erfolgen.

Physikalischer Charakter: Bild 1.1.5a zeigt einen auf der Erde liegenden Körper. Sein Gewicht G ist eine *Fernkraft.* Sie hängt von der gegenseitigen Lage von Körper und Erde sowie von einer physikalischen Konstanten, der Gravitationskonstanten, ab. Andere Fernkräfte stammen z.B. aus dem elektrischen und dem magnetischen Feld.

Die in Bild 1.1.5b durch den Schnitt "freigesetzte" Druckkraft D ist eine *Nahkraft* (Berührkraft, Kontaktkraft). Sie entsteht als Reaktion der Körper auf die Berührung und heißt deshalb *Reaktionskraft* (vgl. Zwangskraft unten).

Zählt man die Kraft-Wechselwirkungen der Atomphysik zu den Fernkräften, so entfallen die Nahkräfte. Das Reaktionsprinzip gilt in allen Fällen.

Beim frei fallenden Körper nach Bild 1.1.6 gilt zwar auch das Reaktionsprinzip, doch sind dort Körper und Erde *nicht* im *statischen Gleichgewicht.*

Abgrenzung des Systems: Kräfte *zwischen* Teilen des betrachteten Systems heißen *innere* Kräfte, die von außerhalb wirkenden heißen *äußere* Kräfte. Die Benennung erfolgt oft sinnfällig, z.B. Seilkraft, Federkraft usw.

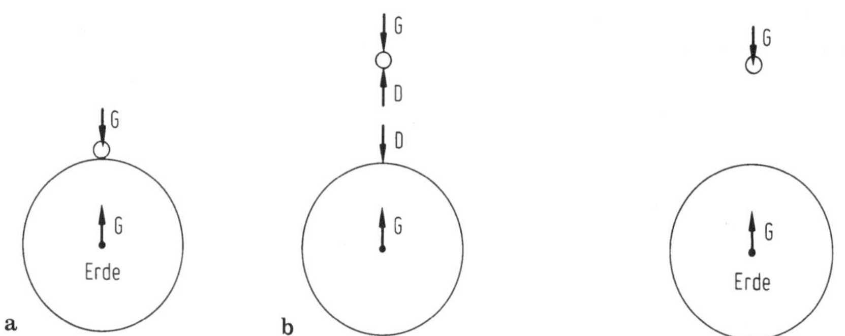

Bild 1.1.5. Kräfte an einem Körper auf der Erde. a Lageplan, b Schnittbild

Bild 1.1.6. Fallender Körper

Virtuelle Arbeit (vgl. Abschnitt 1.21): *Eingeprägt* nennt man alle Kräfte, die zur virtuellen Arbeit beitragen; das sind die äußeren Kräfte und die von physikalischen Parametern abhängenden Kräfte. *Zwangskräfte* (Reaktionskräfte) heißen die Kräfte, die geometrische Bindungen ("Zwänge") aufrechterhalten und keine Arbeitsbeiträge liefern.

1.1.4 Angriffspunkt, Wirkungslinie

Beobachtung: Die Wirkung einer an einem starren Körper angreifenden Kraft auf das System bleibt gleich, wenn man den Angriffspunkt A auf dem starren Körper in Richtung der *Wirkungslinie* w der Kraft verschiebt, z.B. von A' nach

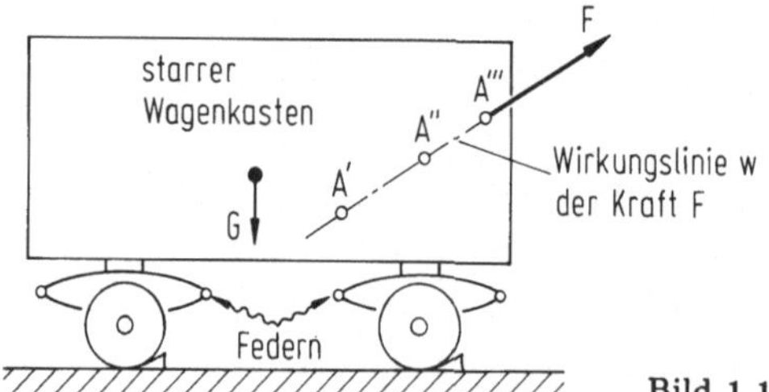

Bild 1.1.7. Kraft auf einen Wagen

A'' oder A''' auf dem starren Wagenkasten nach Bild 1.1.7. Die Verschiebung ist dort nicht an den elastischen Federn bemerkbar. Man verzichtet deshalb bei starren Körpern häufig auf die Angabe eines Angriffspunktes.

1.1.5 Zusammenfassung: Kraft

Die Kraft ist ein Vektor, den man auf einem *starren Körper* längs seiner Wirkungslinie verschieben kann; man nennt die Kraft dann auch *linienflüchtig* (längs der Wirkungslinie w, vgl. Bild 1.1.8). Übliche Bezeichnungen sind $F, \underline{F}, \vec{F}, \boldsymbol{F}$. Wir benutzen $\boldsymbol{F}$ und eine im Abschnitt 1.2.3 erklärte Bezeichnungsweise (vgl. Bilder 1.2.10 bis 1.2.12).

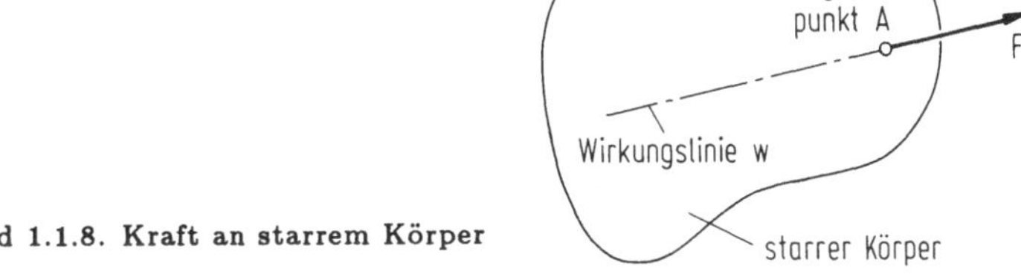

Bild 1.1.8. Kraft an starrem Körper

Genormter Buchstabe ist F (Force). Daneben wählen wir jedoch auch hinweisende Benennungen, wie z.B. S für eine Stab- oder Seilkraft, N für eine Normal-, Q für eine Querkraft.

1.1.6 Dimension, Einheit

Auf die *Dimension* (den "Typ") einer physikalischen Größe weist man durch *dim*(·) hin, z.B. $\dim F = \text{Kraft}$. Wir kürzen ab: $\dim F = \mathbf{K}$ (Kraft), $\dim l = \mathbf{L}$ (Länge), $\dim t = \mathbf{T}$ (Zeit), $\dim m = \mathbf{M}$ (Masse). Es gelten die in Tabelle 1.1.1 angegebenen *Einheiten*.

Tabelle 1.1.1. Einheiten

Größe	DIN 1301	andere
F	N (Newton)	kp (Kilopond)*
l	m (Meter)	–
t	s (Sekunde)	–
m	kg (Kilogramm)	–

* 1 kp = 9,80665 N ≈ 9,81N, veraltet.

Man deutet auf die Einheiten, in denen eine physikalische Größe gemessen wird, durch [·] hin, z.B. $[F] = \text{N}$, $[m] = \text{kg}$.

1.2 Zur Vektorrechnung

Wir beschränken uns auf das Auflisten der geometrischen Definitionen, an die wir anschaulich anknüpfen, und auf einige Hinweise. Um mit Vektoren rechnen und umgehen zu lernen, greife man zu einem Mathematikbuch. Besonders wichtig ist in der Technischen Mechanik die Addition nach der Parallelogrammregel (Bild 1.2.2c) und die Schreibweise mit Einheitsvektor und Maßzahl (Abschnitt 1.2.3).

In der Physik unterscheidet man *skalare* Größen (lat. scalaris: zu einer Leiter, Treppe gehörig), die durch Angabe eines *Zahlenwertes* und einer *Einheit* bestimmt sind, von den *Vektoren* (lat. vector: Fahrer, Träger), deren Bestimmung die Angabe von *Richtung, Orientierung, Zahlenwert* und *Einheit* erfordert.
Beispiele für Skalare: Temperatur, Masse, Volumen usw.
Beispiele für Vektoren: Kraft, Geschwindigkeit, magnetische Feldstärke usw.

1.2.1 Operationen

Gegeben seien zwei Vektoren $\boldsymbol{A}, \boldsymbol{B}$, vgl. Bild 1.2.1. Der Pfeilschaft gibt die Richtung (Wirkungslinie), der Pfeil gibt die Orientierung (Pfeilsinn), die Pfeillänge gibt – in bestimmtem Maßstab – die Größe (= Zahlenwert · Einheit) an.

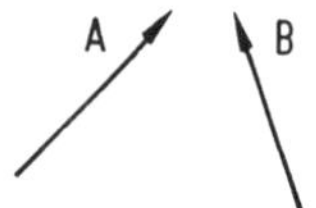

Bild 1.2.1. Vektorpfeile

Summation

Die Regeln und Eigenschaften sind in Bild 1.2.2 dargestellt.*

Summe :	$\boldsymbol{S} := \boldsymbol{A} + \boldsymbol{B}$,	vgl. Bild 1.2.2a;
Kommutatives Gesetz :	$\boldsymbol{A} + \boldsymbol{B} = \boldsymbol{B} + \boldsymbol{A}$,	vgl. Bild 1.2.2b;
Parallelogrammregel :	$\boldsymbol{S} = \boldsymbol{A} + \boldsymbol{B}$,	vgl. Bild 1.2.2c.

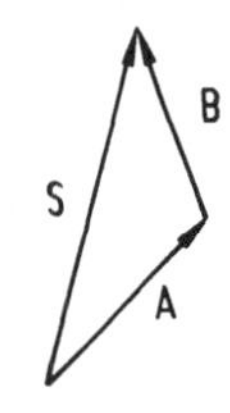

a

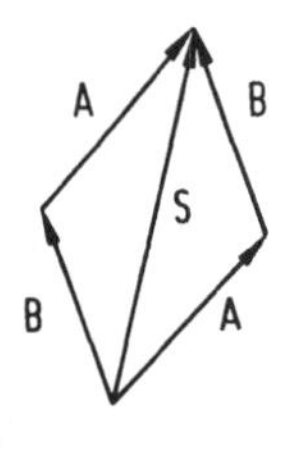

b

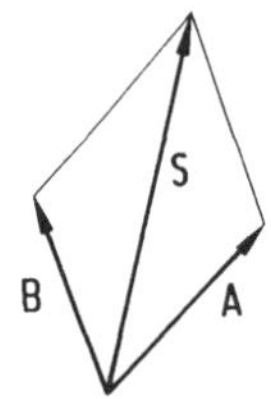

c

Bild 1.2.2. Geometrische Addition

Multiplikation mit Skalar

Sei λ ein Skalar und

$$\boldsymbol{C} := \lambda \boldsymbol{A}.$$

Für den Vektor $\boldsymbol{C}$ gilt dann (vgl. Bild 1.2.3):

Richtung von $\boldsymbol{C}$ ist gleich Richtung von $\boldsymbol{A}$ ($\boldsymbol{A}$ und $\boldsymbol{C}$ sind kollinear);
Pfeillänge von $\boldsymbol{C}$ ist gleich Produkt aus Betrag von λ und Pfeillänge von $\boldsymbol{A}$;
$\lambda > 0 : \boldsymbol{C}$ ist wie $\boldsymbol{A}$ orientiert;
$\lambda < 0 : \boldsymbol{C}$ ist entgegen $\boldsymbol{A}$ orientiert.

* Wir benutzen gelegentlich die ALGOL-Symbole := oder =:, um der auf der Seite des Doppelpunktes stehenden neuen Größe (oder Variablen) den auf der anderen Seite stehenden, bereits bekannten Wert zuzuweisen.

Sonderfall $\lambda = -1$ (vgl. Bild 1.2.4): $\boldsymbol{C} = (-1)\boldsymbol{A} = -\boldsymbol{A}$.

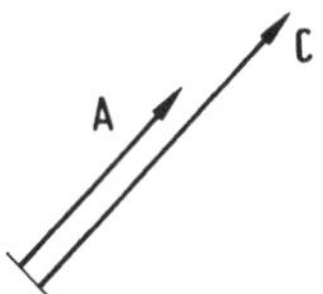

Bild 1.2.3. Kollineare Vektoren

Bild 1.2.4. Vektoren $\boldsymbol{A}$ und $-\boldsymbol{A}$

Subtraktion

Bild 1.2.5 zeigt den Differenzvektor

$$\boldsymbol{D} := \boldsymbol{A} - \boldsymbol{B} = \boldsymbol{A} + (-\boldsymbol{B}).$$

Bild 1.2.5. Differenzvektor

Hinweise zum Skalarprodukt findet man in Abschnitt 1.5.1, zum Kreuzprodukt in 1.7.2 und 1.9.1.

1.2.2 Betrag, Einheitsvektor

Betrag: Mit *Betrag*, $|\boldsymbol{A}|$, bezeichnet man die *Länge* eines Vektors, gemessen in den jeweiligen Einheiten, vgl. Kraft $\boldsymbol{A}$ in Bild 1.2.6.

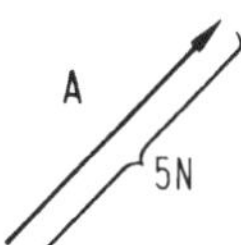

Bild 1.2.6. Betrag eines Vektors

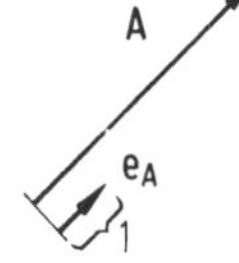

Bild 1.2.7. Einheitsvektor

Einheitsvektor: Der *Einheitsvektor* erfaßt die Richtung und Orientierung eines Vektors (s. Bild 1.2.7):

$$\boldsymbol{e}_A := \boldsymbol{A}/|\boldsymbol{A}|; \quad \dim \boldsymbol{e} = 1.$$

Es gilt

$$\boldsymbol{A} = |\boldsymbol{A}|\boldsymbol{e}_A.$$

1.2.3 Schreibweise mit Einheitsvektor und Maßzahl

Die Bezeichnungsweise mit Hilfe eines Pfeiles *und* mit $\boldsymbol{A}$ ist in gewissem Sinne redundant: Pfeil und $\boldsymbol{A}$ bedeuten dasselbe! In Bild 1.2.8 sei der Vektorpfeil $\boldsymbol{A}$

Bild 1.2.8. Vektor

maßstäblich gezeichnet, z.B. sei der Kräftemaßstab 1cm $\hat{=}$ 1N. In diesem Fall ist der Vektor durch das geometrische Bild des Pfeils vollständig bestimmt, und das Symbol $\boldsymbol{A}$ hat nur noch den Charakter einer Benennung. Hier ermöglicht die Einführung des Einheitsvektors mit Maßzahl eine vereinfachte Darstellung.

Vorgehensweise (s. Bild 1.2.9): Bei Rechnungen kennt man oft die Wirkungslinie des Vektors, vgl. Abschnitt 1.1.4, doch ist die Orientierung (der Pfeilsinn) noch unbekannt. Man legt einen Einheitsvektor $\boldsymbol{e}_A$ auf der Wirkungslinie w von $\boldsymbol{A}$ willkürlich fest – führt also eine bestimmte Orientierung als positiv ein – und schreibt

$$\boldsymbol{A} = A\,\boldsymbol{e}_A.$$

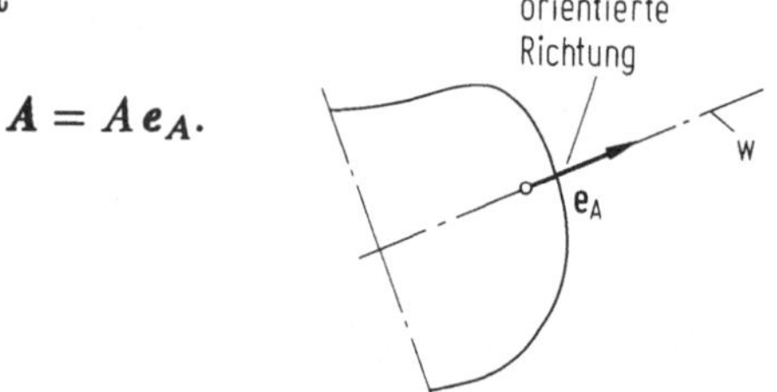

Bild 1.2.9. Wirkungslinie von $\boldsymbol{A}$ und Einheitsvektor $\boldsymbol{e}_A$

Die Größe A heißt Maßzahl; sie kann positiv oder negativ sein. Bei negativer Maßzahl A ist $\boldsymbol{A}$ dann entgegen $\boldsymbol{e}_A$ orientiert. Man sollte jedoch Maßzahlen mit *vorgestelltem* Minuszeichen vermeiden und stattdessen die Pfeile umkehren (vgl. Bilder 1.2.11 und 1.2.12b). Der Vergleich von $\boldsymbol{A} = A\,\boldsymbol{e}_A$ und $\boldsymbol{A} = |\boldsymbol{A}|\boldsymbol{e}_A$ liefert $|A| = |\boldsymbol{A}|$.

Vereinfachte Darstellung von Vektoren

Die Schreibweise von Einheitsvektor mit Maßzahl gestattet eine vereinfachte und sehr zweckmäßige Darstellung von Vektoren, vor allem von Kräften in Skizzen, die man einer Berechnung zugrunde legen will (s. Bild 1.2.10): Der Pfeil steht für den Einheitsvektor $\boldsymbol{e}_A$ (= orientierte Richtung), der Buchstabe A ist Maßzahl (= skalarer Faktor) und dient gleichzeitig zur Bezeichnung.

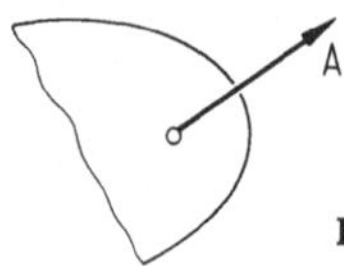

Bild 1.2.10. Vereinfachte Darstellung eines Vektors

Hinweise: Ein Vektor, wie in Bild 1.2.10, muß in Vektoraussagen (Vektorformeln) stets und in Fällen eines möglichen Mißverständnisses auch im Text mit $\boldsymbol{A}$ oder $A\boldsymbol{e}_A$ – und nicht mit A – bezeichnet werden. Häufig kommen die Vektoren $\boldsymbol{A}$ und $-\boldsymbol{A}$ mit gleichen oder verschiedenen parallelen Wirkungslinien in derselben Skizze vor (z.B. als Paar von Reaktionskräften). Aus $\boldsymbol{A} = A\boldsymbol{e}_A$ folgt dann $-\boldsymbol{A} = -A\boldsymbol{e}_A = A\,(-\boldsymbol{e}_A) = A\boldsymbol{e}_A^*$, wobei $\boldsymbol{e}_A^* := -\boldsymbol{e}_A$ der gegensinnig zu $\boldsymbol{e}_A$ liegende Einheitsvektor ist (vgl. Pfeil bei $-\boldsymbol{A}$ im Bild 1.2.11). Da man in der Zuordnung der Pfeile zu $\boldsymbol{A}$ und $-\boldsymbol{A}$ frei ist, weisen wir in solchen Bildern mit $=: \boldsymbol{A}$ und $=: -\boldsymbol{A}$ auf die *gewählte* Zuordnung hin. Wenn man will, kann man die Kräfte auch mit $\boldsymbol{A}'$ und $\boldsymbol{A}''$ unterscheiden, wie wir es in den Bildern 1.1.1, 1.1.2 und 1.1.4 getan haben.

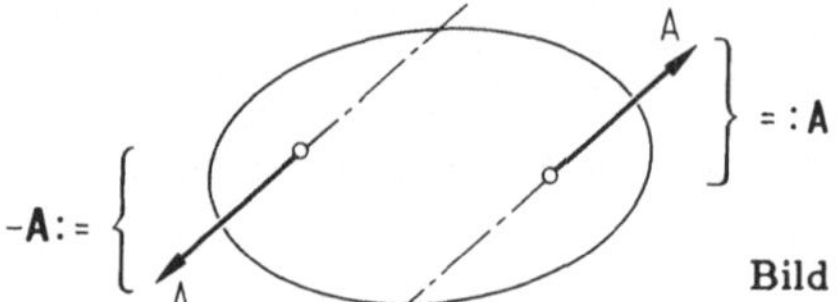

Bild 1.2.11. Entgegengesetzt orientierte Vektoren

Interpretationsbeispiele zur vereinfachten Darstellung
Gegeben sei eine Darstellung wie in Bild 1.2.10. Die zugehörige Rechnung liefere z.B. a) $A = 3,7$ N, b) $A = -3,7$ N. Dann gelten für das Ergebnis die in Bild 1.2.12 gezeigten Darstellungen.

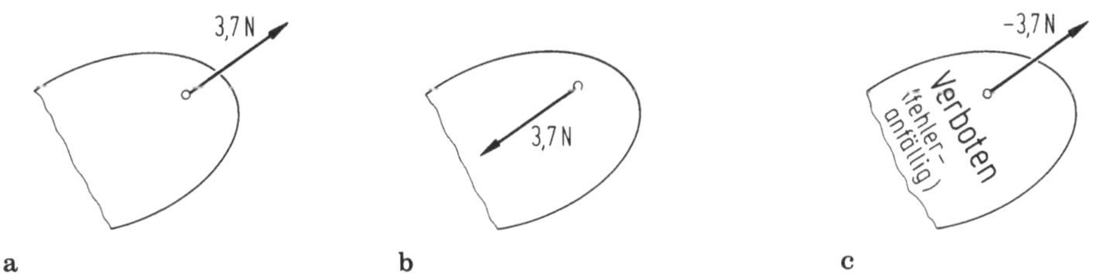

Bild 1.2.12. Ergebnisdarstellungen

1.3 Axiome der Statik

Das Ziel dieses Abschnittes ist nicht ein axiomatischer Aufbau der gesamten Mechanik, sondern eher eine Auflistung aller experimentellen Erfahrungen, die die *Statik* von Körpern betreffen. Der Anfänger soll hieran vor allem erkennen, in welcher Weise man Erfahrungen abstrahiert, soll sehen, wie man Idealgebilde (Modelle) an die Stelle der realen Körper setzt.
Die Erfahrungen sind in der Form von Axiomen zusammengefaßt, von deren Gültigkeit sich der Anfänger *überzeugen* muß und die er experimentell – wenigstens *gedanklich* und an Hand seiner eigenen Erfahrungen und Anschauungen – *überprüfen* sollte.
Das Axiomensystem trägt nur die einfachste Statik, wie sie in den Abschnitten 1.4 bis 1.14 ausgeführt wird. In den späteren Abschnitten werden weitere Annahmen ad hoc eingeführt und plausibel gemacht.

1.3.1 Zur Ausdrucksweise der Statik

Die *Statik* befaßt sich mit dem *Gleichgewicht* von *Körpern* K unter der Wirkung von *Kräften* $\boldsymbol{F}_i$, $i = 1, ..., n$; vgl. Bild 1.3.1.
Man sagt: "Der Körper K ist unter der Wirkung der Kräfte $\boldsymbol{F}_i$ im (statischen) Gleichgewicht" - kurz "K ist im Gleichgewicht" - oder "Eine Gruppe (oder ein System) von Kräften $\boldsymbol{F}_i$ hält sich am Körper K im Gleichgewicht", wenn der Körper unter der Wirkung dieser Kräfte in *Ruhe* bleibt.
Halten sich die Kräfte $\boldsymbol{F}_i$ (am Körper K) *nicht* im Gleichgewicht, so bleibt der Körper *nicht* in Ruhe, sondern bewegt sich. Das ist kein Problem der Statik, sondern der Kinetik (siehe Kapitel 3). Wenn man nach dem "Gleichgewichtszustand" des Körpers K fragt, meint man damit das Feststellen, ob K im

(statischen) Gleichgewicht ist *oder* nicht; im ersten Fall endet die Aufgabe zum Beispiel mit der Angabe der wirkenden Kräfte, im zweiten mit dem Verweis auf die Kinetik.

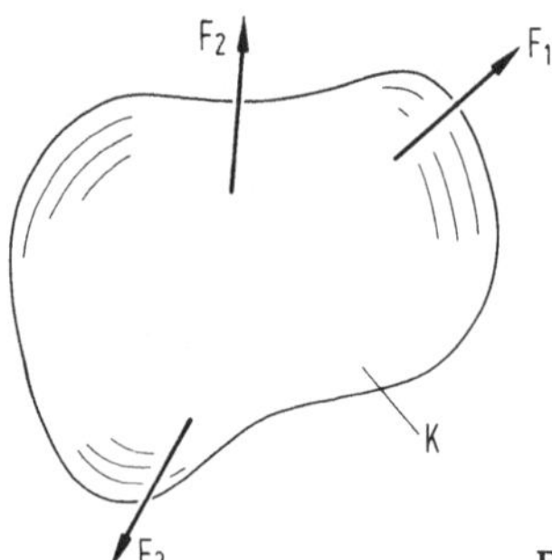

Bild 1.3.1. Körper K und Kräfte

Die Aussagen der Statik beziehen sich zunächst auf das Idealgebilde des einzelnen *freien, starren Körpers.*

Starr heißt ein Körper, der sich nicht verformt, ganz gleich, wie groß die Kräfte sind, die auf ihn wirken mögen. Starr bedeutet zum Beispiel, daß sich der Abstand zweier beliebiger Punkte des Körpers unter der Wirkung der Kräfte nicht ändert. Eine Steigerung zum "starreren" oder "absolut starren" Körper gibt es in der deutschen Fachsprache nicht!

Ein *fester Körper,* der sich unter der Einwirkung von Kräften nur *wenig verformt,* heißt *steif.*

Frei heißt ein Körper, der mit seiner Umgebung keinen Kontakt oder keine (kräftemäßige) Wechselwirkung hat, auf den also nur die jeweils angegebenen Kräfte – die (in der Skizze) eingetragenen Kraftpfeile – wirken; man nennt solche Kräfte auch (äußere) *eingeprägte* Kräfte (vgl. Abschnitt 1.1.3).

1.3.2 Grund-Gesetze und Axiome

Durch Abstraktion und Verallgemeinerung von zum Teil jahrhundertealten Erfahrungen gelangte man zu einigen – wenigen – "Grund-Gesetzen", auf denen die Statik beruht (einen Teil davon haben wir schon erwähnt). Solche – nicht beweisbaren – Grund-Gesetze nennt man Axiome. Durch mathematische Schlußweise kann man aus diesen Axiomen die gesamte elementare Statik herleiten: Wenn man die erforderliche Mathematik beherrscht und genügend Phantasie hat, braucht man eigentlich nur die Axiome zu lernen.

Andere Axiomensätze, die im Rahmen der Erfahrung auf dieselben Ergebnisse führen, sind möglich (zum Beispiel gibt es den Axiomensatz der "analytischen Statik").

Grundsätzlich stellt man an einen Axiomensatz vier Forderungen:

1. Vollständigkeit: Alle Fragen des Gebietes müssen sich aus dem Axiomensatz beantworten lassen.

2. Widerspruchsfreiheit: Logisch einwandfreie Schlüsse aus den Axiomen dürfen nicht zu Widersprüchen führen.
3. Geringste Anzahl (Unabhängigkeit): Ein Axiom, dessen Aussage sich aus den anderen erschließen läßt, ist überflüssig. (Hier ist man bequemlichkeitshalber oft nicht konsequent.)
4. Übereinstimmung mit der Erfahrung (bei physikalisch relevanten Axiomensystemen): Die aus den Axiomen gezogenen Schlüsse müssen mit der Erfahrung übereinstimmmen.

1.3.3 Die zehn Axiome der elementaren Statik

Die unten jeweils als Folgerungen gekennzeichneten Aussagen sind Beispiele für einfache aus den Axiomen fließende Folgen, die meistens unmittelbar einleuchten. Mit den Hinweisen deuten wir auf Verknüpfungen und andere Sichtweisen hin.

Gleichgewicht für zwei Kräfte am starren Körper

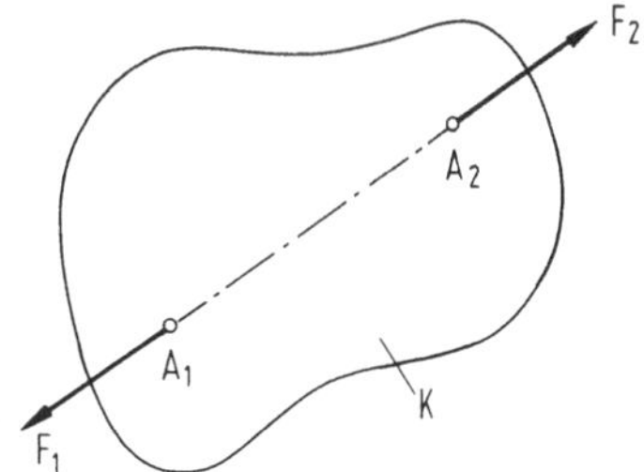

Bild 1.3.2. Körper im Gleichgewicht

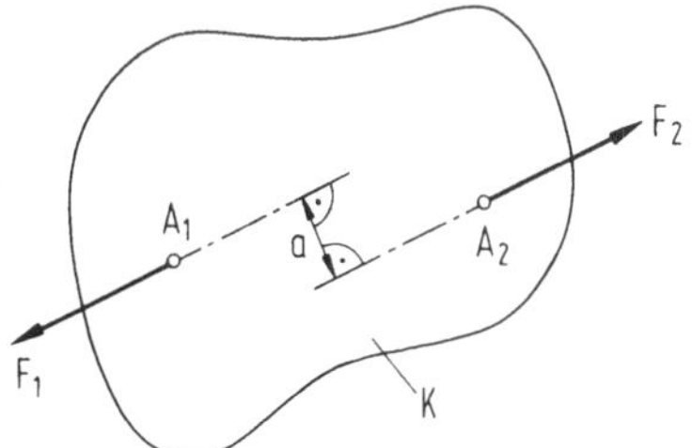

Bild 1.3.3. Körper nicht im Gleichgewicht

Axiom 1: Ein freier, starrer Körper K ist unter der Wirkung von zwei Kräften $\boldsymbol{F}_1, \boldsymbol{F}_2$ dann und nur dann im Gleichgewicht, wenn sie in die Verbindungslinie ihrer beiden Angriffspunkte A_1, A_2 fallen, entgegengesetzt orientiert und gleich groß sind, vgl. Bild 1.3.2.
Formal bedeutet dies zweierlei (vgl. Bilder 1.3.2 und 1.3.3):
Die Vektorsumme $\boldsymbol{F}_1 + \boldsymbol{F}_2$ *und* der Abstand a müssen verschwinden:

$$\boldsymbol{F}_1 + \boldsymbol{F}_2 = \boldsymbol{O}, \quad a = 0; \quad \text{wo} \quad \boldsymbol{O} := \text{Nullvektor}.$$

Durch die erste Gleichung wird der Axiomenteil "entgegengesetzt orientiert und gleich groß" erfaßt, erst mit $a = 0$ werden die Kräfte auch in die Verbindungslinie der beiden Angriffspunkte gezwungen.

Kräfteparallelogramm

Axiom 2: Greifen zwei Kräfte $\boldsymbol{F}_1$ und $\boldsymbol{F}_2$ an einem *gemeinsamen* Angriffspunkt A an, so können sie durch eine Kraft $\boldsymbol{R}$ ersetzt werden, die sich als die Diagonale des durch die beiden Kräfte aufgespannten Parallelogramms ergibt, Bild 1.3.4.

Gemäß Abschnitt 1.2.1, Bild 1.2.2c, ist die Diagonale $\boldsymbol{R}$ die (geometrische) Summe der beiden Vektoren $\boldsymbol{F}_1$ und $\boldsymbol{F}_2$:

$$\boldsymbol{R} = \boldsymbol{F}_1 + \boldsymbol{F}_2.$$

Das *Kräfteparallelogramm* (Bild 1.3.5a) enthält den Angriffspunkt A, im *Kräftedreieck (Krafteck, Kräfteplan)* bleibt der Angriffspunkt unberücksichtigt (vgl. Bild 1.3.5b).

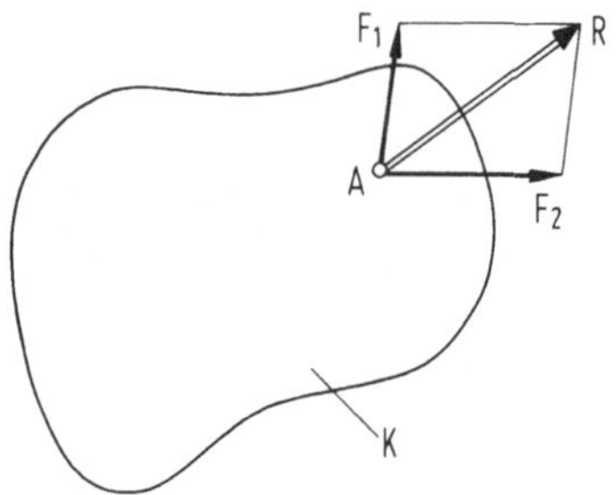

Bild 1.3.4. Zusammensetzen von zwei Kräften

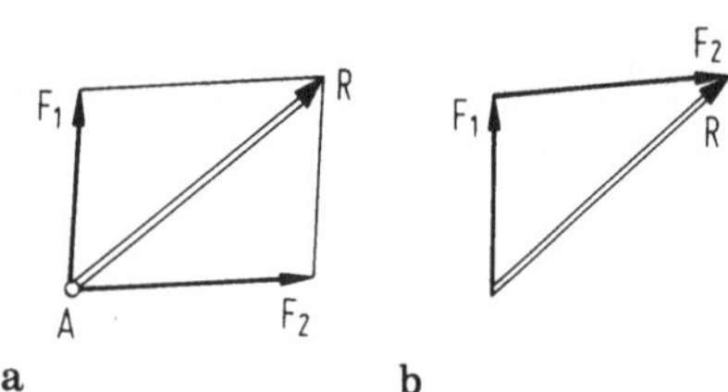

Bild 1.3.5. Kräftesumme. a im Kräfteparallelogramm, b im Kräftedreieck

Definition: Gemäß dem Kräfteparallelogramm in Bild 1.3.5a führt man $\boldsymbol{R}$ als *resultierende Kraft* – kurz *Resultierende* – der beiden (Einzel-) Kräfte $\boldsymbol{F}_1$ und $\boldsymbol{F}_2$ ein. Die Resultierende ersetzt die (Wirkung der) Einzelkräfte!

Hinweis 1: Bildet man die Resultierende für zwei Kräfte *in* einem Lageplan oder Schnittbild, so *muß* man mit dem *Kräfteparallelogramm* und darf *nicht* mit dem *Krafteck* arbeiten.

Hinweis 2: Man kann auch die Wirkung einer (resultierenden) Kraft $\boldsymbol{R}$ gemäß Kräfteparallelogramm (Bild 1.3.5a) durch die Wirkung der beiden Kräfte $\boldsymbol{F}_1$ und $\boldsymbol{F}_2$ ersetzen. Dann heißen $\boldsymbol{F}_1$ und $\boldsymbol{F}_2$ *Komponenten* von $\boldsymbol{R}$.

Hinweis 3: Die erste Gleichung von Axiom 1 kann man nun als $\boldsymbol{F}_1 + \boldsymbol{F}_2 = \boldsymbol{R}$ und $\boldsymbol{R} = \boldsymbol{O}$ interpretieren. Notwendig für das Gleichgewicht des in Bild 1.3.2 gezeigten Körpers ist es, daß die Resultierende der beiden Kräfte $\boldsymbol{F}_1$ und $\boldsymbol{F}_2$ verschwindet.

Hinzufügen oder Wegnehmen einer Gleichgewichtsgruppe

Definiton: Eine Gruppe von zwei oder mehr Kräften, die sich – allein auf einen freien, starren Körper K wirkend – im Gleichgewicht hält, heißt *Gleichgewichtsgruppe. Beispiel:* Die beiden Kräfte aus Axiom 1.

Axiom 3: Befindet sich ein freier, starrer Körper K (unter der Wirkung von irgendwelchen Kräften) im Gleichgewicht, so bleibt er im Gleichgewicht, wenn eine Gleichgewichtsgruppe hinzugefügt oder weggenommen wird.

In dem als Beispiel skizzierten System von Bild 1.3.6 sei der Körper K unter der Wirkung der Kräfte $\boldsymbol{F}_1, \boldsymbol{F}_2$ im Gleichgewicht (Axiom 1). Die hinzugefügte Gleichgewichtsgruppe $\boldsymbol{F}_3, \boldsymbol{F}_4$, die ihrerseits Axiom 1 genügt, ändert den Gleichgewichtszustand des Körpers K nicht!

Folgerung 1: Ist ein freier, starrer Körper *nicht* im Gleichgewicht, so kommt er auch durch Hinzufügen einer Gleichgewichtsgruppe nicht ins Gleichgewicht.

Folgerung 2: Das Gleichgewicht eines freien, starren Körpers ändert sich nicht, wenn man eine Kraft längs ihrer Wirkungslinie verschiebt (vgl. Abschnitt 1.1.4).
Beweis: Sei der in Bild 1.3.7 gezeigte Körper unter der Wirkung der Kräfte $\boldsymbol{F}_1, \boldsymbol{F}_2, \ldots$ im Gleichgewicht. Wir legen die Gleichgewichtsgruppe $\boldsymbol{F}_1, -\boldsymbol{F}_1$ (in Bild 1.3.7 gestrichelt) so auf den Körper, daß $-\boldsymbol{F}_1$ bei A_1 und $\boldsymbol{F}_1$ im Punkt A_1' angreift. Dann heben sich die bei A_1 angreifenden Kräfte auf (ihre Resultierende verschwindet), wir erhalten die "längs der Wirkungslinie w nach A_1' verschobene Kraft $\boldsymbol{F}_1$."

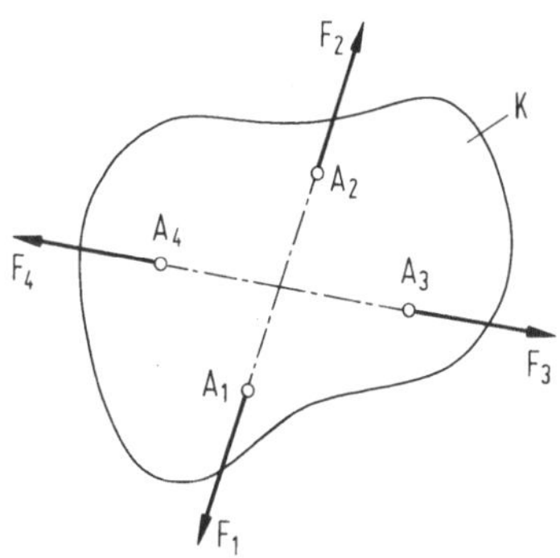

Bild 1.3.6. Körper mit hinzugefügter Gleichgewichtsgruppe

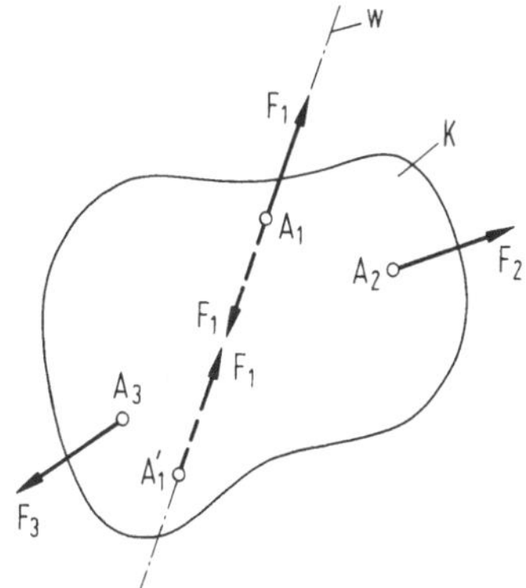

Bild 1.3.7. Kraftverschiebung

Übertragen einer Gleichgewichtsgruppe auf einen anderen Körper

Axiom 4: Ist ein freier, starrer Körper K_1 unter einer gegebenen Gruppe von Kräften im Gleichgewicht, so ist auch der freie, starre Körper K_2 unter der Wirkung dieser Kräfte (allein) im Gleichgewicht.
Nutzen: Man kann den Gleichgewichtszustand an dem der Anschauung am besten zugänglichen Körper überprüfen.

Befreiungsprinzip von Lagrange

Axiom 5: Das Gleichgewicht eines nicht freien, starren Körpers ändert sich nicht, wenn man ihn von den *(Ver-)Bindungen* mit seiner Umgebung befreit – ihn *freischneidet* –, falls man nur die Bindungen durch die von ihnen ausgeübten Kräfte (= Kraftpfeile) ersetzt. (Dies ist eine Erweiterung des Eulerschen Schnittprinzips, vgl. Abschnitt 1.1.1).
Die Frage nach den Bindungstypen und den von ihnen übertragenen Kräften wird an einfachsten Beispielen in den folgenden Überlegungen zum Reaktionsprinzip und zu den Kräften auf glatte Körper, in allgemeiner Form in Abschnitt 1.11 behandelt.

Reaktionsprinzip (Gegenwirkungsprinzip; 3. Newtonsches Gesetz)

Axiom 6: Seien in Bild 1.3.8 die beiden Körper K_1 und K_2 zunächst miteinander (am Punkt P) verbunden. Durch einen Schnitt (Axiom 5) werden sie voneinander befreit (Bild 1.3.9). Der Körper K_2 übe auf den Körper K_1 die

Kraft $\boldsymbol{F}$ aus; dann übt der Körper K_1 auf den Körper K_2 die Kraft $-\boldsymbol{F}$ aus. Die Kräfte haben gleiche Größe und Richtung, doch entgegengesetzte Orientierung; in Skizzen werden sie durch gleiche Maßzahlen F und entgegengesetzt orientierte Pfeile gekennzeichnet; vgl. Abschnitt 1.2.3. Man spricht kurz von der *Reaktionskraft* $\boldsymbol{F}$; die Bedeutung – welche Kraft man mit $\boldsymbol{F}$ und welche mit $-\boldsymbol{F}$ meint – entnimmt man den Skizzen.

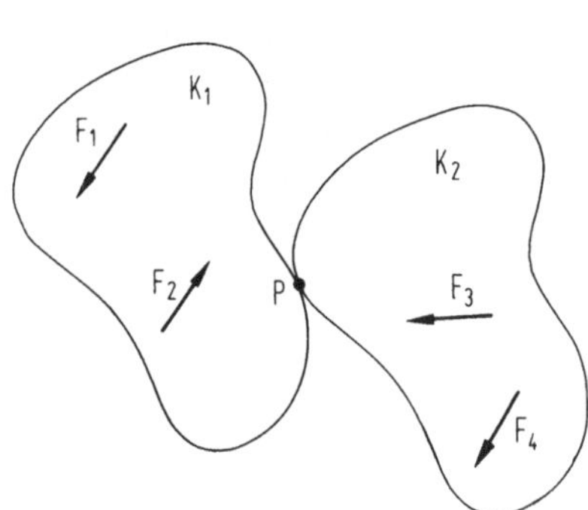

Bild 1.3.8. Zwei verbundene Körper

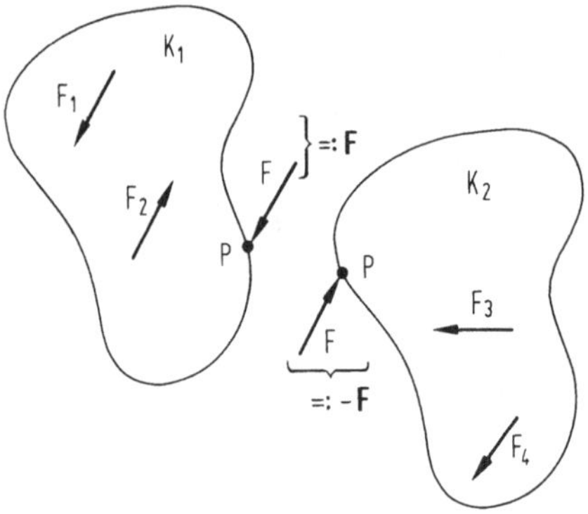

Bild 1.3.9. Reaktionskräfte

Kräfte auf glatte Körper

Definition: Greift eine Kraft an einem Punkt P eines Körpers "von außen" an und steht sie senkrecht auf der Tangentialebene an den Körper in diesem Punkt (s. Bild 1.3.11), so kennzeichnen wir dies durch die Benennung *Normalkraft* und die Bezeichnung N.

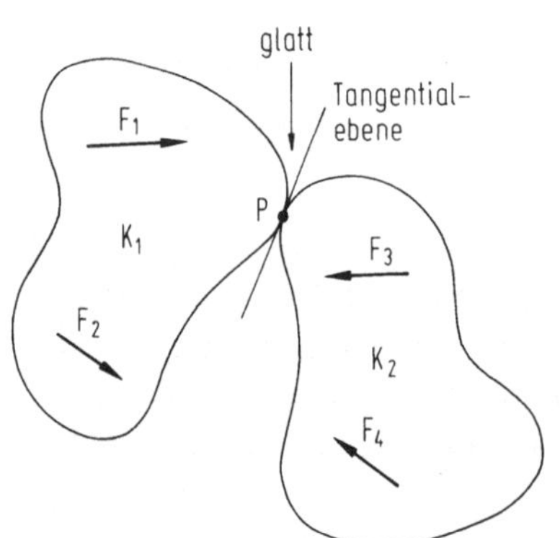

Bild 1.3.10. Sich berührende glatte Körper

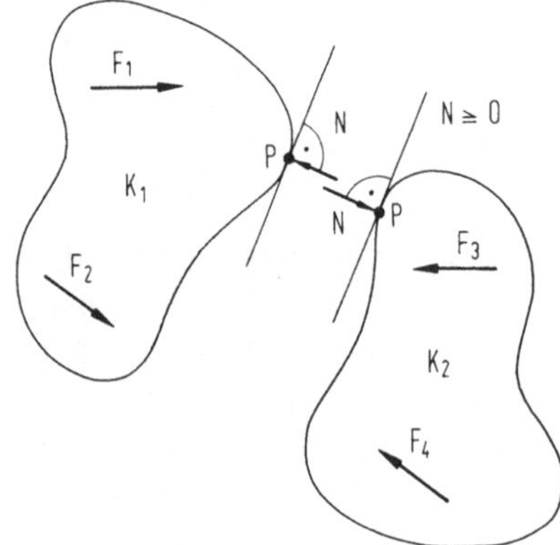

Bild 1.3.11. Reaktionskräfte zwischen glatten Körpern

Axiom 7: Berühren sich zwei *glatte Körper* (s. Bild 1.3.10), so steht eine Reaktionskraft senkrecht auf der gemeinsamen Tangentialebene und ist ins Innere der Körper gerichtet (s. Bild 1.3.11). Es gilt $N \geq 0$ (bei $N < 0$ würden die Körper voneinander abheben).

Das Erstarrrungsprinzip

Axiom 8: Ein freier, *nicht starrer Körper* ist genau dann im Gleichgewicht, wenn er als *starrer Körper* im Gleichgewicht wäre.

Anschauliche Deutung: Wenn man sich einen Körper momentan "eingefroren" vorstellt, ändert sich das Gleichgewicht nicht.

Systeme von Körpern

Axiom 9: Ein System von Körpern ist genau dann im Gleichgewicht, wenn alle Einzelkörper im Gleichgewicht sind.(Man beachte die Verbindung zum Befreiungsprinzip, Axiom 5.)

Bewegte Körper

Definition: *Man sagt,* ein Körper sei *masselos,* wenn man die aus seiner (beschleunigten) Bewegung herrührenden (Massen-Trägheits-)Kräfte gegenüber den anderen auftretenden Kräften *vernachlässigen* kann (vgl. Kapitel 3).

Axiom 10: Ein bewegter, freier, starrer, masseloser Körper ist genau dann im Gleichgewicht, wenn er von einem mit ihm mitgeführten Bezugssystem aus gesehen in jedem Augenblick im "statischen Gleichgewicht" ist.

1.4 Kräfte und Gleichgewicht an einem Punkt in vektoriell-zeichnerischer Behandlung

Ziel dieses Abschnittes ist es, das zeichnerische Umgehen mit Kräften an Hand von Skizzen zu lernen. Da rein zeichnerische Lösungen an Bedeutung verloren haben, sollte man sich um eine Skizze bemühen, die die Verhältnisse etwa korrekt wiedergibt und die man einer trigonometrischen Rechnung oder einer rechnerischen Behandlung zugrunde legen kann.

Wir greifen auf die Axiome zurück, wiederholen aber auch gelegentlich.

1.4.1 Resultierende mehrerer Kräfte mit gemeinsamem Angriffspunkt

Gegeben: Lageplan (Bild 1.4.1a) eines Körpers mit drei im Punkt A angreifenden Kräften $\boldsymbol{F}_1, \boldsymbol{F}_2, \boldsymbol{F}_3$ (maßstäblich gezeichnet).

Gesucht: Die Resultierende $\boldsymbol{R}$.

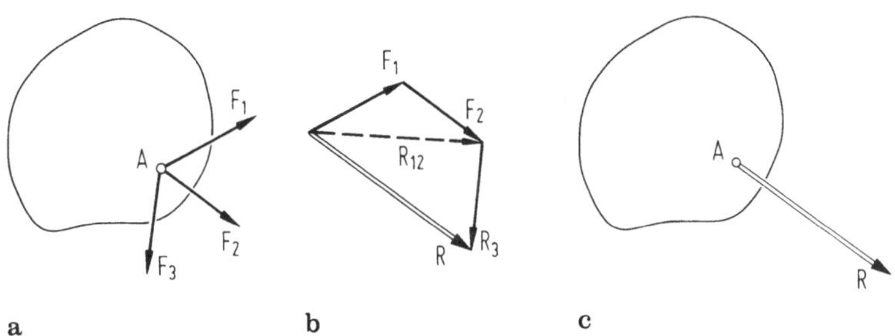

Bild 1.4.1. Resultierende dreier Kräfte

Lösung (nach Axiom 2):
Der *Kräfteplan* (Krafteck) in Bild 1.4.1b zeigt:
1. Schritt: Teil-Resultierende $\boldsymbol{R}_{12} = \boldsymbol{F}_1 + \boldsymbol{F}_2$,
2. Schritt: Resultierende $\boldsymbol{R} = \boldsymbol{R}_{12} + \boldsymbol{F}_3 = \boldsymbol{F}_1 + \boldsymbol{F}_2 + \boldsymbol{F}_3$.
Die Übertragung von $\boldsymbol{R}$ in den Lageplan ist in Bild 1.4.1c wiedergegeben.
Verallgemeinerung auf n Kräfte $\boldsymbol{F}_i$:

$$\boldsymbol{R} = \sum_{i=1}^{n} \boldsymbol{F}_i, \quad \text{kurz} \quad \boldsymbol{R} = \sum \boldsymbol{F}_i.$$

Der Kräfteplan wird zu einem Vieleck ("Kräftepolygon").

1.4.2 Gleichgewicht am Punkt

Gegeben: Ein bereits freigeschnittener Körper (Bild 1.4.2a). Der Lageplan, das Freikörper-Bild, zeigt die drei in Punkt A des Körpers angreifenden Kräfte $\boldsymbol{F}_1, \boldsymbol{F}_2, \boldsymbol{F}_3$.
Gesucht: Die Bedingung, unter der der Körper im Gleichgewicht ist.

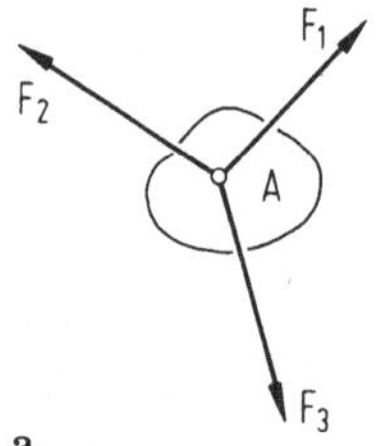

a

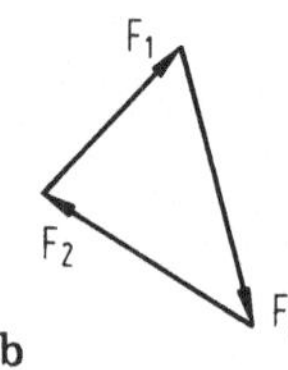

b

Bild 1.4.2. Gleichgewicht am Punkt

Lösung:
Aus den Axiomen 1 und 2 folgt (vgl. auch Hinweis 3 zu Axiom 2 und Abschnitt 1.4.1) die *Gleichgewichtsbedingung:*

$$\boldsymbol{F}_1 + \boldsymbol{F}_2 + \boldsymbol{F}_3 = \boldsymbol{R} = \boldsymbol{O}.$$

Am Punkt A herrscht Gleichgewicht, wenn die Resultierende $\boldsymbol{R}$ verschwindet, d.h., wenn sich das Krafteck schließt, s. Kräfteplan in Bild 1.4.2b. Alle Pfeile des Kraftecks werden dabei in einheitlichem Sinn durchlaufen.
Verallgemeinerung auf n Kräfte $\boldsymbol{F}_i$:

$$\sum_{i=1}^{n} \boldsymbol{F}_i = \boldsymbol{R} = \boldsymbol{O}, \quad \text{kurz} \quad \sum \boldsymbol{F}_i = \boldsymbol{O}.$$

Gleichgewicht herrscht, wenn sich das Kräftepolygon schließt.

1.4.3 Anwendungsbeispiel und Vorgehensweise

Gegeben: Lageplan (Bild 1.4.3a) einer Straßenlampe, die an zwei gewichtslosen Seilen hängt (Daten: Gewicht G, Winkel α, β; als allgemeine Größen gegeben).
Gesucht: Seilkräfte S_1 und S_2.

Hinweis 1: Teile heißen "gewichtslos", wenn ihr Gewicht gegenüber den übrigen Kräften vernachlässigbar klein ist. Hinfort seien alle Teile als gewichtslos angenommen, denen kein Gewicht zugewiesen wurde.

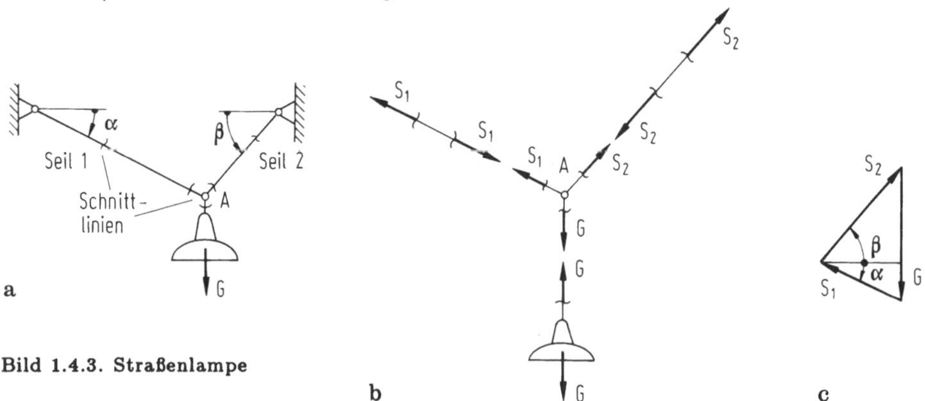

Bild 1.4.3. Straßenlampe

Lösung:

Wir schneiden die Seile 1 und 2 an den im Lageplan markierten Stellen. (Nach Axiom 5 wird das Gleichgewicht dadurch nicht geändert.) Das erzeugte Schnittbild (s. Bild 1.4.3b) enthält vier Freikörper-Bilder für die Lampe, den "Knoten" A und zwei Seilstücke.

Hinweis 2: Ein gewichtsloses (biegeschlaffes) Seil überträgt wegen Axiom 1 nur eine Kraft in Richtung seiner Achse. Die übliche Vorzeichenwahl ist in Bild 1.4.4 erläutert; $S > 0$: Zugkraft (bei Stäben kann S negativ werden; $S < 0$: Druckkraft).

Bild 1.4.4. Seilkraft

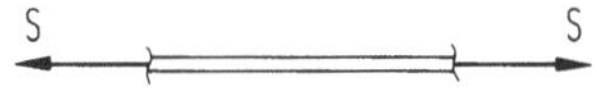

S S

Im Schnittbild haben wir Axiom 1 und das Reaktionsprinzip (Axiom 6) bei den Seilkräften S_1 (im Seil 1) und S_2 (im Seil 2) bereits berücksichtigt. Die Kraft G in dem die Lampe tragenden senkrechten Seilstück folgt ebenfalls aus Axiom 1. Für das Gleichgewicht am Knoten A läßt sich ein Krafteck wie folgt zeichnen (Bild 1.4.3c): Der Pfeil $\boldsymbol{G}$ liegt fest; $\boldsymbol{S}_1$ und $\boldsymbol{S}_2$ müssen parallel zu den Seilen 1 bzw. 2 verlaufen und das Krafteck schließen.

Zur *Bestimmung* der Größe von S_1 und S_2 gibt es hier zwei Wege:

a) Zu vorgegebenen Zahlenwerten α, β, G wird das Krafteck maßstäblich gezeichnet, und S_1, S_2 werden herausgemessen.

b) Das Krafteck wird als "Plandreieck" aufgefaßt, und S_1, S_2 werden trigonometrisch berechnet.

Auf beiden Wegen muß man die Orientierungen von $\boldsymbol{S}_1, \boldsymbol{S}_2$, die Vorzeichen von S_1, S_2, aus dem Pfeilsinn des Kraftecks ablesen. Bei trigonometrischer Rechnung (Weg *b*) liefert zum Beispiel der Sinussatz:

$$G/\sin(\alpha+\beta) = S_1/\sin(90^\circ - \beta) = S_2/\sin(90^\circ - \alpha).$$

Daraus folgen

$$S_1 = G\cos\beta/\sin(\alpha+\beta), \quad S_2 = G\cos\alpha/\sin(\alpha+\beta).$$

1.5 Kräfte und Gleichgewicht an einem Punkt in vektoriell-rechnerischer Behandlung

Die zeichnerischen Vorgehensweisen des vorigen Abschnittes eignen sich zum Einblick und zur Untersuchung "kleiner" Aufgaben. Bei umfangreichen Systemen ist die rechnerische Untersuchung zweckmäßiger. Dazu ist die vektoriell-rechnerische Vorgehensweise besser geeignet.

1.5.1 Komponenten einer Kraft in einem kartesischen Koordinatensystem

Hinweis: Erster Schritt jeder Rechnung ist die Wahl eines geeigneten Koordinatensystems.

Gegeben sei ein kartesisches Koordinatensystem $(0, x, y, z)$ mit den Einheitsvektoren $(\boldsymbol{e}_x, \boldsymbol{e}_y, \boldsymbol{e}_z)$ als Basis in Richtung der Koordinatenachsen. Bezogen auf diese Basis zerlegen wir die am Ursprung 0 angreifende Kraft $\boldsymbol{F}$, gemäß Hinweis 2 zu Axiom 2, wie folgt (vgl. Bild 1.5.1):

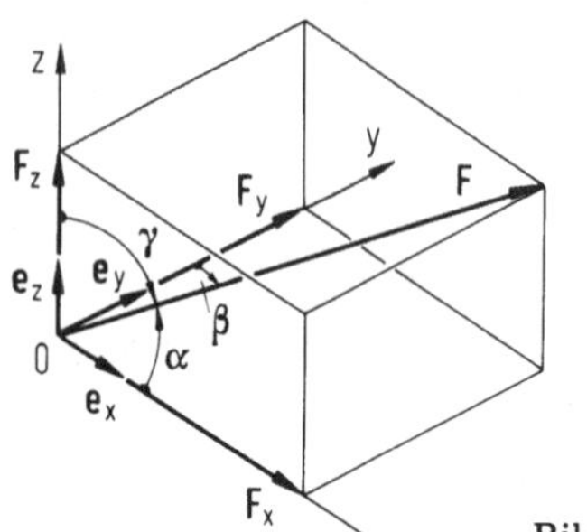

$$\begin{aligned}\boldsymbol{F} &= \boldsymbol{F}_x + \boldsymbol{F}_y + \boldsymbol{F}_z \\ &= \boldsymbol{e}_x F_x + \boldsymbol{e}_y F_y + \boldsymbol{e}_z F_z \ .\end{aligned}$$

Bild 1.5.1. Kraftkomponenten

Die Vektoren $\boldsymbol{F}_x, \boldsymbol{F}_y, \boldsymbol{F}_z$ sind die *Komponenten* von $\boldsymbol{F}$ bezüglich des vorgegebenen Koordinatensystems bzw. der Basis. Die *Maßzahlen*, die *Koordinaten* F_x, F_y, F_z entstehen durch *Projektion* von $\boldsymbol{F}$ auf $\boldsymbol{e}_x, \boldsymbol{e}_y$ bzw. $\boldsymbol{e}_z$. Man kann sie durch die Skalarprodukte der Vektorrechnung ausdrücken:

$$F_x = \boldsymbol{e}_x \cdot \boldsymbol{F} = |\boldsymbol{F}| \cos\alpha, \quad F_y = \boldsymbol{e}_y \cdot \boldsymbol{F} = |\boldsymbol{F}| \cos\beta, \quad F_z = \boldsymbol{e}_z \cdot \boldsymbol{F} = |\boldsymbol{F}| \cos\gamma,$$

$$\text{wo} \quad |\boldsymbol{F}| = \sqrt{F_x^2 + F_y^2 + F_z^2} \ .$$

Abkürzende Matrizen-Schreibweise

Wenn das Koordinatensystem und damit die Basisvektoren $(\boldsymbol{e}_x, \boldsymbol{e}_y, \boldsymbol{e}_z)$ feststehen, schreibt man statt $\boldsymbol{F} = \boldsymbol{e}_x F_x + \boldsymbol{e}_y F_y + \boldsymbol{e}_z F_z$ häufig die *Spaltenmatrix* seiner Koordinaten an:

$$\underline{F} = \begin{pmatrix} F_x \\ F_y \\ F_z \end{pmatrix} .$$

Um Platz zu sparen, schreibt man $\underline{F}$ oft als "gestürzte" – als "transponierte" (Symbol T) – *Zeilenmatrix*:

$$\underline{F}^T = (F_x, F_y, F_z) \quad \text{oder} \quad \underline{F} = (F_x, F_y, F_z)^T .$$

In der Literatur spricht man überwiegend vom Spalten*vektor* $\underline{F}$ oder vom Zeilen*vektor* $\underline{F}^T$; wir reservieren das Wort "Vektor" für gerichtete physikalische Größen, zum Beispiel die Kraft $\boldsymbol{F}$.
Faßt man die Basisvektoren $(\boldsymbol{e}_x, \boldsymbol{e}_y, \boldsymbol{e}_z)$ ebenfalls in einer Spaltenmatrix zusammen,

$$\underline{\boldsymbol{e}} := (\boldsymbol{e}_x, \boldsymbol{e}_y, \boldsymbol{e}_z)^T,$$

so erhält man als Produkt von "Zeile"·"Spalte" nach den Regeln der Matrizenrechnung

$$\boldsymbol{F} = \boldsymbol{e}_x F_x + \boldsymbol{e}_y F_y + \boldsymbol{e}_z F_z =: (\boldsymbol{e}_x, \boldsymbol{e}_y, \boldsymbol{e}_z) \begin{pmatrix} F_x \\ F_y \\ F_z \end{pmatrix} =: \underline{\boldsymbol{e}}^T \underline{F}$$

oder

$$\boldsymbol{F} = F_x \boldsymbol{e}_x + F_y \boldsymbol{e}_y + F_z \boldsymbol{e}_z =: (F_x, F_y, F_z) \begin{pmatrix} \boldsymbol{e}_x \\ \boldsymbol{e}_y \\ \boldsymbol{e}_z \end{pmatrix} =: \underline{F}^T \underline{\boldsymbol{e}};$$

ganz rechts stehen die Abkürzungen dafür.
Arbeitet man bei einer Rechnung durchgängig mit einer Basis $\underline{\boldsymbol{e}}$, so unterscheidet man häufig nicht zwischen $\boldsymbol{F}$ und $\underline{F}$. Dem werden auch wir gelegentlich folgen. Mehrere Kräfte unterscheidet man zum Beispiel durch Indizes:

$$\boldsymbol{F}_i = (F_{xi}, F_{yi}, F_{zi})^T = \underline{F}_i.$$

Beispiele für Kraftzerlegungen

Das Anschreiben der Kraftkoordinaten erfordert Sicherheit im Umgehen mit der Trigonometrie und ähnlichen Dreiecken sowie Übung.
Beispiel 1:
Gegeben: Drei Kräfte $\boldsymbol{F}_1, \boldsymbol{F}_2, \boldsymbol{F}_3$ (Maßzahlen F_1, F_2, F_3), deren Richtungen durch den im Bild 1.5.2 gezeichneten Quader (Seitenverhältnisse 5 : 3 : 4) erfaßt sind.
Gesucht: Zerlegung der Kräfte bezüglich $(\boldsymbol{e}_x, \boldsymbol{e}_y, \boldsymbol{e}_z)$.
Lösung (mit Hilfe ähnlicher Dreiecke):

$$\begin{aligned} \boldsymbol{F}_1 &= (F_{x1}, F_{y1}, F_{z1})^T = (0, \quad 0{,}6\ F_1, \quad 0{,}8\ F_1)^T, \\ \boldsymbol{F}_2 &= (F_{x2}, F_{y2}, F_{z2})^T = (-F_2/\sqrt{2}, \quad 0{,}6\ F_2/\sqrt{2}, \quad 0{,}8\ F_2/\sqrt{2})^T, \\ \boldsymbol{F}_3 &= (F_{x3}, F_{y3}, F_{z3})^T = (-5F_3/\sqrt{41}, \quad 0, \quad 4F_3/\sqrt{41})^T. \end{aligned}$$

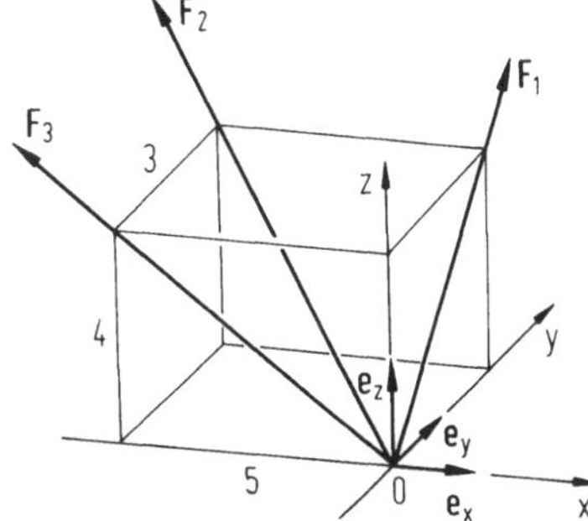

Bild 1.5.2. Räumliche Kräftezerlegung

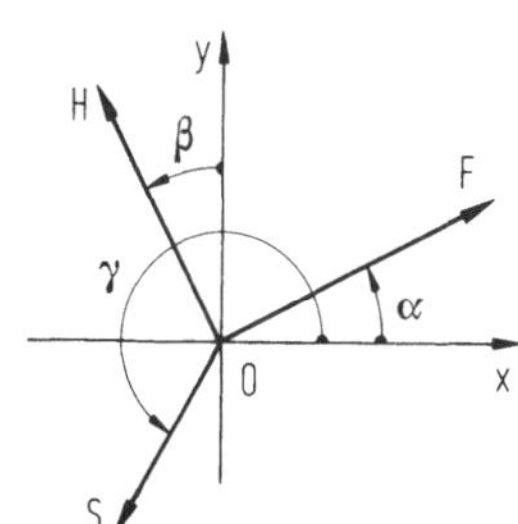

Bild 1.5.3. Kräftezerlegung in der Ebene

Beispiel 2:
Gegeben: Die drei Kräfte $\boldsymbol{F}, \boldsymbol{H}, \boldsymbol{S}$ in der x- y-Ebene, vgl. Bild 1.5.3 mit dort angegebener Vermaßung.
Gesucht: Zerlegung der Kräfte nach x, y.
Lösung (trigonometrisch):

$$\boldsymbol{F} = \begin{pmatrix} F\cos\alpha \\ F\sin\alpha \end{pmatrix}, \quad \boldsymbol{H} = \begin{pmatrix} -H\sin\beta \\ H\cos\beta \end{pmatrix}, \quad \boldsymbol{S} = \begin{pmatrix} S\cos\gamma \\ S\sin\gamma \end{pmatrix}.$$

1.5.2 Resultierende mehrerer Kräfte mit gemeinsamem Angriffspunkt

Ausgehend von Axiom 2 und Abschnitt 1.4.1 erhält man mit den Bezeichnungen aus Abschnitt 1.5.1 die Resultierende zweier Kräfte zu:

$$\begin{aligned} \boldsymbol{R} = \boldsymbol{F}_1 + \boldsymbol{F}_2 &= (\boldsymbol{e}_x F_{x1} + \boldsymbol{e}_y F_{y1} + \boldsymbol{e}_z F_{z1}) + (\boldsymbol{e}_x F_{x2} + \boldsymbol{e}_y F_{y2} + \boldsymbol{e}_z F_{z2}) \\ &= \boldsymbol{e}_x(F_{x1} + F_{x2}) + \boldsymbol{e}_y(F_{y1} + F_{y2}) + \boldsymbol{e}_z(F_{z1} + F_{z2}) \qquad ! \\ &= \boldsymbol{e}_x F_x + \boldsymbol{e}_y F_y + \boldsymbol{e}_z F_z \end{aligned}$$

Mit Spaltenmatrizen geschrieben lautet die Resultierende

$$\boldsymbol{R} = \begin{pmatrix} F_x \\ F_y \\ F_z \end{pmatrix} = \begin{pmatrix} F_{x1} + F_{x2} \\ F_{y1} + F_{y2} \\ F_{z1} + F_{z2} \end{pmatrix}.$$

Projektionssatz: Die Projektionen der Resultierenden sind gleich den Resultierenden der Projektionen.
Verallgemeinerung auf n Kräfte $\boldsymbol{F}_i$:

$$\boldsymbol{R} = \begin{pmatrix} F_x \\ F_y \\ F_z \end{pmatrix} = \begin{pmatrix} \sum_{i=1}^{n} F_{xi} \\ \sum_{i=1}^{n} F_{yi} \\ \sum_{i=1}^{n} F_{zi} \end{pmatrix} = \begin{pmatrix} \sum F_{xi} \\ \sum F_{yi} \\ \sum F_{zi} \end{pmatrix} \quad \text{oder} \quad \begin{aligned} F_x &= \sum_{i=1}^{n} F_{xi} = \sum F_{xi}, \\ F_y &= \sum_{i=1}^{n} F_{yi} = \sum F_{yi}, \\ F_z &= \sum_{i=1}^{n} F_{zi} = \sum F_{zi}. \end{aligned}$$

Hinweis: Die etwas laxe Schreibweise ohne Summationsgrenzen ist bequem und einfach. Sie führt zu keinen Fehlern, wenn man jeweils über ALLE gerade betrachteten Kräfte summiert. Gelegentlich läßt man unter dem Summenzeichen auch noch den Index weg; z.B. $\sum F_x$.

1.5.3 Gleichgewicht am Punkt

Aus den Axiomen 1 und 2 haben wir in Abschnitt 1.4.2 für Kräfte an einem Punkt die *Gleichgewichtsbedingung*

$$\sum_{i=1}^{n} \boldsymbol{F}_i = \boldsymbol{R} = \boldsymbol{O}$$

gewonnen. Nach Wahl einer Basis (vgl. Abschnitt 1.5.1) folgen hieraus gemäß Abschnitt 1.5.2 die drei *skalaren Gleichgewichtsbedingungen*

$$\sum F_{xi} = 0, \quad \sum F_{yi} = 0, \quad \sum F_{zi} = 0.$$

Hierbei ist über alle angreifenden Kräfte zu summieren!

Wir sprechen diese Bedingungen als "Gleichgewicht in x-Richtung" usw. an.
Hinweis: Da man für Gleichgewicht nur irgendwie $\boldsymbol{R} = \boldsymbol{O}$ (vektoriell) sicherstellen muß, kann man die Koordinatenachsen bzw. die Basisvektoren so legen, daß die Projektionen und die Rechnungen einfach werden.

1.5.4 Vorgehensweise bei einer Gleichgewichtsuntersuchung; Beispiel

Gegeben: Auf einer glatten schiefen Ebene ($\angle\alpha$, vgl. Lageplan in Bild 1.5.4a) liegt ein Klotz vom Gewicht G, der durch eine Kraft H gehalten wird.
Gesucht: Größe der Haltekraft H.

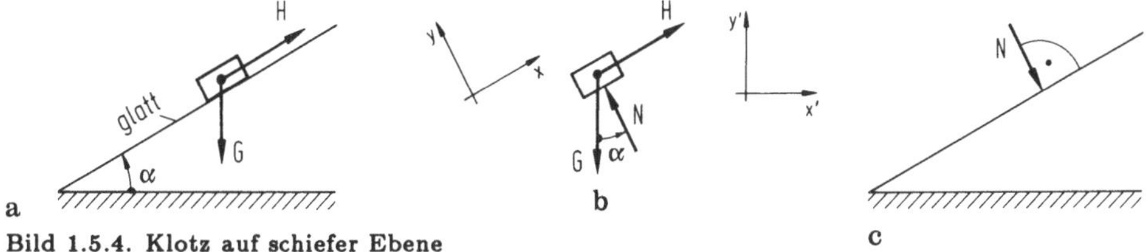

Bild 1.5.4. Klotz auf schiefer Ebene

Hinweis 1: "Glatt" bedeutet nach Axiom 7, daß eine Fläche nur Normalkräfte übertragen kann.
Lösung:
Der Klotz wird als *Punkt* aufgefaßt (Rechtfertigung dafür folgt in Abschnitt 1.15.3) und von der schiefen Ebene FREIGESCHNITTEN. Mit Rücksicht auf obigen Hinweis erhält man das in Bild 1.5.4b gezeigte Freikörper-Bild des Klotzes. (Die teilweise freigeschnittene Ebene, Bild 1.5.4c, interessiert nicht weiter.) Wir setzen die Gleichgewichtsbedingungen in zwei Formen an (vgl. Koordinaten x, y und x', y' in Bild 1.5.4b).

a) Koordinate x parallel zu schiefer Ebene, y senkrecht dazu.
Gleichgewicht in x-Richtung:

$$\Sigma F_{xi} = 0: \quad H - G \sin\alpha = 0;$$

man erhält $H = G \sin\alpha$.

b) Koordinaten x', y' parallel und senkrecht zur Grundfläche.
Gleichgewicht in x'-Richtung:

$$\Sigma F_{x'i} = 0: \quad H \cos\alpha - N \sin\alpha = 0;$$

Gleichgewicht in y'-Richtung:

$$\Sigma F_{y'i} = 0: \quad H \sin\alpha + N \cos\alpha - G = 0.$$

Man erhält hier zwei Gleichungen für die beiden unbekannten Kräfte H und N (nach N ist nicht gefragt). Das "schiefliegende" Koordinatensystem a) bietet offensichtlich Vorteile!

Hinweis 2: Das hier am Beispiel dargelegte Vorgehen gilt allgemein. Wichtig sind 1. ein korrekt freigeschnittener Körper, 2. ein klares Schnittbild, aus dem man die Kräfte und die geometrischen Verhältnisse – insbesondere die Winkel – eindeutig ablesen kann, 3. ein geschickt gewähltes Koordinatensystem und richtige Projektionen der Kräfte.

Zusammenfassen und Vereinfachen von Kräftesystemen

Wir greifen mehrere der auf einen starren Körper wirkenden Kräfte heraus und nennen sie *Kräftesystem* oder (gleichbedeutend) *Kräftegruppe*. Im Unterschied zur bisherigen Betrachtung sollen die einzelnen Kräfte nun nicht mehr an einem gemeinsamen Punkt angreifen. Ziel dieses Kapitels ist es, solche Kräftegruppen *zusammenzufassen* und dadurch zu *vereinfachen*. Dabei kommt es zunächst *nicht* auf das Gleichgewicht an. Deshalb sind in den Lageplänen nur die jeweils betrachteten Kräfte eingetragen.
Wir gehen zunächst von der *ebenen* Kräftegruppe aus, bei der alle Wirkungslinien w_i parallel zu einer Ebene liegen (in Skizzen meistens die Zeichenebene, vgl. Bild 1.6.1a), und bearbeiten sie in den Abschnitten 1.6 bis 1.8. In Abschnitt 1.9 verallgemeinern wir dann auf *räumliche* Kräftegruppen.

1.6 Die Resultierende eines ebenen Kräftesystems

1.6.1 Allgemeine Lage der Kräfte

Gegeben sei ein starrer Körper K, an dem drei Kräfte $\boldsymbol{F}_1, \boldsymbol{F}_2, \boldsymbol{F}_3$ angreifen. Der in Bild 1.6.1a skizzierte Lageplan zeige maßstäblich die Geometrie und die Kräfte, insbesondere die Lage der Wirkungslinien w_i.
Gesucht ist die Resultierende $\boldsymbol{R}$ (mit ihrer Wirkungslinie w_R), die die Wirkung der drei Kräfte ersetzt.
Lösung:
Da die Kräfte auf dem starren Körper K in ihren Wirkungslinien verschoben werden können (vgl. Abschnitt 1.1.4 und Folgerung 2 aus Axiom 3), läßt sich die Aufgabe schrittweise auf das Vorgehen in Abschnitt 1.4.1 zurückführen (vgl. Lageplan und Krafteck in Bild 1.6.1a bzw. b):
1. Wirkungslinien w_1, w_2 schneiden sich in Punkt A_{12}.
2. Kraft $\boldsymbol{F}_1$ wird längs w_1, $\boldsymbol{F}_2$ längs w_2 nach A_{12} verschoben.

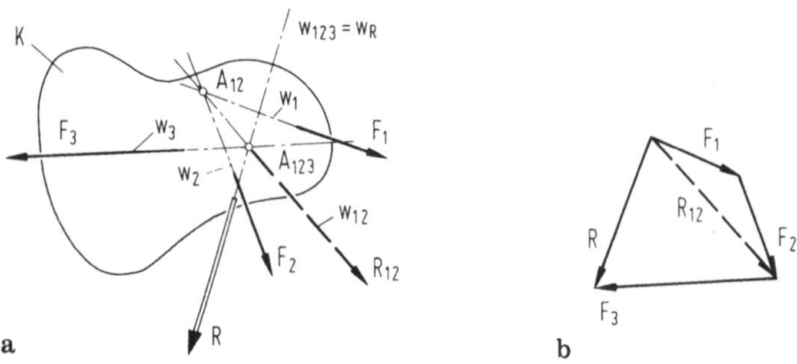

Bild 1.6.1. Reduktion eines ebenen Kräftesystems

3. Im Krafteck (Bild 1.6.1b) wird Resultierende $\boldsymbol{R}_{12} = \boldsymbol{F}_1 + \boldsymbol{F}_2$ gebildet.
4. Resultierende $\boldsymbol{R}_{12}$ ersetzt Wirkung von $\boldsymbol{F}_1, \boldsymbol{F}_2$, greift in A_{12} an und bestimmt Wirkungslinie w_{12}.
5. Wirkungslinien w_{12} und w_3 schneiden sich in Punkt A_{123}.
6. Kraft $\boldsymbol{R}_{12}$ wird längs w_{12}, $\boldsymbol{F}_3$ längs w_3 nach A_{123} verschoben.
7. Im Krafteck wird Resultierende $\boldsymbol{R} = \boldsymbol{R}_{12} + \boldsymbol{F}_3$ gebildet.
8. Resultierende $\boldsymbol{R}$ ersetzt Wirkung von $\boldsymbol{R}_{12}$ und $\boldsymbol{F}_3$ – also auch von $\boldsymbol{F}_1, \boldsymbol{F}_2, \boldsymbol{F}_3$ –, greift in A_{123} an und bestimmt Wirkungslinie w_R.

Hinweis 1: Man sieht (vgl. Bild 1.6.1b):

$$\boldsymbol{R} = \boldsymbol{F}_1 + \boldsymbol{F}_2 + \boldsymbol{F}_3.$$

Die Resultierende wird gebildet, wie wenn alle Kräfte $\boldsymbol{F}_i$ in einem Punkt angriffen (vgl. Abschnitt 1.4.1). Die geometrische Konstruktion im Lageplan (Bild 1.6.1a) ist erforderlich, um die Lage der Wirkungslinie w_R – den Punkt A_{123} – zu ermitteln.
Hinweis 2: Die Erweiterung auf mehr als drei Kräfte erfolgt durch aufeinanderfolgende Hinzunahme jeweils einer weiteren Kraft.
Hinweis 3: Die Kraftangriffspunkte A_{12} usw. und die Wirkungslinien w_{12} usw. brauchen nicht auf den Körper K zu treffen. Zum Rechnen ersetzt man den Körper dann gedanklich durch einen größeren (vgl. Axiom 4). Schneidet bei einer praktischen Aufgabe die Wirkungslinie w_R der Resultierenden $\boldsymbol{R}$ den Körper nicht, so muß man einen "Ausleger" oder "Hebel" anbringen, wenn $\boldsymbol{R}$ als Einzelkraft am Körper angreifen soll. (Eine andere Sichtweise werden wir in Abschnitt 1.7.3, Hinweis 2, kennenlernen.)

1.6.2 Zusammenfassen paralleler Kräfte

Die Konstruktion gemäß Abschnitt 1.6.1 gelingt nicht mehr, wenn man auf die Aufgabe stößt, die Resultierende von zwei *parallelen* Kräften zu ermitteln, weil sich deren Wirkungslinien nicht schneiden. Dann gelangt man durch *Hinzufügen* einer *Gleichgewichtsgruppe* (Axiom 3) zum Ziel.
Gegeben sei ein starrer Körper K, an dem zwei Kräfte $\boldsymbol{F}_1, \boldsymbol{F}_2$ mit parallelen Wirkungslinien w_1 bzw. w_2 angreifen, vgl. Bild 1.6.2a.
Gesucht ist die Resultierende $\boldsymbol{R}$ (mit ihrer Wirkungslinie w_R), die die Wirkung von $\boldsymbol{F}_1, \boldsymbol{F}_2$ ersetzt.
Lösung:
a) Zeichnerisch
Bild 1.6.2b zeigt einen modifizierten Lageplan, bei dem die Kraftangriffspunkte A_1, A_2 bequemlichkeitshalber auf gleiche Höhe gelegt wurden. Außerdem ist die Gleichgewichtsgruppe $\boldsymbol{P}, -\boldsymbol{P}$ mit $w_P \perp w_1$ hinzugefügt; dadurch wird die Wirkung der beiden Kräfte $\boldsymbol{F}_1, \boldsymbol{F}_2$ nicht beeinflußt (Axiom 3).

Wir bilden nun, vgl. Lageplan in Bild 1.6.2b und Krafteck in Bild 1.6.2c, die folgenden Zusammensetzungen:

$$\boldsymbol{R}_1 := \boldsymbol{F}_1 + \boldsymbol{P}, \quad \boldsymbol{R}_2 := \boldsymbol{F}_2 - \boldsymbol{P} \quad \text{sowie} \quad \boldsymbol{R} = \boldsymbol{R}_1 + \boldsymbol{R}_2 = \boldsymbol{F}_1 + \boldsymbol{F}_2.$$

Die Wirkungslinien w_1' von $\boldsymbol{R}_1$ und w_2' von $\boldsymbol{R}_2$ schneiden sich in A, und das ist der Angriffspunkt von $\boldsymbol{R}$ (dessen Wirkungslinie w_R natürlich parallel zu w_1, w_2 verläuft).

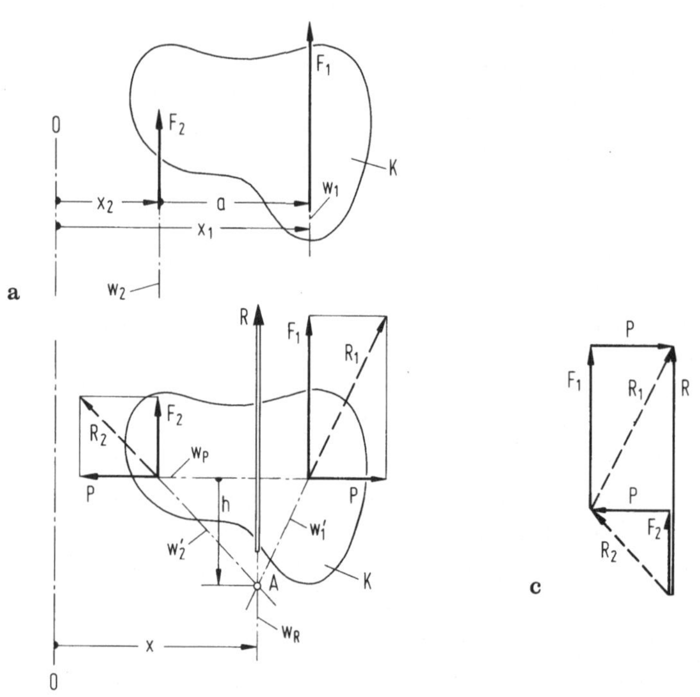

Bild 1.6.2. Zusammenfassen paralleler Kräfte

b) Rechnerisch

Wir führen eine (in Bild 1.6.2 strichpunktierte) Bezugsgerade $0-0$ parallel zu w_1, w_2 ein und vermaßen ihr gegenüber die Abstände von w_1, w_2 und w_R mit x_1, x_2 bzw. x. Mit Hilfe ähnlicher Dreiecke liest man aus Bild 1.6.2b ab:

$$(x_1 - x) : h = P : F_1, \quad (x - x_2) : h = P : F_2.$$

Nach Elimination der Hilfsgrößen P und h erhält man (vgl. auch Bild 1.6.2c):

$$x = \frac{x_1 F_1 + x_2 F_2}{R} \quad \text{mit} \quad R = F_1 + F_2.$$

Hinweis: Diese Aussagen gelten auch für negative x_i (links von $0-0$ liegende w_i) und negative F_i (entgegen den Pfeilen in Bild 1.6.2a orientierte Kräfte).

1.6.3 Sonderfall gleich großer, antiparalleler Kräfte

Im Sonderfall antiparalleler Kräfte gleichen Betrags gilt $\boldsymbol{F}_2 = -\boldsymbol{F}_1$. Setzt man $\boldsymbol{F}_1 = \boldsymbol{F}$ und $\boldsymbol{F}_2 = -\boldsymbol{F}$ (vgl. Bild 1.6.3), so folgt aus Abschnitt 1.6.2

$$\boldsymbol{R} = \boldsymbol{F} - \boldsymbol{F} = \boldsymbol{O},$$

die Resultierende verschwindet. Für den Abstand x ergibt sich formal ein unsinniges Ergebnis:

$$x = \frac{x_1 F - x_2 F}{R} = \frac{aF}{0}.$$

Es ist nicht möglich, zwei gleich große, antiparallele Kräfte durch eine Einzelkraft zu ersetzen!

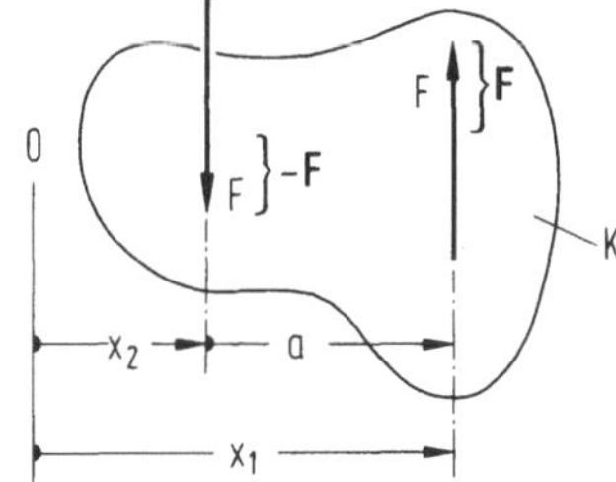

Bild 1.6.3. Kräftepaar

Zusammenfassung von Abschnitt 1.6

Ein ebenes Kräftesystem kann zu *einer* Resultierenden zusammengefaßt werden, es sei denn, die Resultierende verschwindet und ein Paar gleich großer, antiparalleler Kräfte mit einem Abstand $a \neq 0$ bleibt übrig.

1.7 Kräftepaar und Moment

1.7.1 Grundüberlegungen zum Kräftepaar

Das in Abschnitt 1.6.3 eingeführte Paar gleich großer, antiparalleler Kräfte $-\boldsymbol{F}$ und $\boldsymbol{F}$ im Abstand a, kurz *Kräftepaar* (engl. couple) genannt, läßt sich nicht weiter vereinfachen. Wir erweitern deshalb unsere Betrachtungsweise und führen auf seiner Grundlage das *Moment* als neuen physikalischen Begriff ein.

Bezeichnungen und Deutungen

Bild 1.7.1 zeigt das Kräftepaar $\{-\boldsymbol{F}, \boldsymbol{a}, \boldsymbol{F}\}$. Der Abstandspfeil $\boldsymbol{a} = a\boldsymbol{e}_a$ weise (senkrecht) von w_- nach w_+. Das Kräftepaar "versucht", den Körper K zu *drehen*; dies deutet man auch durch den beigefügten *Drehpfeil* $+$ an, wobei in der Regel die Linksdrehung positiv gezählt wird.

1.7.1. Kräftepaar mit Drehsinn

In der Sichtweise von Abschnitt 1.3.3 (Axiome 1 bis 3) entnimmt man Bild 1.7.1:

1. Die Resultierende verschwindet,

$$\boldsymbol{R} = -\boldsymbol{F} + \boldsymbol{F} = \boldsymbol{O};$$

das Kräftepaar hat keine "Tendenz", den Körper K zu verschieben.

2. Für $a = 0$ verschwindet die "Tendenz" des Kräftepaares, den Körper K zu drehen.

Die beiden Forderungen aus Axiom 1 (Abschnitt 1.3.3),

$$\boldsymbol{F}_1 + \boldsymbol{F}_2 = \boldsymbol{O} \quad \text{und} \quad a = 0,$$

schließen also gerade diese beiden Tendenzen aus.

Äquivalenz von Kräftepaaren

Gemäß den Abschnitten 1.1.4 und 1.3.3 (Axiom 3) können wir ein Kräftepaar $\{-\boldsymbol{F}, \boldsymbol{a}, \boldsymbol{F}\}$ in Richtung seiner Wirkungslinien w_-, w_+ verschieben.

Wir zeigen jetzt: Die Wirkungslinien lassen sich auch drehen, die Größen F *oder* a lassen sich frei vorgeben, ohne daß sich an der Wirkung auf den *starren* Körper K etwas ändert, wenn nur das *Produkt* aF seinen Wert beibehält.

Gegeben sei das Kräftepaar $\{-\boldsymbol{F}, \boldsymbol{a}, \boldsymbol{F}\}$ nach Bild 1.7.2a und zwei andere parallele Wirkungslinien w'_-, w'_+ im Abstand a', vgl. Bild 1.7.2b.

Gesucht ist die Kraft F' des Kräftepaares $\{-\boldsymbol{F}', \boldsymbol{a}', \boldsymbol{F}'\}$, das im Sinne der Axiome 1 bis 3 das Kräftepaar $\{-\boldsymbol{F}, \boldsymbol{a}, \boldsymbol{F}\}$ ersetzt.

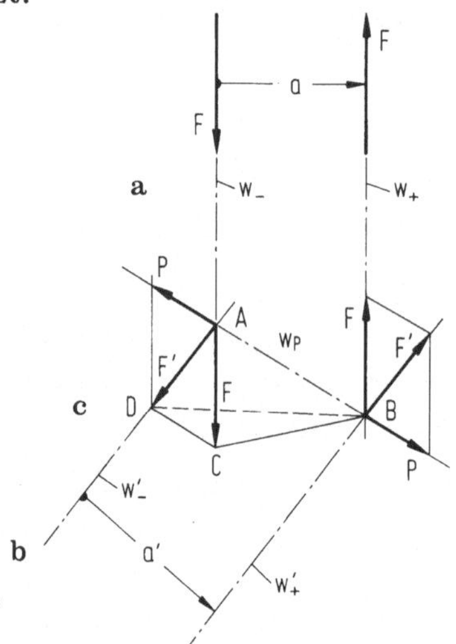

Bild 1.7.2. Äquivalente Kräftepaare

Lösung (vgl. Bild 1.7.2c):

Wir führen die folgende Konstruktion aus:

1. Schnittpunkte A und B von w_- mit w'_- bzw. von w_+ mit w'_+ aufsuchen.
2. Wirkungslinie w_P durch A, B legen.
3. Kräfte $-\boldsymbol{F}, \boldsymbol{F}$ nach A bzw. B schieben und Gleichgewichtsgruppe $-\boldsymbol{P}, \boldsymbol{P}$ so auf w_P legen, daß $-\boldsymbol{F}' := -\boldsymbol{F} - \boldsymbol{P}$ auf w'_- und $\boldsymbol{F}' := \boldsymbol{F} + \boldsymbol{P}$ auf w'_+ fällt.
4. Größe von F' aus maßstäblicher Zeichnung entnehmen.

Ähnlich kann man verfahren, wenn man $\boldsymbol{F}'$ vorgibt und nach $\boldsymbol{a}'$ fragt. Kräftepaare, wie $\{-\boldsymbol{F}, \boldsymbol{a}, \boldsymbol{F}\}$ und $\{-\boldsymbol{F}', \boldsymbol{a}', \boldsymbol{F}'\}$, die sich mit einer Konstruktion gemäß Bild 1.7.2 ineinander überführen lassen, sind auf dem *starren* Körper *äquivalent*.

Äquivalenzrelation

Aus Bild 1.7.2c liest man die folgenden Beziehungen ab:

1. Das Dreieck ABC hat die Fläche $aF/2$.
2. Die Dreiecke ABC und ABD haben die gleiche Fläche (gleiche Grundlinie AB und gleiche Höhe, denn $CD \parallel AB$).
3. Das Dreieck ABD hat die Fläche $a'F'/2$.

Daraus folgt die *Äquivalenzrelation:*

Zwei (in der gleichen Ebene liegende) Kräftepaare sind äquivalent, d.h.

$$\{-\boldsymbol{F}, \boldsymbol{a}, \boldsymbol{F}\} \sim \{-\boldsymbol{F}', \boldsymbol{a}', \boldsymbol{F}'\},$$

wenn sie die folgende Bedingung erfüllen:

$$aF = a'F'.$$

1.7.2 Moment

Definition

Die Menge (Klasse) aller *äquivalenten Kräftepaare* $\{-\boldsymbol{F}, \boldsymbol{a}, \boldsymbol{F}\}$ – mit *gleichem* Produkt aF und *gleichem* Drehsinn – fassen wir zum *Moment*

$$M = aF$$

zusammen, vgl. Bild 1.7.3a, b.

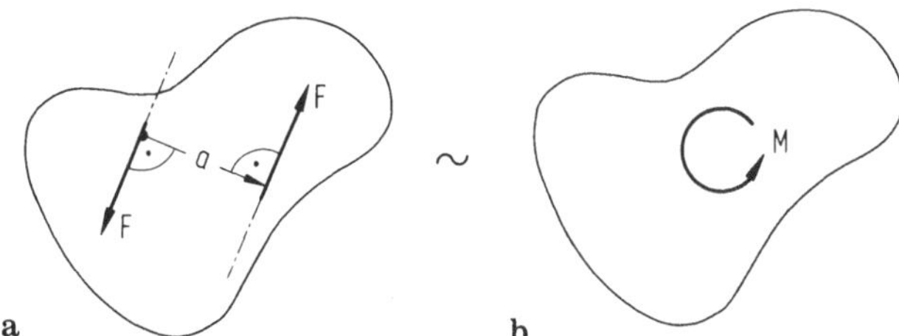

Bild 1.7.3. Kräftepaar und Moment

Die Bezeichnung des Moments durch den Drehpfeil und den Buchstaben M, vgl. Bild 1.7.3b, ist genauso als Richtungspfeil und Maßzahl zu lesen wie die Kraftbezeichnung in Abschnitt 1.2.3.

Vom mathematischen Standpunkt handelt es sich beim Moment M um eine *Äquivalenzklasse,* und irgendein herausgegriffenes Kräftepaar $\{-\boldsymbol{F}, \boldsymbol{a}, \boldsymbol{F}\}$ ist ein *Repräsentant* dieser Klasse, die im allgemeinen noch andere Elemente enthält, wie zum Beispiel "Biegemomente" und "Drehmomente" (vgl. Kapitel 2).

Dimension, Einheit (vgl. Abschnitt 1.1.6)

Dimension: $\dim M = \dim(aF) = \dim a \cdot \dim F = \mathbf{L} \cdot \mathbf{K}$.

Einheiten: $[M] = \mathrm{N\,m}$ oder in der älteren Darstellungsweise $[M] = \mathrm{kp\,m}$.

Vektordarstellung des Moments

Bild 1.7.4a zeigt ein Kräftepaar. Dabei haben wir an Stelle des senkrechten Verbindungsvektors $\boldsymbol{a}$ von w_- und w_+ den beliebigen Verbindungsvektor $\boldsymbol{r}$ gezeichnet. (Vergleich mit Bild 1.7.1 liefert $a = |\boldsymbol{r}| \sin \gamma$). Wir bezeichnen das Kräftepaar dann auch mit $\{-\boldsymbol{F}, \boldsymbol{r}, \boldsymbol{F}\}$.

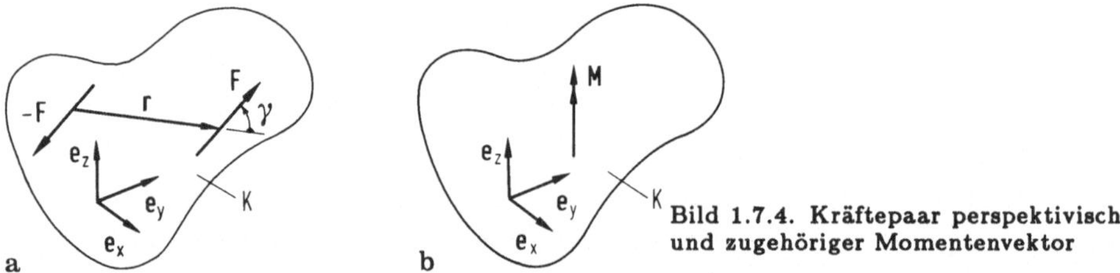

Bild 1.7.4. Kräftepaar perspektivisch und zugehöriger Momentenvektor

Liege die Basis $(\boldsymbol{e}_x, \boldsymbol{e}_y, \boldsymbol{e}_z)$ in Bild 1.7.4 mit den Einheitsvektoren $\boldsymbol{e}_x$ und $\boldsymbol{e}_y$ in der von $\boldsymbol{r}$ und $\boldsymbol{F}$ aufgespannten Ebene; $\boldsymbol{e}_z$ steht dann senkrecht darauf. Man definiert nun

$$\boldsymbol{M} := \boldsymbol{e}_z M = \boldsymbol{e}_z a F = \boldsymbol{e}_z |\boldsymbol{r}||\boldsymbol{F}| \sin \gamma$$

als senkrecht auf der Ebene von $\{-\boldsymbol{F}, \boldsymbol{r}, \boldsymbol{F}\}$ stehenden *Vektor* der "Länge" M (vgl. Bild 1.7.4b). Es ist recht üblich, den Momentenvektor durch eine doppelte Pfeilspitze vom Kraftvektor zu unterscheiden; wir sprechen kurz vom "Doppelpfeil". Der Drehsinn wird dabei durch Richtung und Orientierung des Doppelpfeils erfaßt, wenn man ihn mit dem Drehpfeil über eine *Rechtsschraubung* gemäß Bild 1.7.5 verknüpft:

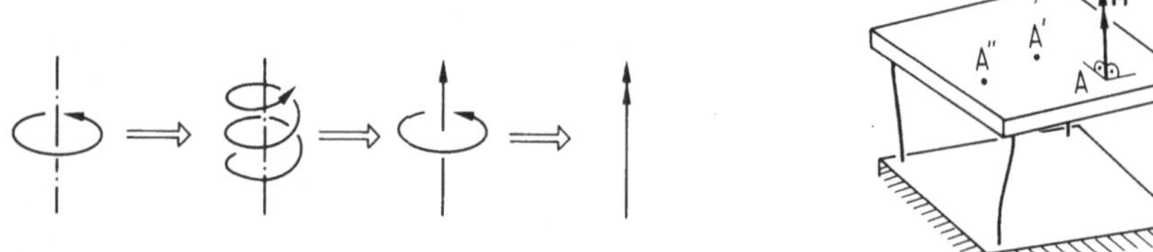

Bild 1.7.5. Rechtsschraubung

Bild 1.7.6. Tisch unter der Wirkung eines Momentes

Hinweis 1: Man bezeichnet $\boldsymbol{M}$ nun wahlweise durch Drehpfeil mit Maßzahl (vgl. Bild 1.7.3b) oder durch Einheitsvektor und Maßzahl (vgl. Bild 1.7.6 mit Bild 1.2.10).

Hinweis 2: Der obige Ausdruck $\boldsymbol{M} = \boldsymbol{e}_z |\boldsymbol{r}||\boldsymbol{F}| \sin \gamma$ fällt mit dem Kreuzprodukt der Vektorrechnung zusammen:

$$\boldsymbol{M} = \boldsymbol{r} \times \boldsymbol{F}.$$

Wir gehen im Abschnitt 1.9.1 noch näher darauf ein.

Wegen $\boldsymbol{F} \times \boldsymbol{r} = -\boldsymbol{r} \times \boldsymbol{F}$ kommt es bei $\boldsymbol{M} = \boldsymbol{r} \times \boldsymbol{F}$ auf die richtige Reihenfolge der Faktoren an! Der Vektor $\boldsymbol{r}$ weist von $-\boldsymbol{F}$ nach $\boldsymbol{F}$; s. Bild 1.7.4.

Verschiebbarkeit eines Moments

Gemäß Abschnitt 1.7.1 sind auf einem ebenen starren Körper alle Kräftepaare mit gleichem Moment äquivalent (vgl. Abschnitt 1.9.1 zur Aussage für den Raum). Dies bedeutet: Der Momentenvektor $\boldsymbol{M}$ darf auf dem *starren* Körper K *frei* verschoben werden. Deshalb nennt man $\boldsymbol{M}$ auch "freien" Vektor (die Kraft

ist dagegen nur "linienflüchtig", vgl. Abschnitt 1.1.5); diese verschiedenen Eigenschaften legen auch unterschiedliche Bezeichnungen – durch Doppel- bzw. Einfachpfeil – nahe.
Zur Veranschaulichung der Konsequenzen dieser Aussage diene die Tischplatte auf biegsamen Beinen nach Bild 1.7.6: Die Verdrehung der Platte unter der Wirkung des Moments $\boldsymbol{M}$ ist dieselbe, gleichgültig, ob es bei A, A' oder A'' angreift (vgl. Kraft in Bild 1.1.7).

1.7.3 Moment einer Einzelkraft bezogen auf einen vorgegebenen Punkt

Gegeben sei ein Körper K, auf den die Kraft $\boldsymbol{F}$ (Wirkungslinie w_0) wirkt, ein Bezugspunkt A und der Abstandsvektor $\boldsymbol{a}$ oder der Vektor $\boldsymbol{r}$, vgl. Bild 1.7.7a. *Gesucht* ist ein Weg, wie man $\boldsymbol{F}$ wirkungsgleich – aus w_0 heraus – nach A parallel verschieben kann.

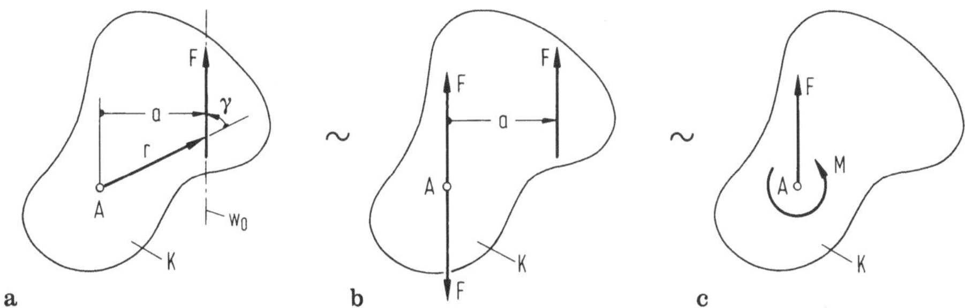

Bild 1.7.7. Moment einer Einzelkraft

Lösung:
Man legt die Gleichgewichtsgruppe $-\boldsymbol{F}, \boldsymbol{F}$ auf den Punkt A (vgl. Bild 1.7.7b), faßt $\{-\boldsymbol{F}, \boldsymbol{a}, \boldsymbol{F}\}$ als Kräftepaar auf und erhält, vgl. Bild 1.7.7c, als wirkungsgleiche Belastung die nach A parallel verschobene Kraft $\boldsymbol{F}$ *zusammen* mit dem zusätzlichen Moment $M = aF$.
Ergebnis: Verschiebt man eine Kraft parallel aus ihrer Wirkungslinie heraus, Bild 1.7.7a bis Bild 1.7.7c, so tritt ein Moment hinzu.
Hinweis 1: Der Momentenvektor $\boldsymbol{M}$ in Bild 1.7.7c ist frei verschieblich, man trägt ihn allerdings oft in der Nähe des Bezugspunktes ein.
Ausdrucksweise: Man nennt – unpräzise aber einprägsam – "$\boldsymbol{M}$ das Moment der (Einzel-) Kraft $\boldsymbol{F}$ bezüglich des Punktes A". Den Abstand a, von A nach w_0, nennt man "Hebelarm".
Rezept: Will man $\boldsymbol{F}$ parallel in einen Punkt A verschieben (Übergang von Bild 1.7.7a nach Bild 1.7.7c), so trage man $\boldsymbol{F}$ in A an und füge unter Beachtung des Drehsinns – von "$\boldsymbol{F}$ um A" – (vgl. Bild 1.7.7a und c) das Moment $M = aF$ – "Hebelarm mal Kraft" – hinzu.
Hinweis 2: Mit Hilfe der in Bild 1.7.7 gezeigten Parallelverschiebung kann man in dem in Abschnitt 1.6.1, Hinweis 3, genannten Fall die Resultierende stets mit dem Körper K zum Schnitt bringen, indem man ein Moment hinzufügt.

1.8 Das Arbeiten mit Momenten

In diesem Abschnitt üben wir das Umgehen mit Momenten.

1.8.1 Resultierendes Moment, Momentengleichgewicht

Resultierendes Moment

Gegeben: Ein Körper K, an dem zwei Kräftepaare $\{-\boldsymbol{F}_1, \boldsymbol{a}_1, \boldsymbol{F}_1\}, \{-\boldsymbol{F}_2, \boldsymbol{a}_2, \boldsymbol{F}_2\}$, vgl. Bild 1.8.1a, oder – äquivalent – zwei Momente $\boldsymbol{M}_1$ bzw. $\boldsymbol{M}_2$, vgl. Bild 1.8.1b, angreifen. Gemäß Abschnitt 1.7.2 gelten $M_1 = a_1 F_1$, $M_2 = a_2 F_2$. *Gesucht* ist das aus den Kräftepaaren bzw. den Momenten resultierende Moment M_{res}.

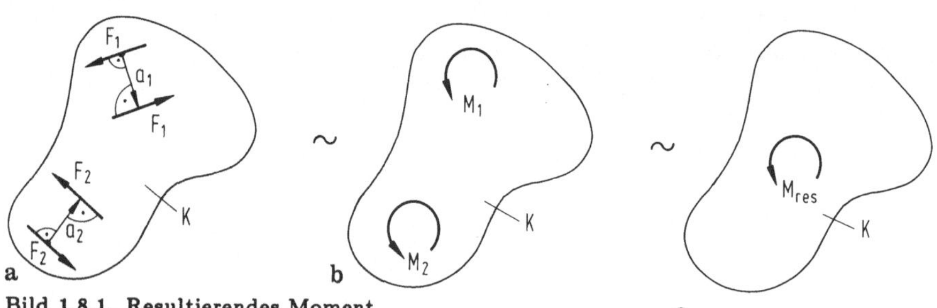

Bild 1.8.1. Resultierendes Moment

Lösung:

Nach Abschnitt 1.7.1 ist es möglich, zu $\{-\boldsymbol{F}_1, \boldsymbol{a}_1, \boldsymbol{F}_1\}$ und $\{-\boldsymbol{F}_2, \boldsymbol{a}_2, \boldsymbol{F}_2\}$ die äquivalenten Kräftepaare $\{-\boldsymbol{F}_1', \boldsymbol{a}, \boldsymbol{F}_1'\}$ bzw. $\{-\boldsymbol{F}_2', \boldsymbol{a}, \boldsymbol{F}_2'\}$ mit gleichem $\boldsymbol{a}$ und zusammenfallenden Wirkungslinien zu zeichnen. Mithin gilt

$$\{-\boldsymbol{F}_1, \boldsymbol{a}_1, \boldsymbol{F}_1\} + \{-\boldsymbol{F}_2, \boldsymbol{a}_2, \boldsymbol{F}_2\}$$

$$\sim \{-\boldsymbol{F}_1', \boldsymbol{a}, \boldsymbol{F}_1'\} + \{-\boldsymbol{F}_2', \boldsymbol{a}, \boldsymbol{F}_2'\} = \{-\boldsymbol{F}_1' - \boldsymbol{F}_2', \boldsymbol{a}, \boldsymbol{F}_1' + \boldsymbol{F}_2'\} .$$

Daraus folgt (vgl. Bild 1.8.1c)

$$a_1 F_1 + a_2 F_2 = M_1 + M_2 = M_{res}.$$

Momentengleichgewicht

Ersetzt man M_{res} in Bild 1.8.1c durch ein beliebiges Kräftepaar $\{-\boldsymbol{F}, \boldsymbol{a}, \boldsymbol{F}\}$ als Repräsentanten, so herrscht nach Axiom 1 am Körper K – unter der Wirkung von M_{res} allein – Gleichgewicht, wenn $-\boldsymbol{F}$ und $\boldsymbol{F}$ aufeinanderfallen, also $\boldsymbol{a} = \boldsymbol{O}$ gilt. Die Forderung $a = 0$ in Axiom 1 führt auf die Bedingung für *Momentengleichgewicht*

$$M_{res} = 0.$$

Reaktionsprinzip für Momente

Gemäß den Überlegungen in den Abschnitten 1.7.1 und 1.7.2 überträgt sich das 3. Newtonsche Gesetz (Axiom 6) auf Momente: Zwei zunächst miteinander verbundene Körper K_1 und K_2 werden durch einen Schnitt voneinander befreit. Der Körper K_2 übe auf den Körper K_1 das Moment $\boldsymbol{M}$ aus; dann übt der Körper K_1 auf den Körper K_2 das Moment $-\boldsymbol{M}$ aus.

Bild 1.8.2a zeigt als Beispiel einen aus Motor und Kreiselpumpe bestehenden Pumpensatz. Ein Schnitt zwischen dem Anker des Motors (Körper K_1) und dem Rotor der Pumpe (Körper K_2) legt das Momentenpaar $-\boldsymbol{M}, \boldsymbol{M}$ frei (vgl. Bild 1.8.2b).

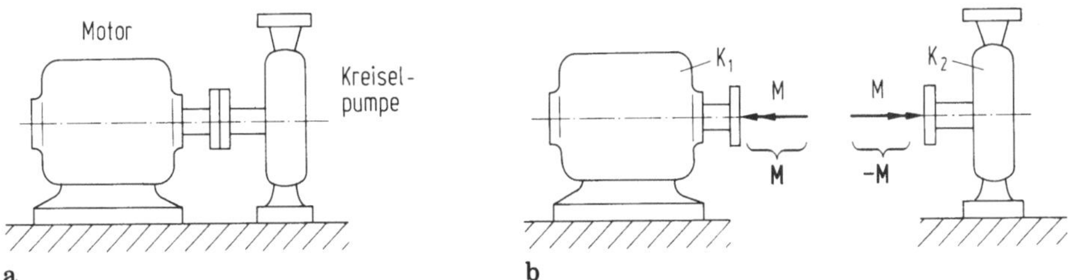

Bild 1.8.2. Reaktionsmomente an einem Pumpenansatz

Das Moment $-\boldsymbol{M}$ treibt die Pumpe an, das Moment $\boldsymbol{M}$ hemmt den Motor (ohne es würde sich seine Drehung beschleunigen).

1.8.2 Der Momentensatz für das ebene Kräftesystem

Der *Satz* lautet: Das Moment der Resultierenden mehrerer Kräfte bezüglich eines gegebenen Punktes A ist gleich der Summe der Momente der Einzelkräfte um diesen Punkt (vgl. Abschnitt 1.7.3).

Beweis des Satzes für zwei Kräfte

Alle vier in Bild 1.8.3 gezeigten Lastfälle sind äquivalent, da sie sich durch die Operationen aus den Abschnitten 1.6 und 1.7 ineinander überführen lassen.

Ergebnis:

$$M = aR = a_1F_1 + a_2F_2, \quad \text{wo} \quad \boldsymbol{R} = \boldsymbol{F}_1 + \boldsymbol{F}_2.$$

Die Verallgemeinerung auf mehr als zwei Kräfte erfolgt durch schrittweises Hinzufügen einer weiteren Kraft. Man erhält

$$M = aR = \overset{\curvearrowleft}{\underset{+}{\sum}} a_iF_i, \quad \text{wo} \quad \boldsymbol{R} = \sum \boldsymbol{F}_i.$$

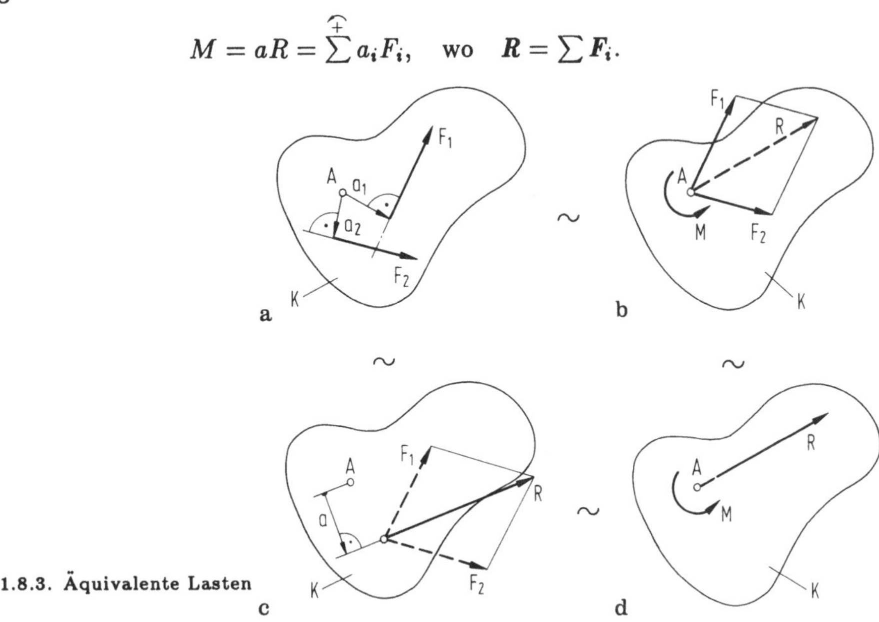

Bild 1.8.3. Äquivalente Lasten

Dabei erinnert der Drehpfeil über dem Summenzeichen an die als positiv gewählte Drehrichtung, vgl. Bild 1.7.1. Es muß über ALLE betrachteten Kräfte summiert werden; vgl. Hinweis in Abschnitt 1.5.2.
Hinweis: Ist $\boldsymbol{R} \neq \boldsymbol{O}$, so kann man in der Ebene den Punkt A so wählen, daß $M = 0$ wird.

1.8.3 Anwendungsbeispiele für den ebenen Fall

Vereinfachte Momentenberechnung

Gegeben: Die Kraft F greift unter dem Winkel α am Punkt (x, y) des Körpers K an, vgl. Bild 1.8.4.
Gesucht: Moment M von F um den Ursprung 0.
Lösung:
Zerlegung von "Resultierender" $\boldsymbol{F}$ in horizontale und vertikale Komponente, $(F\cos\alpha, F\sin\alpha)^T$, liefert:

$$M = \overset{\curvearrowleft +}{\sum} a_i F_i = F(x\sin\alpha - y\cos\alpha).$$

Aus der Figur liest man $M = -Fa$ ab; man hat eine Bestimmungsgleichung für a.

Lage einer Resultierenden

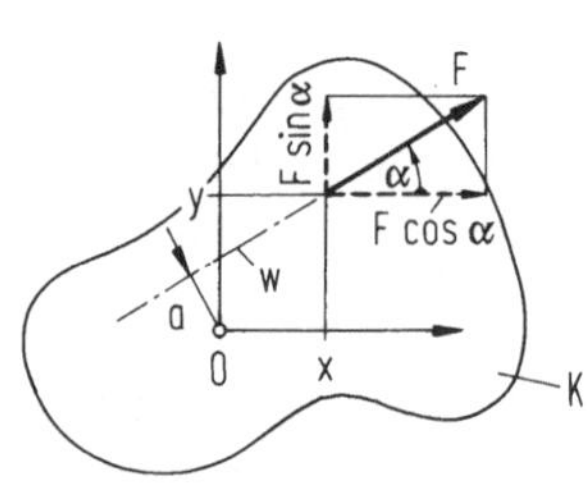

Bild 1.8.4. Moment einer Einzelkraft

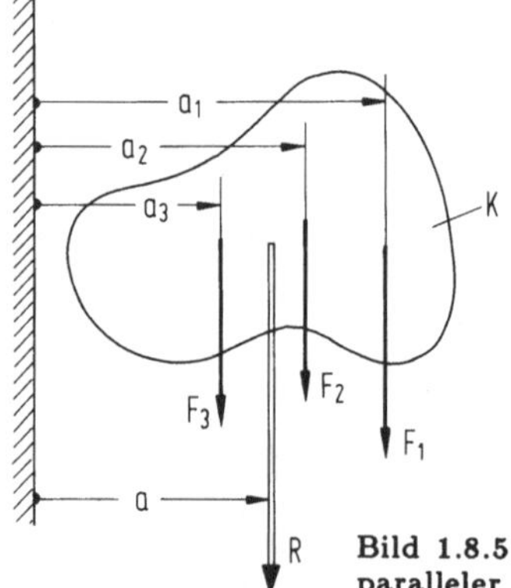

Bild 1.8.5. Resultierende paralleler Kräfte

Der Momentensatz $aR = \sum a_i F_i$, vgl. Bild 1.8.3, liefert den Hebelarm a der Resultierenden $\boldsymbol{R}$, indem man $\boldsymbol{R}$ graphisch, vgl. Abschnitt 1.4.1, oder rechnerisch, vgl. Abschnitt 1.5.2, bestimmt und $M = \sum a_i F_i$ berechnet.
Beispiel: Wir betrachten das System nach Bild 1.8.5 (vgl. Abschnitt 1.6.2).
Gegeben: Parallele Kräfte F_i mit Abständen a_i von einer Bezugsparallelen.
Gesucht: Resultierende R und deren Abstand a.
Lösung:
Aus Bild 1.8.5 liest man ab

$$R = \sum F_i, \quad M = \overset{\curvearrowleft +}{\sum} a_i F_i.$$

Der Momentensatz liefert

$$a = \frac{\sum a_i F_i}{R}.$$

Aufgabe: Man zeige, daß die Lage von $\boldsymbol{R}$ relativ zu den $\boldsymbol{F}_i$ nicht von der Wahl der Bezugslinie abhängt.

1.9 Räumliche Kräftesysteme

Wir beschränken uns auf die Angabe der wesentlichen Ergebnisse für ein rechnerisches Vorgehen parallel zu den Abschnitten 1.7 und 1.8. Die Einzelheiten überlege man sich selbst, sie unterscheiden sich von den vorangehenden nur durch größeren Aufwand, neue Begriffe sind nicht erforderlich.

1.9.1 Vektorform des Moments, Moment um einen Punkt

Für das am Körper K nach Bild 1.9.1a allgemein räumlich angreifende Kräftepaar $\{-\boldsymbol{F}, \boldsymbol{r}, \boldsymbol{F}\}$ erhält man parallel zu Abschnitt 1.7.2 den *Momentenvektor*

$$\boldsymbol{M} = \boldsymbol{r} \times \boldsymbol{F},$$

vgl. Bild 1.9.1b. Der Vektor $\boldsymbol{M}$ ist auf dem Körper K frei verschiebbar.

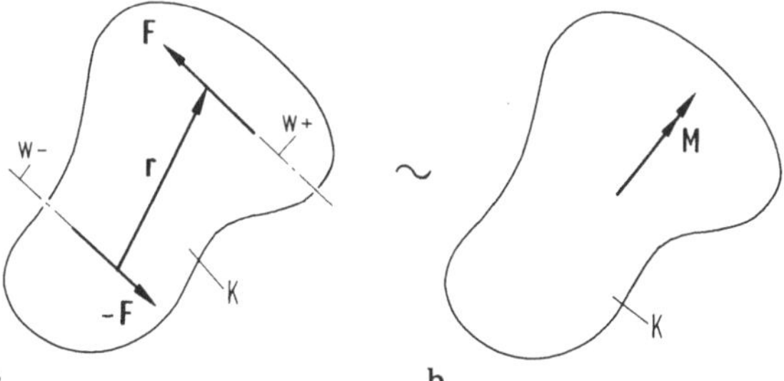

Bild 1.9.1. Räumliches Kräftepaar a b

Sind die Vektoren $\boldsymbol{r}$ und $\boldsymbol{F}$ in Komponenten bezüglich der kartesischen Basis $(\boldsymbol{e}_x, \boldsymbol{e}_y, \boldsymbol{e}_z)$ gemäß Bild 1.9.2a gegeben,

$$\boldsymbol{r} = \boldsymbol{e}_x x + \boldsymbol{e}_y y + \boldsymbol{e}_z z, \quad \boldsymbol{F} = \boldsymbol{e}_x F_x + \boldsymbol{e}_y F_y + \boldsymbol{e}_z F_z,$$

so liefert das Kreuzprodukt für das Moment $\boldsymbol{M}$ den Ausdruck

$$\begin{aligned} \boldsymbol{M} = \boldsymbol{r} \times \boldsymbol{F} &= \begin{vmatrix} \boldsymbol{e}_x & \boldsymbol{e}_y & \boldsymbol{e}_z \\ x & y & z \\ F_x & F_y & F_z \end{vmatrix} \\ &= \boldsymbol{e}_x(yF_z - zF_y) + \boldsymbol{e}_y(zF_x - xF_z) + \boldsymbol{e}_z(xF_y - yF_x) \\ &=: \boldsymbol{e}_x M_x + \boldsymbol{e}_y M_y + \boldsymbol{e}_z M_z. \end{aligned}$$

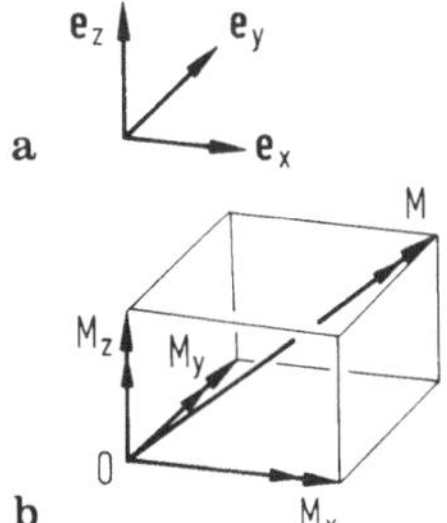

Bild 1.9.2. Komponenten und Koordinaten eines Momentes a b c

In der letzten Zeile stehen die Komponenten von $\boldsymbol{M}$ bezüglich der Basis ($\boldsymbol{e}_x, \boldsymbol{e}_y, \boldsymbol{e}_z$); vgl. Bild 1.9.2b mit dem Bild 1.5.1 für die Kraft. Wegen der Schraubenregel nach Bild 1.7.5 kann man die Komponenten wahlweise als Momentenvektoren in Richtung der Basisvektoren ansehen, vgl. Bild 1.9.2b, oder als Momente – Drehpfeile – um die Achsen eines in einen Körperpunkt 0 gelegten Koordinatensystems auffassen, vgl. Bild 1.9.2c.
Wenn 0 für den Bezugspunkt (vgl. Punkt A in Abschnitt 1.7.3) steht, ist $\boldsymbol{M} = \boldsymbol{r} \times \boldsymbol{F}$ das "Moment von $\boldsymbol{F}$ um den Punkt 0"; vgl. das Beispiel in Abschnitt 1.9.2.

1.9.2 Zusammenfassen eines räumlichen Kräftesystems

Gegeben sei ein starrer Körper K, auf den ein räumliches Kräftesystem $\boldsymbol{F}_i$ wirkt (Bild 1.9.3a zeigt zwei der Kräfte).
Gesucht sind für einen gewählten Bezugspunkt 0 die resultierende Kraft $\boldsymbol{R}$ und das resultierende Moment $\boldsymbol{M}_{\text{res}}$.

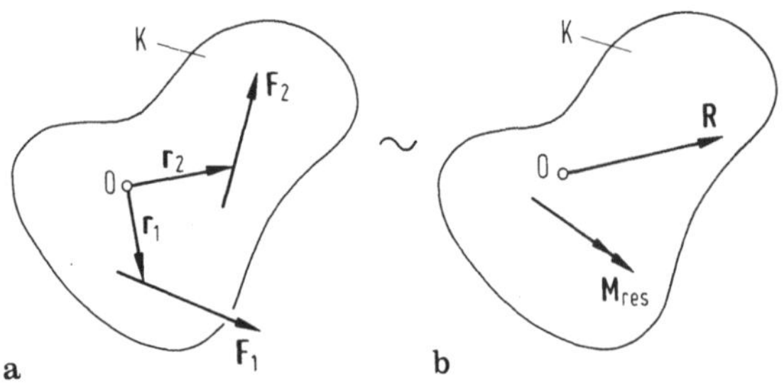

Bild 1.9.3. Resultierende Kraft und resultierendes Moment für ein räumliches Kräftesystem

Lösung:
Nach der Wahl des Bezugspunktes 0 liegen die Vektoren $\boldsymbol{r}_i$ von 0 zu den Wirkungslinien w_i der Kräfte $\boldsymbol{F}_i$ fest, vgl. Bild 1.9.3a.
Entsprechend dem Vorgehen in den Abschnitten 1.7.3 und 1.8.2, verschiebt man alle Kräfte $\boldsymbol{F}_i$ parallel in den Punkt 0 und erhält (vgl. Bild 1.9.3b)

die resultierende Kraft $\quad \boldsymbol{R} = \sum \boldsymbol{F}_i,$

das resultierende Moment $\quad \boldsymbol{M}_{\text{res}}^{(0)} = \sum \boldsymbol{r}_i \times \boldsymbol{F}_i.$

Hinweis: Bei einem Wechsel des Bezugspunktes bleibt $\boldsymbol{R}$ fest, $\boldsymbol{M}_{\text{res}}$ ändert sich. Im Raum gibt es im allgemeinen jedoch keinen Bezugspunkt 0′, für den $\boldsymbol{M}_{\text{res}}$ verschwindet (vgl. den Hinweis auf das ebene System in Abschnitt 1.8.2). Durch Parallelverschiebung von $\boldsymbol{R}$ kann man lediglich die zu $\boldsymbol{R}$ senkrechte Komponente von $\boldsymbol{M}_{\text{res}}$ zum Verschwinden bringen. Das dann zueinander parallele Paar $\boldsymbol{R}, \boldsymbol{M}_{\text{res}}$ nennt man *Kraftschraube* oder *Dyname*.

Beispiel

Gegeben ist ein Körper K, an dem im Punkt P die beiden Kräfte $\boldsymbol{F}_1$, $\boldsymbol{F}_2$ angreifen. Bezogen auf den Punkt 0 und die skizzierte Basis sind der Vektor $\boldsymbol{r} = \overrightarrow{0P}$ mit $|\boldsymbol{r}| = r$ und die beiden Winkel α, β vermaßt. Die Kräfte $\boldsymbol{F}_1$, $\boldsymbol{F}_2$ liegen parallel zur Ebene $y = 0$ bzw. parallel zur y-Achse. Bekannt sind $|\boldsymbol{F}_1| = F_1$, $|\boldsymbol{F}_2| = F_2$ und der Winkel γ.

Gesucht: Resultierende Kraft und Moment $\boldsymbol{M}_{\text{res}}^{(0)}$ für den Bezugspunkt 0.

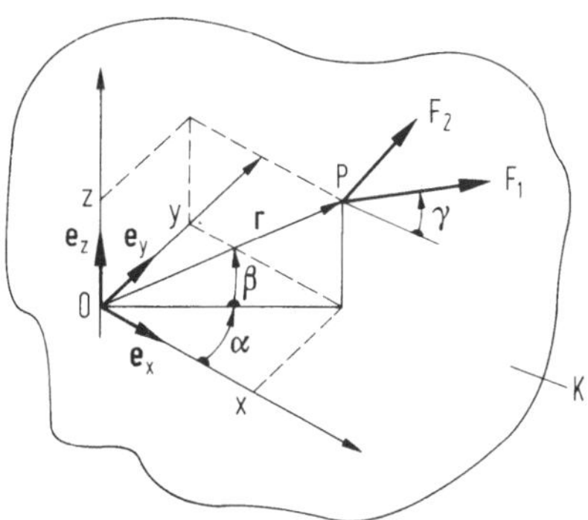

Bild 1.9.4. Körper mit angreifenden Kräften

Lösung:

Resultierende Kraft:

$$\begin{aligned}\boldsymbol{R} = \boldsymbol{F}_1 + \boldsymbol{F}_2 &= (F_1\cos\gamma, 0, F_1\sin\gamma)^T + (0, F_2, 0)^T \\ &= (F_1\cos\gamma, F_2, F_1\sin\gamma)^T =: (F_x, F_y, F_z)^T.\end{aligned}$$

Resultierendes Moment:

$$\boldsymbol{M}_{\text{res}} = \boldsymbol{r}\times\boldsymbol{F}_1 + \boldsymbol{r}\times\boldsymbol{F}_2 = \boldsymbol{r}\times(\boldsymbol{F}_1+\boldsymbol{F}_2) = \boldsymbol{r}\times\boldsymbol{R},$$

wo $\boldsymbol{r} = \big(r\cos\alpha\cos\beta,\ r\sin\alpha\cos\beta,\ \sin\beta)^T =: (x, y, z)^T$.

Formale Rechnung:

$$\boldsymbol{M} = \begin{vmatrix} \boldsymbol{e}_x & \boldsymbol{e}_y & \boldsymbol{e}_z \\ x & y & z \\ F_x & F_y & F_z \end{vmatrix} = \begin{pmatrix} yF_z - zF_y \\ zF_x - xF_z \\ xF_y - yF_x \end{pmatrix} = \begin{pmatrix} rF_1\sin\alpha\cos\beta\sin\gamma - rF_2\sin\beta \\ rF_1(\sin\beta\cos\gamma - \cos\alpha\cos\beta\sin\gamma) \\ rF_2\cos\alpha\cos\beta - rF_1\sin\alpha\cos\beta\cos\gamma \end{pmatrix}^T.$$

Momente um Achsen (anschaulich, entsprechend Aufgabe zu Bild 1.8.4):

$$\begin{aligned} M_x &= rF_1\sin\alpha\cos\beta\sin\gamma - rF_2\sin\beta\ , \\ M_y &= rF_1(\sin\beta\cos\gamma - \cos\alpha\cos\beta\sin\gamma)\ , \\ M_z &= rF_2\cos\alpha\cos\beta - rF_1\sin\alpha\cos\beta\cos\gamma\ . \end{aligned}$$

Aufgabe: Wählen Sie Zahlenwerte für $r, F_1, F_2, \alpha, \beta, \gamma$ und tragen Sie $\boldsymbol{M}$ in das Koordinatensystem von Bild 1.9.4 ein.

Statisches Gleichgewicht von Körpern

1.10 Gleichgewichtsbedingungen für einen starren Körper

1.10.1 Gleichgewichtsbedingungen bei einem ebenen Kräftesystem

Gegeben sei ein *freigeschnittener* starrer Körper K mit ALLEN auf ihn wirkenden Kräften $\boldsymbol{F}_k$ $(k = 1, 2, ...)$ und Momenten $\boldsymbol{M}_j$ $(j = 1, 2, ...)$. Das *Freikörper-Bild* 1.10.1a zeigt nur je zwei der Kräfte und Momente.
Gesucht sind die Gleichgewichtsbedingungen.

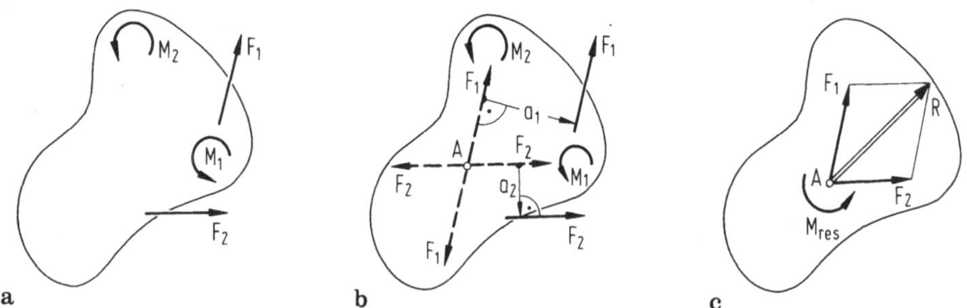

Bild 1.10.1. Gleichgewicht beim ebenen Kräftesystem

Lösung:
Im ersten Schritt faßt man die Kräfte $\boldsymbol{F}_k$ und die Momente $\boldsymbol{M}_j$ zu Resultierenden zusammen. Dazu wird ein Bezugspunkt A gewählt, und man bestimmt die Hebelarme $\boldsymbol{a}_k$ der Kräfte $\boldsymbol{F}_k$ (vgl. Bild 1.10.1b). Die Kräfte $\boldsymbol{F}_k$ selbst werden durch Anbringen von Gleichgewichtsgruppen $-\boldsymbol{F}_k, \boldsymbol{F}_k$ in den Punkt A verschoben (vgl. Abschnitt 1.7.3 und Bild 1.10.1b). Im zweiten Schritt bildet man (gemäß den Abschnitten 1.4.1 oder 1.5.2) die am Punkt A angreifende *resultierende Kraft*

$$\boldsymbol{R} = \sum \boldsymbol{F}_k = \boldsymbol{F}_1 + \boldsymbol{F}_2 + ...$$

und (gemäß den Abschnitten 1.7.3, 1.8.1 und 1.8.2) *das resultierende Moment* "um den Punkt A" – um eine bei A senkrecht aus der Blattebene tretende Achse:

$$M_{res}^{(A)} = \overset{\curvearrowleft +}{\sum} M_i^{(A)} = \overset{\curvearrowleft +}{\sum} M_j + \overset{\curvearrowleft +}{\sum} a_k F_k = M_1 + M_2 + ... + a_1 F_1 + a_2 F_2 + ...$$

Hier weisen die Drehpfeile auf die als positiv gewählte Drehrichtung hin; $\sum M_i^{(A)}$ steht für die Summe ALLER Momente um A, die sich aus der Summe $\sum M_j$ der als Momente vorgegebenen Lasten und der Summe $\sum a_k F_k$ der von den Kräften F_k um A ausgeübten Momente zusammensetzt.
Bild 1.10.1c zeigt den mit $\boldsymbol{R}$ und $\boldsymbol{M}_{res}$ belasteten Körper. Für ihn formulieren wir im dritten Schritt die Gleichgewichtsbedingungen:

Kräftegleichgewicht herrscht (s. Abschnitte 1.4.2 und 1.5.3), wenn

$$\sum \boldsymbol{F}_k = \boldsymbol{R} = \boldsymbol{O} \qquad \text{(entspricht erster Aussage von Axiom 1)},$$

Momentengleichgewicht herrscht (s. Abschnitt 1.8.1), wenn

$$\sum \boldsymbol{M}_i^{(A)} = \boldsymbol{M}_{\text{res}} = \boldsymbol{O} \quad \text{(entspricht zweiter Aussage von Axiom 1)}.$$

Koordinatenschreibweise der Gleichgewichtsbedingungen

Wählt man ein Koordinatensystem, vgl. Bild 1.10.2, so erhält man parallel zu Abschnitt 1.5.3 die Bedingungen für das *Kräftegleichgewicht*

$$\sum F_{xk} = 0, \quad \sum F_{yk} = 0$$

sowie für das *Momentengleichgewicht*

$$\overset{\curvearrowleft}{\underset{+}{\sum}} M_i^{(A)} = 0.$$

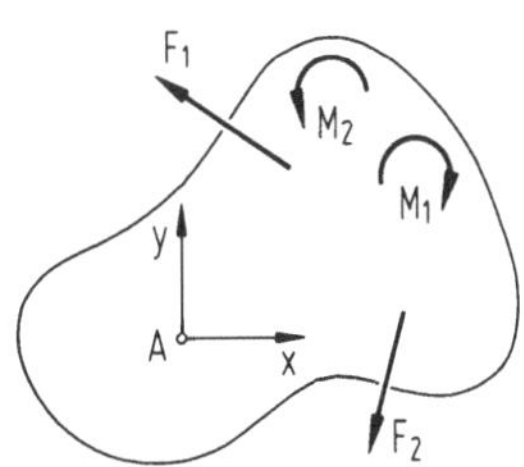

Bild 1.10.2. Koordinatensystem für Gleichgewichtsbedingungen

Die Momente um A wird man im allgemeinen gemäß der Definition in den Abschnitten 1.7.2 und 1.7.3 oder nach Abschnitt 1.8.3 berechnen.

Wichtige Hinweise:

1. Die Gleichgewichtsbedingungen gelten für einen *starren Körper* K unter der Einwirkung ALLER auf ihn wirkenden Kräfte und Momente. Der Körper muß also vollständig *freigeschnitten* werden.
2. Die Kräfte und Momente sind gerichtete Größen (haben Vorzeichen). Nach dem Einführen eines Koordinatensystems und einer positiven Drehrichtung muß man auf die Vorzeichen achten.
3. Wenn die Gleichgewichtsbedingungen für den Bezugspunkt A erfüllt sind, sind sie auch um jeden beliebigen anderen Bezugspunkt B erfüllt. Folge: Der *Bezugspunkt* ist *beliebig*, er kann zweckmäßig gewählt werden (z.B. so, daß sich Momente leicht berechnen lassen).
4. Die Kraft-Gleichgewichtsbedingungen $\sum F_{xk} = 0$, $\sum F_{yk} = 0$ können einzeln oder gemeinsam durch – häufig vorteilhafte – Momentenbedingungen

$$\overset{\curvearrowleft}{\underset{+}{\sum}} M_i^{(B)} = 0, \quad \overset{\curvearrowleft}{\underset{+}{\sum}} M_i^{(C)} = 0$$

um Bezugspunkte B oder C ersetzt werden, wobei zwei Bezugspunkte *nicht zusammenfallen* und drei nicht *auf einer Geraden* liegen dürfen (s. unten).

5. Aus den drei statischen Gleichgewichtsbedingungen für ein ebenes Kräftesystem kann man *nicht mehr als drei* unbekannte Größen bestimmen. Liegen mehr als drei Unbekannte vor, so nützt es nichts, z.B. zwei Kraftgleichgewichtsbedingungen und drei Momentenbedingungen anzuschreiben, denn nur drei dieser Gleichungen sind linear unabhängig; man hat es dann vielleicht mit einem "statisch unbestimmten System" zu tun, vgl. Abschnitte 1.11.4 und 2.5.

Zu Hinweis 4:

Seien für den Bezugspunkt A die Resultierende $\boldsymbol{R} = (F_x, F_y)^T$, mit $F_x = \Sigma F_{xk}$, $F_y = \Sigma F_{yk}$, und das Moment $M_{\text{res}}^{(A)} = \overset{\curvearrowleft}{\sum} M_i^{(A)}$ berechnet. Dann gelten gemäß Bild 1.10.3 für die Bezugspunkte B und C dieselbe Resultierende $\boldsymbol{R}$ und die Momente

$$M_{\text{res}}^{(B)} = M_{\text{res}}^{(A)} + y_B F_x - x_B F_y,$$

$$M_{\text{res}}^{(C)} = M_{\text{res}}^{(A)} + y_C F_x - x_C F_y.$$

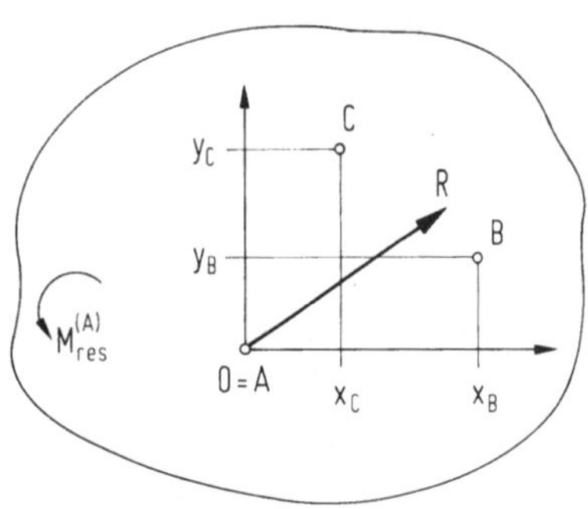

Bild 1.10.3. Gleichgewichtsbedingungen bei unterschiedlichen Bezugspunkten

Mit dem Momentengleichgewicht $M_{\text{res}}^{(A)} = 0$ erhält man aus $M_{\text{res}}^{(B)} = 0$ und $M_{\text{res}}^{(C)} = 0$:

$$y_B F_x - x_B F_y = 0, \qquad y_C F_x - x_C F_y = 0.$$

Hieraus folgen $F_x = \Sigma F_{xk} = 0, F_y = \Sigma F_{yk} = 0$ genau dann, wenn

$$x_B y_C - x_C y_B \neq 0$$

ist. Die drei Punkte A, B, C dürfen also nicht auf einer Geraden liegen.

1.10.2 Das Arbeiten mit den Gleichgewichtsbedingungen

Bei der Lösung von Aufgaben aus der Statik werden wir in der Regel gemäß dem folgenden Schema in sechs Schritten vorgehen. Wir empfehlen dem Anfänger dringend, dieser Systematik zu folgen:

Lösungsschema für Aufgaben aus der Statik*

Die Einzelschritte haben in den Aufgaben unterschiedliches Gewicht und Umfang. (Noch sind uns nicht alle hier benutzten Begriffe geläufig.)

1. Schritt: System skizzieren (Lageplan). Koordinaten einführen; Bindungen und Freiheitsgrad überlegen, geometrische Beziehungen anschreiben.
2. Schritt: System aufschneiden (Freikörper-Bilder); Schnittkräfte und Schnittmomente eintragen und benennen (Reaktionsprinzip beachten).
3. Schritt: Gleichgewichtsbedingungen für freigeschnittene Systemteile (Körper) ansetzen. (Randbedingungen überlegen und anschreiben).
4. Schritt: Unbekannte und Gleichungen abzählen. Möglicherweise zusätzlich erforderliche Gleichungen als Kennlinien einführen, z.B. für Reibungs- oder Federkräfte, für Stoffverhalten (z.B. Hookesches Gesetz) usw. Nicht interessierende Variable eliminieren; man erhält einen Gleichungssatz.
5. Schritt: Gleichungen lösen und Lösungen an Randbedingungen (ggf. auch Zahlenwerte) anpassen.
6. Schritt: Lösungen ausdeuten.

Anwendungsbeispiel: Auflagerkräfte

An diesem Beispiel üben wir das systematische Arbeiten mit den Gleichgewichtsbedingungen.

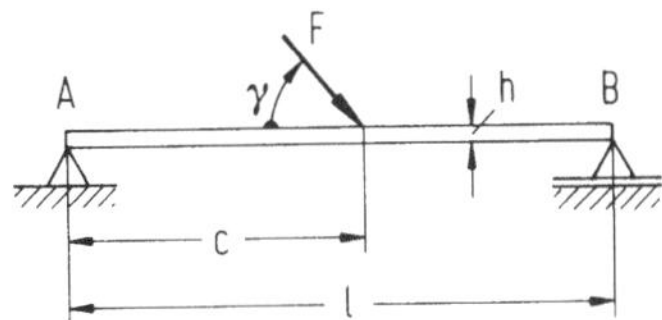

Bild 1.10.4. Zweifach gelagerter Balken

Gegeben: Zweifach gelagerter dünner, gewichtsloser Balken, Abmessungen l, h, c (vgl. Lageplan in Bild 1.10.4), belastet durch die Kraft F, die unter dem Winkel γ angreift.
Gesucht: Auflagerkräfte.

Bevor wir zur Lösung kommen, einige Bemerkungen zur *Ausdrucks-* und *Bezeichnungsweise* und zu den *Symbolen:*

"Dünn" bedeutet $h/l \ll 1$, der Einfluß der Höhe des Balkens wird vernachlässigt, um die Rechnung einfach und übersichtlich zu halten.

* Das Schema wird später auf die Kinetik erweitert. In dieser ergänzten Form findet man es auf der letzten Seite des Buches.

Lagersymbole

a) *Festes Gelenklager*

Bild 1.10.5a zeigt schematisch zwei Ausführungsformen fester Gelenklager (kurz Festlager). Symbolisch stellt man sie gemäß Bild 1.10.5b dar. Ein festes Gelenklager kann Kräfte in zwei Richtungen, jedoch *kein* Moment übertragen, vgl. Bilder 1.10.5c, d; dort gilt $A_x = A \sin\alpha, A_y = A \cos\alpha$.

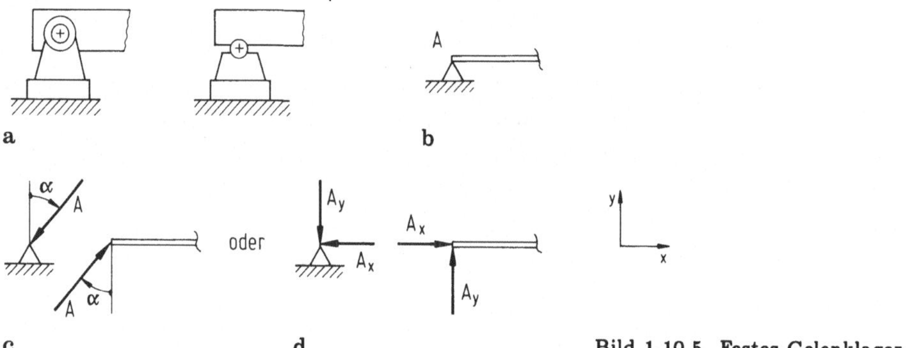

Bild 1.10.5. Festes Gelenklager

b) *Verschiebliches Gelenklager*

Bild 1.10.6a zeigt schematisch zwei Ausführungsformen verschieblicher Gelenklager (kurz Loslager). Symbolisch stellt man sie gemäß Bild 1.10.6b dar. Ein verschiebliches Gelenklager kann nur Kräfte senkrecht zu seiner Grundlinie, jedoch *keine* Kraft parallel dazu und *kein* Moment übertragen.

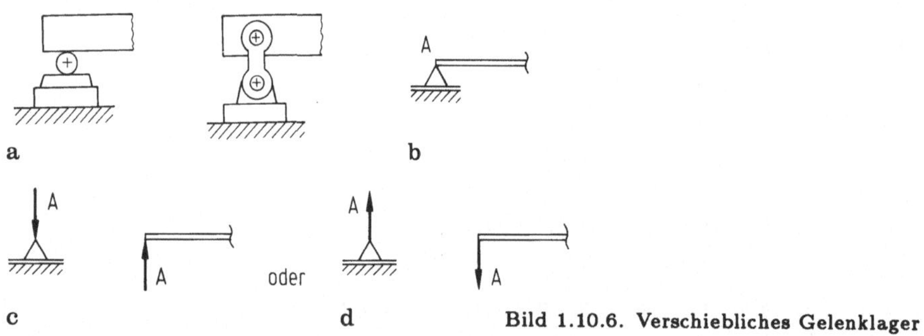

Bild 1.10.6. Verschiebliches Gelenklager

Unter *Auflagerkräften* – auch *Auflagerreaktionen* – eines Gebildes oder Systems versteht man die Gesamtheit aller Kräfte und gegebenenfalls auch aller Momente, die von den Lagern auf das Gebilde oder umgekehrt wirken.

Zurück zum *Berechnen der Auflagerkräfte,* zur *Lösung* der gestellten Aufgabe: Wir arbeiten nach obigem Schema.

1. Schritt: Der Lageplan liegt vor, Bild 1.10.4; Koordinaten x, y, Bild 1.10.7.

2. Schritt: Balken freischneiden, an Schnittstellen Kräfte einführen und benennen, vgl. Bild 1.10.7. Zerlegen von $\boldsymbol{F}$ in x- und y-Komponente (Kräfteparallelogramm!) ist rechengünstig, Bild 1.10.8.

3. Schritt: Gleichgewichtsbedingungen für freigeschnittenen starren Körper anschreiben (Bild 1.10.8).
Hier werden zwei Vorgehensweisen gezeigt.
Vorgehensweise a) mit zwei Kräftegleichgewichten und einem Momentengleichgewicht:

$$\sum F_{xi} = 0: \qquad A_x + F\cos\gamma = 0,$$

$$\sum F_{yi} = 0: \qquad A_y - F\sin\gamma + B = 0,$$

$$\overset{\curvearrowleft}{\underset{+}{\sum}} M_i^{(A)} = 0: \qquad -cF\sin\gamma + lB = 0.$$

Vorgehensweise b) mit einem Kräftegleichgewicht und zwei Momentengleichgewichten (vgl. Hinweis 4, in Abschnitt 1.10.1):

$$\sum F_{xi} = 0: \qquad A_x + F\cos\gamma = 0,$$

$$\overset{\curvearrowleft}{\underset{+}{\sum}} M_i^{(A)} = 0: \qquad -cF\sin\gamma + lB = 0,$$

$$\overset{\curvearrowleft}{\underset{+}{\sum}} M_i^{(B)} = 0: \qquad -lA_y + (l-c)F\sin\gamma = 0.$$

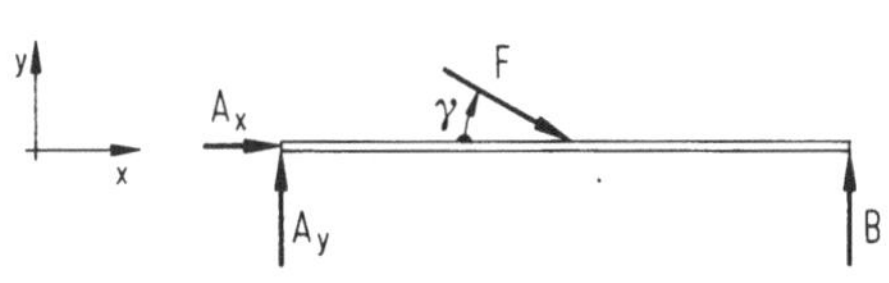

Bild 1.10.7. Freikörper-Bild für Balken

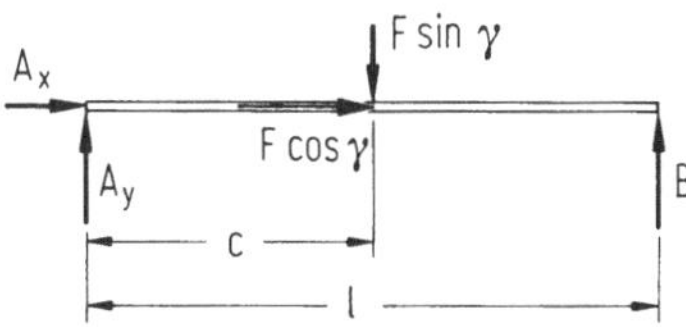

Bild 1.10.8. Rechengünstige Kraftzerlegung

4. Schritt: Unbekannte und Gleichungen zählen.
Wir haben drei Unbekannte, nämlich A_x, A_y, B, und je drei Gleichungen nach Vorgehen a) oder b).
5. Schritt: Gleichungen lösen (Ergebnis).

$$A_x = -F\cos\gamma, \quad A_y = [(l-c)/l]F\sin\gamma, \quad B = (c/l)F\sin\gamma.$$

Die Vorgehensweise b) bietet hier den Vorteil, daß jede Gleichung nur eine Unbekannte enthält: Rechenfehler pflanzen sich nicht fort; $\sum F_{yi} = 0$ kann in b) zur Kontrolle benutzt werden.
6. Schritt: Dimensionsprobe, Darstellung des Ergebnisses.
Dimensionen: $\mathbf{K} = \mathbf{K}$ für A_x-Gleichung, $\mathbf{K} = (\mathbf{L}/\mathbf{L})\mathbf{K}$ für A_y- und B-Gleichung.
Bild 1.10.9 zeigt den Balken mit allen an ihm angreifenden Kräften.

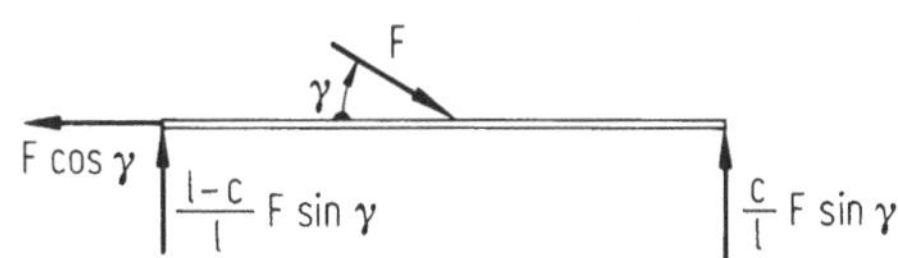

Bild 1.10.9. Balken mit allen Kräften

1.10.3 Gleichgewichtsbedingungen im Raum

Vektorschreibweise

Gegeben sei ein Körper mit den auf ihn wirkenden Kräften $\boldsymbol{F}_k$ $(k = 1, 2, ...)$ und Momenten $\boldsymbol{M}_j$ $(j = 1, 2, ...)$, vgl. Bild 1.10.10a.
Gesucht sind die Gleichgewichtsbedingungen.

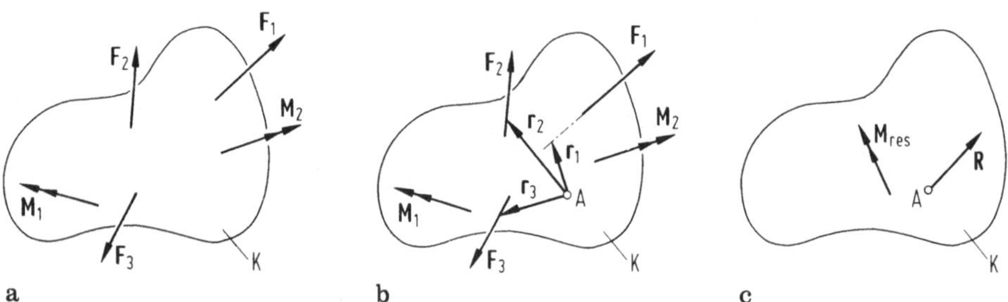

Bild 1.10.10. Gleichgewicht bei räumlichem Kräftesystem

Lösung:
Nach Abschnitt 1.9.2 und analog zu Abschnitt 1.10.1 erhält man mit den Bildern 1.10.10b und 1.10.10c die *Gleichgewichtsbedingungen*

$$\begin{aligned} \sum \boldsymbol{F}_k &= \boldsymbol{R} = \boldsymbol{O}, \\ \sum \boldsymbol{M}_i^{(A)} &= \sum \boldsymbol{M}_j^{(A)} + \sum \boldsymbol{r}_k \times \boldsymbol{F}_k \\ &= \boldsymbol{M}_1 + \boldsymbol{M}_2 + ... + \boldsymbol{r}_1 \times \boldsymbol{F}_1 + \boldsymbol{r}_2 \times \boldsymbol{F}_2 + ... \quad = \boldsymbol{M}_{\text{res}}^{(A)} = \boldsymbol{O}. \end{aligned}$$

Hier steht $\sum \boldsymbol{M}_i^{(A)}$ für die Summe ALLER Momente um A, während $\sum \boldsymbol{M}_j^{(A)}$ die als Momente gegebenen Lasten erfaßt und $\sum \boldsymbol{r}_k \times \boldsymbol{F}_k$ die Momente der Kräfte.

Koordinatenschreibweise

Nach Wahl eines geeigneten (A, x, y, z)-Koordinatensystems gehen die beiden vektoriellen Gleichgewichtsbedingungen über in die folgenden Bedingungen für die Komponenten:
Kräftegleichgewicht

$$\sum F_{xk} = 0, \quad \sum F_{yk} = 0, \quad \sum F_{zk} = 0,$$

Momentengleichgewicht

$$\sum M_{xi}^{(A)} = 0, \quad \sum M_{yi}^{(A)} = 0, \quad \sum M_{zi}^{(A)} = 0.$$

Die Hinweise 1 bis 5 aus Abschnitt 1.10.1 gelten hier analog. Nur hat man im Raum *sechs* Gleichgewichtsaussagen statt der drei in der Ebene, und man kann (vgl. Hinweis 4) im Raum um sechs Achsen (statt um drei Punkte in der Ebene) Momente ansetzen, zum Beispiel, wenn die Achsen durch die Kanten eines Tetraeders oder parallel dazu verlaufen.

Anwendungsbeispiel Klapptisch

Gegeben: Ein Klapptisch mit sechs Beinen (starren Stäben), die bei A', B', C' an der starren, gewichtslosen Tischplatte und bei A'', B'', C'' am Boden gelenkig (Kugelgelenke!) angeschlossen sind. Bild 1.10.11a zeigt den Lageplan und die gegebenen Abmessungen l, a, h.

Gesucht: Stabkräfte $S_1, ..., S_6$ in den Beinen bei Belastung mit dem vertikalen Moment M.

Lösung (nach Schema):

1. Lageplan liegt mit Bild 1.10.11a vor, Koordinaten s. Bild 1.10.11b.
2. Freikörper-Bild, vgl. Bild 1.10.11b.

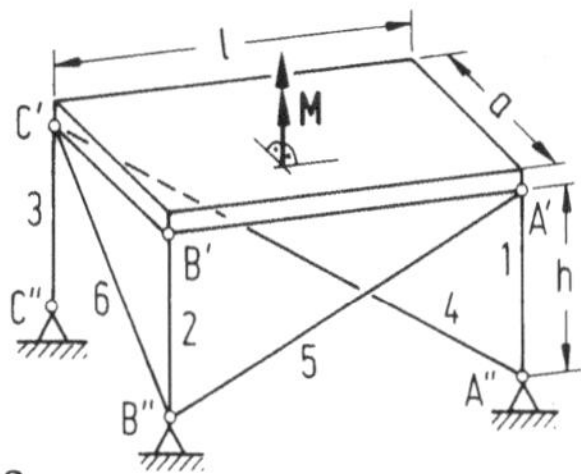

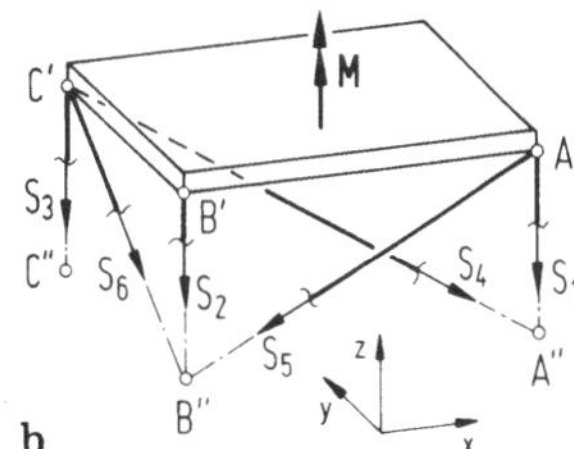

Bild 1.10.11. Klapptisch a b

3. Gleichgewichtsbedingungen.

$$
\begin{aligned}
\Sigma F_{xi} = 0: &\quad S_4 l/\sqrt{a^2+h^2+l^2} - S_5 l/\sqrt{h^2+l^2} = 0, \\
\Sigma F_{yi} = 0: &\quad -S_4 a/\sqrt{a^2+h^2+l^2} - S_6 a/\sqrt{a^2+h^2} = 0, \\
\Sigma F_{zi} = 0: &\quad -S_1 - S_2 - S_3 - S_4 h/\sqrt{a^2+h^2+l^2} - S_5 h/\sqrt{h^2+l^2} \\
&\quad -S_6 h/\sqrt{a^2+h^2} = 0, \\
\Sigma M_{xi}^{(B'')} = 0: &\quad -aS_3 = 0, \\
\Sigma M_{yi}^{(B'')} = 0: &\quad lS_1 + hS_4 l/\sqrt{a^2+h^2+l^2} = 0, \\
\Sigma M_{zi}^{(B'')} = 0: &\quad M - aS_4 l/\sqrt{a^2+h^2+l^2} = 0.
\end{aligned}
$$

4. Gleichungen zählen: 6 Unbekannte, $S_1, ..., S_6$, und 6 Gleichungen.
5. Ergebnisse (in der Reihenfolge der Auflösung):

$$
\begin{aligned}
&S_3 = 0 \quad \text{(Nullbein)}, \\
&S_4 = M\sqrt{a^2+h^2+l^2}/(al) \quad \text{(Zugbein)}, \\
&S_1 = -Mh/(al) \quad \text{(Druckbein)}, \\
&S_5 = M\sqrt{h^2+l^2}/(al) \quad \text{(Zugbein)}, \\
&S_6 = -M\sqrt{a^2+h^2}/(al) \quad \text{(Druckbein)}, \\
&S_2 = 0 \quad \text{(Nullbein)}.
\end{aligned}
$$

6. Die Beine 2 und 3 sind bei der gegebenen Momentenbelastung kräftefrei. Trotzdem wird man sie anbauen, weil sie für andere Belastungsfälle erforderlich sind.

1.11 Koordinaten und Bindungen

1.11.1 Der Freiheitsgrad

Definition: Der *Freiheitsgrad* f ist die Anzahl der Koordinaten, die man *mindestens* braucht, um die Lage (oder Stellung oder auch die Verformung) eines mechanischen Systems eindeutig zu beschreiben.
Hinweis: Vielfach spricht man heute auch eine einzelne dieser Koordinaten als "Freiheitsgrad" - im Sinne von Bewegungsmöglichkeit ("Freiheit") - an und nennt ihre Gesamtheit "die Freiheitsgrade".

Beispiele für Koordinaten in der Ebene

1. *Punkt in der Ebene*

Man erfaßt die Lage von P, vgl. Bild 1.11.1, durch *kartesische Koordinaten*

$$\underline{q} = (x, y),$$

oder *Polarkoordinaten*

$$\underline{q} = (\varrho, \varphi);$$

$$\text{Freiheitsgrad} \quad f = 2.$$

Der Freiheitsgrad hängt *nicht* vom Typ der gewählten Koordinaten ab.
Das Zusammenfassen der Koordinaten zum Koordinatensatz (einem Zeilentupel) $\underline{q}$ dient hier als bequeme Schreibweise. (Bei geradlinigen Koordinaten fallen Koordinatensatz und Zeilenmatrix zusammen; vgl. Abschnitt 1.5.1)

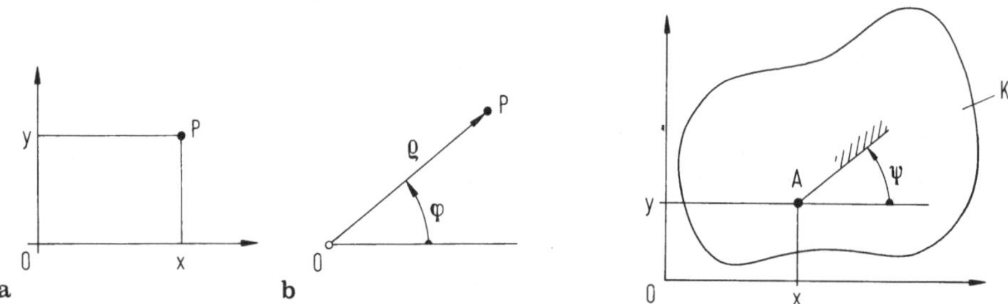

Bild 1.11.1. Koordinaten eines Punktes in der Ebene a kartesische Koordinaten, b Polarkoordinaten

Bild 1.11.2. Koordinaten einer Scheibe

2. *Starrer Körper (Scheibe) in der Ebene*

Legt man den körperfesten Punkt A durch (x, y) fest, vgl. Bild 1.11.2, so kann man K noch um A drehen; die Drehung erfaßt man durch den Winkel ψ. Man erhält das Koordinatentripel

$$\underline{q} = (x, y, \psi);$$

$$\text{Freiheitsgrad} \quad f = 3.$$

Andere Koordinaten sind möglich.

3. *Beweglich verbundene starre Scheiben in der Ebene*

Bild 1.11.3 zeigt zwei beweglich verbundene starre Scheiben K_1, K_2 in der Ebene.

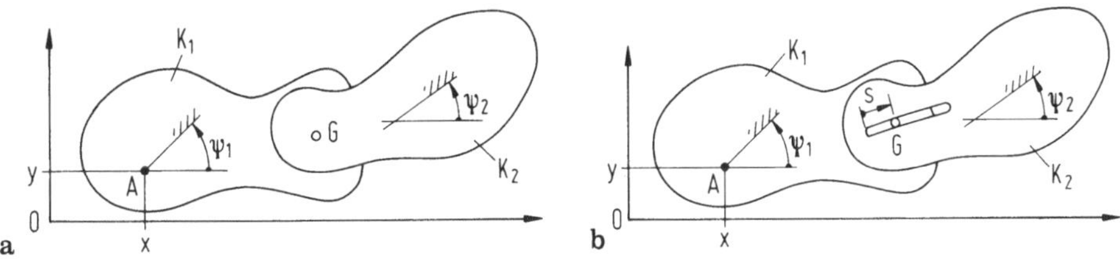

Bild 1.11.3. Starre Scheiben in der Ebene

In Bild 1.11.3a sind die Scheiben bei G durch ein Gelenk (Stift) verbunden. Gegenüber Bild 1.11.2 kommt die Koordinate ψ_2 hinzu, die die Lage von K_2 erfaßt, wenn K_1 festgelegt ist. Wir erhalten das Koordinatentupel

$$\underline{q} = (x, y, \psi_1, \psi_2);$$

$$\text{Freiheitsgrad} \quad f = 4.$$

In Bild 1.11.3b gleitet der Stift in einem Langloch von Körper K_2, der Ort des Stifts ist mit s vermaßt. Im konkreten Fall kennt man die Form des Langlochs – es kann z.B. ein Kreisbogen sein – und man vermag aus der Kenntnis des Ortes von G und der Koordinaten s, ψ_2 auf die Lage von K_2 zurückzuschließen. Wir erhalten das Koordinatentupel

$$\underline{q} = (x, y, \psi_1, s, \psi_2);$$

$$\text{Freiheitsgrad} \quad f = 5.$$

4. *Flexible Scheibe in der Ebene*

Bild 1.11.4a zeigt eine ebene Rechteckscheibe aus einem verformbaren Werkstoff in unbelastetem Zustand. Es wird z.B. ein $(0, x, y)$-Koordinatensystem gewählt und jeder Punkt P der Scheibe erhält in dieser *Bezugs-* oder *Referenzlage* ein Koordinatenpaar – z.B. $P(x, y)$ – zugewiesen, mit dessen Hilfe er in Bild 1.11.4b angesprochen wird. Da die "Referenzkonfiguration" zwei Koordinaten erfordert, nennt man die Scheibe ein *zweidimensionales* oder *ebenes* (begrenztes) *Kontinuum.*

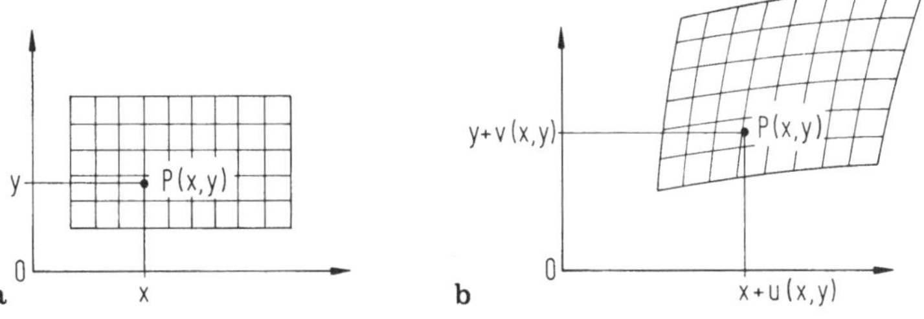

Bild 1.11.4. Flexible Scheibe in Ebene. a Referenzkonfiguration, b verzerrte Scheibe

Bild 1.11.4b zeigt die durch irgendwelche Lasten *verzerrte* Scheibe (die Lasten sind nicht gezeichnet). Die *Verschiebungen* des Punktes $P(x,y)$ sind durch die Koordinatenfunktionen $u(x,y)$ in x-Richtung, $v(x,y)$ in y-Richtung erfaßt. Man erhält

$$\underline{q} = (u(x,y), v(x,y));$$

(funktionaler) Freiheitsgrad $f = 2$.

Die Art der Funktionen, ihre Stetigkeitseigenschaften usw. hängen von der Belastung und dem Werkstoff ab (sie sind z.B. stetig, wenn die Scheibe nicht zerreißt).

Beispiele für Koordinaten im Raum

1. Punkt im Raum

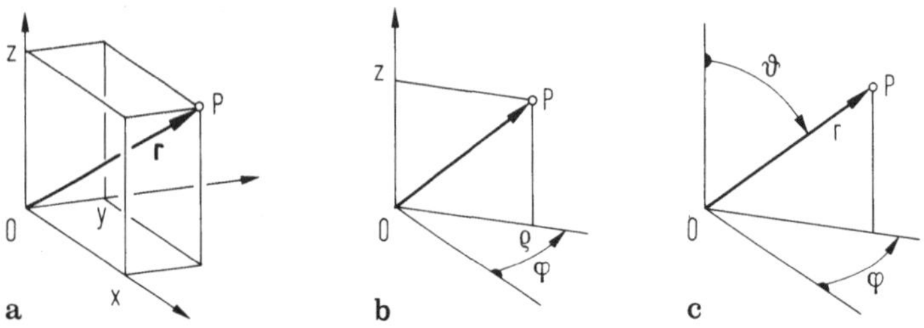

Bild 1.11.5. Koordinaten eines Punktes im Raum
a Kartesische Koordinaten, b Zylinderkoordinaten, c Kugelkoordinaten

Den Punkt P nach Bild 1.11.5 erfaßt man zum Beispiel durch

kartesische Koordinaten	$\underline{q} = (x,y,z)$,
*Zylinderkoordinaten**	$\underline{q} = (\varrho,\varphi,z)$,
*Kugelkoordinaten***	$\underline{q} = (r,\varphi,\vartheta)$;

Freiheitsgrad $f = 3$.

2. Starrer Körper im Raum

In Bild 1.11.6a sei der Punkt P des Körpers durch die Koordinaten $(x,y,z)_P$ festgelegt. Der Körper kann sich dann noch um P drehen. Um die Drehungen zu erfassen, denken wir uns in der Körperstellung von Bild 1.11.6a die Geraden g_1 und g_2 parallel zur x- bzw. y- Achse und durch P laufend im Körper befestigt. Werde nun die Gerade g_1 um P nach g_1' geschwenkt; g_2' verbleibe in der Ebene $z = z_P$, vgl. Bild 1.11.6b. Die Stellung von g_2' wird durch die Winkel (φ,ϑ) beschrieben. Der Körper kann sich nun noch um die Achse g_1' drehen; diese Drehung wird als Winkel ψ zwischen den Geraden g_2' und g_2'' gemessen, vgl. Bild 1.11.6c. Man erhält das Koordinatentupel

$$\underline{q} = (x_P, y_P, z_P, \varphi, \vartheta, \psi).$$

* Punkte mit ϱ = konstant liegen auf einem Zylinder.
** Punkte mit r = konstant liegen auf einer Kugel.

Der starre Körper im Raum hat den Freiheitsgrad

$$f = 6.$$

Die Winkelkoordinaten $(\tilde{\varphi}, \vartheta, \psi) := (\varphi + 90°, \vartheta, \psi)$ heißen *Euler'sche Winkel* (vgl. Abschnitt 3.16.2).

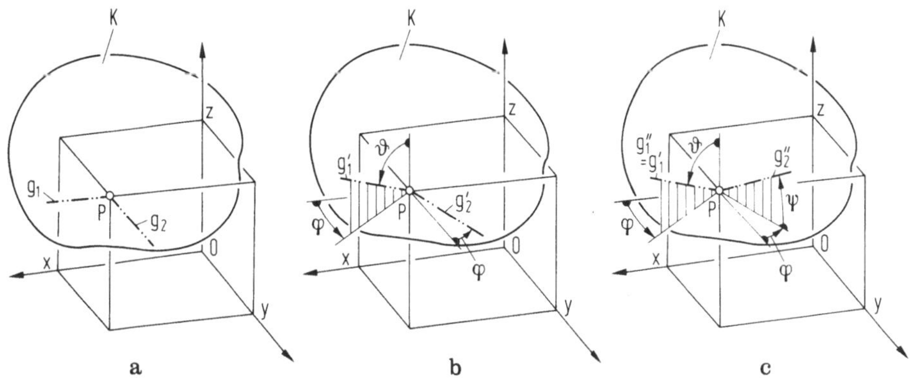

Bild 1.11.6. Koordinaten eines Körpers im Raum
a Punkt P festgelegt, b Achse g_1 festgelegt, c Achse g_2 festgelegt

1.11.2 Bindungen

Soll ein zunächst bewegliches System oder Gebilde im Raum festgelegt werden, so muß man seine Bewegungsmöglichkeiten aufheben, es "binden", "fesseln" oder "zwängen".

Definition: Eine *Bindung* hat die *Wertigkeit* a, wenn sie a Bewegungsmöglichkeiten aufhebt, wenn sie a (Neben-)Bedingungen für Koordinaten setzt, zum Beispiel a Koordinatenwerte vorschreibt.

Beispiele für Bindungen in der Ebene

1. *Festes Gelenklager*

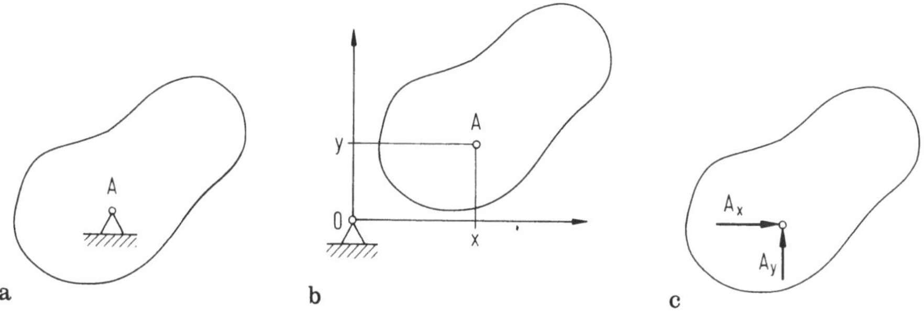

Bild 1.11.7. Festes Gelenklager

Bild 1.11.7a zeigt den vom festen Gelenklager gehaltenen Körper, Bild 1.11.7b den gelösten Körper und Bild 1.11.7c die Lagerkräfte.
Man entnimmt Bild 1.11.7: Das feste Gelenklager liefert zwei Bindungen, $x = 0$ und $y = 0$, hat also die Wertigkeit $a = 2$. Den zwei Bindungen entsprechen im allgemeinen *zwei* Kräfte (oder Kraftkomponenten) $A_x \neq 0, A_y \neq 0$.

2. *Verschiebliches Gelenklager*

Entsprechend Bild 1.11.7 zeigt Bild 1.11.8 die Verhältnisse am verschieblichen Gelenklager. Man hat es hier mit der einen Bindung $y = 0$, also $a = 1$, und demgemäß *einer* Kraft $A \neq 0$ zu tun.

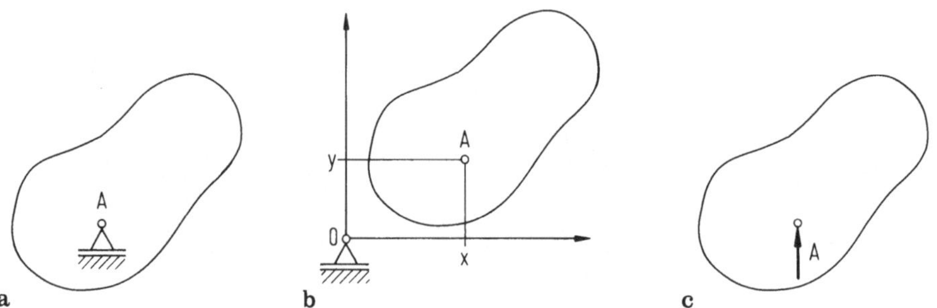

Bild 1.11.8. Verschiebliches Gelenklager

3. *Undehnbare Stange*

In Bild 1.11.9a ist eine undehnbare Stange der Länge l gelenkig am festen Punkt 0 (Ursprung des x-y-Koordinatensystems) und am Punkt A eines Körpers angeschlossen. Man hat es hier mit der einen Bindung $x^2 + y^2 = l^2$, also $a = 1$, und demgemäß mit der *einen* Kraft $S \neq 0$ zu tun. (Der Winkel α stellt sich in den Bildern 1.11.9a,b je nach der Belastung ein.)

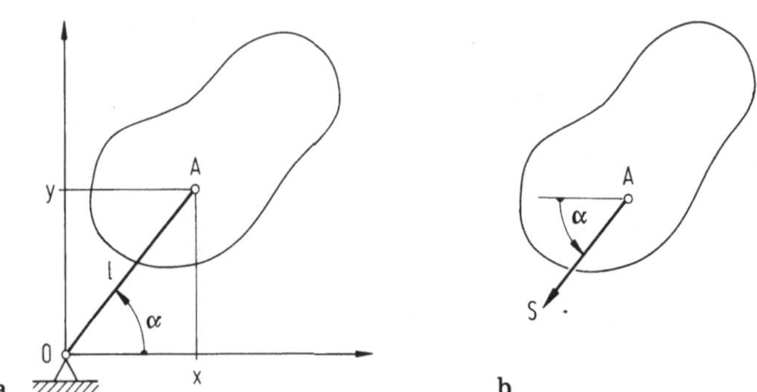

Bild 1.11.9. Bindung durch eine undehnbare Stange

4. *Starre Einspannung eines Balkens*

Bild 1.11.10a zeigt einen starr eingespannten Balken, Bild 1.11.10b den gelösten Balken und Bild 1.11.10c die Lagerreaktionen. Man liest die drei Bindungen $x = 0, y = 0, \psi = 0$, also $a = 3$, ab und findet entsprechend *zwei* Kräfte $A_x \neq 0$, $A_y \neq 0$ sowie *ein* Moment $M_A \neq 0$.

Hinweis: Die Zusammenhänge zwischen Bindungen und Kräften wie Momenten werden besonders deutlich, wenn man mit dem Prinzip der virtuellen Verrückungen arbeitet (vgl. Abschnitt 1.21).

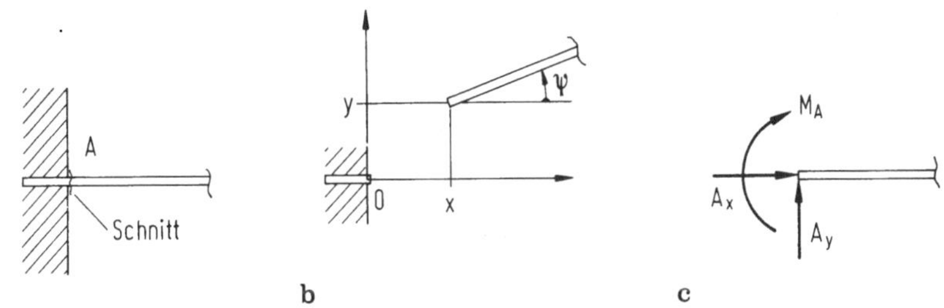

Bild 1.11.10. Bindungen beim eingespannten Balken

Beispiele für Bindungen im Raum

Wir beschränken uns auf zwei Prinzipskizzen von "Raumgelenken" mit der Wertigkeit $a = 2$.

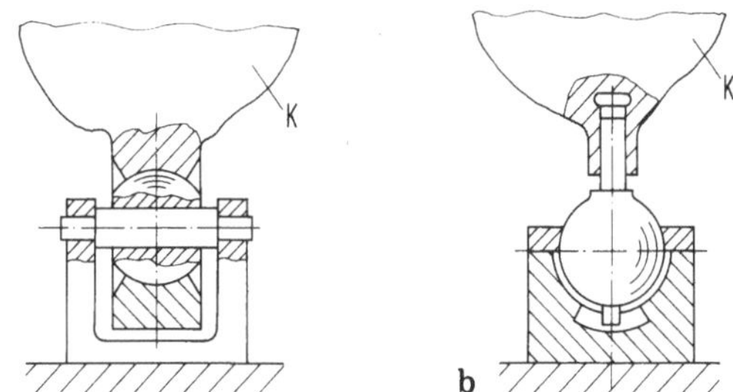

Bild 1.11.11. Raumgelenke.

Aufgabe: Man formuliere Bindungsgleichungen für die Körper K nach Bild 1.11.11a,b (Dazu muß man geeignete Koordinaten einführen und die Gelenke vermaßen). Welche Kräfte und Momente können auftreten?

1.11.3 Statisch bestimmte Lagerung starrer Körper (Scheiben)

Definition: Ein System starrer Körper (Scheiben) heißt *statisch bestimmt* gelagert, wenn die Wertigkeit a der Bindungen den Freiheitsgrad f gerade aufhebt,

$$f - a = 0,$$

und sich zu beliebig vorgegebenen Lasten alle Lagerkräfte *allein* aus den Gleichgewichtsbedingungen der Statik ermitteln lassen.

An Hand der Beispiele in Abschnitt 1.11.1 sieht man unmittelbar ein, daß die Bedingung $f - a = 0$ für ein Festhalten der Körper geometrisch *notwendig* ist. Sie ist jedoch *nicht* hinreichend, denn man kann zum Beispiel den Körper K_1 in Bild 1.11.3a durch zwei feste Gelenklager halten ("überbestimmen", $a = 2 + 2 = 4$) und ψ_2 offenlassen. Dann ist zwar $f - a = 0$ erfüllt, doch das System bleibt beweglich; formales Abzählen genügt also nicht.

Der starre Körper in der Ebene (die Scheibe) hat den Freiheitsgrad $f = 3$ (Bild 1.11.2), man kann für ihn drei Gleichgewichtsbedingungen ansetzen (vgl. Abschnitt 1.10.1). Bei geometrischer Festlegung mit $a = f = 3$ treten nach Abschnitt 1.11.2 drei unbekannte Lagerkräfte oder -momente auf. Die Gleichgewichtsbedingungen genügen gerade, um die Lagerkräfte (und evtl. -momente) zu berechnen. Die Bedingung $f - a = 0$ ist also auch statisch notwendig (aber nicht hinreichend), um die Lagerkräfte aus den Gleichgewichtsbedingungen zu ermitteln. Durch Abzählen erweitert man diese Aussage auf allgemeinere Systeme. Für den starren Körper im Raum mit $f = 6$, zum Beispiel, gelten die sechs Gleichgewichtsbedingungen nach Abschnitt 1.10.3.

Beispiele für statisch bestimmte Lagerungen in der Ebene

Bild 1.11.12 zeigt eine starre Scheibe, die bei A gelenkig gelagert und gegen Drehung durch den gelenkig angeschlossenen Stab BC gesichert ist; die Lasten sind nicht eingetragen.

Man hat den Freiheitsgrad $f = 3$ und die Bindungen der Wertigkeit $a = 2 + 1 = 3$; die Bedingung $f - a = 0$ ist erfüllt.

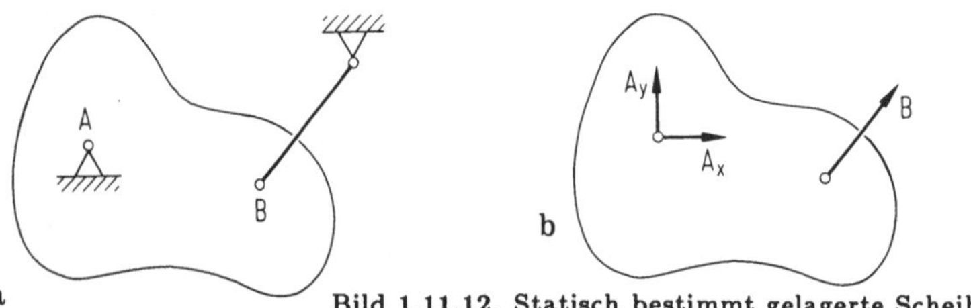

Bild 1.11.12. Statisch bestimmt gelagerte Scheibe

Bild 1.11.13 zeigt zwei gelenkig verbundene Scheiben (Lasten nicht gezeichnet). Man hat den Freiheitsgrad $f = 4$ und Bindungen der Wertigkeit $a = 4$; die Bedingung $f - a = 0$ ist erfüllt.

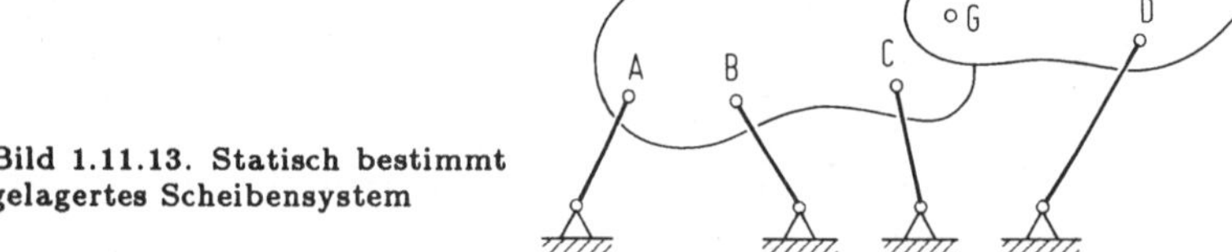

Bild 1.11.13. Statisch bestimmt gelagertes Scheibensystem

1.11.4 Statisch unbestimmte Systeme

Statisch unbestimmt heißen Systeme, bei denen sich die Kräfte *nicht allein* aus den Gleichgewichtsbedingungen der *Statik* bestimmen lassen.

Beispiel für ein System, das "im Großen" beweglich ist

Für das System nach Bild 1.11.14 gilt ohne Lager A: $f = 3$; Wertigkeit der Bindung bei A: $a = 2$. Es folgt: $f - a = 3 - 2 = 1$. Das gebundene System hat noch den Freiheitsgrad $f_g = 1$, es dreht sich unter der Wirkung der Kraft F. Die Drehung muß mit den Hilfsmitteln der Kinetik untersucht werden (vgl. Abschnitt 3.8).

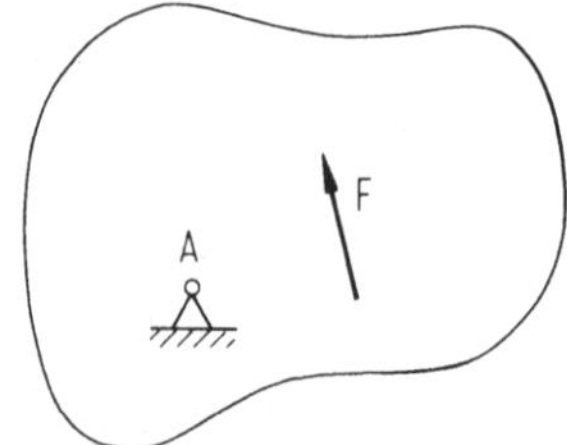

Bild 1.11.14. Im Großen bewegliches System

Beispiel für ein System, das "im Kleinen" beweglich ist

Im System nach Bild 1.11.15a sind das Lastmoment M_0 und der Abstand l gegeben. Ohne die Lager A und B hat die Scheibe den Freiheitsgrad $f = 3$, die Lager gemeinsam haben die Wertigkeit $a = 3$; die Bedingung $f - a = 0$ ist erfüllt. Ist das System statisch bestimmt?

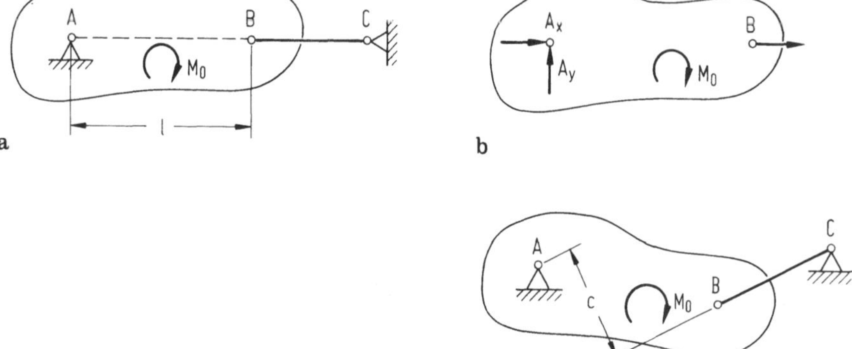

Bild 1.11.15. Im Kleinen bewegliches System

Die *Gleichgewichtsuntersuchung* an Hand von Bild 1.11.15b ergibt

$$\sum F_{xi} = 0: \quad A_x + B = 0, \qquad \sum F_{yi} = 0: \quad A_y = 0,$$

$$\overset{\curvearrowleft}{\sum} M_i^{(B)} = 0: \quad -M_0 - lA_y = 0.$$

Die zweite und die dritte Gleichung widersprechen sich. In der Matrizenform dieses Gleichungssystems,

$$\begin{pmatrix} 1 & 0 & 1 \\ 0 & 1 & 0 \\ 0 & l & 0 \end{pmatrix} \begin{pmatrix} A_x \\ A_y \\ B \end{pmatrix} = \begin{pmatrix} 0 \\ 0 \\ -M_0 \end{pmatrix},$$

wirkt sich das so aus, daß die Koeffizientendeterminante *verschwindet.*

Zur anschaulichen Deutung nehmen wir an, daß sich der Stab BC unter der Wirkung des Moments M_0 ein wenig dehnt. Dann stellt sich der Körper schräg (in Bild 1.11.15c übertrieben gezeichnet), und für die Stabkraft B bildet sich bezüglich A der Hebelarm c aus. Das Momentengleichgewicht um den Punkt A im zugehörigen Freikörper-Bild liefert

$$-M_0 + Bc = 0, \quad \text{also} \quad B = M_0/c.$$

Für einen sehr wenig verformten Stab, d.h. für ein sehr kleines c, erhält man also eine sehr große Stabkraft B. Das bedeutet, die Annahme eines starren Stabes – gleichwertig eines starren Körpers oder starrer Lager – ist hier *nicht* erlaubt, denn die auftretenden Kräfte wachsen über alle Grenzen. Anders gesehen: Ein kleines Moment M_0 genügt, um das System soweit zu verformen, daß sich ein (kleiner) Hebelarm c ausbildet und damit Gleichgewicht möglich wird. Das System ist "im Kleinen beweglich" ("wacklig"); die Kräfte hängen auch von den Verformungen ab.

Beispiel für ein System mit "zuvielen" Bindungen

Für die in Bild 1.11.16 gezeigte Brücke gilt $f = 3$ und $a = 4$. Man erhält 3 Gleichgewichtsbedingungen für 4 unbekannte Kräfte. Hier muß die Verformung berücksichtigt werden; vgl. Abschnitt 2.12.

Auch Systeme mit "zuvielen" Bindungen können "wacklig" sein.

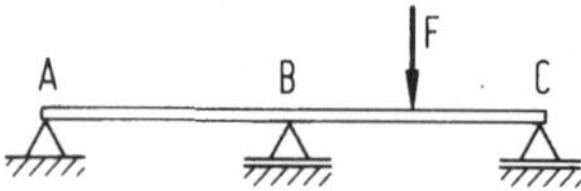

Bild 1.11.16. Vierwertig gelagerte Brücke

Zusammenfassung

Die notwendige Bedingung $f - a = 0$ stellt nur die richtige Anzahl von Gleichungen sicher (Gegenbeispiele zeigen die Bilder 1.11.14 und 1.11.16). Für statische Bestimmtheit hinreichend ist die Bedingung, daß die Koeffizientendeterminante des Gleichungssystems nicht verschwindet, daß die Koeffizientenmatrix *regulär* ist (Gegenbeispiel in Bild 1.11.15a).

1.12 Beispiele zur Bestimmung von Lagerkräften (Lagerreaktionen)

1.12.1 Kragträger

Gegeben ist der Kragträger ABC mit den Abmessungen a, b nach Bild 1.12.1, belastet mit den Kräften F_1 und F_2 (unter dem Winkel α angreifend) sowie den Momenten M_1, M_2.

Gesucht sind die Lagerreaktionen bei A.

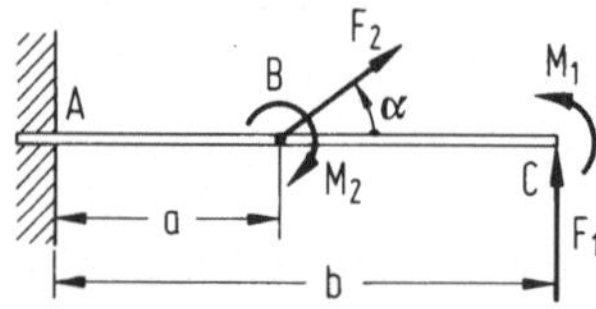

Bild 1.12.1. Kragträger, belastet mit Kräften und Momenten

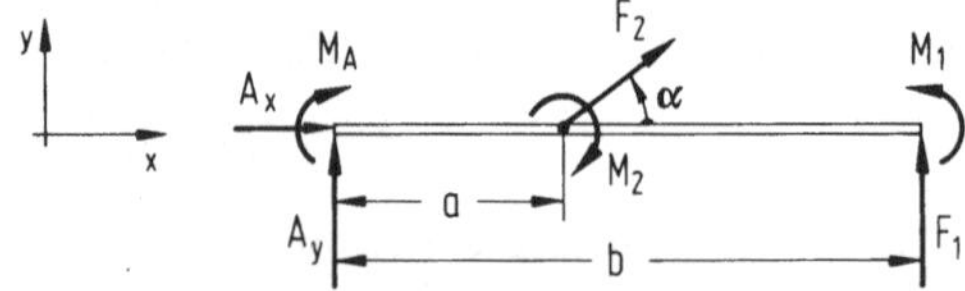

Bild 1.12.2. Freigeschnittener Kragträger

Lösung (nach Schema):

1. Lageplan gegeben; $f = 3, a = 3, f - a = 0$: Die notwendige Bedingung für statische Bestimmtheit ist erfüllt.
2. Freikörper-Bild (s. Bild 1.12.2).

3. Gleichgewicht.

$$\sum F_{xi} = 0: \qquad A_x + F_2 \cos\alpha = 0,$$

$$\sum F_{yi} = 0: \qquad A_y + F_2 \sin\alpha + F_1 = 0,$$

$$\overset{\curvearrowleft}{\sum} M_i^{(A)} = 0: \qquad -M_A - M_2 + M_1 + aF_2 \sin\alpha + bF_1 = 0.$$

4. Unbekannte und Gleichungen zählen.
   3 Unbekannte: A_x, A_y, M_A; 3 Gleichungen.
5. Gleichungen lösen.

$$A_x = -F_2 \cos\alpha,$$
$$A_y = -F_1 - F_2 \sin\alpha,$$
$$M_A = M_1 - M_2 + aF_2 \sin\alpha + bF_1.$$

6. Ergebnis skizzieren (s. Bild 1.12.3).

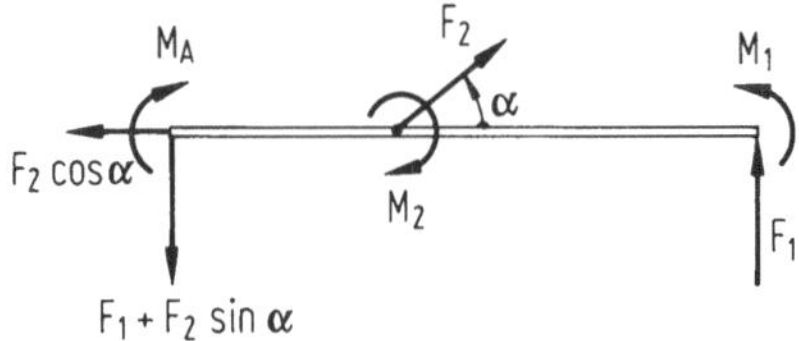

Bild 1.12.3. Lagerreaktionen am Kragträger

1.12.2 Mit Stäben gestütztes System

Gegeben ist die Rechteckscheibe nach Bild 1.12.4, Breite $2a$, Höhe b; gestützt durch drei Stäbe S_1, S_2 und S_3 (S_2 und S_3 parallel, unter dem Winkel α geneigt); belastet durch die Kraft F und das Moment M_0.
Gesucht: Stabkräfte S_1, S_2, S_3.

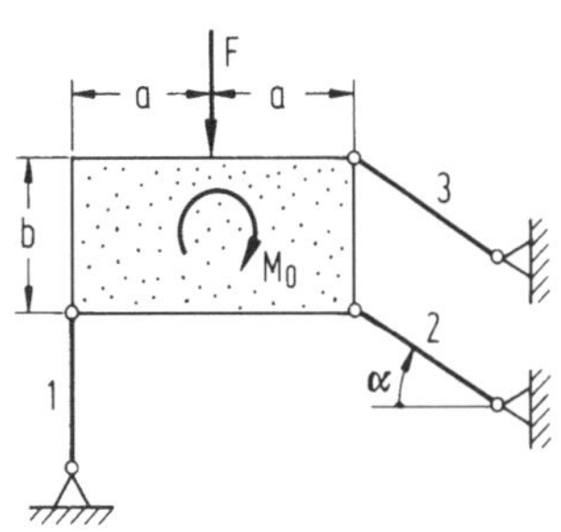

Bild 1.12.4. Rechteckscheibe, mit Stäben gestützt

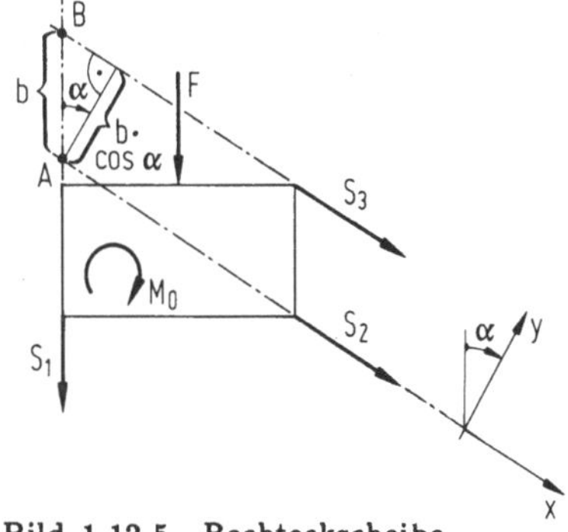

Bild 1.12.5. Rechteckscheibe, freigeschnitten

Lösung (nach Schema):
1. Lageplan gegeben; $f = 3, \quad a = 3, \quad f - a = 0.$
2. Freikörper-Bild (s. Bild 1.12.5).

3./4./5. Gleichgewicht/Abzählen/Lösen.
Ziel: Die gesuchten Kräfte unabhängig voneinander bestimmen, damit sich Rechenfehler nicht fortpflanzen können (vgl. Hinweis 4 in Abschnitt 1.10.1).
S_1 und S_2 schneiden sich in A, deshalb

$$\overset{\curvearrowleft +}{\sum} M_i^{(A)} = 0: \; -S_3 b\cos\alpha - Fa - M_0 = 0, \quad \text{also} \quad S_3 = -(Fa+M_0)/(b\cos\alpha).$$

S_1 und S_3 schneiden sich in B, deshalb

$$\overset{\curvearrowleft +}{\sum} M_i^{(B)} = 0: \; S_2 b\cos\alpha - Fa - M_0 = 0, \quad \text{also} \quad S_2 = (Fa + M_0)/(b\cos\alpha).$$

S_2, S_3 sind parallel, deshalb y-Achse senkrecht zu S_2, S_3 wählen; es gilt

$$\sum F_{yi} = 0: \; -S_1\cos\alpha - F\cos\alpha = 0, \quad \text{also} \quad S_1 = -F.$$

6. Ergebnis skizzieren (s. Bild 1.12.6).
Bei $\cos\alpha \to 0$, d.h. für $\alpha \to 90°$, wird das System wacklig. Das Stützen durch drei parallele Stäbe muß man also ausschließen.

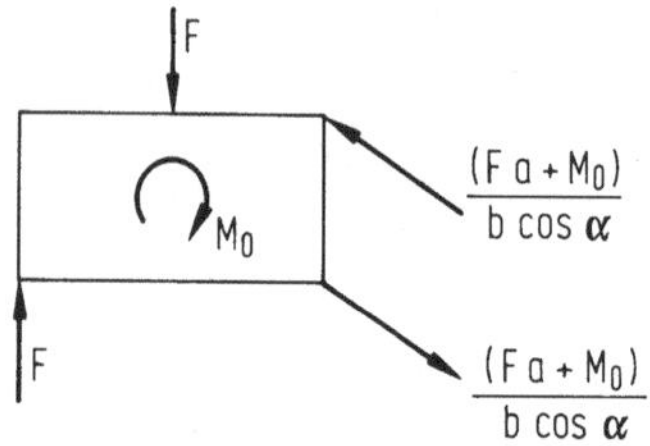

Bild 1.12.6. Kräfte an Rechteckscheibe

1.12.3. Räumliches System

Gegeben ist ein auf einer Konsole stehender Motor (vgl. schematischen Lageplan in Bild 1.12.7a). Motor und Konsole sind durch sechs Stäbe $S_1,...,S_6$ gehalten; die Stabanschlußpunkte sind reibungsfreie Kugelgelenke. Die Abmessungen b, h_1, h_2, l_1 und l_2 sind bekannt. Das Motorgewicht G greift senkrecht im Mittelpunkt des Quaders, das Moment greift wie skizziert an.

Gesucht sind die Stabkräfte S_1 bis S_6.

Lösung (nach Schema):

1. Lageplan angeben; $f = 6$, $a = 6$, $f - a = 0$. Koordinatensystem $(0, x, y, z)$ gemäß Bild 1.12.7b gewählt. Es ist zweckmäßig, die folgenden (Hilfs-)Größen einzuführen:

$$l := l_1 + l_2, \quad h := h_1 - h_2, \quad L := |\overline{AC}| = \sqrt{l^2 + b^2 + h^2},$$

$$\overrightarrow{OA} =: \boldsymbol{r}_A := l\boldsymbol{e}_x + h\boldsymbol{e}_z, \overrightarrow{OG} =: \boldsymbol{r}_G := (l_1 + l_2/2)\boldsymbol{e}_x + (b/2)\boldsymbol{e}_y.$$

2. Freikörper-Bild (s. Bild 1.12.7b)
Die eingetragenen Kräfte lauten

$$\boldsymbol{S}_1 = -S_1\boldsymbol{e}_x, \quad \boldsymbol{S}_2 = -S_2\boldsymbol{e}_y, \quad \boldsymbol{S}_3 = -S_3\boldsymbol{e}_z, \quad \boldsymbol{S}_4 = -S_4\boldsymbol{e}_x, \quad \boldsymbol{S}_5 = S_5\boldsymbol{e}_y$$

$$\boldsymbol{S}_6 = S_6(-l\boldsymbol{e}_x + b\boldsymbol{e}_y + h\boldsymbol{e}_z)/L, \quad \boldsymbol{G} = -G\boldsymbol{e}_z, \quad \boldsymbol{M} = M\boldsymbol{e}_y.$$

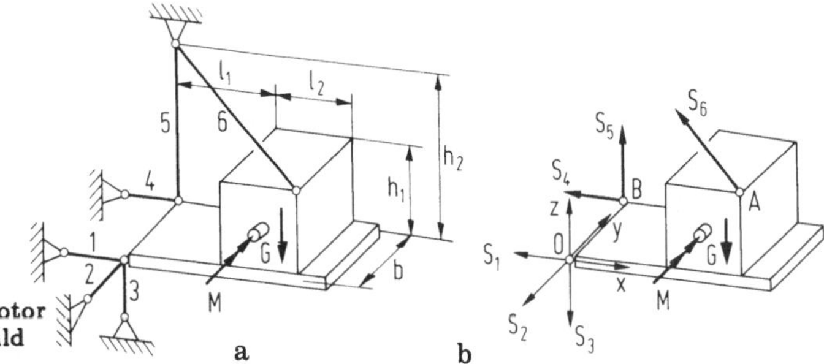

Bild 1.12.7. Konsole mit Motor
a Lageplan, b Freikörper-Bild

3./4./5. Gleichgewicht/Abzählen/Lösen (gemischtes Vorgehen)
Alle unbekannten Kräfte S_i außer S_6 schneiden die y-Achse oder fallen darauf; deshalb Moment um die y-Achse:

$\sum M_{yi}^{(0)} = 0: \quad \boldsymbol{M} \cdot \boldsymbol{e}_y + (\boldsymbol{r}_A \times \boldsymbol{S}_6) \cdot \boldsymbol{e}_y + (\boldsymbol{r}_G \times \boldsymbol{G}) \cdot \boldsymbol{e}_y = 0$; man erhält

$M - S_6 l(h+h_1)/L + (l_1+l_2/2)G = 0 \ , \quad S_6 = [2M + (2l_1 + l_2)G]L/2l(h_2 + 2h_1).$

$\sum F_{yi} = 0: \ -S_2 + \boldsymbol{S}_6 \cdot \boldsymbol{e}_y = -S_2 + S_6 b/L = 0$; man erhält $S_2 = S_6 b/L$.

$\sum M_{xi}^{(0)} = 0: \ S_5 b - Gb/2 + (\boldsymbol{r}_A \times \boldsymbol{S}_6) \cdot \boldsymbol{e}_x = 0$; man erhält $S_5 = G/2 + S_6 h_1/L$.

$\sum M_{zi}^{(0)} = 0: \ S_4 b + (\boldsymbol{r}_A \times \boldsymbol{S}_6) \cdot \boldsymbol{e}_z = S_4 b + S_6 l b/L = 0$; man erhält $S_4 = -S_6 l/L$.

$\sum M_{zi}^{(B)} = 0: \ -S_1 b = 0$; man erhält $S_1 = 0$.

$\sum F_{zi} = 0: \ -S_3 + S_5 + \boldsymbol{S}_6 \cdot \boldsymbol{e}_z - G = 0$; man erhält $S_3 = -G/2 + S_6 h_2/L$.

6. Zur Kontrolle berechne man auch S_3 aus einem Momentengleichgewicht.

1.13 Mehrteilige Körper (Systeme) in der Ebene

Aufbauend auf den Überlegungen in den Abschnitten 1.10 und 1.11 wird hier die Gleichgewichtsuntersuchung mehrteiliger Systeme entwickelt, wobei wir uns auf die Ebene beschränken.

1.13.1 Abzählen der Unbekannten und der Gleichungen

Gegeben sind zwei Körper K_1 und K_2 in der Ebene, die nach Bild 1.13.1a bei G gelenkig miteinander verbunden und bei A, B, C gestützt sind. Die (nicht gezeichnete) Belastung sei beliebig.
Gesucht sind die Stützkräfte und die Gelenkkräfte.
Lösung:
Nach Abschnitt 1.11.1 (vgl. Bild 1.11.3a) gilt $f = 4$, $a = 4$. Die für statisch bestimmte Lagerung notwendige Bedingung $f - a = 0$ ist erfüllt.
Wir gehen in zwei Stufen vor:
Zuerst denken wir uns das Gelenk G "eingefroren" (vgl. das Erstarrungsprinzip in Axiom 8) und schneiden nur die Stützen weg; man erhält das in Bild 1.13.1b gezeigte Freikörper-Bild. Das von seinen Stützen freigeschnittene System kann man (wegen des eingefrorenen Gelenks) als *starren Körper* ansehen und dann

drei Gleichgewichtsbedingungen anschreiben. Man gewinnt also drei Gleichungen für die vier Unbekannten Kräfte A, B, C_x, C_y (die Richtungen von $\boldsymbol{A}$ und $\boldsymbol{B}$ sind durch die Stabrichtungen gegeben). Die fehlende vierte Bedingung folgt aus der hier nicht erfaßten Gelenkigkeit bei G.

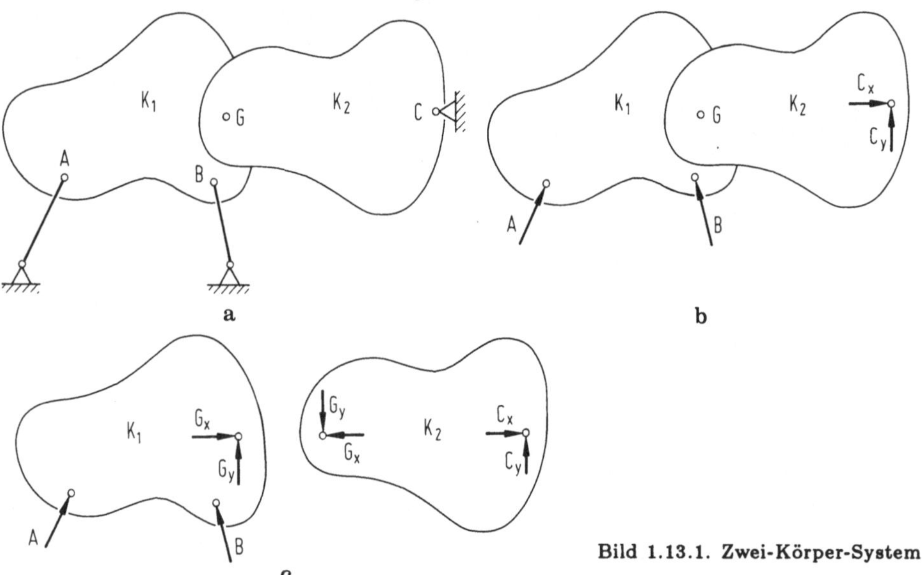

Bild 1.13.1. Zwei-Körper-System

In der zweiten Stufe heben wir die Erstarrung des Gelenks auf und trennen die Körper voneinander sowie von den Stützen; man erhält die beiden in Bild 1.13.1c gezeigten Freikörper-Bilder mit den beiden zusätzlichen, unbekannten Kräften G_x, G_y.

Beide Körper haben jeweils den Freiheitsgrad 3,

$$f_1 = 3, \quad f_2 = 3,$$

man kann also 6 Gleichgewichtsbedingungen für sie anschreiben.

Dem stehen an den Stützen Bindungen mit der Wertigkeit $a = 2 + 2$ und am Gelenk "zusätzliche" Bindungen mit der Wertigkeit $z = 2$ gegenüber. (Der zweiwertigen zusätzlichen Bindung entsprechen die zwei Gelenkkraftkomponenten G_x, G_y zwischen den beiden Körpern.) Es gilt

$$f_1 + f_2 - a - z = 6 - 6 = 0,$$

die Anzahl der unbekannten Kräfte ist gleich der Anzahl der Gleichgewichtsbedingungen.

Bei n Körpern in der Ebene stehen insgesamt $3n$ Gleichungen zur Verfügung. Dort lautet die notwendige Bedingung für statische Bestimmtheit

$$3n - a - z = 0.$$

Hinweis: Die aus dem Schnitt nach Bild 1.13.1b gewonnenen Gleichungen kann man durch passende Umformungen der Gleichungen für Bild 1.13.1c herleiten, die ersten sind nicht unabhängig von den zweiten (man kann z.B. also *nicht* $3n + 3$ Gleichungen auf diese Weise anschreiben). Im allgemeinen ist es vorteilhaft, das erste Schnittbild auf jeden Fall zu benutzen und sich die fehlende(n) Gleichung(en) mit Hilfe des zweiten anzuschreiben.

1.13.2 Beispiel "Gerberträger"

Gegeben: Träger nach Bild 1.13.2 mit Gelenk bei G; Längen l_1, l_2, l_3, l_4, l_5; Lasten M_0 und F mit dem Winkel α.
Gesucht: Auflagerkräfte.

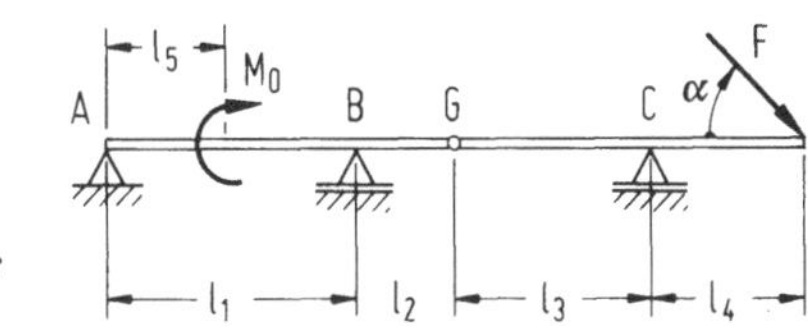

Bild 1.13.2. Gerberträger mit Kraft und Moment

Lösung:
1. Lageplan gegeben; $a = 4, f = 4; a + z = 6$.
2. Schnittbilder (vgl. Bild 1.13.3):

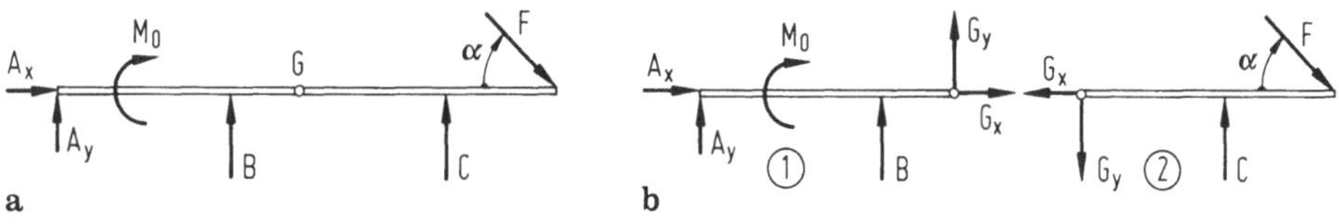

Bild 1.13.3. Freigeschnittenes System. a Gesamtsystem, b Teilsysteme

3./4./5. Gleichgewicht/Abzählen/Lösen.
Man kann mit den Schnittbildern nach Bild 1.13.3b arbeiten und schematisch sechs Gleichungen mit sechs Unbekannten anschreiben. Vorteilhafter ist das folgende "gemischte" Vorgehen.
Auswertung von Bild 1.13.3a:

$$\sum F_{xi} = 0: \quad A_x + F\cos\alpha = 0, \qquad \text{also} \quad A_x = -F\cos\alpha.$$

Auswertung von Bild 1.13.3b:

Teilsystem 2

$$\overset{\curvearrowleft}{\underset{+}{\sum}} M_i^{(G)} = 0: \; Cl_3 - (l_3 + l_4)F\sin\alpha = 0, \quad \text{also} \quad C = (1 + l_4/l_3)F\sin\alpha,$$

$$\overset{\curvearrowleft}{\underset{+}{\sum}} M_i^{(C)} = 0: \; G_y l_3 - l_4 F\sin\alpha = 0, \quad \text{also} \quad G_y = (l_4/l_3)F\sin\alpha;$$

Teilsystem 1

$$\overset{\curvearrowleft}{\underset{+}{\sum}} M_i^{(A)} = 0: \; G_y(l_1 + l_2) + Bl_1 - M_0 = 0,$$
$$\text{also} \quad B = M_0/l_1 - (1 + l_2/l_1)(l_4/l_3)F\sin\alpha,$$

$$\overset{\curvearrowleft}{\underset{+}{\sum}} M_i^{(B)} = 0: \; G_y l_2 - M_0 - A_y l_1 = 0,$$
$$\text{also} \quad A_y = -M_0/l_1 + (l_2/l_1)(l_4/l_3)F\sin\alpha.$$

1.13.3 Schnitte an einem Gelenk mit Last

Die Form und der Aufbau eines Lastangriffspunktes, die Art und Weise, wie eine Last in einen Körper "eingeleitet" wird (vgl. die Lager in den Bildern 1.10.5a und 1.10.6a), machen sich nur in der unmittelbaren Umgebung der Einleitungsstelle bemerkbar. Weiter entfernt wirken sich die Einzelheiten der Lasteinleitung nicht aus. Wir erläutern das beispielhaft an Hand von Bild 1.13.4a, wo "am Gelenk G", vgl. Bild 1.13.4b, die Last F angreift.

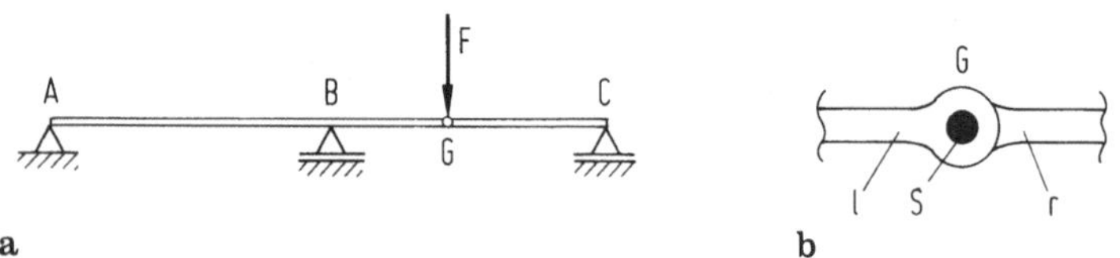

Bild 1.13.4. Lastangriff am Gelenk

Zuerst greife die Kraft F am Stift S von Bild 1.13.4b an. Trennen des Gelenks in linkes Auge, Stift und rechtes Auge liefert als Schnittkräfte die vier Gelenkkräfte $G^{l,r}_{x,y}$ nach Bild 1.13.5a. Nach Abschnitt 1.5.3 gelten für den Stift zwei Gleichgewichtsbedingungen. Damit kann man zwei Gelenkkräfte durch die beiden anderen und durch F ausdrücken. Für die verbliebenen Gelenkkräfte gelten die Überlegungen in Abschnitt 1.13.1.

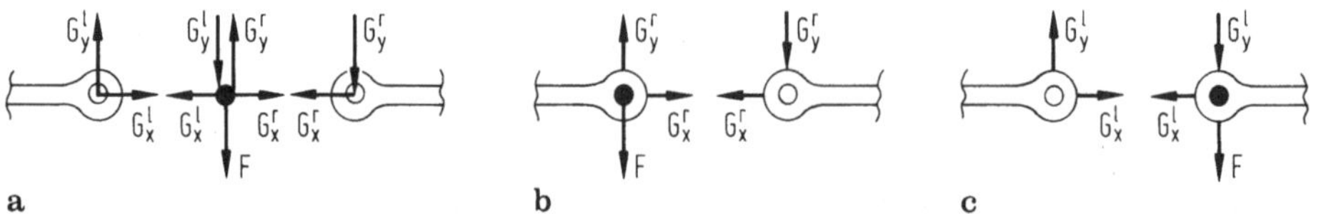

Bild 1.13.5. Unterschiedliche Schnitte am Gelenk

Stellt man sich den Stift mit der Kraft F in das linke oder das rechte Auge gesteckt vor (vgl. Bilder 1.13.5b bzw. c), so bedeutet dies jeweils einen anderen Schnitt, wobei $G^{l}_{x,y}$ bzw. $G^{r}_{x,y}$ "eliminiert" sind. (Die Kraft F könnte dann auch unmittelbar am linken bzw. rechten Auge angreifen.) Für die verbliebenen Gelenkkräfte gelten wieder die Aussagen von Abschnitt 1.13.1.

Wir erkennen: Je nach Aufbau der Krafteinleitung und Schnittwahl berechnet man unterschiedliche Gelenkkräfte. Jedoch ist es nur für das Gelenk *selbst* (für seine Beanspruchung) wichtig, *wie* die Kräfte dort angreifen. Die übrigen Lager- und Schnittkräfte sind unabhängig von der Form der Krafteinleitung und dem gewählten Gelenkschnitt.

1.14 Überlagerung von Lösungen (Superpositionsprinzip)

1.14.1 Aufgabenstellung

Es ist vorteilhaft, verwickelt zusammengesetzte Belastungen in einfachere "Lastfälle" zu zerlegen, dafür jeweils die gesuchten Kräfte und Momente zu berechnen und die entsprechenden Ergebnisse zu addieren. Man nennt dies *Überlagern* oder *Superponieren* von Teillösungen. Solches Vorgehen ist immer möglich, wenn die gegebenen und die gesuchten Größen *linear* zusammenhängen. (In der Technik spricht man von der "Anwendbarkeit des Superpositionsprinzips".) Wir zeigen das Vorgehen an Hand eines Beispiels.

1.14.2 Beispiel Dreigelenkbogen

Gegeben: Dreigelenkbogen (Brücke) nach Bild 1.14.1a mit den Abmessungen h, l_1, l_2, s_1, s_2, den Gewichten G_1, G_2 und der bei a $(0 \le a \le l_1)$ angreifenden Kraft F.
Gesucht: Lagerkräfte bei A und B, Gelenkkräfte in G.

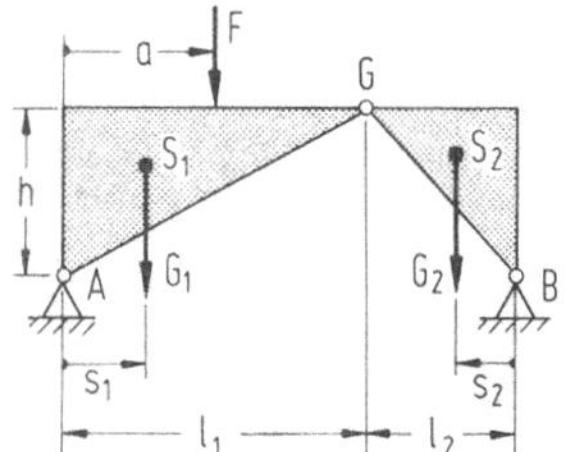

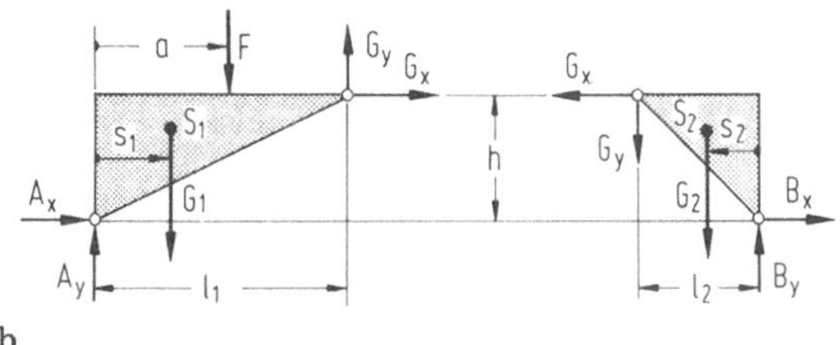

b

Bild 1.14.1. Dreigelenkbogen

Lösung (nach Schema):
1. Lageplan liegt vor.
2. Freikörper-Bilder (s. Bild 1.14.1b).
3. Gleichgewicht.
   In Matrizenschreibweise lauten 6 (unabhängige) Gleichgewichtsbedingungen für die 6 gesuchten Kräfte $A_x, A_y, B_x, B_y, G_x, G_y$:

$$\begin{pmatrix} 1 & 0 & 1 & 0 & 0 & 0 \\ 0 & 1 & 0 & 1 & 0 & 0 \\ 0 & 0 & 0 & 0 & h & l_2 \\ 0 & 0 & 1 & 0 & -1 & 0 \\ 0 & 0 & 0 & 1 & 0 & -1 \\ 0 & 0 & 0 & 0 & -h & l_1 \end{pmatrix} \begin{pmatrix} A_x \\ A_y \\ B_x \\ B_y \\ G_x \\ G_y \end{pmatrix} = \begin{pmatrix} 0 & 0 & 0 \\ 1 & 1 & 1 \\ 0 & 0 & -s_2 \\ 0 & 0 & 0 \\ 0 & 0 & 1 \\ s_1 & a & 0 \end{pmatrix} \begin{pmatrix} G_1 \\ F \\ G_2 \end{pmatrix}$$

$$= \begin{pmatrix} 0 & 0 & 0 \\ 1 & 1 & 1 \\ 0 & 0 & -s_2 \\ 0 & 0 & 0 \\ 0 & 0 & 1 \\ s_1 & a & 0 \end{pmatrix} \begin{pmatrix} G_1 \\ 0 \\ 0 \end{pmatrix} + \begin{pmatrix} 0 & 0 & 0 \\ 1 & 1 & 1 \\ 0 & 0 & -s_2 \\ 0 & 0 & 0 \\ 0 & 0 & 1 \\ s_1 & a & 0 \end{pmatrix} \begin{pmatrix} 0 \\ F \\ 0 \end{pmatrix} + \begin{pmatrix} 0 & 0 & 0 \\ 1 & 1 & 1 \\ 0 & 0 & -s_2 \\ 0 & 0 & 0 \\ 0 & 0 & 1 \\ s_1 & a & 0 \end{pmatrix} \begin{pmatrix} 0 \\ 0 \\ G_2 \end{pmatrix}.$$

Anstatt diese Gleichungen (z.B. numerisch) zu lösen, stellen wir die folgende Überlegung an: Die obige Matrizengleichung ist *linear* und hat die Form

$$\begin{aligned} \underline{\underline{L}}\,\underline{f} &= \underline{\underline{M}}\,\underline{g} \\ &= \underline{\underline{M}}\,\underline{g}_1 + \underline{\underline{M}}\,\underline{g}_2 + \underline{\underline{M}}\,\underline{g}_3. \end{aligned}$$

Dabei bezeichnet $\underline{\underline{L}}$ die quadratische 6×6-Koeffizientenmatrix auf der linken Seite und $\underline{\underline{M}}$ die rechteckige 6×3-Koeffizientenmatrix auf der rechten. Die 6-elementige Spaltenmatrix $\underline{f}$ enthält die *gesuchten* Kräfte (in anderen Fällen auch Momente),

$$\underline{f} = (A_x, A_y, B_x, B_y, G_x, G_y)^T.$$

Die 3-elementige Spaltenmatrix $\underline{g}$ enthält die *gegebenen* Lasten,

$$\underline{g} = (G_1, F, G_2)^T .$$

Sie ist in der zweiten Zeile in die Summe

$$\underline{g} = \underline{g}_1 + \underline{g}_2 + \underline{g}_3 = (G_1, 0, 0)^T + (0, F, 0)^T + (0, 0, G_2)^T$$

zerlegt. Entsprechend dieser Zerlegung setzen wir an:

$$\underline{f} = \underline{f}_1 + \underline{f}_2 + \underline{f}_3$$

und

$$\underline{\underline{L}}\,\underline{f}_1 = \underline{\underline{M}}\,\underline{g}_1, \quad \underline{\underline{L}}\,\underline{f}_2 = \underline{\underline{M}}\,\underline{g}_2, \quad \underline{\underline{L}}\,\underline{f}_3 = \underline{\underline{M}}\,\underline{g}_3.$$

Wegen des linearen Zusammenhangs von $\underline{f}$ und $\underline{g}$ kann man $\underline{f}$ aus den Lösungen $\underline{f}_i$ der drei letzten Gleichungen zusammensetzen. Anstatt dies zu tun, interpretieren wir diese Gleichungen als Gleichgewichtsbedingungen für die in Bild 1.14.2 rechts gezeigten drei "Lastfälle", aus denen sich die Ausgangsbelastung zusammensetzen läßt.

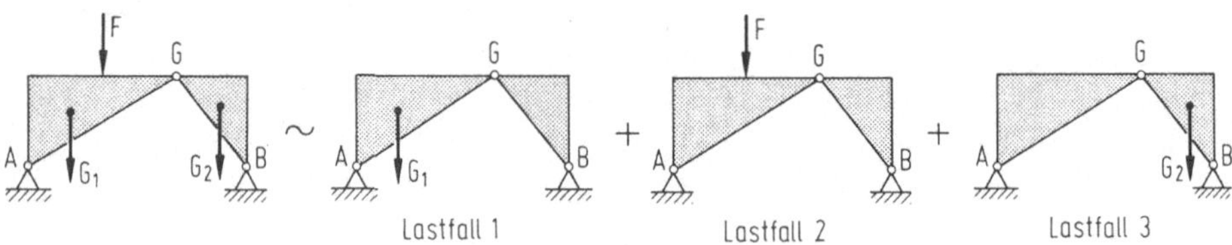

Bild 1.14.2. Zerlegung einer Belastung in Lastfälle

Jetzt lösen wir den Lastfall 1 (mit Hilfe obiger Gleichungen oder auf andere Weise); das Ergebnis steht in Spalte 1 von Tabelle 1.14.1. Lastfall 2 geht offensichtlich aus Lastfall 1 hervor, indem man G_1 durch F und s_1 durch a ersetzt. Lastfall 3 geht (durch Spiegeln) aus Lastfall 1 hervor, indem man die Indizes 1 und 2 vertauscht sowie A_y in B_y, A_x in $-B_x, B_x$ in $-A_x, G_y$ in $-G_y$ umbenennt.

Tabelle 1.14.1. Zusammenstellung der Lösungen

Kraft	Lastfall			
	1	2	3	Σ
A_x	$\frac{G_1 s_1 l_2}{h(l_1+l_2)}$	$\frac{F a l_2}{h(l_1+l_2)}$	$\frac{G_2 s_2 l_1}{h(l_1+l_2)}$	$\frac{(G_1 s_1+Fa)l_2+G_2 s_2 l_1}{h(l_1+l_2)}$
A_y	$\frac{G_1(l_1+l_2-s_1)}{l_1+l_2}$	$\frac{F(l_1+l_2-a)}{l_1+l_2}$	$\frac{G_2 s_2}{l_1+l_2}$	$\frac{(G_1+F)(l_1+l_2)-G_1 s_1-Fa+G_2 s_2}{l_1+l_2}$
B_x	$-\frac{G_1 s_1 l_2}{h(l_1+l_2)}$	$-\frac{F a l_2}{h(l_1+l_2)}$	$-\frac{G_2 s_2 l_1}{h(l_1+l_2)}$	$-\frac{(G_1 s_1+Fa)l_2+G_2 s_2 l_1}{h(l_1+l_2)}$
B_y	$\frac{G_1 s_1}{l_1+l_2}$	$\frac{Fa}{l_1+l_2}$	$\frac{G_2(l_1+l_2-s_2)}{l_1+l_2}$	$\frac{G_1 s_1+Fa+G_2(l_1+l_2-s_2)}{l_1+l_2}$
G_x	$-\frac{G_1 s_1 l_2}{h(l_1+l_2)}$	$-\frac{F a l_2}{h(l_1+l_2)}$	$-\frac{G_2 s_2 l_1}{h(l_1+l_2)}$	$-\frac{(G_1 s_1+Fa)l_2+G_2 s_2 l_1}{h(l_1+l_2)}$
G_y	$\frac{G_1 s_1}{l_1+l_2}$	$\frac{Fa}{l_1+l_2}$	$-\frac{G_2 s_2}{l_1+l_2}$	$\frac{G_1 s_1+Fa-G_2 s_2}{l_1+l_2}$

Schwerpunkt und Massenmittelpunkt

1.15 Definitionen und Erklärungen

1.15.1 Schwerefeld

Jeder Körper, z.B. auch die Erde, besitzt ein Gravitationsfeld: Auf einen Nachbarkörper wird eine Kraft ausgeübt. Diese Kraft heißt *Gewichtskraft*, kurz *Gewicht*, wenn der erste Körper ein Himmelskörper und der zweite klein dagegen ist; das Gravitationsfeld nennt man dann auch Schwerefeld.
Die Gewichtskräfte hängen nach Betrag und Richtung von der gegenseitigen Lage der Körper ab. Bei veränderter Lage, vgl. Bild 1.15.1a, gilt für dasselbe Körperpaar $\boldsymbol{G}_1 \neq \boldsymbol{G}_2$.

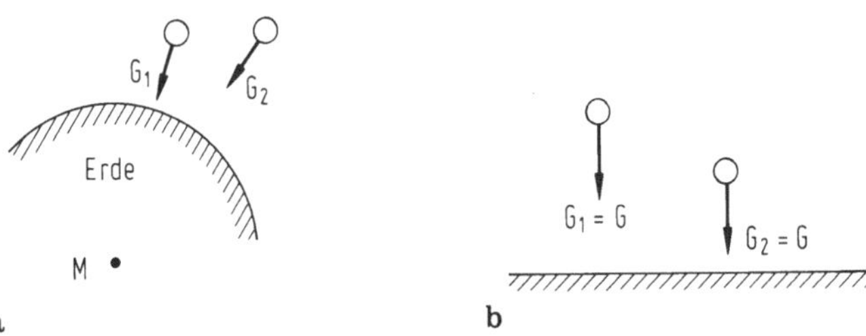

Bild 1.15.1. Gewichtskräfte. a entfernt von der Erde, b im gleichförmigen Schwerefeld

In einem hinreichend beschränkten Bereich kann man die Gewichtskräfte jedoch als ortsunabhängig (konstant und parallel) ansehen; das Schwerefeld ist dort *gleichförmig,* vgl. Bild 1.15.1b.
Das Gewicht ist proportional zur *Masse* m des Körpers, die ein (universelles) Maß für seine *Stoffmenge* ist:

$$G = mg.$$

Der Proportionalitätsfaktor g ist die örtliche *Schwere-* oder *Fallbeschleunigung* (s. Abschnitte 3.5.1, 3.5.2).
Im beschränkten Bereich eines gleichförmigen Schwerefeldes ist die Schwerebeschleunigung konstant. Für Paris gilt der Normwert $g = 9{,}80665\,\mathrm{m/s^2}$. Wo nicht ausdrücklich anders gesagt, setzen wir stets ein gleichförmiges Schwerefeld voraus und arbeiten mit dem üblichen Näherungswert $g \approx 9{,}81\,\mathrm{m/s^2}$. In Skizzen sei das Gewicht vertikal nach unten gerichtet, häufig weisen wir mit Vektoren $\boldsymbol{G}$ oder $\boldsymbol{g}$ darauf hin. Wenn sich die Richtung von selbst versteht, schreibt man skalar $G = mg$.

1.15.2 Dichte, spezifisches Gewicht

Annahmen und Definitionen

Bei vielen Aufgaben aus Physik und Technik braucht man die atomistische Struktur der Stoffe nicht zu berücksichtigen. Dann sieht man den Körper als *Kontinuum* an, in dem der Stoff in der atomaren Größenordnung gleichförmig über das Volumen "verschmiert" ist. Denkt man sich einen solchen Körper in *Volumenelemente* ΔV zerlegt (vgl. das quaderförmige Element in Bild 1.15.2), so enthalte ein herausgegriffenes Element ΔV die Masse Δm (das *Massenelement*), die im homogenen Schwerefeld g das Gewicht $\Delta G = g\Delta m$ aufweist *(Gewichtselement)*.

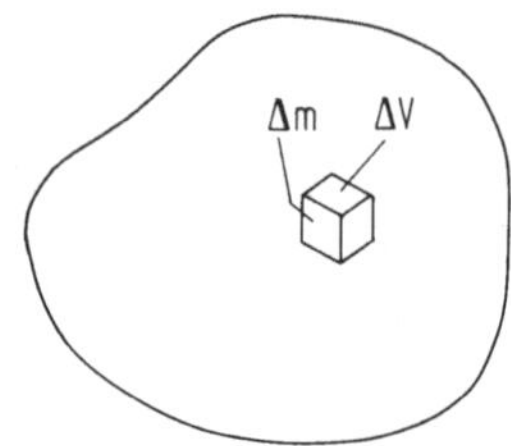

Bild 1.15.2. Körper als Kontinuum

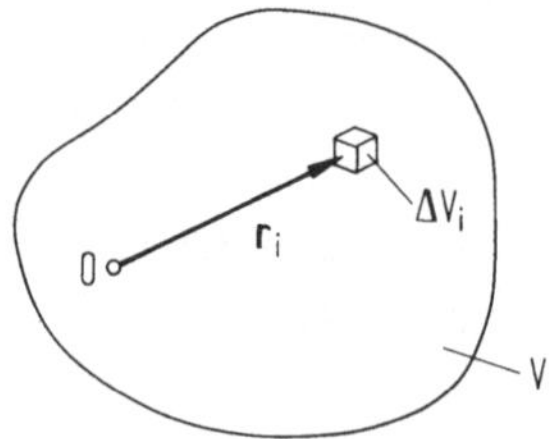

Bild 1.15.3. Diskretisierter Körper

Für den Körper als Kontinuum definiert man

die *Dichte:* $\varrho := \lim\limits_{\Delta V \to 0} \dfrac{\Delta m}{\Delta V}$,

das *spezifische Gewicht:* $\gamma := \lim\limits_{\Delta V \to 0} \dfrac{\Delta G}{\Delta V}$.

Wegen $\Delta G = g\Delta m$ gilt

$$\gamma = \varrho\, g.$$

Die Grenzübergänge dienen nur als Vorstellungshilfe zur mathematischen Deutung des Kontinuum-Modells; sie lassen sich physikalisch natürlich nicht durchführen.

Im allgemeinen ist die Dichte über den Körper veränderlich, d.h., es gilt $\varrho = \varrho(x, y, z) = \varrho(\boldsymbol{r})$, wo $\boldsymbol{r}$ den Ort bezeichnet (vgl. Bild 1.15.3). Die Dichte kann auch unstetig sein (z.B. bei Körpern aus unterschiedlichen Stoffen).

Dimensionen: $\dim \varrho = \mathbf{M/L^3}$, $\dim \gamma = \mathbf{K/L^3}$.

Berechnen von Masse und Gewicht über Dichte und spezifisches Gewicht

Gegeben: Körper mit Volumen V und Dichte $\varrho = \varrho(\boldsymbol{r})$, s. Bild 1.15.3.

Gesucht: Masse m des Körpers (Gewicht G).

Lösung (an Hand von Bild 1.15.3):

Das Volumen V wird in Volumenelemente ΔV_i zerlegt (wird "diskretisiert"), so daß $\varrho_i := \varrho(\boldsymbol{r}_i)$ in ΔV_i etwa konstant ist. Dann enthält ΔV_i die Masse

$$\Delta m_i = \varrho_i\, \Delta V_i,$$

und die Körpermasse m ist die Summe ALLER Δm_i :

$$m = \lim_{\Delta V \to 0} \sum_{(V)} \Delta m_i = \lim_{\Delta V \to 0} \sum_{(V)} \varrho_i\, \Delta V_i.$$

Die Summen erstrecken sich über die Elemente i des Körpervolumens V (das ist die Bedeutung von (V) unter dem Summenzeichen; hier Zahlen für den i-Bereich zu setzen, würde wenig sagen). Grenzübergang $\Delta V \to 0$ (mit $\Delta V > \Delta V_i > 0$) führt auf die *Volumenintegrale*

$$m = \int_V dm = \int_V \varrho(\boldsymbol{r})\, dV = \int_V \varrho\, dV.$$

Sie haben *dieselbe* Bedeutung wie die Summen nach dem Grenzübergang, lediglich die Schreibweise ist anders. (Bei einer Computerauswertung der Summen dürften die ΔV_i wegen der numerischen Fehler eine bestimmte Grenze *nicht unterschreiten*!).

Analog zum Vorgehen bei der Masse erhält man für das Gesamtgewicht die (Vektor-) Summe aller Teilgewichte:

$$G = \int_V dG = \int_V \gamma(\boldsymbol{r})\, dV = mg.$$

Sonderfälle und Hinweise

Körper konstanter Dichte

Mit $\varrho(\boldsymbol{r}) = \varrho$ folgt

$$m = \lim_{\Delta V \to 0} \sum_{(V)} \varrho_i\, \Delta V_i = \varrho \lim_{\Delta V \to 0} \sum_{(V)} \Delta V_i = \varrho V.$$

In Integralschreibweise lautet dies

$$m = \int_V \varrho(\boldsymbol{r})\, dV = \varrho \int_V dV = \varrho V.$$

Ebene Scheibe
Gegeben: Ebene Scheibe nach Bild 1.15.4, Dicke h, Fläche A, Dichte $\varrho(\boldsymbol{r})$ *über Höhe* konstant.
Gesucht: Masse m.

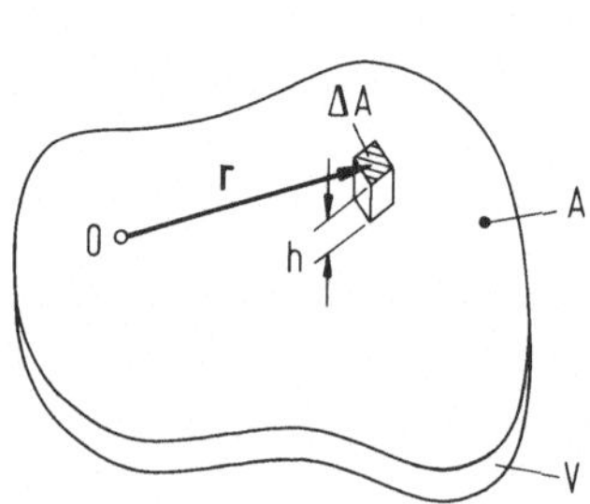

Bild 1.15.4. Scheibe

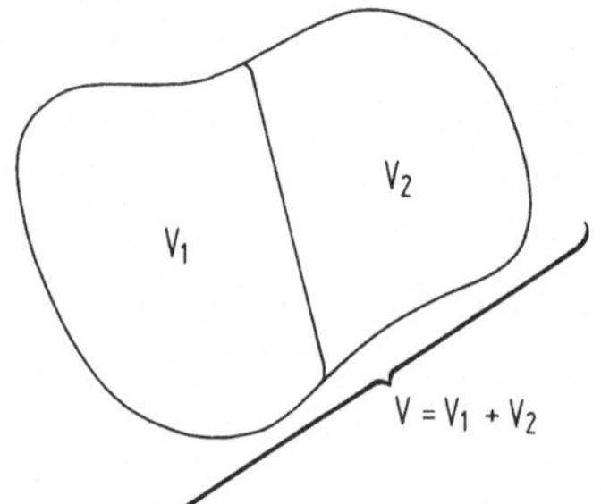

Bild 1.15.5. Zerlegung von V in V_1 und V_2

Lösung:
Da ϱ sich über die Höhe h nicht verändert, kann man das Volumenelement "stabförmig" wählen und erhält mit dessen "Länge" h und dem (Stirn-)*Flächenelement* ΔA den Ausdruck $\Delta V = h\,\Delta A$ sowie $\Delta m = \varrho\,\Delta V = h\varrho\,\Delta A$. Damit folgt

$$m = h \lim_{\Delta A \to 0} \sum_{(A)} \varrho_i \,\Delta A_i = h \int_A \varrho(\boldsymbol{r}) dA.$$

Das *Flächenintegral* rechts hat dieselbe Bedeutung wie die Summe in der Mitte nach dem Grenzübergang. Im Sonderfall $\varrho = \text{const.}$ erhält man wieder

$$m = \varrho h A = \varrho V.$$

Zerlegung eines Körpers in Teilkörper
Es kann zweckmäßig sein, das Volumen V in Teilvolumina $V_1, V_2, ...$ zu zerlegen (vgl. Bild 1.15.5):

$$m = \int_{V_1+V_2+...} \varrho\, dV = \int_{V_1} \varrho\, dV + \int_{V_2} \varrho\, dV + ...$$

Die Integration ist "additiv", es gilt:

$$m = m_1 + m_2 + ..., \quad \text{wo} \quad m_i := \int_{V_i} \varrho\, dV.$$

1.15.3 Statische Momente, Schwerpunkt, Massenmittelpunkt

Definition des statischen Moments

Gegeben ist der massebehaftete Körper nach Bild 1.15.6 mit einem kartesischen Koordinatensystem.
Gesucht ist das von den Gewichtskräften ausgeübte Moment um die x-Achse, wenn das Schwerefeld in die positive z-Richtung wirkt. (Zyklische Vertauschung der Koordinaten, vgl. Bild 1.15.7, führt auf andere Fälle.)

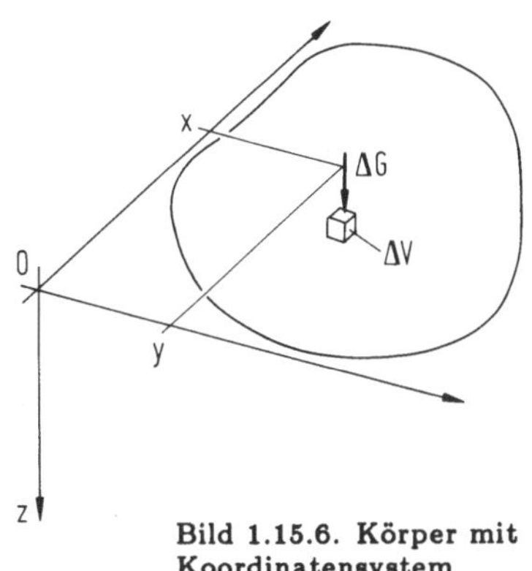

Bild 1.15.6. Körper mit Koordinatensystem

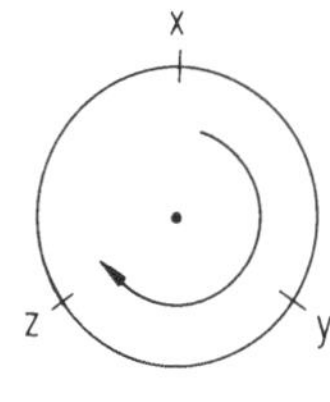

Bild 1.15.7. Zyklische Koordinatenvertauschung

Lösung:
Bild 1.15.6 zeigt die am Volumenelement ΔV angreifende Gewichtskraft ΔG für den Fall $\boldsymbol{g} = g\boldsymbol{e}_z$. Sie übt um die x-Achse das Moment-(enelement) ΔM_{xz} aus:

$$\Delta M_{xz} = y\,\Delta G = gy\,\Delta m = gy\varrho\,\Delta V.$$

Summation (Integration) über den Körper liefert

$$M_{xz} = \int\limits_V y\,dG = g\int\limits_V y\,dm = g\int\limits_V y\varrho\,dV.$$

Zur Bedeutung dieser Volumenintegrale vergleiche man mit der Summenschreibweise in Abschnitt 1.15.2.
Zyklisches Vertauschen der Koordinaten liefert

$$M_{yx} = \int\limits_V z\,dG = g\int\limits_V z\,dm = g\int\limits_V z\varrho\,dV,$$

$$M_{zy} = \int\limits_V x\,dG = g\int\limits_V x\,dm = g\int\limits_V x\varrho\,dV.$$

Definition: Die Momente M_{xz} usw. heißen *statische Momente*. Auch die durch g dividierten Größen

$$\frac{M_{xz}}{g} = \int\limits_V y\,dm$$

nennt man statische (Massen-)Momente (ersten Grades); das Schwerefeld dient nur zur anschaulichen Begründung.
Es gelten: $M_{xz} = -M_{zx}$ usw.; erster Index: Wirkung (Moment um x-Achse), zweiter Index: Ursache (Schwerefeld $g\boldsymbol{e}_z$).

Schwerpunkt als Massenmittelpunkt
Da im gleichförmigen Schwerefeld alle ΔG eines Körpers parallel sind, kann man sie zum (resultierenden) Gewicht $\boldsymbol{G}$ (als Vektor!) zusammenfassen, vgl. Abschnitte 1.8.3 und 1.9.2. Der Angriffspunkt von G ist der *Schwerpunkt* S, vgl. Bild 1.15.8. Gemäß den genannten Abschnitten muß das Gewicht G jeweils die

gleichen statischen Momente erzeugen wie die Einzelkräfte ΔG. Mit Bild 1.15.8 (und durch zyklische Vertauschung) ergeben sich

$$G\,x_S = M_{zy}, \quad G\,y_S = M_{xz}, \quad G\,z_S = M_{yx},$$

und es folgen

$$x_S = \frac{1}{G}\int_V x\gamma\,dV = \frac{1}{m}\int_V x\varrho\,dV,$$

$$y_S = \frac{1}{G}\int_V y\gamma\,dV = \frac{1}{m}\int_V y\varrho\,dV,$$

$$z_S = \frac{1}{G}\int_V z\gamma\,dV = \frac{1}{m}\int_V z\varrho\,dV.$$

Diese Gleichungen kann man vektoriell zusammenfassen:

$$\boldsymbol{r}_S = \begin{pmatrix} x_S \\ y_S \\ z_S \end{pmatrix} = \frac{1}{G}\int_V \gamma\boldsymbol{r}\,dV = \frac{1}{m}\int_V \varrho\boldsymbol{r}\,dV.$$

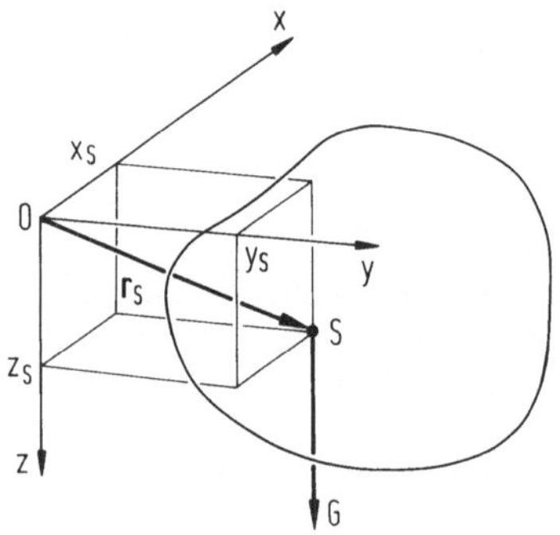

Bild 1.15.8. Schwerpunkt eines Körpers

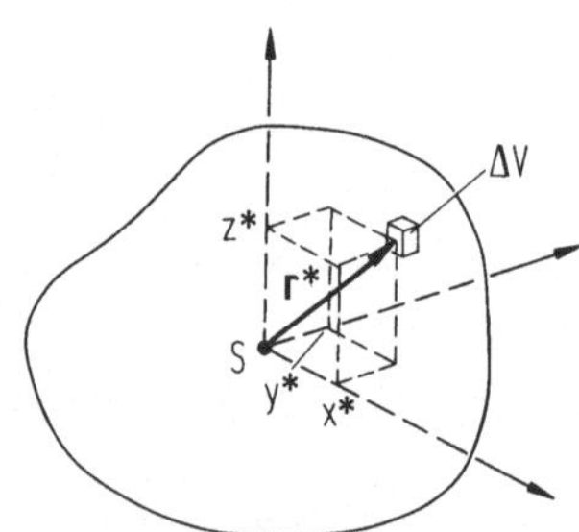

Bild 1.15.9. Körper mit Koordinatensystem im Schwerpunkt

Im gleichförmigen Schwerefeld ist der Schwerpunkt S körperfest, seine Lage also unabhängig vom gewählten Koordinatensystem. Er fällt hier mit dem *Massenmittelpunkt* C zusammen, dessen Lage durch den zuletzt angeschriebenen Ausdruck *definiert* ist. Ein Beispiel, bei dem man zwischen S und C unterscheiden muß, folgt unten. Da wir im übrigen nur Systeme betrachten, wo S und C aufeinanderfallen, brauchen wir sie nicht zu unterscheiden und sprechen weiter vom Schwerpunkt.

Statische Momente um den Schwerpunkt verschwinden

Der Ursprung des Koordinatensystems x^*, y^*, z^* liege im Schwerpunkt S, Bild 1.15.9. Aus

$$mg\boldsymbol{r}_S^* = g\int_V \varrho\boldsymbol{r}^*\,dV$$

folgt wegen $\boldsymbol{r}_S^* = \boldsymbol{O}$:

$$\int_V \varrho\boldsymbol{r}^*\,dV = \boldsymbol{O}.$$

Diese Beziehung wird auch in der Elastostatik (z.B. Abschnitt 2.8.4) und in der Kinetik (z.B. Abschnitt 3.15.2 und 3.19.2) ausgenutzt.

Ebene Scheibe, Flächenmomente

Gegeben: Ebene Scheibe mit Koordinatensystem nach Bild 1.15.10, Dicke h, Fläche A, Dichte ϱ konstant.

Gesucht: Schwerpunktkoordinaten x_S, y_S.

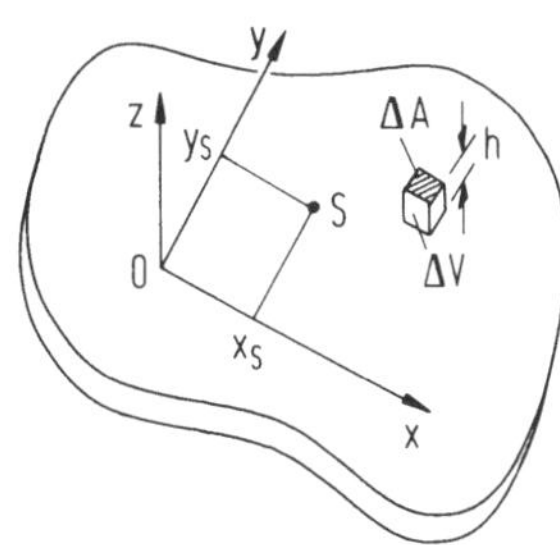

Bild 1.15.10. Scheibe konstanter Dichte

Lösung:

Parallel zur Masseberechnung der ebenen Scheibe im Abschnitt 1.15.2 erhält man aus den beiden ersten Schwerpunktgleichungen oben

$$x_S = \frac{1}{\varrho A h}\int_A x\varrho h\,dA = \frac{1}{A}\int_A x\,dA, \qquad y_S = \frac{1}{\varrho A h}\int_A y\varrho h\,dA = \frac{1}{A}\int_A y\,dA.$$

Die Ausdrücke $\int_A x\,dA, \int_A y\,dA$ heißen *Flächenmomente ersten* Grades um die y- bzw. x-Achse, weil die *ersten* Potenzen x^1, y^1 bei dA stehen.

Schwerpunkt bei ungleichförmigem Gravitationsfeld

Bild 1.15.11 zeigt einen hantelförmigen Satelliten, der aus zwei gleichen Punktmassen $m_1 = m_2$ besteht, die durch eine masselose Stange verbunden sind. Sein Massenmittelpunkt C liegt dann in Stangenmitte. Nimmt der Satellit beim Umlauf um die Erde momentan die gezeigte Stellung an, so ist $|\boldsymbol{G}_1|$ ein wenig größer als $|\boldsymbol{G}_2|$; außerdem sind die beiden Kräfte nicht mehr parallel. Je nach Stellung verschiebt sich der Schwerpunkt S als Angriffspunkt der Resultierenden $\boldsymbol{G}_1 + \boldsymbol{G}_2$; vgl. die momentane Lage von S in Bild 1.15.11. Da die Trägheitskraft im Massenmittelpunkt C angreift (vgl. Abschnitt 3.17.1), stellt sich ein solcher ungeregelter Satellit nach einiger Zeit radial.

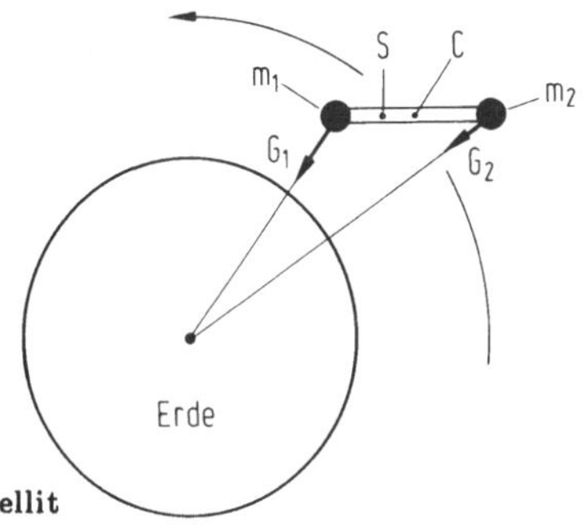

Bild 1.15.11. Hantelförmiger Satellit

1.16 Praktische Schwerpunktbestimmung

1.16.1 Körper mit Symmetrieebenen oder Symmetrieachsen

Hat ein Körper eine zu einer Ebene oder Achse symmetrische Massenverteilung, so liegt der Schwerpunkt in der Ebene bzw. auf der Achse.

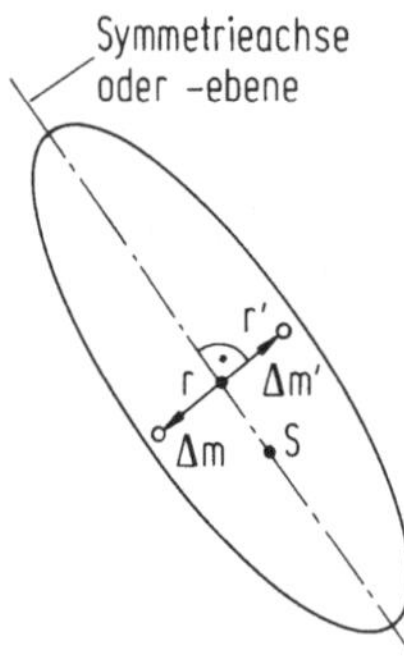

Bild 1.16.1. Schwerpunkt bei symmetrischem Körper

In Bild 1.16.1 bezeichnet die strichpunktierte Linie die senkrecht auf der Bildebene stehende Symmetrieebene bzw. die Symmetrieachse. Wegen $\Delta m = \Delta m'$ für $r = r'$ verschwinden die statischen Momente um diese Linie für ein senkrecht zur Bildebene gerichtetes Schwerefeld.

1.16.2 Mittellinien

Denkt man sich einen glatt umrandeten Körper in infinitesimal dünne Streifen oder Scheiben zerschnitten, so bilden deren Schwerpunkte eine sogenannte *Schwerelinie*.

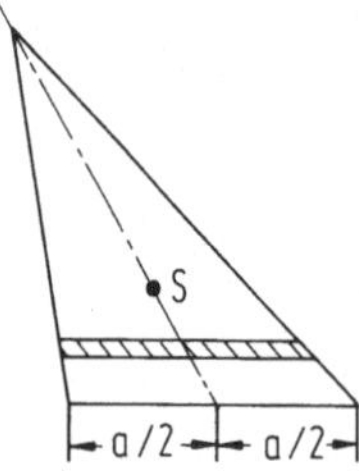

Bild 1.16.2. Dreieckförmige ebene Scheibe

Hat ein Körper eine *gerade* Schwerelinie, vgl. z.B. Bild 1.16.2, so ist dies der Masseverteilung nach eine *Mittellinie*, die statischen Momente darum verschwinden, der Schwerpunkt liegt darauf.

1.16.3 Schwerpunktbestimmung durch Zerlegung

Wir zeigen das Vorgehen für Flächen, also ebene Scheiben konstanter Dicke und Dichte entsprechend Bild 1.15.10.

Gegeben seien die Fläche A, Bild 1.16.3, mit einer Zerlegung in n Teilflächen A_i sowie die Abstände x_{Si} der Teilschwerpunkte S_i von einer Bezugslinie.

Gesucht: Abstand x_S des Gesamtschwerpunktes S von dieser Bezugslinie.
Lösung:
Den Flächenschwerpunkt haben wir im Anschluß an Bild 1.15.10 eingeführt. Es gilt

$$Ax_S = \int_A x dA = \sum_{i=1}^{n} \int_{A_i} x dA = \sum_{i=1}^{n} x_{Si} A_i.$$

Hier ist das Flächenintegral über A zunächst gemäß $A = A_1 + A_2 + ...$ additiv zerlegt (vgl. die Volumenzerlegung in Bild 1.15.5), und anschließend sind die Integrale über die Teilflächen A_i durch die gegebenen Größen A_i und x_{Si} ausgedrückt.
Mit obiger Formel kann man Flächenschwerpunkte einfach berechnen, wenn Teilschwerpunkte bekannt sind.

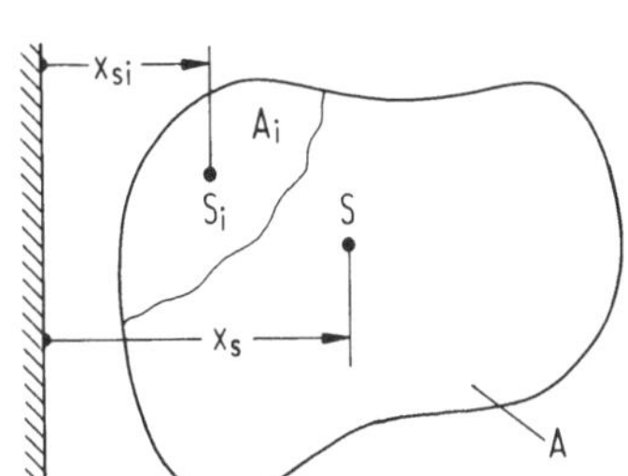

Bild 1.16.3. Flächenzerlegung

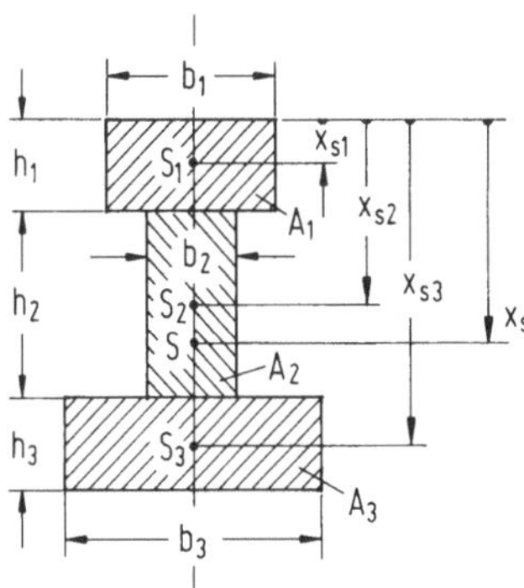

Bild 1.16.4. I-Profil

1. Beispiel I-Profil
Gegeben ist das I-Profil nach Bild 1.16.4 mit den Abmessungen $b_1, b_2, b_3, h_1, h_2, h_3$.
Gesucht ist der Schwerpunktabstand x_S.
Lösung (vgl. Bild 1.16.4):
Zerlegung in 3 Rechtecke A_1, A_2, A_3 :

$$A = \sum_{i=1}^{3} A_i = \sum_{i=1}^{3} b_i h_i.$$

Teilschwerpunkte: $x_{S1} = h_1/2, \quad x_{S2} = h_1 + h_2/2, \quad x_{S3} = h_1 + h_2 + h_3/2.$
Gesamtschwerpunkt:

$$x_S = \frac{b_1 h_1^2 + b_2 h_2 (2h_1 + h_2) + b_3 h_3 (2h_1 + 2h_2 + h_3)}{2(b_1 h_1 + b_2 h_2 + b_3 h_3)}.$$

2. Beispiel Kastenquerschnitt
Gegeben ist der Kastenquerschnitt nach Bild 1.16.5 mit den Abmessungen $a_1, a_2, b_1, b_2, h_1, h_2$.
Gesucht ist der Schwerpunktabstand x_S.

Lösung (vgl. Bild 1.16.5):
Zerlegung in 2 Rechtecke A_1, A_2 : $A = A_1 - A_2 = b_1 h_1 - b_2 h_2$.
Teilschwerpunkte: $x_{S1} = h_1/2$, $x_{S2} = a_1 + h_2/2$.
Gesamtschwerpunkt: $A x_S = A_1 x_{S1} - A_2 x_{S2}$,
also

$$x_S = \frac{b_1 h_1^2 - b_2 h_2(2a_1 + h_2)}{2(b_1 h_1 - b_2 h_2)}.$$

Die Schwerpunktkoordinate y_S berechnet man entsprechend.
Wenn man den Ursprung eines Koordinatensystems x^*, y^* in den Schwerpunkt S_1 legt, so folgen $x^*_{S1} = 0$, $x^*_{S2} = x_{S2} - x_{S1} = a_1 + (h_2 - h_1)/2$ und (im Kopf zu rechnen)

$$x^*_S = -(A_2/A) x^*_{S2}.$$

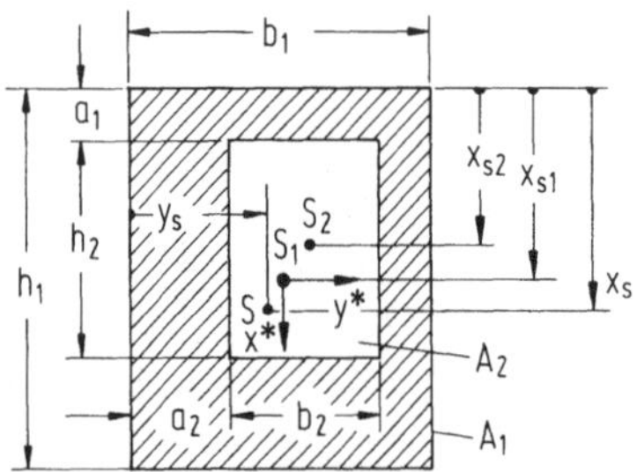

Bild 1.16.5. Kastenquerschnitt

1.16.4 Schwerpunktbestimmung durch Integration

In den wenigsten technisch wichtigen Fällen der Schwerpunktbestimmung ist man gezwungen, die *Volumen-* oder *Flächen-Integrale* aus Abschnitt 1.15.3 wirklich auszuwerten. Man arbeitet meistens mit Zerlegungen in "Elemente" mit bekanntem Schwerpunkt (ganz parallel zu Abschnitt 1.16.3); dann braucht man nur noch eindimensionale ("gewöhnliche") Integrale auszuwerten.

Beispiel Dreieck

Gegeben: Dreieckfläche nach Bild 1.16.6, Höhe h, Breite b_0.
Gesucht: Schwerpunkthöhe x_S.

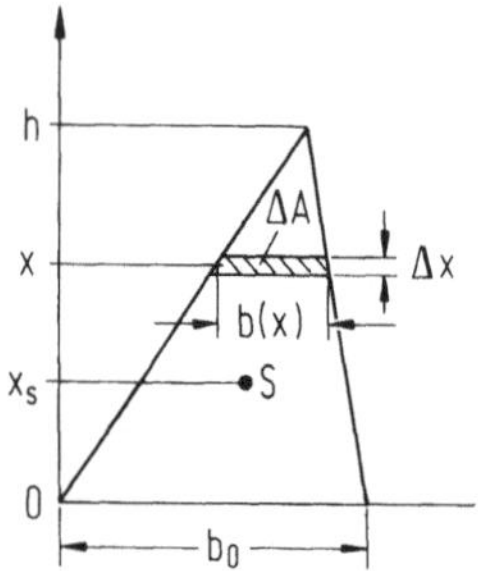

Bild 1.16.6. Dreieck

Lösung (vgl. Bild 1.16.6):
Das gezeigte Flächenelement

$$\Delta A = \Delta x\, b(x)$$

hat bezüglich der horizontalen Grundlinie das statische Moment $x\,\Delta A$. Es gilt also

$$A x_S = \int_A x dA = \int_0^h x b(x) dx.$$

Der Strahlensatz liefert $b(x) = b_0(h-x)/h$. Man erhält

$$A x_S = \frac{b_0}{h}\int_0^h (hx - x^2)dx = \frac{b_0 h^2}{6}.$$

Mit $A = b_0 h/2$ ergibt sich $x_S = h/3$.

Innere Kräfte und Momente bei Balken

Lasten verursachen nicht nur Auflagerkräfte und Einspannmomente, sondern auch Beanspruchungen (Kräfte, "Spannungen") im Inneren von Bauteilen. Als einfaches Beispiel wird hier, vorbereitend für genauere Untersuchungen im Abschnitt 2.8, der *gerade Balken* behandelt.
Zusammenfassend bezeichnet man die inneren Kräfte und Momente als *Schnittgrößen, Schnittkräfte* oder *Spannungsresultanten.*

1.17 Normalkraft, Querkraft, Biegemoment bei Balken

1.17.1 Grundgedanke: Aufschneiden des Balkens

Gegeben sei ein dünner Balken unter der Einwirkung äußerer Lasten, wie er zum Beispiel in Bild 1.17.1 gezeigt ist.

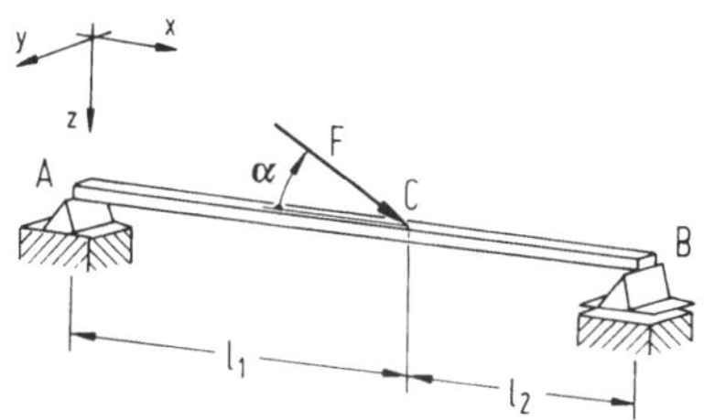

Bild 1.17.1. Belasteter Balken

Gesucht sind die durch die Last im Inneren des Balkens hervorgerufenen Kräfte und Momente.

Lösung:

Wir wenden das Schnittprinzip, nach dem wir bisher Körper von ihren Bindungen freigeschnitten oder Mehrkörper-Systeme zerlegt haben, nun auf den Körper selbst an: Wir schneiden den Balken senkrecht zu seiner Achse an der Stelle x auf, trennen ihn in zwei Teile und machen dadurch die an der Schnittstelle, an den *Schnittufern*, wirkenden Kräfte und Momente sichtbar.

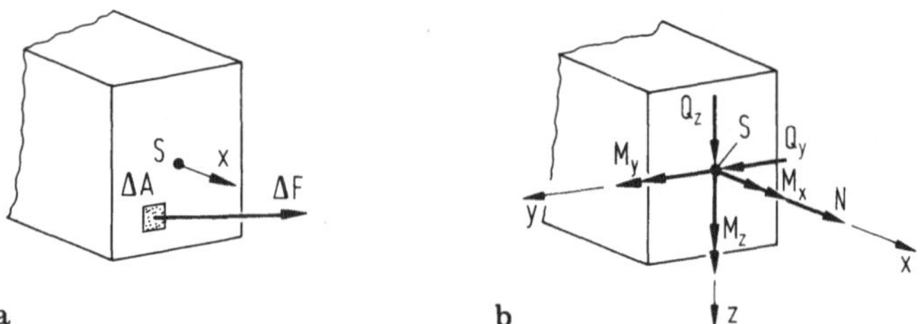

Bild 1.17.2. Verteilte Kräfte und Schnittgrößen am positiven Schnittufer

Bild 1.17.2a zeigt eine vergrößerte Ansicht des *positiven* Schnittufers (das in die positive x-Richtung weist). Am Flächenelement ΔA greift die Kraft $\Delta \boldsymbol{F}$ an. (Das Flächenelement ist zu klein, um ein beachtenswertes Kräftepaar, also ein Moment, aufzunehmen.) Gemäß Abschnitt 1.9.2 kann man alle über das Schnittufer verteilt angreifenden $\Delta \boldsymbol{F}$ im Querschnittsschwerpunkt S zu einer resultierenden Kraft und einem resultierenden Moment mit je drei Komponenten zusammenfassen. Bild 1.17.2b zeigt im einzelnen

N	$= N(x)$	*Normalkraft*	in positive x-Richtung,
Q_y	$= Q_y(x)$	*Querkraft*	in positive y-Richtung,
Q_z	$= Q_z(x)$	*Querkraft*	in positive z-Richtung,
M_x	$= M_x(x)$	*Moment*	in positive x-Richtung,
M_y	$= M_y(x)$	*Moment*	in positive y-Richtung,
M_z	$= M_z(x)$	*Moment*	in positive z-Richtung.

Bei einer Belastung gemäß Bild 1.17.1 treten nur die Schnittgrößen $N(x)$, $Q_z(x)$ und $M_y(x)$ auf. Man vereinfacht dann, bezeichnet $Q_z = Q = Q(x)$ als *Querkraft* und $M_y = M = M(x)$ als *Moment* schlechthin. Wir beschränken uns im folgendem auf die Überlegungen zu diesem vereinfachten Fall. (Der allgemeine Fall läßt sich in entsprechender Weise behandeln.)

Bild 1.17.3 zeigt den so geschnittenen Balken.

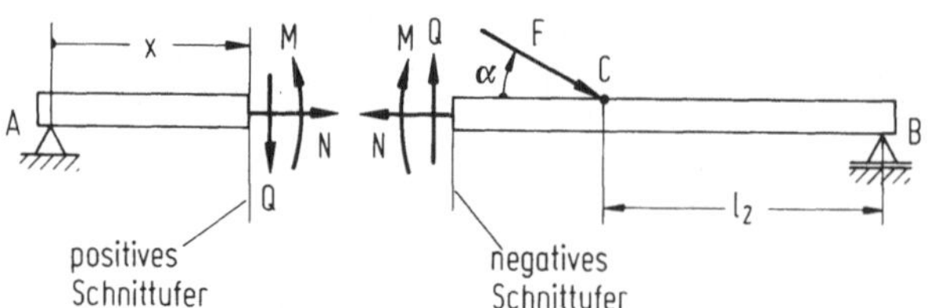

Bild 1.17.3. Geschnittener Balken

Im Rahmen der vereinfachenden Annahme ersetzen die drei Schnittgrößen N, Q, M, wie sie in Bild 1.17.3 eingetragen sind, die inneren Kräfte.
Wichtig ist beim Schneiden von Körpern: Man muß in der Regel *beide* Schnittufer im Auge behalten und dabei das *Reaktionsprinzip* beachten: Die auf die beiden Schnittufer wirkenden Kräfte und Momente sind jeweils entgegengesetzt orientiert.
Die durch den Schnitt entstandenen beiden Balkenteile müssen je für sich als starre Körper unter der Wirkung der sonstigen Lasten, der Lagerreaktionen und der Schnittgrößen, die jetzt als äußere Lasten aufgefaßt werden, im Gleichgewicht sein (vgl. Axiom 9).

Vorzeichenkonvention und Symbolik

Schnittgrößen untersucht man meistens mit Hilfe von festen Formelsätzen. Dabei muß man *alle* einmal eingeführten *Vorzeichen* stets *beibehalten*.
Wir arbeiten mit der Vorzeichenkonvention gemäß obigen Bildern. Teilweise symbolisiert, faßt man sie gemäß Bild 1.17.4 oder Bild 1.17.5 zusammen.

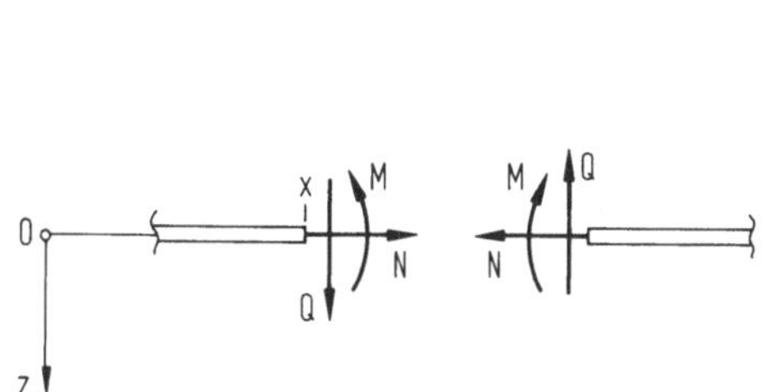

Bild 1.17.4. Schnitt mit positiven Schnittgrößen

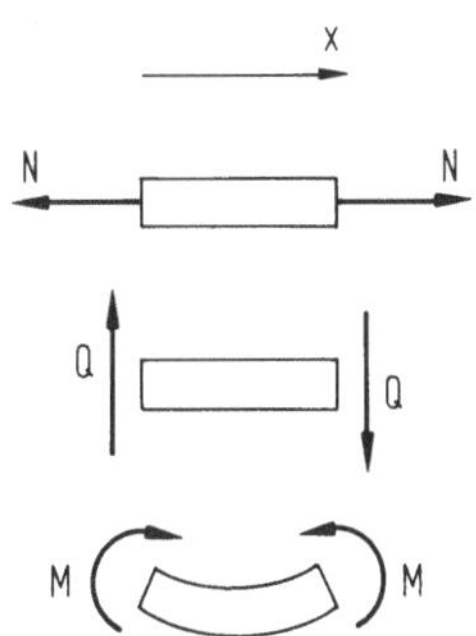

Bild 1.17.5. Balkenelement mit positiven Schnittgrößen

Merkregel für Vorzeichen:

x-Achse nach rechts positiv, z-Achse nach unten positiv,
N bei Zug positiv (s. Bild 1.17.5),
Q am positiven (rechten) Schnittufer nach unten positiv (wie z),
M positiv, wenn es als "Biegemoment" den Balken nach unten konvex biegt (s. Bild 1.17.5).

Man trägt $N(x)$, $Q(x)$ und $M(x)$ in Diagrammen über x auf und erhält Normalkraft-, Querkraft- bzw. Momenten-Kurven (oder -"Linien"). Die Fläche zwischen x-Achse und jeweiliger Kurve heißt Normalkraft-, Querkraft- bzw. Momenten-Fläche, vgl. Bild 1.17.8.

1.17.2 Bestimmen der Schnittgrößen

Vorgehensschema

1. Balken freischneiden und Lagerkräfte bestimmen.
2. Balken bereichsweise – bei x – schneiden und Schnittgrößen antragen.

3. Schnittgrößen aus Gleichgewichtsbedingungen bestimmen (abhängig von x).
4. Ergebnisse in Diagramme eintragen ("Linien" oder "Flächen" zeichnen), ausgezeichnete Werte (Extrema, Nullstellen usw.) angeben.

Hinweis: Die Gleichgewichtsbedingungen zu Punkt 3 kann man für den linken *oder* den rechten Balkenteil (als freigeschnittenen starren Körper) ansetzen. Für den jeweils zweiten Teil angeschrieben, liefern sie *dieselben* Werte für die Schnittgrößen (Kontrollmöglichkeit!), denn der Balken als Ganzes ist gemäß Punkt 1 im Gleichgewicht (vgl. Axiom 9).

Beispiel (Lösung der Aufgabe aus Abschnitt 1.17.1)

1. Lagerkräfte bestimmen: Bild 1.17.6 zeigt das Ergebnis.

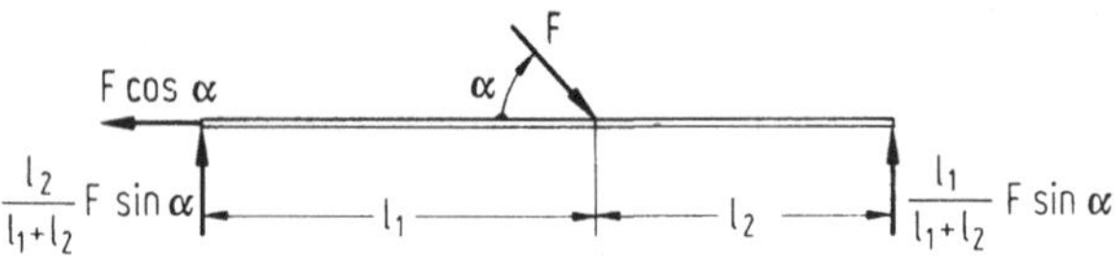

Bild 1.17.6. Balken mit Last und Lagerkräften

2. Balken bereichsweise schneiden: Bild 1.17.7a zeigt Schnitt für den Bereich $0 < x < l_1$, Bild 1.17.7b zeigt Schnitt für den Bereich $l_1 < x < l_1 + l_2$.

a

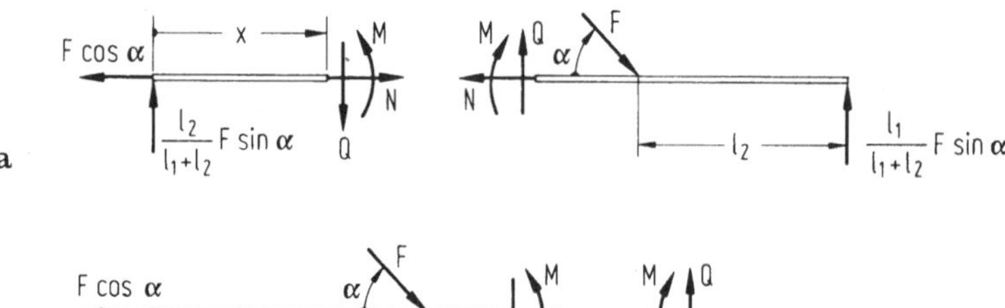

b

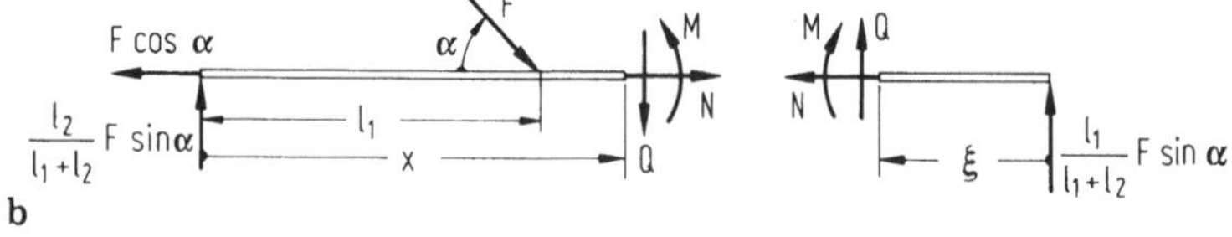

Bild 1.17.7. Geschnittener Balken

3. Schnittgrößen aus Gleichgewichtsbedingungen bestimmen.

Bereich $0 < x < l_1$; linkes Teilsystem von Bild 1.17.7a zugrundegelegt:

$\sum F_x = 0: \quad N - F\cos\alpha = 0,$ also $N = F\cos\alpha,$

$\sum F_z = 0: \quad Q - [l_2/(l_1 + l_2)]F\sin\alpha,$ also $Q = [l_2/(l_1 + l_2)]F\sin\alpha,$

$\overset{\curvearrowleft +}{\sum} M^{(x)} = 0: M - [xl_2/(l_1 + l_2)]F\sin\alpha = 0,$ also $M = [xl_2/(l_1 + l_2)]F\sin\alpha.$

Bereich $l_1 < x < l_1 + l_2$; rechtes Teilsystem von Bild 1.17.7b zugrundegelegt: Hilfsgröße $\xi := l_1 + l_2 - x$ (vgl. Bild 1.17.7b);

$\sum F_x = 0: \quad -N = 0,$ also $N = 0,$

$\sum F_z = 0: \quad -Q - [l_1/(l_1 + l_2)]F\sin\alpha = 0,$ also $Q = -[l_1/(l_1 + l_2)]F\sin\alpha,$

$\overset{\curvearrowleft +}{\sum} M^{(x)} = 0: -M + [\xi l_1/(l_1 + l_2)]F\sin\alpha = 0,$ also $M = [1 - x/(l_1 + l_2)]l_1 F\sin\alpha.$

4. Diagramme

Bild 1.17.8 zeigt die Verläufe der gefundenen Schnittgrößen $N(x), Q(x)$ und $M(x)$ mit den ausgezeichneten Werten.

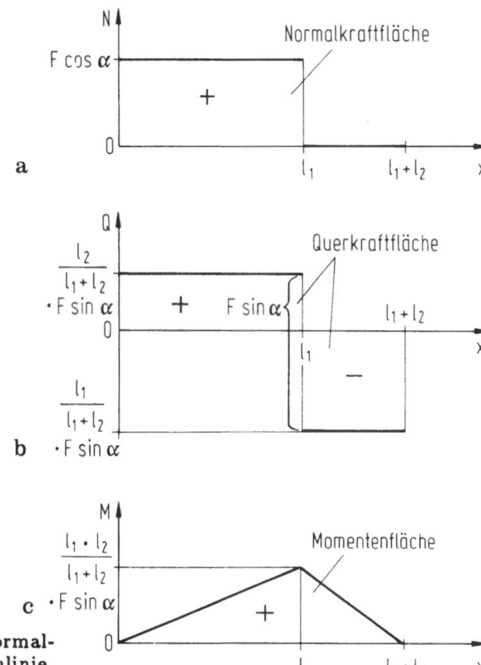

Bild 1.17.8. Schnittgrößenverläufe: a Normalkraftlinie, b Querkraftlinie, c Momentenlinie

An Kraft- und Momenten-"Einleitungsstellen" (in Bild 1.17.1 z.B. an den Lagerstellen $x = 0$, $x = l_1+l_2$ sowie bei $x = l_1$) haben Kraft- bzw. Momentenlinien Sprünge, man muß zwischen den Werten links und rechts von der Einleitungsstelle klar unterscheiden (vgl. die Bilder 1.17.8a, b). *Auf* der Einleitungsstelle haben die Linien *keine* Bedeutung. Sie sind hier und in der näheren Umgebung für die Beurteilung der Balkenbelastung *unbrauchbar*, weil der Schnitt nach Bild 1.17.2 dort nicht sachgerecht ist (vgl. die Überlegungen in Abschnitt 1.13.3). In der Regel sieht man die Einleitungsstellen als (Ausnahme-)"Punkte" an und zieht die Linien bis dahin durch.

1.17.3 Streckenlasten (kontinuierlich verteilte Lasten)

Die meisten Lasten greifen nicht punktförmig, sondern über eine gewisse Fläche oder Strecke "verteilt" am Balken an. Betrachten wir als Beispiel die Belastung durch das Eigengewicht bei dem in Bild 1.17.9 skizzierten Kragbalken mit x-abhängigem Querschnitt $A(x)$. Ein scheibenförmiges Element der Dicke Δx an der Stelle x hat das Gewicht

$$\Delta G = \gamma A(x) \Delta x.$$

Es liegt nahe,

$$\lim_{\Delta x \to 0} \frac{\Delta G}{\Delta x} = \gamma A(x)$$

als "spezifische (Quer-)Last", d.h. als auf die Länge bezogene Last, einzuführen. Man definiert die *Streckenlast*

$$q(x) := \gamma A(x).$$

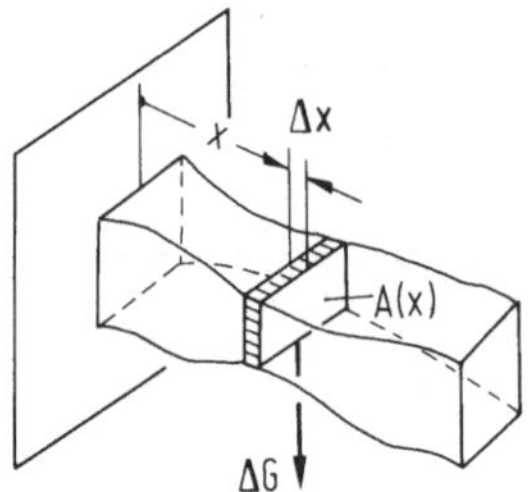

Bild 1.17.9. Kragbalken mit Eigengewicht

Streckenlasten können auch durch Wind, elektromagnetische Felder usw. verursacht sein.

Dimension: $\dim q = \mathbf{K/L}$.
Im folgenden wird die Streckenlast in Form eines Diagramms gegeben oder als "pfeilgefüllte" oder senkrecht gestrichelte Fläche über einem Balken dargestellt; Bild 1.17.10 zeigt Beispiele.

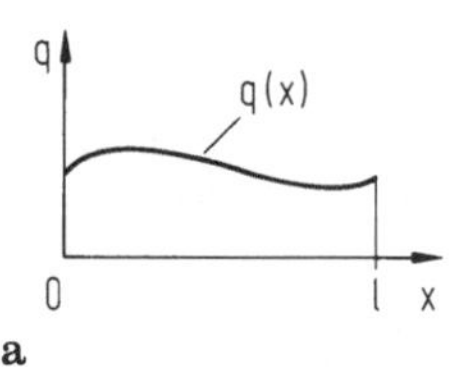

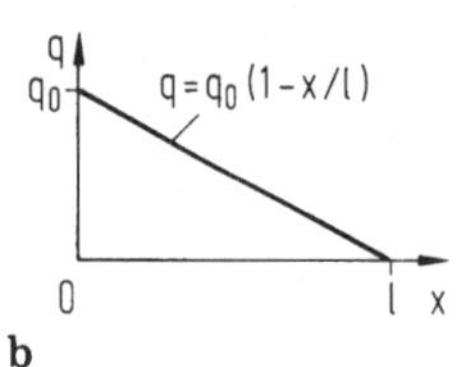

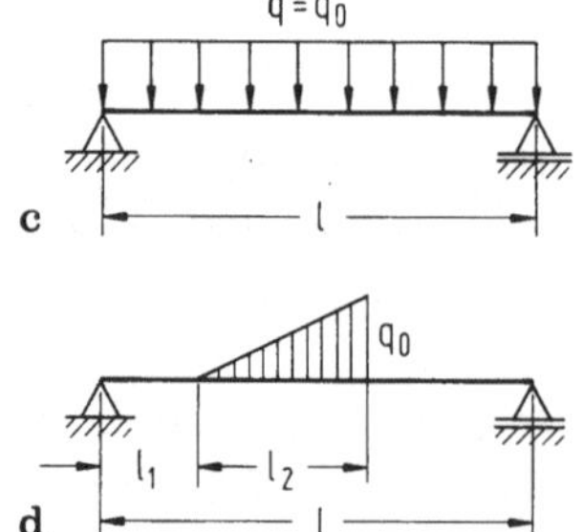

Bild 1.17.10. Darstellungen von Streckenlasten

1.17.4 Schnittgrößen bei Streckenlasten

Gegeben: Balken nach Bild 1.17.11a, Länge l, belastet mit Streckenlast $q(x)$ und Moment M_A.
Gesucht: Schnittgrößen und Auflagerkräfte. (Die Punkte 1,2,3 des Vorgehensschemas nach Abschnitt 1.17.2 werden hier gemeinsam abgehandelt.)

Lösung in drei Schritten

1. *Aufstellen von Feldgleichungen*

Der Balken wird "unmittelbar rechts" vom Lager A, bei $x = 0+$, und an der (allgemeinen) Stelle x geschnitten. In Bild 1.17.11b ist nur dieses linke Stück des Balken-"Feldes" gezeichnet.

Die Schnittgrößen unmittelbar rechts vom Lager,

$$M_0 := M(0+), \quad Q_0 := Q(0+),$$

werden als freie (d.h. unbekannte) Größen eingeführt und sind zusammen mit $Q(x)$ und $M(x)$ gemäß den Vorzeichenregeln nach Abschnitt 1.17.1 in Bild 1.17.11b eingetragen. (Normalkräfte treten im vorliegenden Fall nicht auf.)

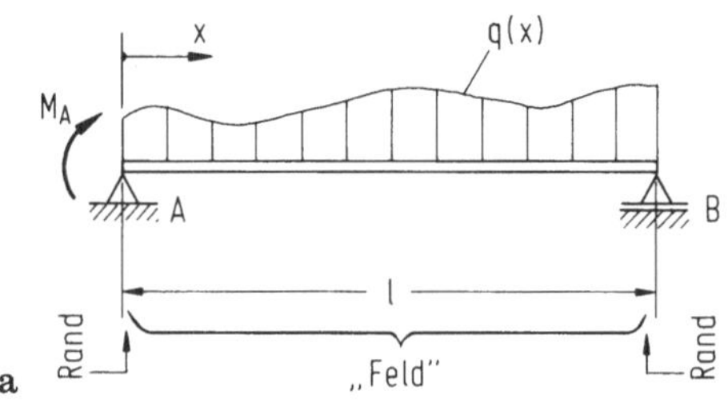

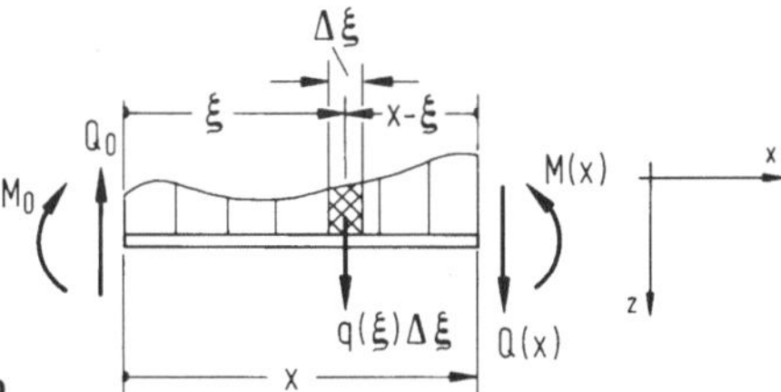

Bild 1.17.11. Balken mit Streckenlast

Wir halten x, d.h. den Schnitt, fest und führen zusätzlich eine laufende Koordinate ξ ein $(0 \leq \xi \leq x)$, mit deren Hilfe wir das Lastelement (das "Lastpaket") $q(\xi)\Delta\xi$ an der Stelle ξ erfassen, vgl. Bild 1.17.11b.
Am betrachteten Balkenstück muß Gleichgewicht herrschen:
In x-Richtung treten keine Kräfte auf;
Kräfte in z-Richtung

$$\sum F_z = 0: \quad -Q_0 + \int_{0+}^{x} q(\xi)d\xi + Q(x) = 0;$$

Moment um x-Achse

$$\overset{\curvearrowleft +}{\sum} M^{(x)} = 0: \; -M_0 - Q_0 x + \int_{0+}^{x} (x-\xi)q(\xi)d\xi + M(x) = 0.$$

(Da die Integranden beschränkt sind, darf man in der unteren Integrationsgrenze 0+ durch 0 ersetzen.)
Wir erhalten die *Feldgleichungen*:

$$Q(x) = Q_0 - \int_0^x q(\xi)d\xi,$$

$$M(x) = M_0 + xQ_0 - \int_0^x (x-\xi)q(\xi)d\xi = M_0 + xQ(x) + \int_0^x \xi q(\xi)d\xi.$$

In diesen Gleichungen sind Q_0 und M_0 zunächst unbekannt.

2. *Formulieren von Randbedingungen*
Bild 1.17.12a,b zeigt die beiden Balkenenden – die "Balken-Randelemente", kurz *Balkenränder* –, die von den Lagern A bzw. B freigeschnitten und vom Balken selbst bei $x = 0+$ bzw. $x = l-$ abgeschnitten sind. (Wir stellen uns diese Randelemente "unendlich kurz" vor; vgl. Hinweis unten.)

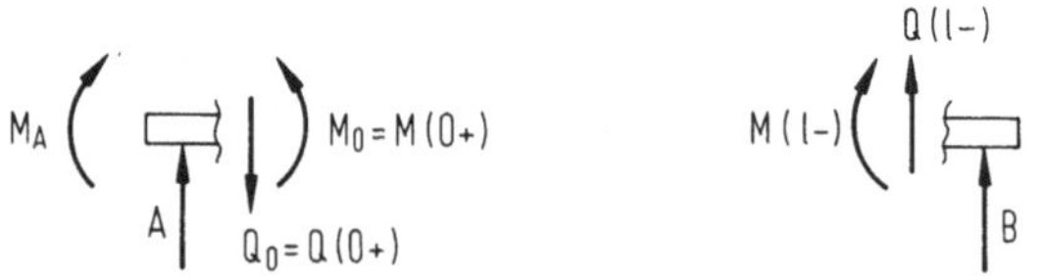

a b Bild 1.17.12. Balken-Randelemente

Da in Bild 1.17.12 keine horizontalen Kräfte auftreten, gelten für die Balken-Randelemente je zwei Gleichgewichtsaussagen. Dies sind die *Randbedingungen* für den

linken Rand: $Q(0+) = A, \quad M(0+) = M_A,$
rechten Rand: $Q(l-) = -B, \quad M(l-) = 0.$

Man sieht: Für jedes Ende des Balkens gibt es hier zwei Randbedingungen, eine Kraft- und eine Momentenbeziehung. Ist das Ende *nicht* (vertikal) verschiebbar oder verdrehbar, so drücken die entsprechenden Gleichungen nur die *Lagerreaktionen* durch die Schnittgrößen aus; in unserem Fall sind das

$$A = Q(0+), \quad B = -Q(l-).$$

Ist das Ende verschiebbar und/oder verdrehbar, so sind die entsprechenden Schnittgrößen durch die Randvorgaben bestimmt; oben:

$$M(0+) = M_A, \quad M(l-) = 0.$$

Hinweis: Bezeichnungen wie $x \to 0+$, $x \downarrow 0$, $x = 0+$, $M(0+)$; $x \to l-$, $x \uparrow l$, $x = l-$, $Q(l-)$ usw. weisen darauf hin, daß wir unmittelbar rechts vom linken Lager und unmittelbar links vom rechten Lager geschnitten haben (daß wir mit infinitesimal kurzen Elementen arbeiten). Man kann auch $x = 0$, $M(0)$, $x = l$, $Q(l)$ usw. schreiben, wenn die Schnittstelle klar ist. Die saubere Unterscheidung ist bei Schnittgrößen wichtig, die in der Nachbarschaft des Schnittes springen, vgl. Bilder 1.17.8a,b.

3. *Anpassen der Feldgleichungen an die Randbedingungen*
Die Feldgleichungen für $Q(x)$ und $M(x)$ müssen für $x \downarrow 0$ und $x \uparrow l$ an die Randbedingungen "passen". Man erhält bei unserer Balkenlagerung

$$\text{für } Q(x): \quad A = Q(0+) = Q_0, \quad B = -Q(l-) = -Q_0 + \int_0^l q(\xi)d\xi,$$

$$\text{für } M(x): \quad M_A = M(0+) = M_0, \quad 0 = M(l-) = M_0 + lQ_0 - \int_0^l (l-\xi)q(\xi)d\xi.$$

Im vorliegenden Fall ergeben sich die freien Größen Q_0 und M_0 *beide* aus den Momentenbedingungen (das ist je nach Lagerungsart unterschiedlich). Sie lauten

$$M_0 = M_A, \quad Q_0 = \frac{1}{l}\left[-M_A + \int_0^l (l-\xi)q(\xi)d\xi\right].$$

Die Querkraftbedingungen liefern hier die Auflagerkräfte, nämlich

$$A = Q_0 \quad \text{und} \quad B = \frac{1}{l}\left[M_A + \int_0^l \xi q(\xi)d\xi\right].$$

Die beiden Ausdrücke in den eckigen Klammern kann man als Momente um die Lagerpunkte B bzw. A interpretieren.
Einsetzen der gefundenen Werte Q_0 und M_0 in die Feldgleichungen liefert die gesuchten Verläufe $Q(x)$ und $M(x)$ in allgemeiner Form.
Aufgabe: Zu den gegebenen Streckenlasten $q(x) = q_0$, q_0x/l, $q_0\sin(\pi x/l)$, $q_0(x-l/2)/l$, $q_0\cos(2\pi x/l)$ berechne man $A, B, Q(x), M(x)$ und zeichne die Querkraft- und Momentenlinien.

1.17.5 Differentialbeziehungen zwischen Streckenlasten, Querkräften und Biegemomenten

Aus

$$Q(x) = Q_0 - \int_0^x q(\xi)d\xi$$

folgt durch Differentiation nach x:

$$Q'(x) = \frac{dQ}{dx} = -q(x).$$

Die *negative* Streckenlast ist die Ableitung (Neigung) der Querkraftlinie.
Analog dazu erhält man aus

$$M(x) = M_0 + xQ(x) + \int_0^x \xi q(\xi)d\xi$$

durch Differentiation nach x:

$$M' = \frac{dM}{dx} = Q(x) + xQ'(x) + xq(x) = Q(x).$$

Die Querkraft ist die Ableitung (Neigung) der Momentenlinie.
Mit $Q' = -q(x)$, $M' = Q(x)$ liegen die Feldgleichungen als Differentialgleichungspaar vor. Zu deren Lösung gibt es eine wohlausgebaute Theorie (der "Randwertaufgaben") und ausgefeilte Computerprogramme.
Formale (bestimmte) Integration der Differentialgleichungen führt neben der bekannten Gleichung

$$Q(x) = Q_0 - \int_0^x q(\xi)d\xi \quad \text{auf} \quad M(x) = M_0 + \int_0^x Q(\xi)d\xi.$$

Deutung: Die Änderung der Querkraft (des Moments) zwischen den Stellen 0 und x ist gleich der negativen (positiven) Fläche unter der Streckenlastlinie (Querkraftlinie) zwischen $\xi = 0$ und $\xi = x$.
Diese Aussagen eignen sich sehr gut zu einer Kontrolle des Vorgehens nach dem Schema von Abschnitt 1.17.2 (Neigungen, Flächen vergleichen); die darauf aufgebauten formalen Lösungswege sind bei komplizierteren Belastungsfällen verwickelt.

Beispiel
Gegeben: Kragbalken AB, Länge l, belastet mit $q(x)$ gemäß Bild 1.17.13: Dreieckslast mit Spitzenwert q_0.
Gesucht: Lagerreaktionen bei A, Querkraft- und Momentenlinie.

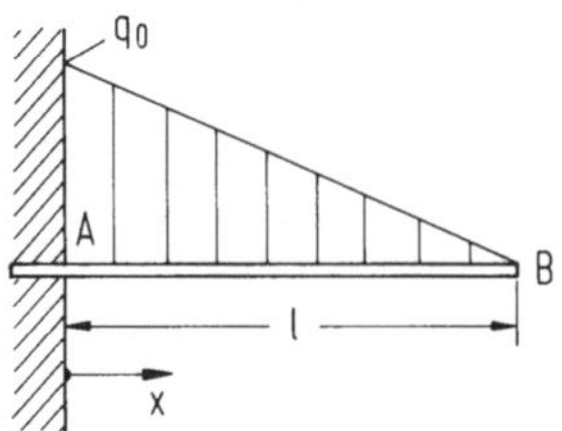

Bild 1.17.13. Kragbalken mit Dreieckslast

Erster Lösungsweg: Formale Integration (Bilder 1.17.14a-d).
Vorweg lesen wir aus Bild 1.17.13 für $x = l$ die Randbedingungen

$$Q(l) = 0, \quad M(l) = 0$$

ab (am Balkenende $x = l$ wirken weder eine Kraft noch ein Moment).
Den folgenden Rechengang ordnen wir parallel zu den Teilbildern 1.17.14a-d an:

a) Streckenlast $q(x) = q_0(1 - x/l)$.

b) Querkraft $Q(x) = Q_0 - \int_0^x q(\xi)d\xi$
$= Q_0 - q_0 l[1 - (1 - x/l)^2]/2$.

Aus der Randbedingung $Q(l) = 0$ folgen $Q_0 = q_0 l/2$ und die Querkraftlinie

$$Q(x) = q_0(l - x)^2/(2l).$$

c) Moment $M(x) = M_0 + \int_0^x Q(\xi)d\xi$
$= M_0 + q_0[l^3 - (l - x)^3]/(6l)$.

Aus der Randbedingung $M(l) = 0$ folgen $M_0 = -q_0 l^2/6$ und die Momentenlinie

$$M(x) = -q_0(l - x)^3/(6l).$$

d) Schnittgrößen am Lager

$$Q(0) = q_0 l/2, \quad M(0) = -q_0 l^2/6.$$

Zweiter Lösungsweg: Aufschneiden.
Der Kragbalken wird an der Stelle x geschnitten und am betrachteten rechten Teil wird die Hilfskoordinate $\xi := l - x$ eingeführt, vgl. Bild 1.17.15. Die Dreieckslast auf dem abgeschnittenen Stück hat die Größe (die Fläche)

$$q_0(1 - x/l)\xi/2;$$

ihr Schwerpunkt liegt nach Abschnitt 1.15.3 bei $2\xi/3$; vgl. Bild 1.17.15.

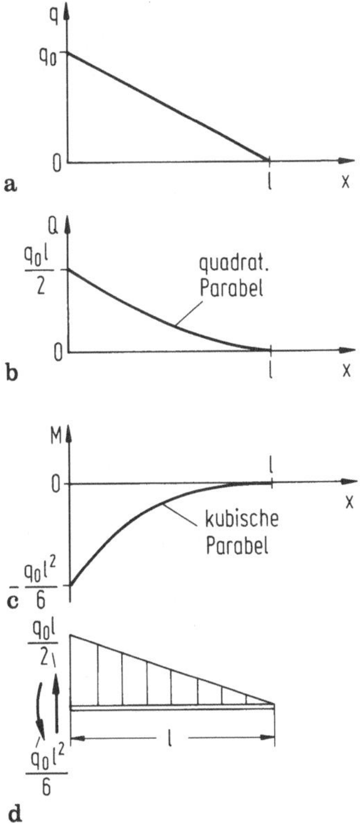

Bild 1.17.14. Diagramme für Kragbalken mit Dreieckslast

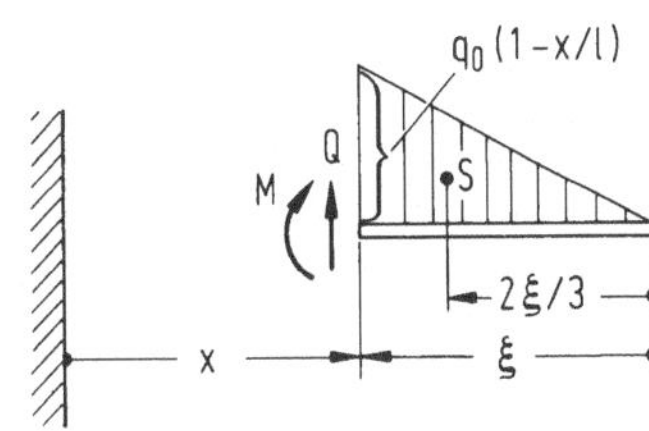

Bild 1.17.15. Schnitt an Kragbalken mit Dreieckslast

Aus den Gleichgewichtsbedingungen folgen

$$\sum F_z = 0: \qquad -Q(x) + q_0(1 - x/l)\xi/2 = 0,$$

also die Querkraftlinie

$$Q(x) = q_0(l - x)^2/(2l);$$

$$\overset{\curvearrowleft}{\underset{+}{\sum}} M^{(x)} = 0: \qquad -M(x) - q_0(1 - x/l)(\xi/2)(\xi/3) = 0,$$

also die Momentenlinie

$$M(x) = -q_0(l - x)^3/(6l).$$

Vergleich der beiden Lösungswege: Die Kenntnis der Dreiecksfläche entspricht der ersten Integration, die Kenntnis des Dreiecksschwerpunkts der zweiten.

Haftung und Reibung

1.18 Vorgänge bei Haftung und Reibung

Untersuchungen über Haftung und Reibung im Rahmen der Statik starrer Körper bauen auf Idealisierungen auf, mit denen man eine Vielzahl technischer Probleme hinreichend genau behandeln kann. Eine Reihe von wichtigen Phänomenen, wie z.B. die unten erwähnten Kriechvorgänge, läßt sich damit jedoch nicht erfassen.

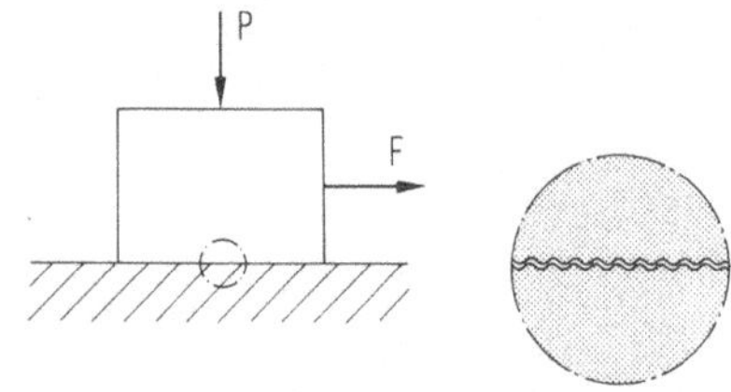

Bild 1.18.1. Körper mit rauhen Oberflächen

Oberflächen natürlicher fester Körper sind rauh, vgl. Bild 1.18.1. Dies hat zwei Folgen:

1. Aufeinander *ruhende* Flächen "verhaken" miteinander, auch ein lokales Verschweißen und andere intermolekulare Vorgänge treten auf. Will man die Flächen – tangential – gegeneinander bewegen, muß man sie erst "losreißen", wozu eine Mindestkraft erforderlich ist. Wir sagen, die gegeneinander ruhenden Körper *haften* mit ihren Flächen aneinander und sprechen kurz von *Haftung*.
2. Hat man die Haftung überwunden und *bewegen* sich die Flächen gegeneinander, so werden fortlaufend Haken abgeschert, Schweißstellen gebildet und wieder abgerissen (dies ist zeitabhängig). Zum Aufrechterhalten der Bewegung ist wieder eine Kraft erforderlich. Wir sagen, die gegeneinander *bewegten* Körper *reiben* mit ihren Flächen aneinander und sprechen kurz von *Reibung*.

Häufig spricht man von "Haftreibung" bzw. "Gleitreibung" oder von "statischer Reibung" bzw. "kinetischer Reibung". Diese einander ähnlich klingenden Bezeichnungen und manche formalen Ähnlichkeiten in der rechnerischen Untersuchung verleiten viele Anfänger dazu, Haftung und Reibung durcheinanderzuwerfen.

Andererseits ist die scharfe Unterscheidung idealisiert: Bei Körpern aus Gummi und Weichplastik können sich Teile der Kontaktflächen momentan gegeneinander bewegen, während andere Teile zur selben Zeit haften. Wechseln diese Teile miteinander ab, so kommt es zum "Kriechen". Solche Vorgänge können aber nicht mit den Hilfsmitteln der Statik allein untersucht werden.

1.19 Haftung

Wir entwickeln das Vorgehen an Hand einer speziellen Aufgabe.

1.19.1 Beispiel einer Haftungsaufgabe

Gegeben: In Bild 1.19.1 steht ein Mann vom Gewicht G an der Stelle a auf einer Leiter der Länge l (Leitergewicht vernachlässigbar), die unter dem Winkel α gegen eine Wand angelehnt ist. Oben stützt sich die Leiter über eine Rolle gegen die Wand, am Fußboden soll sie *haften*.
Gesucht: Wie weit, bis zu welchem Wert a, darf der Mann die Leiter hinaufsteigen, ohne daß sie zu rutschen beginnt?
Bezeichnung: Wir weisen auf haftende Flächen stets mit μ_0, die unten eingeführte Haftungszahl, hin (vgl. Bild 1.19.1).

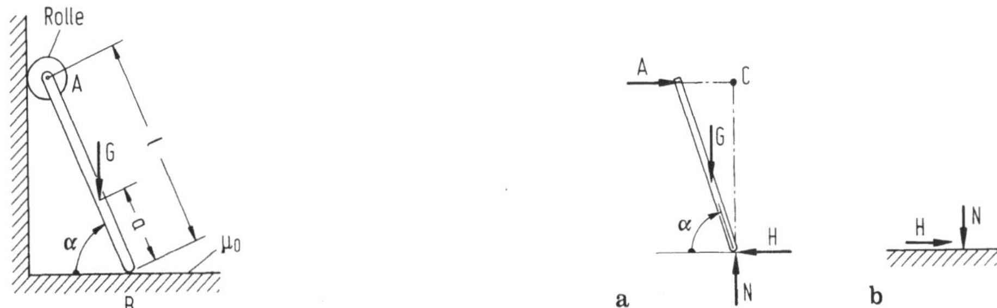

Bild 1.19.1. An Wand gelehnte Leiter

Bild 1.19.2. Kräfte auf Leiter und Fußboden

Lösung:
Eine Haftungsaufgabe löst man in zwei aufeinanderfolgenden Schritten:
1. Kräfte in den Flächenpaaren, die aufeinander *gleiten könnten*, bestimmen.
2. Für alle Flächenpaare prüfen, ob die jeweilige Haftungsbedingung erfüllt ist (vgl. Abschnitt 1.19.2).

Schritt 1: Kräfte auf Leiter.
Die Kraft tangential zur Ebene, längs der der Körper gegebenenfalls rutscht, nennt man meistens Haltekraft H (auch "Haftkraft"), die Kraft senkrecht dazu Normalkraft N. Das *Vorzeichen* von H *erkennt man* im allgemeinen *nicht im voraus*; H ist eine Zwangskraft (eine Reaktionskraft), deshalb legt man die *Orientierung* von H *willkürlich* fest. Die Normalkraft N (ebenfalls eine Zwangskraft) wählt man bei *Haftungs-* und *Reibungsaufgaben* als *Druck positiv*. Errechnet man dann ein negatives N, so heben die Körper voneinander ab: Die Aufgabe oder die Annahmen sind unzulässig!
Bild 1.19.2 zeigt die nach diesen Regeln freigeschnittene Leiter und den Fußboden. Für die Leiter, Bild 1.19.2a, gelten die folgenden Gleichgewichtsbedingungen (x nach rechts, y nach oben positiv):

$$\sum F_x = 0: \qquad A - H = 0, \qquad \text{also } A = H,$$
$$\sum F_y = 0: \qquad N - G = 0, \qquad \text{also } N = G,$$
$$\overset{+}{\sum} M^{(C)} = 0: \qquad Ga\cos\alpha - Hl\sin\alpha = 0, \qquad \text{also } H = (a/l)G\cot\alpha.$$

Für den zweiten Schritt brauchen wir die Coulombsche Haftungsbedingung.

1.19.2 Die Coulombsche Haftungsbedingung

Experiment: Ein ruhender Klotz, Bild 1.19.3, wird mit der Kraft P (einschließlich Gewicht) auf eine Unterlage gedrückt, dann wird mit der Kraft F daran gezogen.

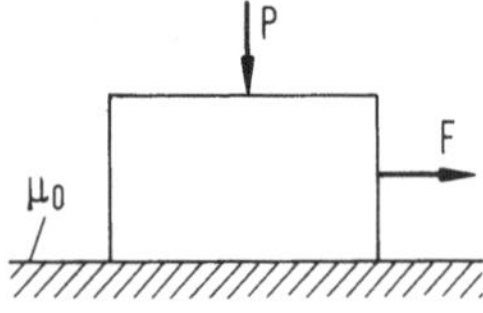

Bild 1.19.3. Ruhender Klotz auf rauher Unterlage

Das Experiment zeigt: Der Körper rutscht nicht, solange die *Coulombsche Haftungsbedingung*

$$|F| < \mu_0 P$$

erfüllt ist, das heißt, solange die Zugkraft F dem Betrage nach kleiner als die mit μ_0 multiplizierte Druckkraft ist. Die *Haftungszahl* μ_0 ist näherungsweise unabhängig von der Größe der Kontaktfläche, hängt aber stark von der Werkstoffpaarung und dem Oberflächenzustand ab (geschmiert, ungeschmiert). Bei "anisotropen" (d.h. richtungsstrukturierten) Oberflächen, z.B. Holz, hängt μ_0 auch von dem Winkel zwischen $\boldsymbol{F}$ und der Faserrichtung ab.
Einige μ_0-Werte für trockene Flächen sind in Tabelle 1.19.1 zusammengestellt.

Tabelle 1.19.1. Werte für Haftungszahlen

Werkstoffpaarung	μ_0
Stahl auf Stahl	0,15 ... 0,3
Metall auf Holz	0,6 ... 0,7
Stahl auf Eis	0,03
Holz auf Holz	0,4 ... 0,6

Haftungszahlen $\mu_0 > 1$ sind möglich (man denke an Sandpapier auf den Kontaktflächen)!
Für unsere Untersuchung müssen wir die oben angegebene Form der Coulombschen Haftungsbedingung umformen: Trennt man den in Bild 1.19.3 gezeigten Klotz von der Unterlage, so legt man die in Bild 1.19.4a und b gezeigten über die Kontaktfläche ungleichförmig verteilten Normal- und Tangentialkräfte (die "Spannungen" σ und τ, vgl. Abschnitt 2.1.1) frei. Die Resultierenden dieser verteilten Kräfte sind in Bild 1.19.4c als Normalkraft N und Haltekraft H

zusammengefaßt. Für den so freigeschnittenen Klotz lauten die Gleichgewichtsbedingungen

$$\sum F_x = 0: \quad F - H = 0, \qquad \sum F_y = 0: \quad N - P = 0.$$

Bild 1.19.4. Spannungen und Kräfte auf Klotz und Unterlage

Die Bedingung für Momentengleichgewicht liefert, unter Berücksichtigung der Körperabmessungen, den hier *nicht* interessierenden Angriffspunkt von N (meistens zeichnet man N einfach in die Flächenmitte).
Mit $F = H$, $P = N$ erhält die *Coulombsche Haftungsbedingung* die Form

$$|H| < \mu_0 N.$$

Damit ein Körper auf einem anderen haftet, muß die Haftkraft (Haltekraft) dem Betrage nach kleiner als die mit der Haftungszahl μ_0 multiplizierte Normalkraft sein.
Von H wird der Betrag genommen, da das Vorzeichen gleichgültig ist. Gelegentlich schreibt man $|H| \leq \mu_0 N$ und faßt die Gleichheit als Grenzfall auf.
Zur *geometrischen Deutung* der Coulombschen Haftungsbedingung berechnet man zur Haftungszahl μ_0 gemäß

$$\varrho_0 := \arctan \mu_0 \quad \text{oder} \quad \mu_0 = \tan \varrho_0$$

den *Haftungswinkel* ϱ_0, vgl. Bild 1.19.5a.

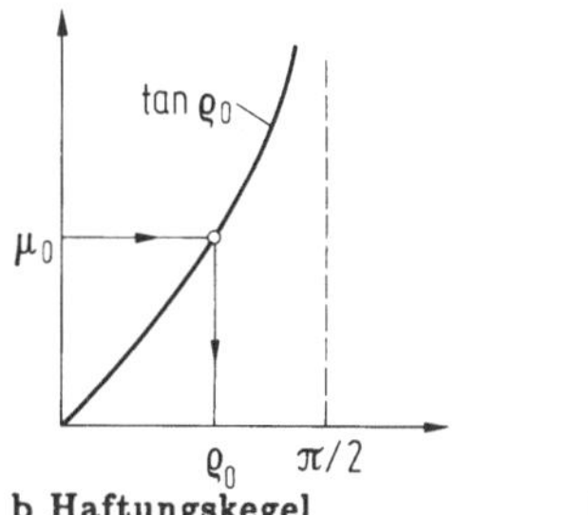

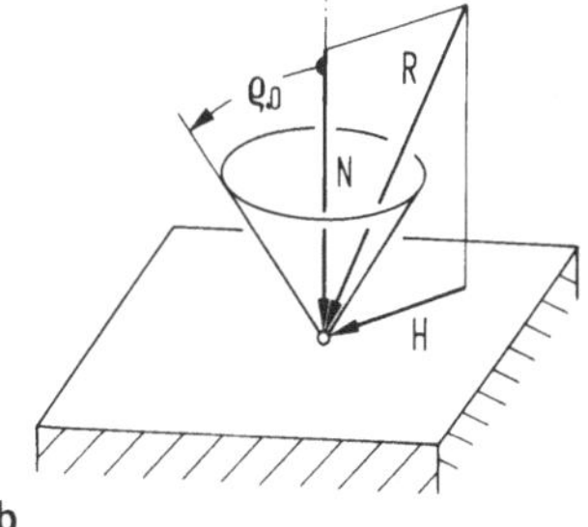

Bild 1.19.5. a Haftungswinkel, b Haftungskegel

Mit dem Winkel ϱ_0 als (halbem) Öffnungswinkel zeichnet man den *Haftungskegel* nach Bild 1.19.5b. Faßt man nun die Kräfte $\boldsymbol{N}$ und $\boldsymbol{H}$ vektoriell zu ihrer Resultierenden

$$\boldsymbol{R} = \boldsymbol{N} + \boldsymbol{H}$$

zusammen, vgl. Bild 1.19.5b, so fordert die Coulombsche Haftungsbedingung, daß die Kraft $\boldsymbol{R}$ im "Inneren" des Haftungskegels liegt.

Schritt 2 zur Aufgabe aus Abschnitt 1.19.1: Haftungsbedingung.
Für die in Schritt 1 gefundene Normalkraft $N = G$ und die Haltekraft $H = (a/l)G \cot\alpha$ lautet die (Coulombsche) Haftungsbedingung

$$|(a/l)\, G \cot\alpha| < \mu_0 G.$$

Wegen $H > 0$ folgt daraus die gesuchte Aussage: Die Leiter rutscht nicht, wenn

$$a < \mu_0 l \tan\alpha.$$

Damit man bis $a = l$ steigen kann, muß $\mu_0 \tan\alpha > 1$ sein; man muß die Leiter genügend steil anstellen.

1.19.3 Haftung bei starren, statisch unbestimmten Systemen

Statisch unbestimmte Haftungsaufgaben lassen sich, wie alle statisch unbestimmten Aufgaben, *nicht* mit dem Modell des starren Körpers behandeln! Als Beispiel zeigt Bild 1.19.6a,b zwei Körper mit je zwei haftenden Kontaktflächen, für die man nach der "Losbrechkraft" bzw. nach dem "Losbrechmoment" fragt (das sind die Mindestkraft F^* bzw. das Mindestmoment M^*, um die Körper in Bewegung zu setzen). Die Schnitte in Bild 1.19.6c,d weisen jeweils die 4 unbekannten Kräfte N_1, H_1, N_2, H_2 auf, die man aus den 3 Gleichgewichtsbedingungen allein nicht ermitteln kann; die Körper sind statisch unbestimmt gelagert. Das Erfüllt- oder Verletzt-Sein der Haftungsbedingungen läßt sich bei statisch unbestimmten Systemen mit dem Modell des starren Körpers also *nicht* untersuchen. Wie die Haftungsaufgabe in Abschnitt 2.6.3 zeigt, muß man bei solchen Fragen die "relativen" Steifigkeiten der Gebilde berücksichtigen. Man erkennt daran auch, daß der häufig benutzte Hinweis, man untersuche den "Grenzfall", daß beide (oder mehr) Kontaktflächen "gleichzeitig" zu rutschen begännen, im allgemeinen Fiktion ist. (Vgl. auch das zweite Beispiel in Abschnitt 1.20.2.)

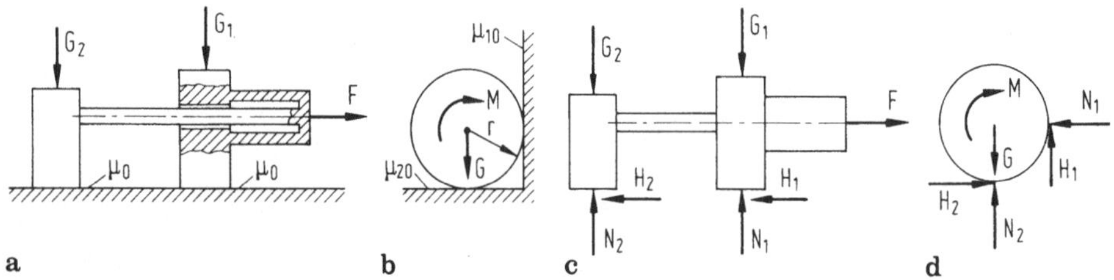

Bild 1.19.6. Statisch unbestimmt haftende Systeme

1.20 Reibung

1.20.1 Das Coulombsche Reibungsgesetz

Experiment: Ein mit der Kraft P belasteter Körper (Bild 1.20.1) wird mit *konstanter Geschwindigkeit* v über eine "rauhe" Ebene gezogen.
Das Experiment zeigt: Für die zum Ziehen erforderliche Kraft F gilt das *Coulombsche Reibungsgesetz*

$$F = \mu P.$$

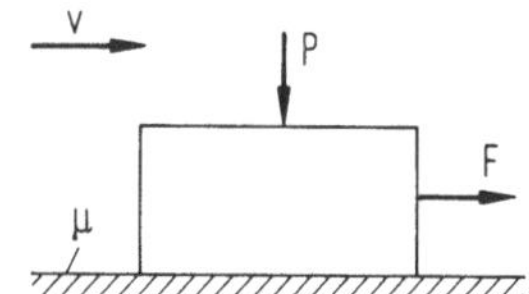

Bild 1.20.1. Bewegter Körper

Die *Reibungszahl* μ ist näherungsweise unabhängig von der Größe der Kontaktfläche, hängt aber stark von der Werkstoffpaarung, dem Oberflächenzustand und auch von der Geschwindigkeit ab. Bild 1.20.2 zeigt zwei typische Verläufe von Reibungs-"Kennlinien". Das Fallen von μ mit steigendem v ist Ursache für eine Reihe von Ratter- und Quietschvorgängen (Kreide auf Tafel, knarrende Tür).

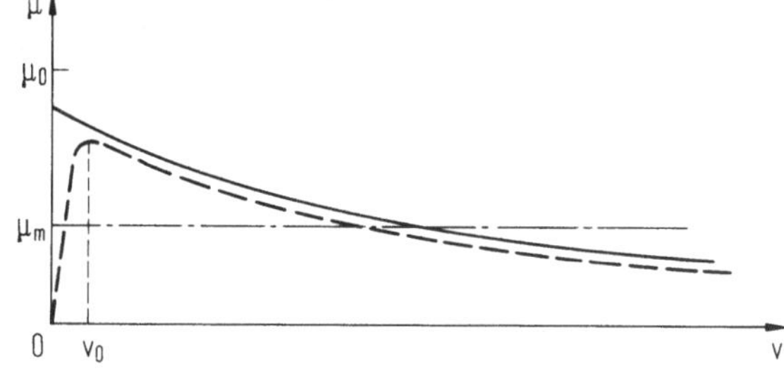

Bild 1.20.2. Typische Verläufe von Reibungs-Kennlinien

Die gestrichtelte Kennlinie gilt für kriechende Materialien, v_0 liegt bei Bruchteilen von mm/s. Die Haftungszahl μ_0 liegt in der Regel oberhalb μ. Meistens approximiert man $\mu(v)$ durch einen Mittelwert $\mu = \mu_m$ (strichpunktiert, der Index wird nicht geschrieben). Oft findet man auch $\mu = \mu_m = \mu_0$ gesetzt, ohne daß es ausdrücklich gesagt wird. Tabelle 1.20.1 zeigt einige μ-Werte (Mittelwerte).

Tabelle 1.20.1. Werte von Reibungszahlen

Werkstoffpaarung	μ	
	trocken	gefettet
Stahl auf Stahl	0,15 (frißt)	0,01
Metall auf Holz	0,4 ... 0,5	0,1
Stahl auf Eis	0,015	–
Holz auf Holz	0,2 ... 0,4	0,08
Bremsbelag auf Stahl	0,5 ... 0,6	0,3 ... 0,5

Ähnlich wie die Haftungsbedingung in Abschnitt 1.19.2 formen wir hier das Reibungsgesetz um. Aus dem Schnittbild 1.20.3 liest man ab

$$N = P, \quad F = R.$$

Bild 1.20.3. Kräfte auf bewegtem Klotz

Die Zugkraft F muß die *Reibungskraft* R aufnehmen, die sich *stets* so einstellt, daß sie die *Bewegung* der aufeinander reibenden Flächen zu *hemmen* sucht. Einsetzen in die Beziehungen oben liefert das *Coulombsche Reibungsgesetz*

$$R = \mu N, \quad R \text{ hemmt Relativbewegung.}$$

1.20.2 Beispiele

Schiefe Ebene

Gegeben: Ein Klotz, Gewicht G, wird nach Bild 1.20.4 eine schiefe Ebene hinaufgezogen, Neigungswinkel α, Reibungszahl μ.

Gesucht: Erforderliche (horizontal wirkende) Kraft F.

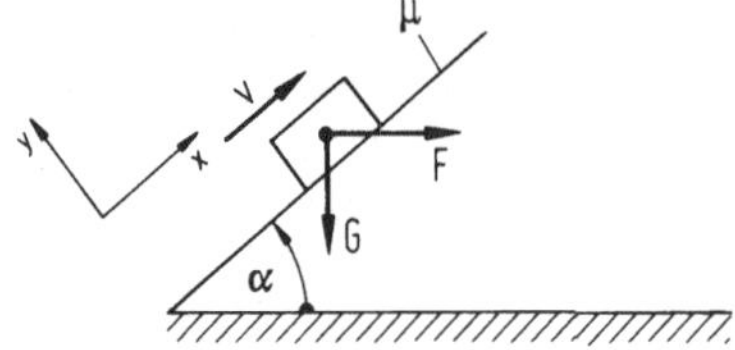

Bild 1.20.4. Klotz auf rauher schiefer Ebene

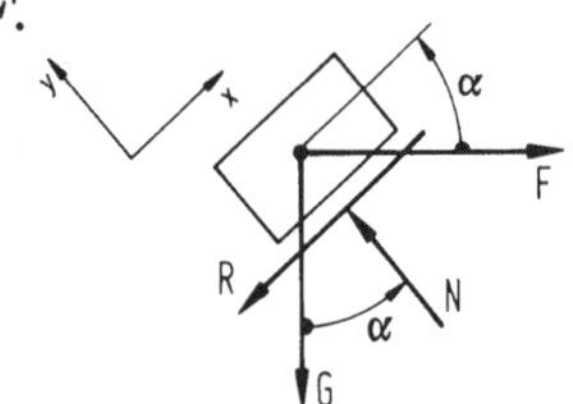

Bild 1.20.5. Freigeschnittener Klotz

Lösung (nach Schema):

1. Lageplan und Koordinaten, s. Bild 1.20.4.
2. Freikörper-Bild, s. Bild 1.20.5.
3. Gleichgewicht.

$$\sum F_x = 0: \quad -R + F\cos\alpha - G\sin\alpha = 0,$$
$$\sum F_y = 0: \quad N - F\sin\alpha - G\cos\alpha = 0.$$

4. Unbekannte und Gleichungen zählen.
   3 Unbekannte: R, F, N; 2 Gleichgewichtsbedingungen.
   Zusätzlich erforderlich: Reibungsgesetz $R = \mu N$.
5. Gleichungen lösen.

$$R = F\cos\alpha - G\sin\alpha, \quad N = F\sin\alpha + G\cos\alpha.$$

Mit $R = \mu N$ folgt

$$F = G\,\frac{\sin\alpha + \mu\cos\alpha}{\cos\alpha - \mu\sin\alpha}.$$

6. Lösung ausdeuten.
   Das Ausdeuten der Lösung wird durch Einführen des *Reibungswinkels*

$$\varrho := \operatorname{Arctan}\mu \quad \text{oder} \quad \mu = \tan\varrho$$

erleichtert, vgl. Bild 1.20.6a (vgl. den Haftungswinkel ϱ_0 in Abschnitt 1.19.2). Setzt man nämlich $\mu = \tan\varrho = \sin\varrho/\cos\varrho$ in den Ausdruck für F ein, so erhält man nach Erweitern mit $\cos\varrho/\cos\varrho$

$$F = G\,\frac{\sin\alpha\cos\varrho + \cos\alpha\sin\varrho}{\cos\alpha\cos\varrho - \sin\alpha\sin\varrho} = G\,\frac{\sin(\alpha+\varrho)}{\cos(\alpha+\varrho)} = G\tan(\alpha+\varrho).$$

Für die glatte schiefe Ebene (mit $\mu = 0$, $\varrho = 0$) gilt $F = G\tan\alpha$. Für $\mu > 0$, also $\varrho > 0$, kann $F = G\tan(\alpha + \varrho)$ als Kraft aufgefaßt werden, die erforderlich ist, um den Klotz eine glatte schiefe Ebene hinaufzuziehen, die um den Reibungswinkel ϱ steiler als α geneigt ist, vgl. Bild 1.20.6b. Auch die Fälle mit negativem α und positivem oder negativem $(\alpha + \varrho)$ sind auf diese Weise leicht durchschaubar.

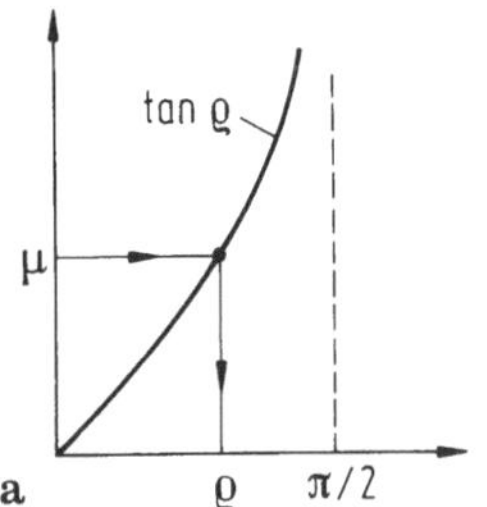

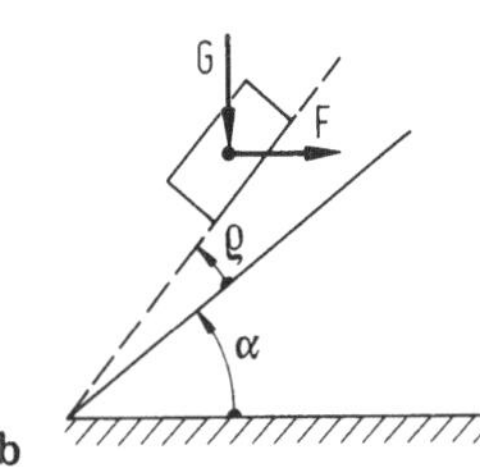

Bild 1.20.6. Deutungshilfen. a Reibungswinkel ϱ, b steilere schiefe Ebene

Strebt $\alpha + \varrho \to 90°$, so wächst F unbegrenzt, die Komponente von F senkrecht zur Ebene erzeugt eine so hohe Normalkraft, daß die Komponente von F parallel zur Ebene die Reibungskraft nicht mehr überwinden kann, man spricht von *Selbsthemmung*. Für $\alpha + \varrho > 90°$ ergibt sich formal ein negatives F, ein bedeutungsloses Ergebnis, es liegt Selbsthemmung vor.

Das Einführen des Reibungswinkels ϱ liefert auch bei anderen (einfachen) Aufgaben anschaulich deutbare Ergebnisse.

Walze an der Wand

Gegeben: Eine sich mit $\omega = \text{const.} > 0$ drehende Walze nach Bild 1.20.7, die an der rauhen Wand und auf dem rauhen Boden reibt; Reibungszahlen μ_1 bzw. μ_2, Radius r, Gewicht G.

Gesucht: Erforderliches Antriebsmoment M.

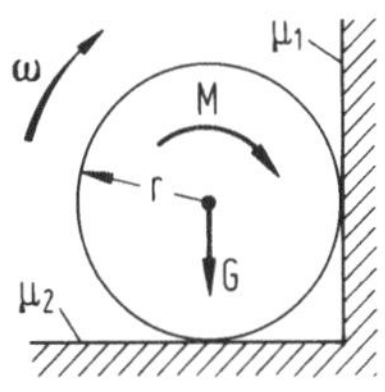

Bild 1.20.7. Drehende Walze

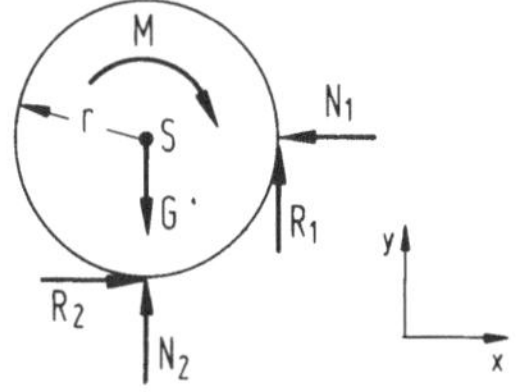

Bild 1.20.8. Freigeschnittene Walze

Lösung (nach Schema):

1. Lageplan, s. Bild 1.20.7.
2. Freikörper-Bild, s. Bild 1.20.8.
3. Gleichgewicht.

$$\sum F_x = 0: \qquad R_2 - N_1 = 0,$$

$$\sum F_y = 0: \qquad R_1 + N_2 - G = 0,$$

$$\overset{\curvearrowleft}{\sum} M^{(S)} = 0: \qquad -M + (R_1 + R_2)r = 0.$$

4. Unbekannte und Gleichungen zählen.
   5 Unbekannte: N_1, R_1, N_2, R_2, M; 3 Gleichgewichtsbedingungen.
   Zusätzlich erforderlich: 2 Reibungsgesetze $R_1 = \mu N_1$, $R_2 = \mu_2 N_2$.
5. Gleichungen lösen.

$$N_1 = \frac{\mu_2 G}{1+\mu_1\mu_2}, \quad N_2 = \frac{G}{1+\mu_1\mu_2}, \quad R_1 = \frac{\mu_1\mu_2 G}{1+\mu_1\mu_2}, \quad R_2 = \frac{\mu_2 G}{1+\mu_1\mu_2},$$

$$M = rG\mu_2\frac{1+\mu_1}{1+\mu_1\mu_2}.$$

6. Interpretation
   Ist das auf die Walze wirkende Moment kleiner als der angegebene Wert, bleibt sie stehen, ist es größer, wird sie beschleunigt. (Bei $\mu < \mu_0$ kann man von dieser Lösung *nicht* auf die Haftungsaufgabe in Abschnitt 1.19.3 zurückzuschließen.)

Falls man in dieser Aufgabe Grenzwerte $\mu \to 0$ ("glatt") und $\mu \to \infty$ ("verzahnt") zuläßt, verfügt man über ein "physikalisches" Beispiel für nicht vertauschbare Grenzübergänge: Bei $\mu_2 \to 0$ (und endlichem $\mu_1 > 0$) wird $M = 0$, weil die Walze nicht an die Wand drückt ($\lim\limits_{\mu_1\to\infty}\lim\limits_{\mu_2\to 0} M = 0$). Bei $\mu_1 \to \infty$ (und $\mu_2 > 0$) strebt M gegen rG, d.h., die Walze hebt "fast" vom Boden ab ($\lim\limits_{\mu_2\to 0}\lim\limits_{\mu_1\to\infty} M = rG$).

Aufgabe: Man diskutiere $\mu_2 \to \infty$.

1.21 Das Prinzip der virtuellen Verrückungen

Eine an einem Körper angreifende Kraft verrichtet eine Arbeit, wenn sich ihr Angriffspunkt bei einer Bewegung des Körpers verschiebt; s. unten. In der Statik schließt man in der Regel Bewegungen aus. Häufig gewinnt man jedoch einen tieferen Einblick in die statischen Zusammenhänge, wenn man *gedanklich* Bewegungen in die Betrachtungen mit einbezieht. Ähnlich sind wir schon im Abschnitt 1.11 bei dem Freiheitsgrad und den Bindungen verfahren. Löst man in Gedanken an einem im statischen Gleichgewicht befindlichen System Bindungen (wobei natürlich Schnittkräfte eingeführt werden müssen) und unterwirft es *gedachten kleinen* Verschiebungen – man spricht von *virtuellen Verrückungen* – so verschwindet die Summe der bei diesen Verrückungen von den Kräften am System verrichteten Arbeiten, die *virtuelle Arbeit*. Diesen Schluß kehrt man im *Prinzip der virtuellen Verrückungen* um: Gleichgewicht herrscht, falls die virtuelle Arbeit für alle kleinen, beliebigen Verrückungen verschwindet, die mit der Geometrie des beweglichen oder beweglich gemachten Systems verträglich sind. Mit dieser Aussage kommt man häufig rascher zum Ziel als mit den Gleichgewichtsbedingungen aus Abschnitt 1.10.
Wir gehen systematisch vor und behandeln ein Beispiel.

1.21.1 Definition der Arbeit

Definition

Ein Körper K bewege sich gemäß Bild 1.21.1. Dabei durchlaufe der Angriffspunkt A der Kraft $\boldsymbol{F}$ die strichpunktiert gezeichnete Bahn (Raumkurve). Gezeichnet sind zwei benachbarte Lagen, A' und A'', die sich um die kleine Verschiebung $\Delta\boldsymbol{r}$ unterscheiden.

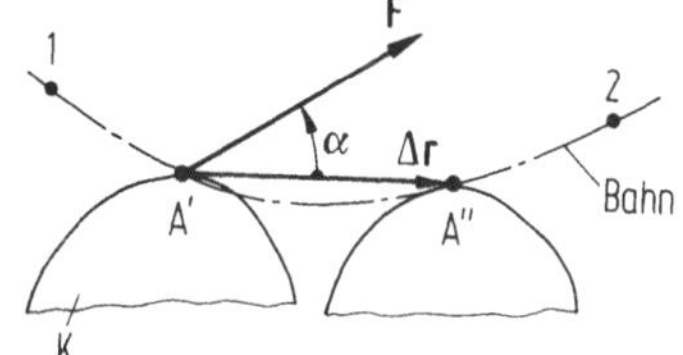

Bild 1.21.1. Verschiebung eines Kraft-Angriffspunktes

Bei der Verschiebung $\Delta\boldsymbol{r}$ des Angriffspunktes A verrichtet die Kraft $\boldsymbol{F}$ am Körper K die Arbeit (engl. *work*)

$$\Delta W := \boldsymbol{F} \cdot \Delta\boldsymbol{r},$$

wobei rechts das *Skalarprodukt* von $\boldsymbol{F}$ und $\Delta\boldsymbol{r}$ steht:

$$\boldsymbol{F} \cdot \Delta\boldsymbol{r} := |\boldsymbol{F}||\Delta\boldsymbol{r}| \cos\alpha.$$

Die zwischen zwei Bahnpunkten 1 und 2 (vgl. Bild 1.21.1) verrichtete Arbeit erhält man durch Integration obigen Ausdrucks längs der Bahn-(Linie) zu

$$W = \int_{Punkt\,1}^{Punkt\,2} \boldsymbol{F} \cdot d\boldsymbol{r} \quad - \quad \text{Linienintegral.}$$

Man kürzt dies sinnfällig wie folgt ab:

$$W_{12} = \int_1^2 \boldsymbol{F} \cdot d\boldsymbol{r}.$$

Wirken auf einen Körper K mehrere Kräfte mit unterschiedlichen Angriffspunkten, so ist die gesamte an ihm verrichtete Arbeit gleich der Summe der einzelnen Arbeiten.

Vorzeichen, Dimension, Einheit

Je nach Vorzeichen wird Arbeit dem Körper zugeführt: $\Delta W > 0$, oder entzogen: $\Delta W < 0$.
Dimension: $\dim W = \dim(\boldsymbol{F} \cdot \Delta\boldsymbol{r}) = \mathrm{K\,L}$.
Einheiten: $[W] = \mathrm{Nm}$ oder $[W] = \mathrm{J}$ (Joule) mit $1\ \mathrm{J} = 1\ \mathrm{Nm}$.

Arbeit eines Kräftepaares

Gegeben sei das Kräftepaar $\{-\boldsymbol{F}, \boldsymbol{a}, \boldsymbol{F}\}$, das am Körper K in A_- bzw. A_+ angreift, vgl. Bild 1.21.2.
Gesucht ist die Arbeit ΔW a) bei kleinen Parallelverschiebungen des Körpers im Raum und b) bei kleinen Drehungen um Achsen in der Ebene des Kräftepaares und senkrecht dazu.

Lösung:
a) Verschiebt sich der Körper K parallel (ohne Drehung), so ist $\Delta\boldsymbol{r}$ für alle seine Punkte gleich, man erhält $\Delta W = -\boldsymbol{F} \cdot \Delta\boldsymbol{r} + \boldsymbol{F} \cdot \Delta\boldsymbol{r} = 0$.
b) Führt der Körper eine kleine Drehung um eine *Achse in der Ebene* des Kräftepaares aus, so entstehen Verschiebungen $\Delta\boldsymbol{r}_-$, $\Delta\boldsymbol{r}_+$, die senkrecht auf $-\boldsymbol{F}$ bzw. $\boldsymbol{F}$ stehen, es gilt: $\Delta W = -\boldsymbol{F} \cdot \Delta\boldsymbol{r}_- + \boldsymbol{F} \cdot \Delta\boldsymbol{r}_+ = 0$, weil $-\boldsymbol{F} \cdot \Delta\boldsymbol{r}_- = 0$, $\boldsymbol{F} \cdot \Delta\boldsymbol{r}_+ = 0$.
Sei 0 der Drehpunkt für die kleine Drehung $\Delta\boldsymbol{\varphi} = \boldsymbol{e}\Delta\varphi$ um $\boldsymbol{e}$ *senkrecht zur Ebene* des Kräftepaares. Dann gelten $\boldsymbol{r}_+ = \boldsymbol{r}_- + \boldsymbol{a}$ und $\Delta\boldsymbol{r}_- = \Delta\boldsymbol{\varphi} \times \boldsymbol{r}_-$, $\Delta\boldsymbol{r}_+ = \Delta\boldsymbol{\varphi} \times \boldsymbol{r}_+$. Damit erhält man

$$\begin{aligned} \Delta W &= -\boldsymbol{F} \cdot \Delta\boldsymbol{\varphi} \times \boldsymbol{r}_- + \boldsymbol{F} \cdot \Delta\boldsymbol{\varphi} \times (\boldsymbol{r}_- + \boldsymbol{a}) = \boldsymbol{F} \cdot \Delta\boldsymbol{\varphi} \times \boldsymbol{a} = \Delta\boldsymbol{\varphi} \times \boldsymbol{a} \cdot \boldsymbol{F} \\ &= \Delta\boldsymbol{\varphi} \cdot \boldsymbol{a} \times \boldsymbol{F} = \boldsymbol{a} \times \boldsymbol{F} \cdot \Delta\boldsymbol{\varphi}, \end{aligned}$$

also mit $\boldsymbol{M} := \boldsymbol{a} \times \boldsymbol{F}$

$$\Delta W = \boldsymbol{M} \cdot \Delta\boldsymbol{\varphi}.$$

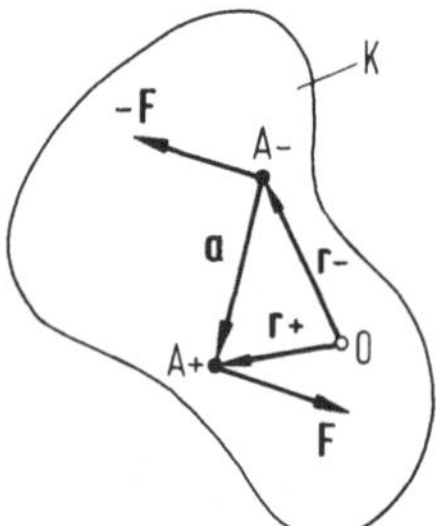

Bild 1.21.2. Arbeit eines Kräftepaares

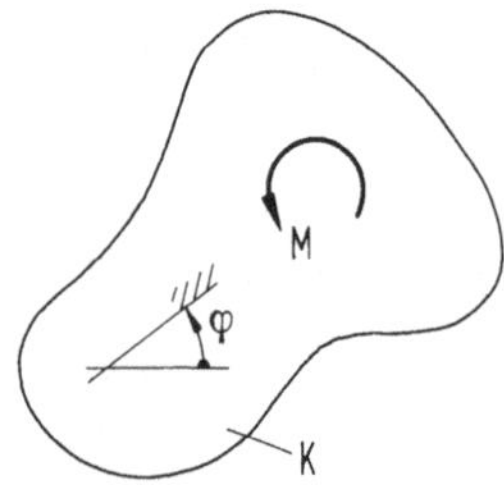

Bild 1.21.3. Arbeit eines Moments in der Ebene

Bei ebenen Systemen, vgl. Bild 1.21.3, erhält man die skalare Aussage

$$\Delta W = M\,\Delta\varphi.$$

1.21.2 Virtuelle Verrückungen

Eine *virtuelle Verrückung* ist eine *gedachte* Bewegung eines mechanischen Systems, das man durch Lösen eines Teils oder aller seiner Bindungen in Gedanken beweglich gemacht hat. Soweit die Beweglichkeit es zuläßt, soll die virtuelle Verrückung *beliebig,* doch *infinitesimal klein* sein: Dann ändert sich

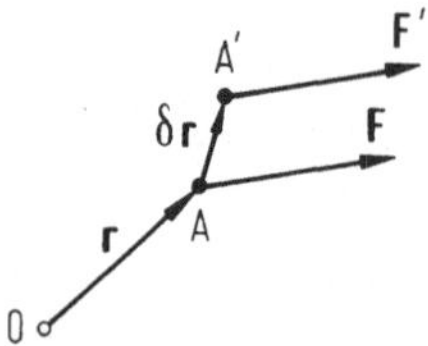

Bild 1.21.4. Virtuelle Verrückung

die Geometrie des Systems beim Verrücken nicht wesentlich, und man darf mit Differentialen rechnen. Entsprechend dem Vorgehen in der Variationsrechnung kennzeichnet man virtuelle Verrückungen durch ein vorgestelltes δ, vgl. die virtuelle Verrückung $\delta \boldsymbol{r}$ des Punktes A in Bild 1.21.4.

Beispiel

Gegeben sei nach Bild 1.21.5a ein starrer gewichtsloser Stab AB der Länge l, der durch glatte Flächen unter dem Winkel φ_0 gehalten wird und an dem die Kraft H und das Moment M angreifen.
Gesucht ist die Vertikalkraft V_B am Widerlager B, vgl. Freikörper-Bild 1.21.5b.

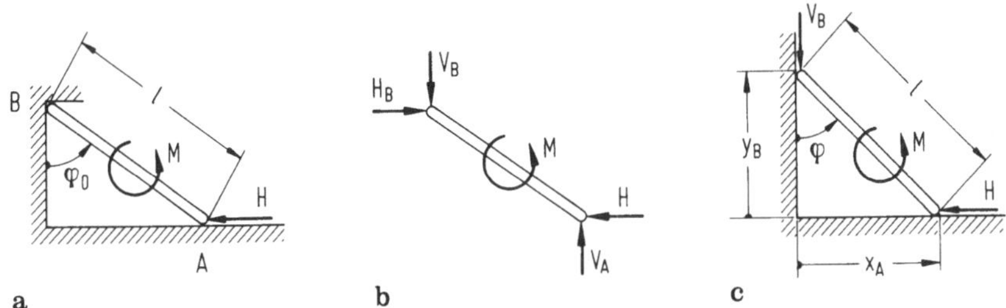

Bild 1.21.5. Gleichgewicht an einem Stab nach dem Prinzip der virtuellen Arbeit

Die *Lösung* erfolgt in zwei Schritten:

1. Bindungen geeignet lösen, virtuelle Verrückungen formulieren (s. unten).
2. Ausdruck für virtuelle Arbeit anschreiben (folgt unter Abschnitt 1.21.3).

Lösungsschritt 1:
Da *nur* nach der Kraft V_B gefragt ist (nicht auch nach den Normalkräften V_A und H_B in Bild 1.21.5b), genügt es, die horizontale Anlagefläche des Widerlagers B wegzuschneiden. Dadurch wird erstens die gesuchte Kraft V_B freigelegt (vgl. Bild 1.21.5c), und zweitens ist der Stab jetzt beweglich, er hat den Freiheitsgrad 1, vgl. Abschnitt 1.11.1.
Zwischen den in Bild 1.21.5c eingeführten Koordinaten x_A, y_B und φ bestehen die Beziehungen

$$x_A^2 + y_B^2 = l^2, \quad x_A = l \sin\varphi, \quad y_A = l\cos\varphi.$$

Formale Ableitung liefert die Differentialbeziehungen

$$2x_A dx_A + 2y_B dy_B = 0, \quad dx_A = l\cos\varphi\ d\varphi, \quad dy_A = -l\sin\varphi\ d\varphi.$$

Der Übergang $dx_A \to \delta x_A$, $dy_B \to \delta y_B$, $d\varphi \to \delta\varphi$ liefert für die virtuellen Verrückungen $\delta x_A, \delta y_B, \delta\varphi$ – deren positive Richtungen mit denen von x_A, y_B bzw. φ übereinstimmen – die Verträglichkeitsbedingungen

$$x_A\delta x_A + y_B\delta y_B = 0, \quad \delta x_A = l\cos\varphi\ \delta\varphi, \quad \delta y_A = -l\sin\varphi\ \delta\varphi.$$

Hier kann man nun wieder $\varphi = \varphi_0$, $x_A = l\sin\varphi_0$, $y_B = l\cos\varphi_0$ entsprechend Bild 1.21.5a einsetzen, denn nur die (infinitesimal) kleinen virtuellen Verrückungen um die vorgegebene Ausgangslage ($\varphi = \varphi_0$) interessieren.
Man beachte: Wegen des Freiheitsgrades 1 kann man nur eine der drei Verrükkungen $\delta x_A, \delta y_B, \delta\varphi$ frei wählen, die zwei anderen folgen dann aus den Verträglichkeitsbedingungen.

1.21.3 Virtuelle Arbeit

Definition

Greifen an einem beweglichen mechanischen System die *eingeprägten* – also als Pfeile vorgegebenen oder von physikalischen Parametern abhängenden – Kräfte $\boldsymbol{F}_i$ und Momente $\boldsymbol{M}_k$ an und sind $\delta\boldsymbol{r}_i$ bzw. $\delta\varphi_k$ die virtuellen Verrückungen von deren Angriffspunkten, so wird an dem System die *virtuelle Arbeit*

$$\delta W = \sum_i \boldsymbol{F}_i \cdot \delta\boldsymbol{r}_i + \sum_k \boldsymbol{M}_k \cdot \delta\varphi_k$$

verrichtet.

Prinzip der virtuellen Verrückungen

Ein mechanisches System ist im (statischen) Gleichgewicht, wenn zu beliebigen virtuellen Verrückungen die virtuelle Arbeit aller an ihm angreifenden eingeprägten Kräfte und Momente verschwindet:

$$\delta W = 0.$$

Beispiel (Fortsetzung des Beispiels aus Abschnitt 1.21.2)
Lösungsschritt 2:
Nach Bild 1.21.5c und obiger Definition erhält man die virtuelle Arbeit

$$\delta W = -H\delta x_A - V_B \delta y_B + M\delta\varphi.$$

Die *Reaktionskräfte* V_A, H_B stehen senkrecht auf den virtuellen Verrückungen und liefern daher keinen Beitrag.
Nimmt man nun eine Verrückung $\delta\varphi$ an und drückt $\delta x_A, \delta y_B$ gemäß Lösungsschritt 1 durch $\delta\varphi$ und die Systemgeometrie aus (man könnte auch δx_A oder δy_B annehmen), so ergibt sich δW zu

$$\delta W = (-Hl\cos\varphi_0 + V_B l \sin\varphi_0 + M)\ \delta\varphi.$$

Das Prinzip der virtuellen Verrückungen fordert nun $\delta W = 0$ für $\delta\varphi \neq 0$, woraus

$$-Hl\cos\varphi_0 + V_B l\sin\varphi_0 + M = 0,$$

also das gesuchte

$$V_B = H\cot\varphi_0 - M/(l\sin\varphi_0)$$

folgt. (Natürlich ist hier Gleichgewicht nur für $V_B > 0$ möglich!)

Bemerkungen

Das Beispiel zeigt, daß man mit dem Prinzip der virtuellen Verrückungen gezielt einzelne Kräfte (oder Momente) berechnen kann, ohne das System vollständig aufzuscheiden. Hat man sich einige Fertigkeit in Kinematik erworben (vgl. Abschnitt 3.16), so kann man die virtuellen Verrückungen oft unmittelbar überschauen und braucht nicht den hier vorgestellten formalen Weg zu gehen.

Häufig wird das Prinzip der virtuellen Verrückungen als *Prinzip der virtuellen Arbeit*, gelegentlich auch als *Arbeitssatz der Statik*, benannt. Wir ziehen die zuerst genannte Benennung vor, um das Prinzip der virtuellen Verrückungen deutlich vom *Prinzip der virtuellen Kräfte* zu unterscheiden (vgl. Hinweis bei den Arbeitsaussagen der Elastostatik).

2 Elastostatik

In der *Elastostatik* geht man von der Idealisierung des starren Körpers ab und betrachtet *elastisch verformbare feste kontinuierliche Körper* (griech. ελαστός: verformbar). Ziel der Untersuchungen ist es, die Beanspruchung von Bauteilen und ihre Verformung unter den auftretenden Belastungen vorauszuberechnen und die Abmessungen wie den Werkstoff so zu wählen, daß die Haltbarkeit gewährleistet ist und zulässige Verformungen nicht überschritten werden – man spricht vom *Dimensionieren* oder *Bemessen* der Bauteile.
Die Grundbegriffe der Elastostatik, die *Spannungen* – als Maß für die innere Beanspruchung des Werkstoffes – und die *Verzerrungen* – als Maß für die örtliche Deformation des Werkstoffes –, werden anschaulich, im einfachsten Fall als Meßvorschrift, begründet. Der Zusammenhang zwischen Spannungen und Verzerrungen – das *Stoff-Gesetz* – ist eine physikalische Eigenschaft des jeweiligen Werkstoffes und kann nur experimentell ermittelt werden. Spannungen, Verzerrungen und Stoff-Gesetz gemeinsam lassen sich in einer "Theorie" zusammenfassen, die die oben erwähnten Vorausberechnungen gestattet. Die Haltbarkeit ist gewährleistet, wenn die berechneten Spannungen kleiner als die "zulässigen Spannungen" sind, die man teils objektiv an Hand der Werkstoffeigenschaften, teils subjektiv durch Abwägen von Gesichtspunkten der Gefahren, der Kosten und des Funktionierens festlegt.

Spannungen und Verzerrungen

2.1 Spannungen

Spannungen erfassen die im Körper wirkenden Kräfte.

2.1.1 Normal- und Tangentialspannungen

Normalspannungen (Zugspannungen)

Der Probestab mit der Querschnittsfläche A_0 nach Bild 2.1.1a ist durch die beiden Kräfte F belastet. Diesen *äußeren* Kräften wird im Stab durch *innere* Kräfte das Gleichgewicht gehalten; bei einem Schnitt $1-1$ wird die *Normalkraft* N $(=F)$ sichtbar (Bild 2.1.1b; vgl. Abschnitt 1.17.1).

Stellt man sich den Stab als Faserbündel vor, so setzt sich die Kraft N aus den von den einzelnen Fasern – den Flächenelementen ΔA_0 des Querschnitts A_0 – getragenen Kräfte ΔN zusammen. Sind diese Kräfte alle gleich, so erhält man – als auf die Fläche bezogene Normalkraft – die *Normalspannung* σ zu

$$\sigma = \lim_{\Delta A_0 \to 0} \frac{\Delta N}{\Delta A_0} = \frac{N}{A_0}\,, \quad \text{also} \quad \sigma = \frac{F}{A_0}\,;$$

man stellt sie etwa wie in Bild 2.1.1c dar.

Vorzeichen, Dimension, Einheit

Vorzeichen: $\sigma > 0$ Zugspannung, $\sigma < 0$ Druckspannung.
Dimension: $\dim \sigma = \dim(F/A_0) = \dim F / \dim A_0 = \mathbf{K}/\mathbf{L}^2$.
Einheiten: $[\sigma] = \text{N/mm}^2$ oder $[\sigma] = \text{Pa}$, $1\,\text{Pa} := 1\,\text{Pascal} := 1\ \text{N/m}^2$.

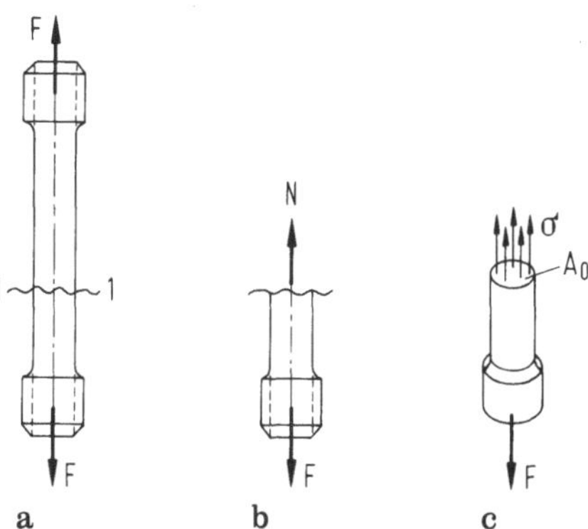

Bild 2.1.1. Normalspannung a b c

Tangentialspannungen (Schubspannungen)

Außer den Spannungen normal zu einer Querschnittsfläche gibt es Spannungen tangential dazu. Bild 2.1.2a zeigt einen solchen Fall.

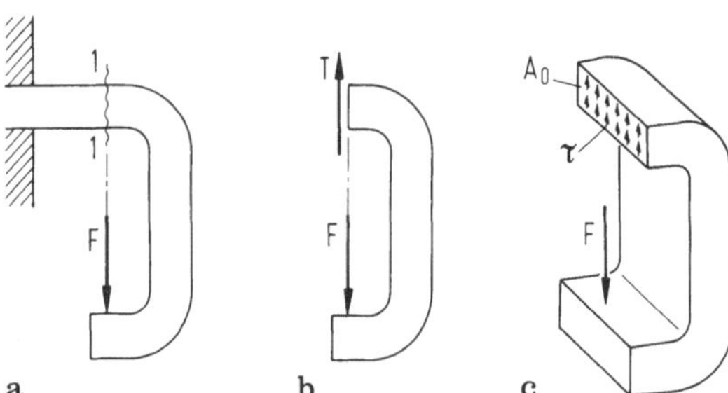

Bild 2.1.2. Tangentialspannung a b c

Der Schnitt 1 – 1 – in Verlängerung der Wirkungslinie von F durch den Körper – macht die *Tangentialkraft* T $(= F)$ sichtbar (Bild 2.1.2b; vgl. die Querkraft im Abschnitt 1.17.1). Stellt man sich auch hier vor, daß die einzelnen Elemente ΔA_0 der Querschnittsfläche A_0 gleichmäßig an der Kraftübertragung über den Schnitt beteiligt sind – alle ΔT gleich sind –, so erhält man als auf die Fläche bezogene Tangentialkraft die *Tangentialspannung* τ zu

$$\tau = \lim_{\Delta A_0 \to 0} \frac{\Delta T}{\Delta A_0} = \frac{T}{A_0} , \quad \text{also} \quad \tau = \frac{F}{A_0} ;$$

man stellt sie etwa wie in Bild 2.1.2c dar.
Die Tangentialspannungen werden auch *Schub-* oder *Scherspannungen* genannt. Eine genauere Untersuchung zeigt, daß im Schnitt nach Bild 2.1.2c die Schubspannungen τ stark ungleichförmig über den Querschnitt verteilt sind (bei den Zugspannungen nach Bild 2.1.1c ist die Ungleichförmigkeit gering).

Vorzeichen, Dimension, Einheit

Vorzeichen: Erfaßt Abweichung von einer als positiv eingeführten Orientierung, vgl. etwa Bild 2.1.3c.
Dimension: $\dim \tau = \dim(F/A_0) = \dim F / \dim A_0 = \mathbf{K}/\mathbf{L}^2$.
Einheiten: $[\sigma] = \text{N/mm}^2$ oder $[\sigma] = \text{Pa}$.

2.1.2 Abhängigkeit der Spannungen von der Schnittrichtung

Nur der Einfachheit halber wurden in Abschnitt 2.1.1 Normal- und Tangentialspannungen getrennt eingeführt. Im allgemeinen treten sie *überlagert* auf und hängen dabei von der *Schnittrichtung* ab:

Gegeben sei ein Stab mit Rechteckquerschnitt, Fläche $A_0 = ab$, unter der Einwirkung der Kräfte F (vgl. Bild 2.1.3a), die als gleichmäßig verteilte Spannungen σ_1 auf die Stirnflächen wirken mögen, $F = A_0\sigma_1$.
Gesucht sind die Normalspannung σ_φ und die Tangentialspannung τ_φ bei einem Schnitt unter dem Winkel φ, vgl. Bild 2.1.3c.

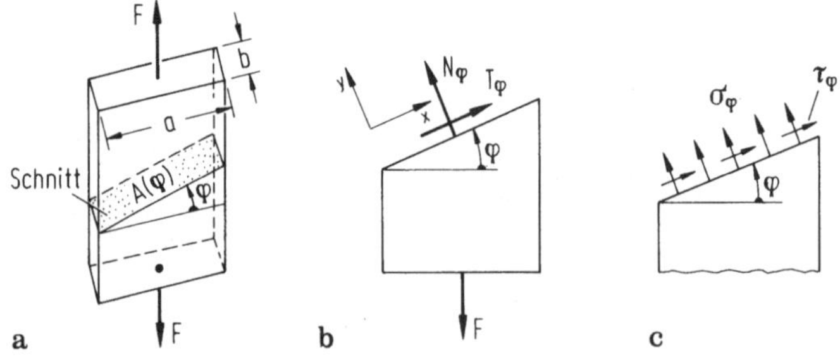

Bild 2.1.3. Spannungen in Abhängigkeit von der Schnittrichtung

Lösung:
Ein Schnitt unter dem Winkel φ, vgl. Bild 2.1.3a, führt auf die Querschnittsfläche

$$A_\varphi := A(\varphi) = \frac{a}{\cos\varphi} b = \frac{ab}{\cos\varphi} = \frac{A_0}{\cos\varphi} .$$

Für die Normalkraft N_φ und die Tangentialkraft T_φ – mit Bild 2.1.3b sind die Vorzeichen festgelegt – erhält man aus den Gleichgewichtsbedingungen am gezeigten Körper

$$\sum F_{yi} = 0: \quad N_\varphi - F\cos\varphi = 0, \quad \text{also} \quad N_\varphi = F\cos\varphi,$$

$$\sum F_{xi} = 0: \quad T_\varphi - F\sin\varphi = 0, \quad \text{also} \quad T_\varphi = F\sin\varphi.$$

Wenn F durch gleichmäßig verteilte Zugspannungen σ_1 erzeugt wird, sind auch die Normalspannung σ_φ und die Tangentialspannung τ_φ gleichmäßig verteilt. Man erhält

$$\text{normal} \quad \sigma_\varphi = \frac{N_\varphi}{A_\varphi} = \frac{F}{A_0}\cos^2\varphi\,, \quad \text{also} \quad \sigma_\varphi = \frac{\sigma_1}{2}(1+\cos 2\varphi)\,,$$

$$\text{tangential} \quad \tau_\varphi = \frac{T_\varphi}{A_\varphi} = \frac{F}{A_0}\sin\varphi\cos\varphi\,, \quad \text{also} \quad \tau_\varphi = \frac{\sigma_1}{2}\sin 2\varphi\,,$$

wobei rechts mit $\sigma_1 = F/A_0$ und $\cos^2\varphi = (1+\cos 2\varphi)/2$, $\sin\varphi\cos\varphi = \sin 2\varphi/2$ umgeformt wurde.

Die beiden oben stehenden Zusammenhänge lassen sich gemeinsam in dem kartesischen σ-τ-Koordinatensystem nach Bild 2.1.4 am *Mohrschen Kreis* vom Radius $\sigma_1/2$ um den Mittelpunkt $(\sigma_1/2,\ 0)$ ablesen: Der Ursprungsstrahl unter dem Winkel φ (= Schnittwinkel in Bild 2.1.3a) schneidet den Kreis gerade im Punkt $(\sigma_\varphi, \tau_\varphi)$. Man erkennt zwei Extrema der Normalspannungen bei $\varphi = 0$ und $\varphi = 90°$, nämlich $\sigma_{0°} =: \sigma_1$ und $\sigma_{90°} = 0 =: \sigma_2$ – dort verschwinden die Tangentialspannungen –, und zwei Extrema der Tangentialspannungen bei $\varphi = \pm 45°$, nämlich $|\tau_{\pm 45°}| = |\tau_\varphi|_{max} = |\sigma_1|/2$.

Die Spannungen σ_1, σ_2 nennt man *Hauptspannungen;* die zugehörigen Richtungen heißen *Hauptspannungsrichtungen*, sie stehen senkrecht aufeinander. In Schnitten senkrecht zu den Hauptspannungsrichtungen wirken keine Tangentialspannungen.

Der besprochene Spannungszustand, bei dem die zweite Hauptspannung verschwindet, heißt *einachsiger Spannungszustand.*

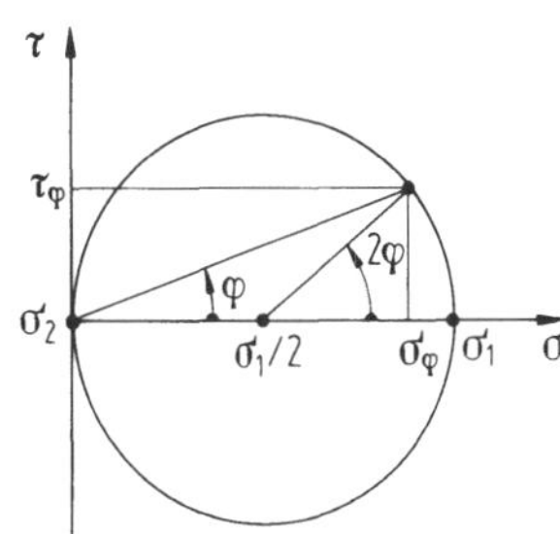

Bild 2.1.4. Mohrscher Kreis für einachsigen Spannungszustand

2.1.3 Zweiachsiger Spannungszustand

Überlagert man zwei einachsige Spannungszustände um 90° gegeneinander verdreht, so erhält man einen *zweiachsigen* oder *ebenen* Spannungszustand. In Bild 2.1.5 sind an einem rechteckigen Ausschnitt aus einem Körper die beiden (Haupt-) Spannungen σ_1 und σ_2 eines ebenen Spannungszustandes vorgegeben.

Transformation der Spannungen bei Änderung der Schnittrichtung

Bei Schnitt unter dem Winkel φ, vgl. Bild 2.1.5a bzw. b, erhält man gemäß den Formeln in Abschnitt 2.1.2, angewandt auf die Überlagerung von σ_1 mit φ und von σ_2 mit $(90° + \varphi)$,

$$\text{normal} \qquad \sigma_\varphi = \frac{\sigma_1}{2}(1 + \cos 2\varphi) + \frac{\sigma_2}{2}[1 + \cos 2(90° + \varphi)],$$

$$\text{tangential} \qquad \tau_\varphi = \frac{\sigma_1}{2}\sin 2\varphi + \frac{\sigma_2}{2}\sin 2(90° + \varphi),$$

also

$$\sigma_\varphi = \frac{\sigma_1 + \sigma_2}{2} + \frac{\sigma_1 - \sigma_2}{2}\cos 2\varphi, \quad \tau_\varphi = \frac{\sigma_1 - \sigma_2}{2}\sin 2\varphi.$$

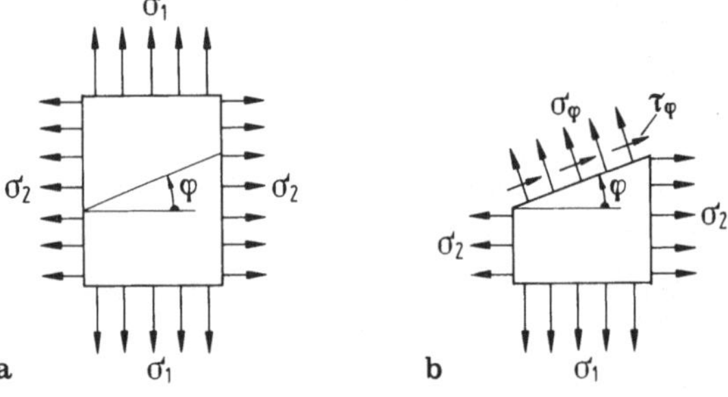

Bild 2.1.5. Zweiachsiger Spannungszustand, Schnittrichtung

Auch diese Zusammenhänge kann man in einem *Mohrschen Kreis* darstellen (Bild 2.1.6): Radius $(\sigma_1 - \sigma_2)/2$, Mittelpunkt bei $((\sigma_1 + \sigma_2)/2, 0)$; $\angle\varphi$ und Punkt $(\sigma_\varphi, \tau_\varphi)$ vgl. Bild 2.1.6.

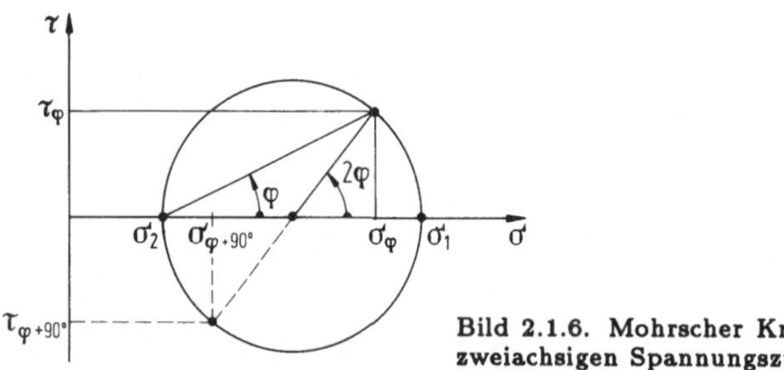

Bild 2.1.6. Mohrscher Kreis für zweiachsigen Spannungszustand

Man sieht: Extrema der Normalspannung sind σ_1 und σ_2, sie liegen bei $\varphi = 0$ bzw. $\varphi = 90°$ – in zueinander senkrechten Schnitten –, $\tau_{0°} = 0$, $\tau_{90°} = 0$. Extrema der Schubspannung, $|\tau_\varphi|_{max} = |\sigma_1 - \sigma_2|/2$, liegen in unter $\varphi = \pm 45°$ gegen die Hauptspannungsrichtungen geneigten Schnittrichtungen. Für zwei Schnitte unter den Winkeln φ und $\varphi + 90°$ liegen die Punkte $(\sigma_\varphi, \tau_\varphi)$ und $(\sigma_{\varphi+90°}, \tau_{\varphi+90°})$ auf einem Kreisdurchmesser; es gelten – unabhängig von φ ("invariant") –

$$\sigma_\varphi + \sigma_{\varphi+90°} = \sigma_1 + \sigma_2 \quad \text{und} \quad \tau_{\varphi+90°} = -\tau_\varphi.$$

Örtlich veränderlicher Spannungszustand

Ein zweiachsiger Spannungszustand tritt zum Beispiel in *dünnen* (ebenen) *Scheiben* auf (dünn: Dicke $\ll$ Längenabmessungen), wenn sie in ihrer Ebene belastet sind.

In solchen Scheiben, z.B. dem Steg eines I-Trägers, liegt im allgemeinen ein "örtlich veränderlicher" Spannungszustand vor, σ und τ hängen nicht nur von der Schnittrichtung, sondern auch vom Ort ab. Schneidet man ein hinreichend kleines rechteckiges Element der Seitenlängen Δx, Δy aus einer Scheibe der Dicke b heraus (Koordinatensystem passend gewählt), so sind die Spannungen wegen ihres stetigen Verlaufs (vgl. Hinweis unten) über die Schnittflächen etwa konstant, man deutet sie deshalb durch einfache Pfeile an, vgl. Bild 2.1.7.

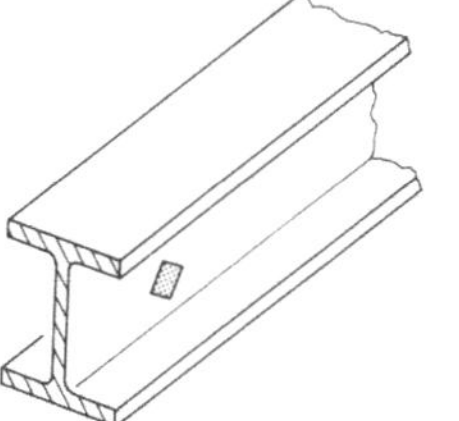

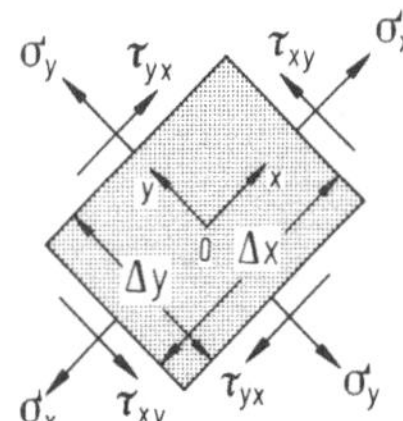

Bild 2.1.7. Spannungen an einem Element

Die Vorzeichen bezieht man jetzt auf das gewählte Koordinatensystem: Die Normalspannungen σ_x, σ_y stehen senkrecht auf dem Schnitt, dessen Normale die x- bzw. y-Achse ist, und weisen am positiven Schnittufer in die positive, am negativen in die negative Koordinatenrichtung; die Tangentialspannungen τ_{xy}, τ_{yx} liegen jeweils in den Schnitten, deren Normale die x- bzw. y-Achse ist (erster Index!), und weisen am positiven Schnittufer in die positive y- bzw. x-Richtung (zweiter Index!), am negativen in die negativen Richtungen.

Aus Bild 2.1.7 liest man ab: Greifen am Element nur die gezeigten Spannungen (Kräfte) an, so liefern die Gleichgewichtsaussagen für die Kräfte in x- und y-Richtung bei Grenzübergang $\Delta x \to 0$, $\Delta y > 0$ – bzw. umgekehrt – die Aussage, daß σ_x, τ_{xy} bzw. σ_y, τ_{yx} an den jeweils "zugeordneten" (positiven und negativen) Schnittufern gleich sind und stetig vom Ort abhängen müssen (ist in Bild 2.1.7 bereits berücksichtigt).

Das Momentengleichgewicht $\overset{\curvearrowleft +}{\sum} M_i^{(0)} = 0$ liefert

$$b\,\Delta y\,\frac{\Delta x}{2}\tau_{xy} - b\,\Delta x\,\frac{\Delta y}{2}\tau_{yx} + b\,\Delta y\,\frac{\Delta x}{2}\tau_{xy} - b\,\Delta x\,\frac{\Delta y}{2}\tau_{yx} = 0.$$

Dies führt auf $\tau_{xy} = \tau_{yx}$ und ist gleichwertig mit obiger Aussage $\tau_{\varphi+90°} = -\tau_\varphi$. Das heißt, wir dürfen uns Bild 2.1.7 als durch Drehen der Schnittrichtungen am "Element" nach Bild 2.1.5 – mit geeigneten Hauptspannungswerten σ_1, σ_2 – entstanden vorstellen, nur haben wir bei τ_{xy} die positive Orientierung gewechselt.

Bestimmen der Hauptspannungen
Gegeben seien die Spannungen σ_x, σ_y, $\tau_{yx} = \tau_{xy}$ in zwei zueinander senkrechten Richtungen, vgl. Bild 2.1.8a.
Gesucht sind die Hauptspannungen, die Hauptspannungsrichtungen und die größte Schubspannung.

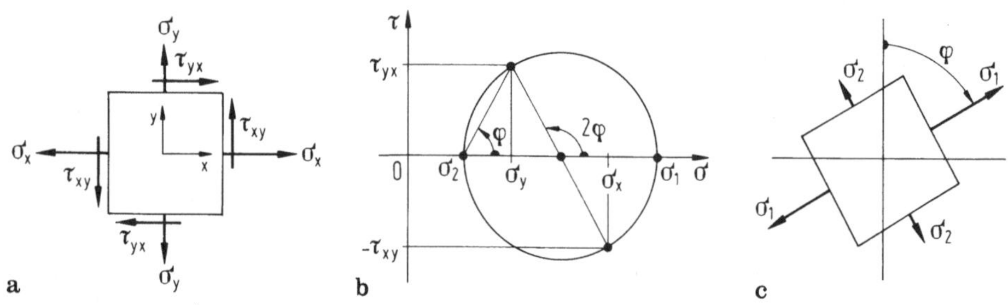

Bild 2.1.8. Bestimmen der Hauptspannungen

Lösung:
Da $(\sigma_x, -\tau_{xy})$ und (σ_y, τ_{yx}) auf dem Mohrschen Kreis diametral liegen, liefert eine graphische Konstruktion den Kreis nach Bild 2.1.8b. Man liest ab (Vorzeichen beachten!):

$$\sigma_1 = \frac{\sigma_x + \sigma_y}{2} + \sqrt{\left(\frac{\sigma_x - \sigma_y}{2}\right)^2 + \tau_{xy}^2} \,,$$

$$\sigma_2 = \frac{\sigma_x + \sigma_y}{2} - \sqrt{\left(\frac{\sigma_x - \sigma_y}{2}\right)^2 + \tau_{xy}^2} \,,$$

$$\tan(180° - 2\varphi) = \frac{2\tau_{xy}}{\sigma_x - \sigma_y} \,.$$

Bild 2.1.8c zeigt die Hauptspannungsrichtungen: Man muß das Element um den Winkel φ "zurückdrehen".

Ausgezeichnete Spannungszustände
Das Bild 2.1.9 zeigt gegenüberstellend unter *a* den *einachsigen Spannungszustand,* den *reinen Schubspannungszustand* und den *hydrostatischen Spannungszustand,* unter *b* die zugehörigen Mohrschen Kreise, unter *c* die gegenüber *a* um 45° gedrehten Elemente.

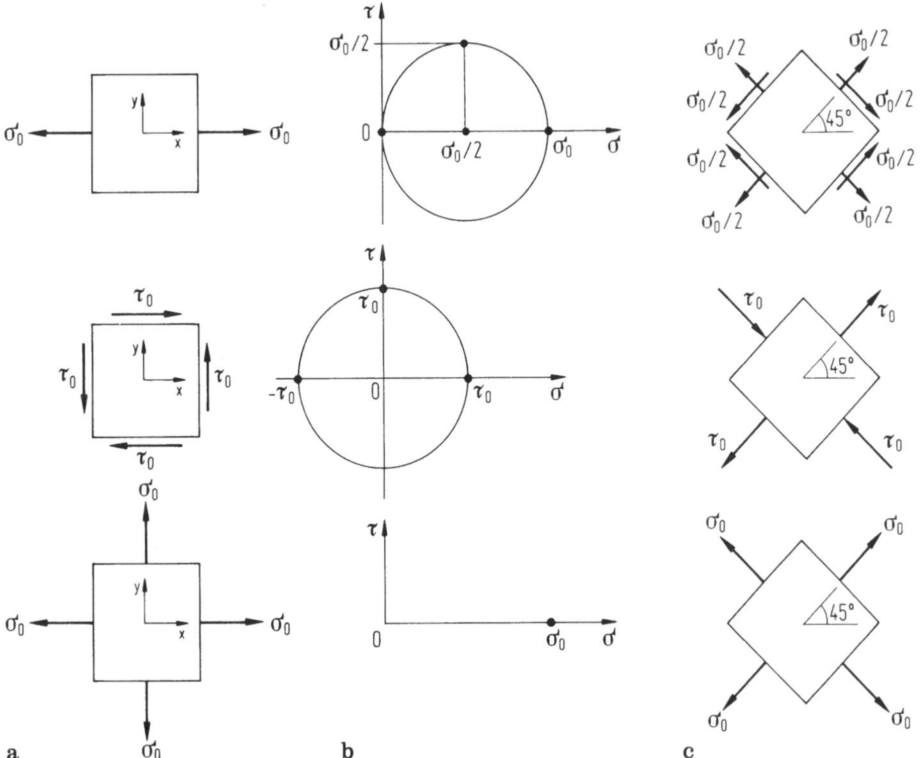

Bild 2.1.9. Ausgezeichnete Spannungszustände

2.1.4 Bemerkungen zum dreiachsigen Spannungszustand

Analog zu Abschnitt 2.1.3 kann man den allgemeinen dreiachsigen Spannungszustand durch Überlagern eines weiteren einachsigen Spannungszustandes – senkrecht zur Blattebene – aufbauen. Zu dessen Beschreibung braucht man jedoch drei Mohrsche Kreise; wir gehen darauf nicht näher ein.

Bild 2.1.10. Normaleneinheits- und Kraftvektor

Ist die Richtung eines durch einen Schnitt freigelegten Flächenelementes ΔA in einem Körper durch einen *Normaleneinheitsvektor* $\boldsymbol{n}$ charakterisiert, so beschreiben die Spannungen, mit der Flächengröße ΔA multipliziert, den Vektor $\boldsymbol{t}\Delta A =: \Delta \boldsymbol{F}$ der an ΔA angreifenden Kraft, vgl. Bild 2.1.10 und Bild 1.17.2a.

Die Spannungen beschreiben also den Zusammenhang zwischen $\boldsymbol{n}$ und $\Delta \boldsymbol{F}$. Der *Spannungsvektor* $\boldsymbol{t}$ hängt linear von $\boldsymbol{n}$ ab. Ein solcher linearer Zusammenhang zwischen Vektoren wird durch *Tensoren* ("Spanner") beschrieben. Sie lassen sich in Matrizenform schreiben, wenn das Koordinatensystem kartesisch ist und festliegt. Die Spannungen bilden dann die Elemente (Komponenten) der Matrix (des Tensors). Weitere Tensoren der Physik: der (Dreh-) Trägheitstensor, der Reibungstensor – statt Reibungszahl – bei anisotropen Oberflächen, die relative Dielektrizitätskonstante, die relative magnetische Permeabilität bei anisotropen Stoffen usw.

2.2 Verzerrungen

Verzerrungen sind die lokalen Deformationen eines Körpers.

2.2.1 Dehnung und Querkontraktion

Gegeben sei ein Probestab vom Durchmesser d_0 und der Querschnittsfläche A_0 mit zwei Markierungen im Abstand l_0, vgl. Bild 2.2.1a.

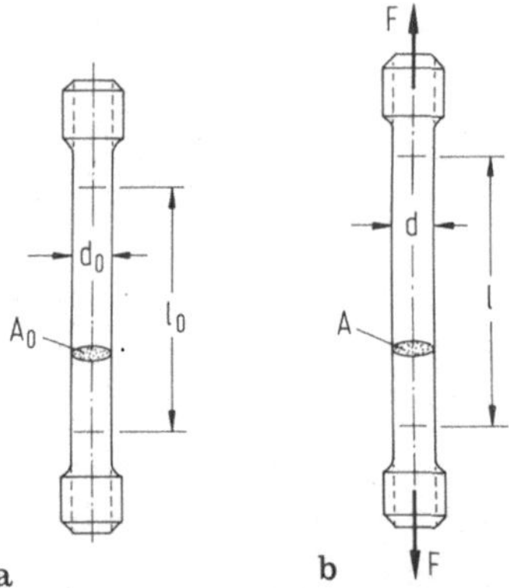

Bild 2.2.1. Probestab unter der Einwirkung von Kräften

Eine Belastung, Kräfte F in Bild 2.2.1b, verformt den Stab, es stellen sich der Durchmesser d, die Querschnittsfläche A und der Markenabstand l ein. Man erhält bei Zug ($F > 0$) eine

Längenänderung $\Delta l := l - l_0 > 0$,
Durchmesseränderung $\Delta d := d - d_0 < 0$.

Beide bezieht man auf die Ausgangsabmessungen und definiert

Dehnung in Längsrichtung: $\varepsilon_l := \dfrac{\Delta l}{l_0} = \dfrac{l - l_0}{l_0}$,

Dehnung in Querrichtung: $\varepsilon_q := \dfrac{\Delta d}{d} = \dfrac{d - d_0}{d_0}$.

Vorzeichen, Dimension, Einheit
Vorzeichen: $\varepsilon > 0$ Längung, $\varepsilon < 0$ Kürzung (Kontraktion).
Dimension: $\dim \varepsilon = \dim \Delta l / \dim l_0 = 1$.
Einheit: Für Metalle ist die Angabe in Prozent genormt, $[\varepsilon] = 1\%$.

Verzerrungszustand bei einachsiger Belastung
Bei der betrachteten einachsigen Belastung des Zugstabes gilt $\varepsilon_l > 0$ und $\varepsilon_q < 0$. Den Effekt des "Dünnerwerdens" bezeichnet man als *Querkontraktion*. Experimentell findet man für kleine Verzerrungen

$$\varepsilon_q = -\nu \, \varepsilon_l .$$

Der Proportionalitätsfaktor ν heißt *Querkontraktionszahl* oder *Poissonzahl*. Für Metalle gilt etwa einheitlich $\nu \approx 0,3$.

Verzerrungszustand bei zweiachsiger Belastung
Bei Überlagerung zweier einachsiger Spannungszustände zu einem zweiachsigen (vgl. Bild 2.2.2 und Abschnitt 2.1.3) überlagern sich jeweils die Dehnung infolge der einen Hauptspannung mit der Querkontraktion infolge der anderen:

Dehnung ε_1 folgt aus Zug σ_1 minus Querkontraktion durch Zug σ_2,

Dehnung ε_2 folgt aus Zug σ_2 minus Querkontraktion durch Zug σ_1.

Hinweis 1: Bei Druck sind σ_1 und/oder σ_2 negativ; auch die Dehnungsanteile wechseln entsprechend die Vorzeichen.
Hinweis 2: Jede Belastung führt auf einen räumlichen Verzerrungszustand (vgl. Abschnitt 2.3.5).

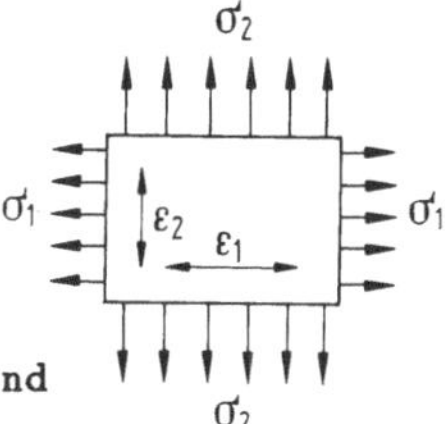

Bild 2.2.2. Hauptspannungen und -dehnungen an einem Element

2.2.2 Schubverformung

Gegeben sei ein unbelastetes, rechteckiges Element mit den Seitenlängen Δx und Δy, vgl. Bild 2.2.3a.
Gesucht ist seine Verzerrung für den Fall, daß es mit Schubspannungen τ belastet ist, vgl. Bild 2.2.3b und die zweite Zeile von Bild 2.1.9.

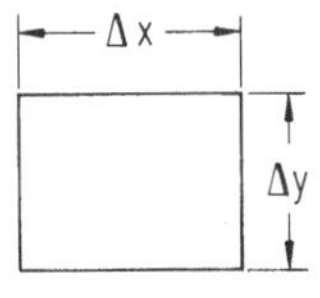

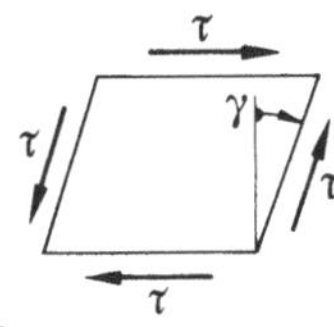

Bild 2.2.3. Schubverformung eines Rechteckelements a b

Lösung:
Die Schubspannungen "schieben" das Element um den *Schubwinkel* γ. Man spricht daher auch von *Schiebung* oder *Gleitung.*

Vorzeichen, Dimension, Einheit
Vorzeichen: Erfaßt Abweichung von einer als positiv eingeführten Orientierung; etwa Bild 2.2.3b.
Dimension: $\dim \gamma = 1$ (Bogenmaß!).
Einheit: $[\gamma] = 1\,\%$.

2.2.3. Kleine Verzerrungen in der Ebene

Gegeben sei eine ebene Scheibe, die in der Ausgangslage (Referenzkonfiguration) rechteckförmig ist, vgl. Bild 2.2.4a; wir betrachten den Punkt P mit den Koordinaten x, y.
Durch Belastung werde die Scheibe in der Ausgangsebene verformt, vgl. Bild 2.2.4b. Der Punkt P wird dabei nach P' verschoben:
in x-Richtung um $u = u(x, y)$,
in y-Richtung um $v = v(x, y)$.
Für diese *Verschiebungen* gelten $|u|$, $|v| \ll l$, wobei l eine charakteristische Länge der Scheibe ist (z.B. $l = x_2 - x_1$).
Gesucht seien die Verzerrungen (Verformungen).

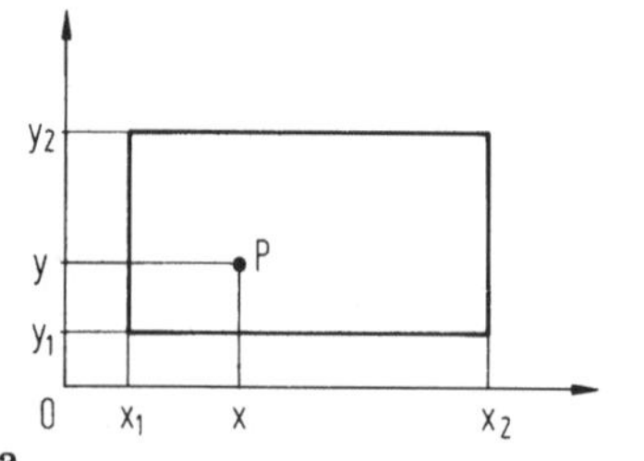

a

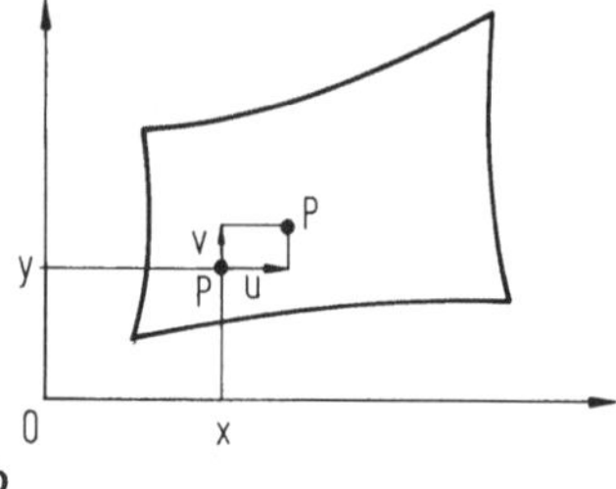

b

Bild 2.2.4. Verformung einer Scheibe in der Ebene

Lösung:
Zur Untersuchung der Verzerrungen denken wir uns in der Referenzkonfiguration das rechteckige Scheibenelement $PQSR$ markiert, Kantenlängen Δx, Δy; vgl. Bild 2.2.5. Bei Belastung geht es in das verschobene Viereck $P'Q'S'R'$ über. Bezogen auf das x-y-System haben die Eckpunkte die folgenden Koordinaten:

Unverzerrt	Verzerrt
$P : [x,\ y]$	$P' : [x + u(x,y),\ y + v(x,y)]$
$Q : [x + \Delta x,\ y]$	$Q' : [x + \Delta x + u(x + \Delta x, y),\ y + v(x + \Delta x, y)]$
$R : [x,\ y + \Delta y]$	$R' : [x + u(x, y + \Delta y),\ y + \Delta y + v(x, y + \Delta y)]$
$S : [x + \Delta x,\ y + \Delta y]$	$S' : [x + \Delta x + u(x + \Delta x,\ y + \Delta y),$ $y + \Delta y + v(x + \Delta x,\ y + \Delta y)]$.

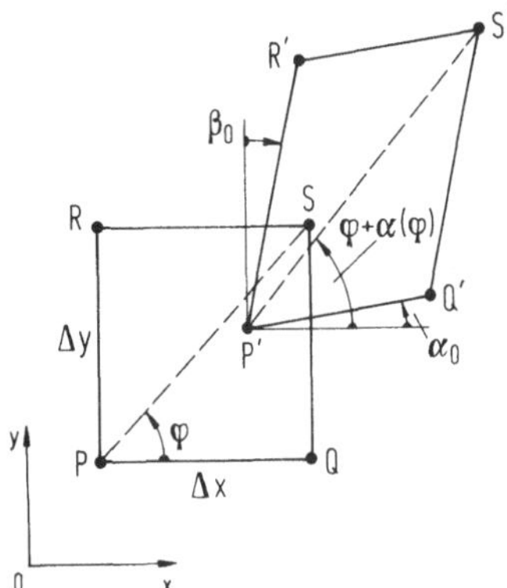

Bild 2.2.5. Verzerrung eines Rechteckelements

Dehnungen

Für die Seite PQ gilt (vgl. Bild 2.2.5):

$$\varepsilon_{PQ} = \lim_{\Delta x \to 0} \frac{\overline{P'Q'} - \overline{PQ}}{\Delta x}$$

$$= \lim_{\Delta x \to 0} \frac{\sqrt{[\Delta x + u(x+\Delta x, y) - u(x,y)]^2 + [v(x+\Delta x, y) - v(x,y)]^2} - \Delta x}{\Delta x}$$

$$= \sqrt{\left(1 + \frac{\partial u}{\partial x}\right)^2 + \left(\frac{\partial v}{\partial x}\right)^2} - 1$$

mit den *partiellen Ableitungen*

$$\frac{\partial u}{\partial x} := \frac{\partial u(x,y)}{\partial x} := \lim_{\Delta x \to 0} \frac{u(x+\Delta x, y) - u(x,y)}{\Delta x} \quad \text{usw.}$$

Wir setzen kleine Verschiebungsableitungen voraus,

$$|\partial u/\partial x|, \quad |\partial v/\partial x|, \quad |\partial u/\partial y|, \quad |\partial v/\partial y| \ll 1,$$

und erhalten in linearer Näherung

$$\varepsilon_x = \frac{\partial u}{\partial x} = \frac{\partial u(x,y)}{\partial x} \quad - \text{ als kleine Dehnung in } x\text{-Richtung.}$$

Entsprechend findet man

$$\varepsilon_y = \frac{\partial v}{\partial y} = \frac{\partial v(x,y)}{\partial y} \quad - \text{ als kleine Dehnung in } y\text{-Richtung.}$$

Schubverformung

Wir bilden für die Seite PQ (vgl. Bild 2.2.5)

$$\tan \alpha_0 = \lim_{\Delta x \to 0} \frac{v(x+\Delta x, y) - v(x,y)}{\Delta x + u(x+\Delta x, y) - u(x,y)} = \frac{\partial v/\partial x}{1 + \partial u/\partial x} .$$

Wegen der kleinen Verschiebungsableitungen folgt in linearer Näherung für α_0 ein kleiner Winkel:

$$\tan \alpha_0 \approx \alpha_0 \approx \frac{\partial v}{\partial x} = \frac{\partial v(x,y)}{\partial x} .$$

Entsprechend findet man (vgl. Bild 2.2.5)

$$\tan\beta_0 \approx \beta_0 \approx \frac{\partial u}{\partial y} = \frac{\partial u(x,y)}{\partial y} \ .$$

Ein Vergleich mit Abschnitt 2.2.2 liefert den (kleinen) *Schubwinkel*

$$\gamma_0 = \frac{\partial u(x,y)}{\partial y} + \frac{\partial v(x,y)}{\partial x} \ .$$

Verzerrungen bei gedrehter Richtung

Werde $\Delta y/\Delta x = \tan\varphi$ beim Grenzübergang festgehalten, dann gilt (vgl. auch Bild 2.2.5):

$$\varepsilon_{PS} =: \varepsilon(\varphi) = \frac{\varepsilon_x + \varepsilon_y}{2} + \frac{\varepsilon_x - \varepsilon_y}{2}\cos 2\varphi + \frac{1}{2}\gamma_0 \sin 2\varphi,$$

$$\alpha(\varphi) = \frac{\partial v/\partial x - \partial u/\partial y}{2} + \frac{\partial v/\partial x + \partial u/\partial y}{2}\cos 2\varphi + \frac{\partial v/\partial y - \partial u/\partial x}{2}\sin 2\varphi.$$

Man erhält $\beta(\varphi)$ aus $\beta(\varphi) = -\alpha(\varphi + \pi/2)$ zu

$$\beta(\varphi) = -\frac{\partial v/\partial x - \partial u/\partial y}{2} + \frac{\partial v/\partial x + \partial u/\partial y}{2}\cos 2\varphi + \frac{\partial v/\partial y - \partial u/\partial x}{2}\sin 2\varphi.$$

Dies liefert

$$\gamma(\varphi) = \alpha(\varphi) + \beta(\varphi) = \gamma_0 \cos 2\varphi - (\varepsilon_x - \varepsilon_y)\sin 2\varphi$$

bzw.

$$\frac{1}{2}\gamma(\varphi) = -\frac{\varepsilon_x - \varepsilon_y}{2}\sin 2\varphi + \frac{1}{2}\gamma_0 \cos 2\varphi.$$

Legt man das x-y-Koordinatensystem parallel zu den Hauptdehnungsrichtungen, so erhält man mit $\gamma_0 = 0$, $\varepsilon_x \equiv \varepsilon_1$, $\varepsilon_y \equiv \varepsilon_2$ die folgenden Transformationsbeziehungen

$$\varepsilon(\varphi) = \frac{\varepsilon_1 + \varepsilon_2}{2} + \frac{\varepsilon_1 - \varepsilon_2}{2}\cos 2\varphi,$$

$$-\frac{1}{2}\gamma(\varphi) = \frac{\varepsilon_1 - \varepsilon_2}{2}\sin 2\varphi.$$

Diese Zusammenhänge kann man analog zu Abschnitt 2.1.3 in einem Mohrschen Verzerrungskreis darstellen.

Veranschaulichung

Bild 2.2.6 zeigt die Wirkung einer Verzerrung. Für die Verformungen wurden $u(x,y) = 0,2\,x + 0,1\,y$, $v(x,y) = 0,1\,x - 0,2\,y$ angesetzt. Bild 2.2.6b entsteht aus Bild 2.2.b.a, indem man die Punkte (x,y) um u, v verschiebt. Die Verzerrungen ergeben sich zu $\varepsilon_x = 0,2$; $\varepsilon_y = -0,2$ und $\gamma = 0,2$.

Die Zahlenwerte der Verzerrungen wurden sehr groß gewählt, damit man sie mit bloßem Auge erkennen kann. Metallische Bauteile werden unter üblichen Gebrauchslasten etwa in der Größenordnung von 0,1 % verzerrt; große Verzerrungen kommen dagegen beim Schmieden und Pressen von Bauteilen sowie beim Ziehen von Blechen vor.

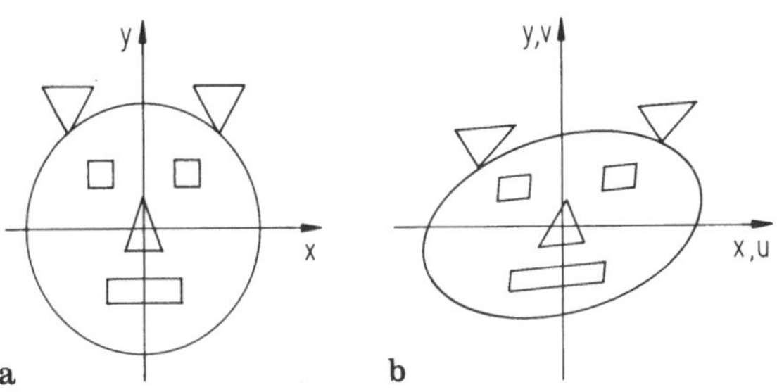

Bild 2.2.6. Wirkung einer Verzerrung

2.3 Stoff-Gesetze

In Abschnitt 2.1 haben wir die Kräfte in Körpern – die *Spannungen* – und in Abschnitt 2.2 ihre Formänderungen – die *Verzerrungen* – betrachtet. Dabei gingen wir induktiv vor und abstrahierten von den anschaulichen Größen Kraft bzw. Verformung. Die Beziehung zwischen den Spannungen und den Verzerrungen – die *Stoff-Gesetze* (engl. *constitutive equations)* – muß man nun experimentell bestimmen, wenn man reale Bauteile untersuchen will. Alternativ kann man sich Stoff-Gesetze ("Stoff-Modelle") vorgeben und prüfen, ob man den damit abgeleiteten Ergebnissen bei Experimenten begegnet.

2.3.1 Das Spannungs-Dehnungs-Diagramm

Führt man mit einem Probestab wie in Abschnitt 2.1.1 einen Zugversuch (oder einen Druckversuch) aus, indem man die Kraft F langsam bis zum Bruch des Stabes erhöht und dabei die jeweilige Länge l (vgl. Abschnitt 2.2.1) mißt, so erhält man das in Bild 2.3.1 dargestellte Spannungs-Dehnungs-Diagramm:
Auf der Ordinate ist die Spannung

$$\sigma = \frac{F}{A_0} \quad (A_0 \text{ Ausgangsquerschnitt}),$$

auf der Abszisse die (Längs-) Dehnung

$$\varepsilon = \frac{\Delta l}{l_0} = \frac{l - l_0}{l_0} \quad (l_0 \text{ Ausgangslänge})$$

aufgetragen.

Wir diskutieren die σ-ε-Kurve von Baustahl für steigende (Zug-) Kraft F: Von $\sigma = 0$ bis zu einem Wert $\sigma = R_P$ wächst die Dehnung ε proportional – *linear* – mit σ. Der Index P kennzeichnet die *Proportionalitätsgrenze*, den Buchstaben R (französisch *résistance:* Widerstandsfähigkeit) benutzt man, um anzudeuten, daß es sich bei diesem Spannungswert um eine Werkstoffeigenschaft handelt.

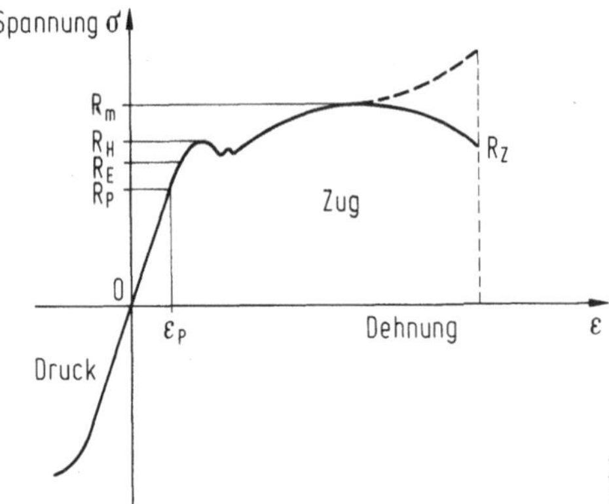

Bild 2.3.1. Spannungs-Dehnungs-Diagramm für Baustahl

Oberhalb R_P wächst die Dehnung progressiv bis zum Punkt R_E, der *Elastizitätsgrenze*. Bis zu diesem Punkt wird die Kurve bei einer Verringerung von F "rückwärts" durchlaufen, der Probestab hat dann bei vollständiger Entlastung keine bleibenden Verformungen erlitten, er ist "elastisch".
Bei Belastungen über R_E hinaus treten bleibende plastische Verformungen auf. An der oberen *Streckgrenze* R_H wächst die Dehnung sprungartig bei etwa konstanter Last.
Oberhalb der Streckgrenze steigt die Kurve weiter an, kurz vor Erreichen eines Maximums beginnt sich der Stab an einer Stelle merklich einzuschnüren, die auf den (festen) Ausgangsquerschnitt A_0 bezogene Spannung steigt noch etwas an – bis zur Zugfestigkeit R_m – und fällt dann auf den Punkt R_Z des Zerreißens ab. Die gestrichelte Kurve deutet die auf den eingeschnürten Querschnitt bezogene Spannung an.
Für den Druckast der Kurve gilt ähnliches.
Das folgende Bild 2.3.2 zeigt σ-ε-Linien für verschiedenartige Werkstoffe.

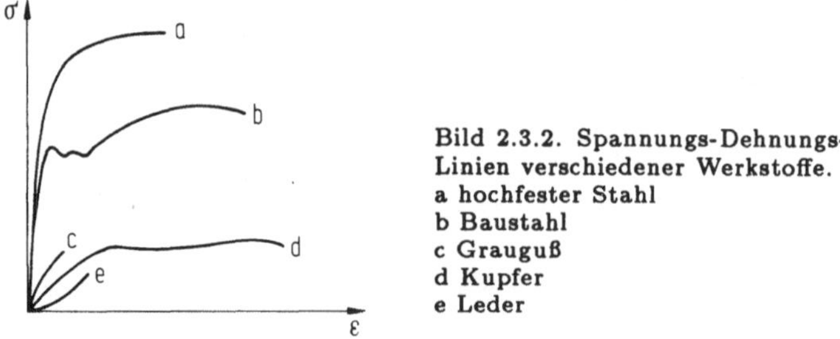

Bild 2.3.2. Spannungs-Dehnungs-Linien verschiedener Werkstoffe.
a hochfester Stahl
b Baustahl
c Grauguß
d Kupfer
e Leder

2.3.2 Das Hookesche Gesetz für die einfache Zugspannung

Das Spannungs-Dehnungs-Diagramm zeigt, daß bei einachsiger Belastung die (Längs-) Dehnung der Spannung proportional ist, falls die Belastung nicht zu hoch ist; es gilt das *Hookesche Gesetz*

$$\varepsilon = \frac{\sigma}{E} \quad \text{oder} \quad \sigma = E\varepsilon \qquad \text{mit} \quad \sigma = \frac{F}{A_0}.$$

Der Proportionalitätsfaktor E heißt *Elastizitätsmodul.* Eine Belastung über die Proportionalitätsgrenze R_P hinaus scheidet in der Regel aus Sicherheitsgründen aus. (Bei Druck werden σ und ε negativ.)

Dimension: $\dim E = \dim\sigma / \dim\varepsilon = \dim\sigma = \mathbf{K/L^2}$.
Der Elastizitätsmodul hat die Dimension einer Spannung.

Der Elastizitätsmodul hängt stark vom Stoff ab. Beispiele hierzu sind in Tabelle 2.3.1 zusammengestellt. Mit steigender Temperatur nimmt bei Metallen der Elastizitätsmodul ab.

Tabelle 2.3.1. Elastizitätsmoduln verschiedener Stoffe

Stoff	Stahl	Grauguß	Aluminium	Kupfer
$\frac{E}{10^5 \mathrm{N/mm^2}}$	2,1	0,8–1,3	0,7	1,25

2.3.3 Das Hookesche Gesetz für den zweiachsigen Spannungszustand

Schreibt man für den einachsigen Spannungszustand das Hookesche Gesetz in der Form

$$\varepsilon_1 = \frac{\sigma_1}{E},$$

so erhält man für die Querkontraktion (vgl. Abschnitt 2.2.1)

$$\varepsilon_2 = -\nu\varepsilon_1 = -\nu\frac{\sigma_1}{E}.$$

Überlagert man für den zweiachsigen Spannungszustand die Wirkungen der beiden Einzelspannungen σ_1 und σ_2 (vgl. Abschnitt 2.2.1), so erhält man das Hookesche Gesetz in der Form

$$\varepsilon_1 = \frac{\sigma_1}{E} - \nu\frac{\sigma_2}{E}, \quad \varepsilon_2 = \frac{\sigma_2}{E} - \nu\frac{\sigma_1}{E}.$$

Dies ist natürlich nur möglich, falls der Werkstoff *isotrop* ist, das heißt, daß die Verformung nicht von der Belastungsrichtung abhängt (Holz ist ein Beispiel für einen *anisotropen* Werkstoff).
Falls σ_1, σ_2 Hauptspannungen sind (wie bisher vorausgesetzt), geben ε_1, ε_2 die lokalen Verzerrungen vollständig wieder. Der Fall eines um den Winkel φ gedrehten Elementes wird im Abschnitt 2.3.5 behandelt.

Beispiel

Gegeben: Dünne Rechteckmembran (Seitenlängen a und b, Elastizitätsmodul E, Querkontraktionszahl ν) wird in "1"-Richtung um ε_1 gedehnt, vgl. Bild 2.3.3.
Gesucht: a) Spannung σ_1 für $\sigma_2 = 0$ (d.h. die Seiten sind frei), b) Spannungen σ_1, σ_2 für $\varepsilon_2 = 0$ (d.h. die Querverformung ist durch eine starre Einspannung verhindert); die Schubspannungen seien vernachlässigbar.

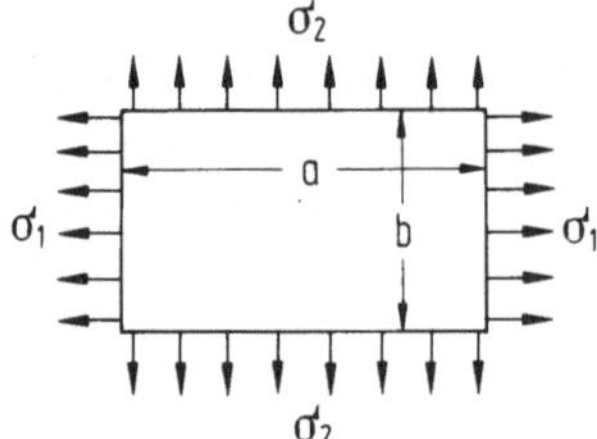

Bild 2.3.3. Rechteckmembran

Lösung:
a) Mit $\sigma_2 = 0$ folgt aus dem Hookeschen Gesetz: $\sigma_1 = E\varepsilon_1$.
b) Mit $\varepsilon_2 = 0$ folgt $\sigma_2 = \nu\sigma_1$ und $\sigma_1 = \dfrac{E\varepsilon_1}{1-\nu^2}$.
Für $\nu^2 \approx 0{,}1$ ist die Spannung σ_1 im Fall b) etwa 10 % höher als im Fall a).

2.3.4 Das Hookesche Gesetz für Schubverformungen

Unmittelbares Vorgehen

Parallel zum Hookeschen Gesetz für die einfache Zugspannung in Abschnitt 2.3.2 setzt man für das Rechteckelement nach Bild 2.3.4 das *Hookesche Gesetz der Schubverformung* als *lineare* Beziehung zwischen Schubspannung τ und Schubwinkel γ an:

$$\gamma = \frac{\tau}{G} \quad \text{oder} \quad \tau = G\gamma.$$

Der Proportionalitätsfaktor G heißt *Schub-* oder *Gleitmodul.*

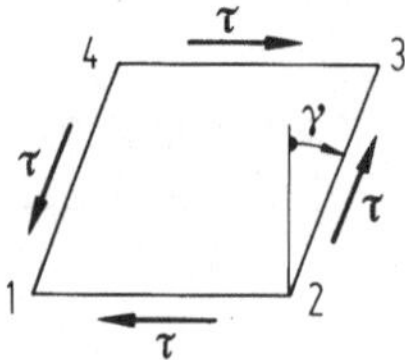

Bild 2.3.4. Verformung infolge Schubspannung

Dimension: $\dim G = \dim\tau / \dim\gamma = \mathbf{K}/\mathbf{L}^2$.
Der Gleitmodul hat die Dimension einer Spannung (Schubwinkel γ im Bogenmaß!).
Man kann den Gleitmodul zum Beispiel an Hand einer Torsionverformung messen, vgl. Abschnitt 2.13.
Für Stahl erhält man $G \approx 8 \cdot 10^4\,\mathrm{N/mm^2}$ (Größenordnung von γ ist $1 \cdot 10^{-3}$).

Herleitung aus dem zweiachsigen Spannungszustand
In Bild 2.1.9 haben wir für den reinen Schubspannungszustand die Gleichwertigkeit der Bilder 2.3.5a und b für $\sigma = \tau$ gezeigt.

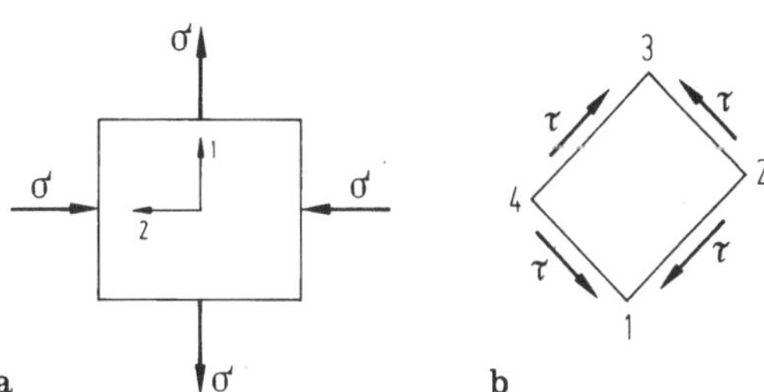

Bild 2.3.5. Reiner Schubspannungszustand

In Bild 2.3.5a liegen offenbar die Hauptspannungen $\sigma_1 = \sigma$, $\sigma_2 = -\sigma$ vor. Gemäß Abschnitt 2.3.3 erhält man die Verzerrungen

$$\varepsilon_1 = \frac{\sigma}{E} + \nu\frac{\sigma}{E} = \frac{1+\nu}{E}\sigma \ , \quad \varepsilon_2 = -\frac{\sigma}{E} - \nu\frac{\sigma}{E} = -\frac{1+\nu}{E}\sigma \ .$$

Hiermit berechnet man nach der Endformel von Abschnitt 2.2.3 für das um 45° gedrehte Element nach Bild 2.3.5b – das mit Bild 2.3.4 übereinstimmt, wenn man die Ecken einander gemäß den eingetragenen Ziffern zuordnet – den Schubwinkel γ zu

$$\gamma = 2\,\frac{1+\nu}{E}\,\tau \, .$$

Vergleich mit $\gamma = \tau/G$ liefert

$$G = \frac{E}{2(1+\nu)} \ .$$

Diese Beziehung besagt, daß zwei der drei Stoffbeiwerte Elastizitätsmodul, Gleitmodul und Querkontraktionszahl den dritten festlegen.

2.3.5 Verzerrungen beim allgemeinen ebenen Spannungszustand

Zu den gegebenen Spannungen σ_x, σ_y und τ des ebenen Spannungszustandes erhält man die Verzerrungen (vgl. Bild 2.3.6):

$$\varepsilon_x = \frac{\sigma_x}{E} - \nu\frac{\sigma_y}{E}, \quad \varepsilon_y = \frac{\sigma_y}{E} - \nu\frac{\sigma_x}{E}, \quad \gamma = \frac{\tau}{G} .$$

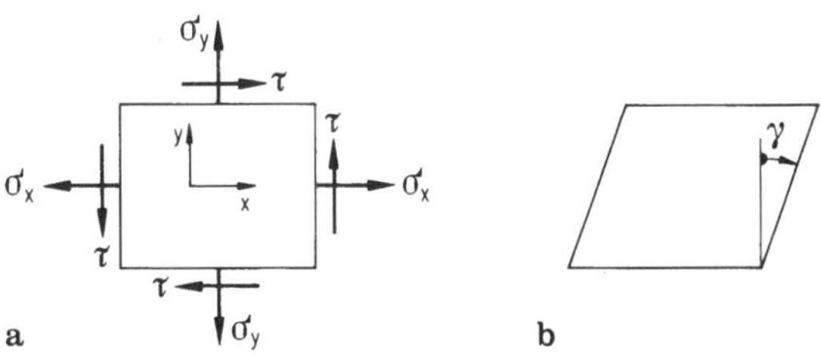

Bild 2.3.6. Ebener Spannungszustand und Verformung

Ergänzend sei erwähnt, daß auch eine Verformung in der zur x-y-Ebene senkrechten z-Richtung infolge der Querkontraktionswirkung der Spannungen σ_x, σ_y erfolgt:

$$\varepsilon_z = -\frac{\nu}{E}(\sigma_x + \sigma_y).$$

Ein ebener Spannungszustand hat einen räumlichen Verzerrungszustand zur Folge!
Beim räumlichen Spannungszustand kommen andererseits σ_z mit Querkontraktionsbeiträgen zu ε_x und ε_y sowie zwei weitere Schubspannungen mit zwei Schubwinkeln hinzu.

Stabwerke und Federverbände

2.4 Verformung von Stabwerken

Als Stabwerke (auch Fachwerke) bezeichnet man Baukonstruktionen, die aus gelenkig miteinander verbundenen Stäben bestehen, die nur Zug- oder Druckkräfte und keine Momente übertragen, vgl. Bild 2.4.1. Die Verbindungsstellen heißen "Knoten".

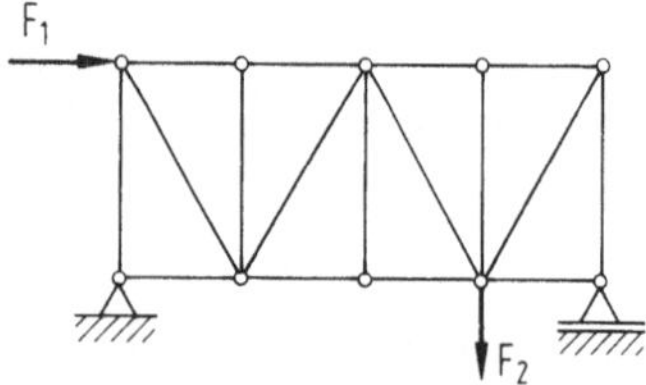

Bild 2.4.1. Stabwerk

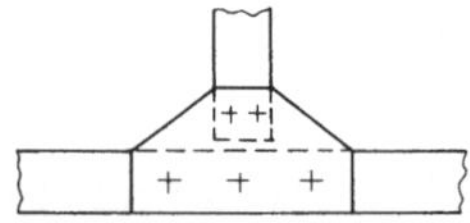
Bild 2.4.2. Knotenblech

Bei der realen Konstruktion sind die Stäbe an den Knoten oft über "Knotenbleche" miteinander vernietet oder verschweißt, vgl. Bild 2.4.2. Die dort übertragenen Momente werden – weil klein – in der Rechnung vernachlässigt; es genügt meistens, das einfachere Stabwerk mit den gelenkigen Knotenpunkten zu untersuchen.
Bei der Berechnung von Stabwerken geht es erstens um die von den Lasten (z.B. den Kräften F_1, F_2 in Bild 2.4.1) hervorgerufenen Stabkräfte und die Spannungen in den Stäben – um die Haltbarkeit –, zweitens um die Längenänderungen der Stäbe und die dadurch bedingten Verschiebungen der Knotenpunkte – um die Verformungen.

Die Stabkräfte berechnet man mit den Hilfsmitteln der Statik, vgl. Kapitel 1. Dabei geht man bei Systemen mit vielen Stabkräften systematisch vor, man numeriert die Stäbe, $i = 1, ...$, und arbeitet nach Schemata. Wir gehen darauf nicht näher ein, sondern nehmen die Stabkräfte S_i als bereits berechnet an.

2.4.1 Verformung eines Einzelstabes

Gegeben sei der Stab Nr. i eines Stabwerkes: Länge l_i, Querschnittsfläche A_i, Elastizitätsmodul E_i. Auf den Stab wirke die Kraft S_i ($S_i > 0$: Zug, $S_i < 0$: Druck), s. Bild 2.4.3.

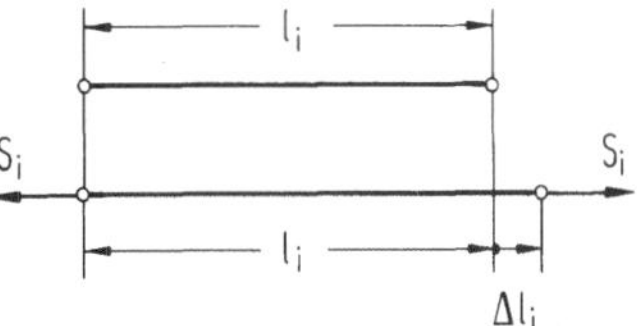

Bild 2.4.3. Einzelstab

Gesucht ist die Längenänderung Δl_i ($\Delta l_i > 0$: Verlängerung, $\Delta l_i < 0$: Verkürzung).

Lösung:

Der Stab ist einachsig belastet, nach Abschnitt 2.1.1 gilt für die Spannung

$$\sigma_i = \frac{S_i}{A_i}.$$

Aus dem Hookeschen Gesetz, Abschnitt 2.3.2, folgt für seine Dehnung

$$\varepsilon_i = \frac{\sigma_i}{E_i} = \frac{S_i}{E_i A_i}.$$

Hiermit ergibt sich nach Abschnitt 2.2.1 (mit dem richtigen Vorzeichen!):

$$\Delta l_i = \varepsilon_i l_i = \frac{S_i l_i}{E_i A_i}.$$

Den Ausdruck $(EA)_i := E_i A_i$ nennt man die *Dehnsteifigkeit* des Stabes i.

Beispiel

Gegeben: Stab mit Querschnitt $A = 100\ \text{mm}^2$, Länge $l = 5$ m, zulässige Spannung $\sigma_{zul} = 1000\ \text{N/mm}^2$, $E = 2,1 \cdot 10^5\ \text{N/mm}^2$.

Gesucht: Die zulässige Last S_{zul} und die Verformung $\Delta l_{\max}$ unter dieser Last.

Lösung:

$$S_{zul} = \sigma_{zul} A = 10^5\ \text{N},$$

$$\Delta l_{\max} = \frac{l S_{zul}}{EA} = \frac{l \sigma_{zul}}{E} = 0,024\ \text{m}.$$

Dieses Beispiel, bei dem eine sehr hohe zulässige Spannung vorausgesetzt wurde, macht deutlich, daß die Verformungen von Bauelementen in der Regel klein gegenüber ihren (Längs-) Abmessungen sind.

2.4.2 Verformung eines Stabwerkes

Die Längenänderungen der Einzelstäbe rufen die Verformungen des Stabwerkes – die Verschiebungen seiner Knoten – hervor. In einfachen Fällen kann man die Wirkung der Längenänderungen über das Stabwerk verfolgen; das führen wir unten für den in Bild 2.4.4 gezeigten Stabzweischlag beispielhaft vor. Enthält das Stabwerk viele Stäbe, ist solche Vorgehensweise zu mühsam, man benutzt dann sogenannte Arbeitssätze, die sich leicht schematisieren lassen; vgl. Abschnitt 2.14.

Aufgabenstellung und Lösungsweg

Gegeben sei der "Stabzweischlag" nach Bild 2.4.4, bestehend aus den Stäben 1 und 2 mit den Dehnsteifigkeiten $(EA)_1$ bzw. $(EA)_2$, sowie die Winkel α, β, die Länge c und die unter dem Winkel γ angreifende Kraft F.
Gesucht wird die Horizontalverschiebung u und die Vertikalverschiebung w des Punktes C.

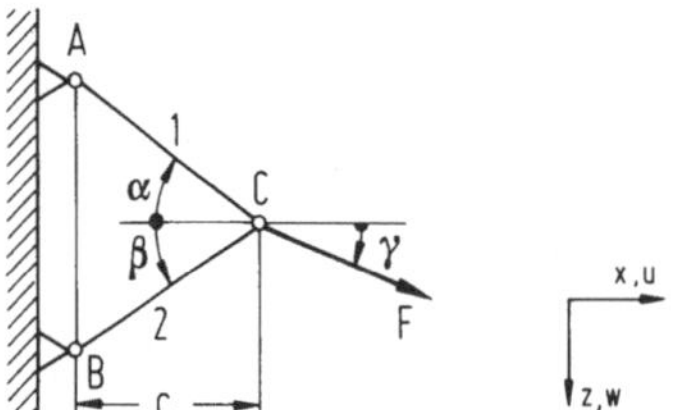

Bild 2.4.4. Stabzweischlag

Lösungsweg:
Unter der Voraussetzung, daß nur kleine Stablängenänderungen eintreten, $|\Delta l_i| \ll l_i$ (vgl. das Beispiel in Abschnitt 2.4.1), bleiben die Verschiebungen der Stabwerksknoten im Regelfall ebenfalls klein: Die Geometrie des Stabwerkes wird durch die Belastung nur wenig verändert. In diesem Fall unterscheiden sich die Stabkräfte im verformten System nur wenig von den auf der Grundlage der Geometrie des unverformten Systems berechneten Stabkräften. Deshalb kann man nach dem folgenden *Schema* vorgehen:

1. Stabkräfte S_i infolge gegebener Lasten für das unverformte (starre) System berechnen.
2. Stablängenänderungen Δl_i infolge der Stabkräfte S_i berechnen.
3. Verschiebungspläne für die einzelnen Knoten skizzieren und (z. B. trigonometrisch) nachrechnen.

Wir geben im folgenden allgemeine Hinweise und lösen obige Aufgabe nach diesem Schema.

Stabkräfte

Weil jeder Stabwerksknoten im statischen Gleichgewicht sein muß, hat man für jeden Knoten zwei Gleichgewichtsbedingungen, $\sum F_{xi} = 0$, $\sum F_{zi} = 0$, vgl. Abschnitt 1.5.3. (Das Momentengleichgewicht ist stets erfüllt, da alle Kräfte durch den Knotenpunkt gehen.) Durch Abschneiden der Knoten und/oder Aufschneiden des Fachwerks kann man die Stabkräfte berechnen.

Unser Beispiel hat nur den einen Knoten C. Hier gilt (vgl. auch Bild 2.4.5):

$$\sum F_{xi} = 0: \qquad F\cos\gamma - S_1\cos\alpha - S_2\cos\beta = 0,$$

$$\sum F_{zi} = 0: \qquad F\sin\gamma - S_1\sin\alpha + S_2\sin\beta = 0.$$

Daraus ergeben sich die Stabkräfte zu

$$S_1 = \frac{\sin(\beta+\gamma)}{\sin(\alpha+\beta)}F, \quad S_2 = \frac{\sin(\alpha-\gamma)}{\sin(\alpha+\beta)}F.$$

Diese Beziehungen gelten unter Beachtung des Vorzeichens für beliebige Winkel α, β, γ, wenn nur $\sin(\alpha+\beta) \neq 0$ ist.

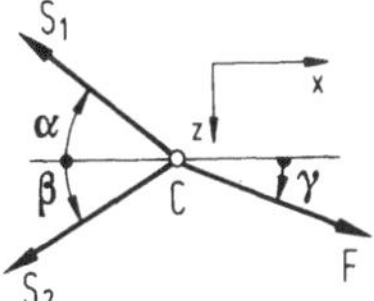

Bild 2.4.5. Kräfte am Knoten

Längenänderungen

Nach Abschnitt 2.4.1 gilt $\Delta l_i = S_i l_i/(EA)_i$, woraus sich mit den hier vorliegenden Stablängen $l_1 = c/\cos\alpha$, $l_2 = c/\cos\beta$ die folgenden Längenänderungen (mit Vorzeichen) ergeben:

$$\Delta l_1 = \frac{l_1 S_1}{(EA)_1} = \frac{cF}{(EA)_1} \frac{\sin(\beta+\gamma)}{\cos\alpha\sin(\alpha+\beta)},$$

$$\Delta l_2 = \frac{l_2 S_2}{(EA)_2} = \frac{cF}{(EA)_2} \frac{\sin(\alpha-\gamma)}{\cos\beta\sin(\alpha+\beta)}.$$

Verschiebungsplan

Bild 2.4.6 zeigt gestrichelt die Geometrie des unbelasteten Stabzweischlags.

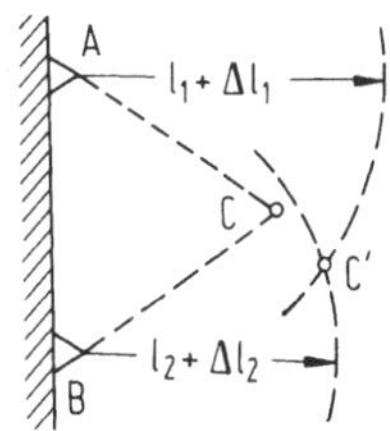

Bild 2.4.6. Verschiebung des Knotens C

Die belasteten Stäbe haben die Längen $l_1 + \Delta l_1$ und $l_2 + \Delta l_2$. Die Kreisbogen mit den Radien $l_1 + \Delta l_1$ um A und $l_2 + \Delta l_2$ um B schneiden sich in C'. Dies ist der Ort des Knotens C beim belasteten System.

Wegen $|\Delta l_i| \ll l_i$ kann man das Aufsuchen von C' vereinfachen (vgl. *Verschiebungsplan* nach Bild 2.4.7):

1. Man trägt Δl_i vom Ausgangspunkt C in Richtung des Stabes S_i ein, vgl. die entsprechenden Pfeile in Bild 2.4.7. Dabei ist es – wie bei allen Planfiguren – zweckmäßig, von positiven Δl_i auszugehen.
2. Die Kreisbogen um A bzw. B in Bild 2.4.6 können bei kleinen Auslenkungen durch die Tangenten an die Kreise ersetzt werden: Man errichtet die Lote senkrecht zu den ursprünglichen Stabrichtungen in den Endpunkten der verformten Stäbe (in den Pfeilspitzen von Δl_i); in Bild 2.4.7 strichpunktiert. Der Schnittpunkt C' der Tangenten ist der neue Ort des Knotens.
3. Zur Berechnung von u und w tragen wir in den Verschiebungsplan im Punkt C die Lote auf die Stabrichtungen sowie die Winkel α, β ein, Bild 2.4.7, und lesen daraus längs der waagrechten Geraden durch C – als Hypotenuse der rechtwinkligen Dreiecke mit den Katheten Δl_1 bzw. Δl_2 – ab:

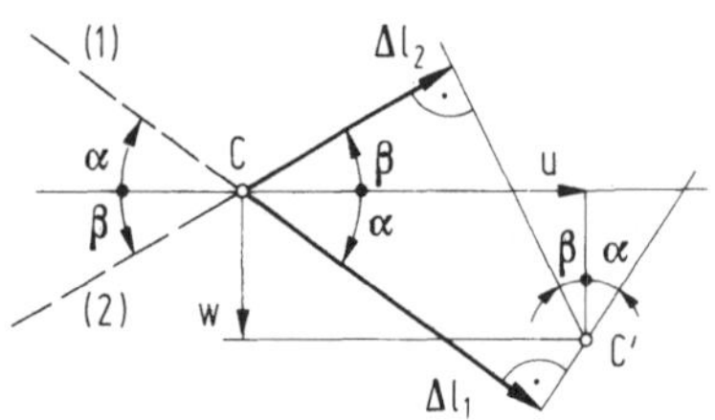

Bild 2.4.7. Verschiebungsplan für den Knoten C

$$u + w \tan\alpha = \Delta l_1 / \cos\alpha, \quad u - w \tan\beta = \Delta l_2 / \cos\beta.$$

Die Lösung dieses Gleichungssystems für u und w lautet

$$u = \frac{\Delta l_1 \sin\beta + \Delta l_2 \sin\alpha}{\sin(\alpha + \beta)}, \quad w = \frac{\Delta l_1 \cos\beta - \Delta l_2 \cos\alpha}{\sin(\alpha + \beta)}.$$

Einsetzen von Δl_1, Δl_2 liefert

$$u = \frac{cF}{(EA)_1} \frac{\sin(\beta + \gamma)\sin\beta}{\cos\alpha \sin^2(\alpha + \beta)} + \frac{cF}{(EA)_2} \frac{\sin(\alpha - \gamma)\sin\alpha}{\cos\beta \sin^2(\alpha + \beta)},$$

$$w = \frac{cF}{(EA)_1} \frac{\sin(\beta + \gamma)\cos\beta}{\cos\alpha \sin^2(\alpha + \beta)} - \frac{cF}{(EA)_2} \frac{\sin(\alpha - \gamma)\cos\alpha}{\cos\beta \sin^2(\alpha + \beta)}.$$

Die Überlegungen gelten für $|\alpha|, |\beta| < \pi/2$, $\alpha + \beta \neq 0$ und beliebige Winkel γ.

2.5 Statisch unbestimmte Stabwerke

Nach Abschnitt 1.11.4 lassen sich bei einem statisch unbestimmten System – das ist hier ein Stabwerk – die Stabkräfte nicht mehr allein aus den Gleichgewichtsbedingungen berechnen. Daher ist der dreistufige Lösungsweg aus Abschnitt 2.4.2 nicht mehr gangbar, vielmehr müssen jetzt die Kräfte und Verformungen gemeinsam und verknüpft behandelt werden. Das unten am Beispiel eines Stabwerkes entworfene Lösungsschema gilt auch für andere statisch unbestimmte Systeme.

2.5.1 Aufgabenstellung und Lösungsschema

Gegeben sei ein Stabwerk aus drei Stäben 1, 2, 3 mit den Dehnsteifigkeiten $(EA)_1$, $(EA)_2$ bzw.$(EA)_3$, den Abmessungen c bzw. l und dem Winkel α sowie die Kraft F; vgl. Bild 2.5.1a.
Gesucht werden die Stabkräfte S_1, S_2, S_3 und die Verschiebungen u, w des Punktes C.

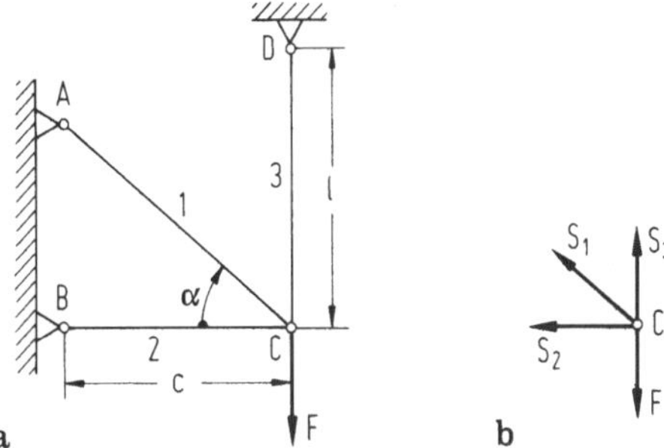

Bild 2.5.1. Statisch unbestimmtes Stabwerk

Am Punkt C greifen drei unbekannte Kräfte S_1, S_2, S_3 an, vgl. Bild 2.5.1b. Mit den zwei statischen Gleichgewichtsbedingungen für den Punkt C allein können wir die Kräfte nicht bestimmen, das gegebene Stabwerk ist ***statisch unbestimmt.***

Im folgenden *Lösungsschema* haben wir das Vorgehen beim Untersuchen statisch unbestimmter Systeme in vier Schritte aufgegliedert:

1. System soweit aufschneiden, daß statisch bestimmte Teilsysteme entstehen. Schnittkräfte in allen Teilsystemen einführen.
2. Verschiebungen der statisch bestimmten Teilsysteme unter den gegebenen Lasten und den (noch freien) Schnittlasten berechnen.
3. Geometrische Verträglichkeiten (Zusammenhangsbedingungen) für die Verschiebungen der Teilsysteme anschreiben; diese Bedingungen stellen Bestimmungsgleichungen für die unbekannten Schnittlasten dar.
4. Schnittlasten berechnen und in die Gleichungen aus Punkt 2 einsetzen; man erhält die Kräfte und Verschiebungen des statisch unbestimmten Systems.

2.5.2 Lösung für das Beispiel

1. *Aufschneiden* in statisch bestimmte Teilsysteme I und II (vgl. Bild 2.5.2): Der Stab 3 wird vom Knoten C gelöst, die Stabkraft S_3 – als Zug positiv – wird bei C_I (Knotenpunkt C im Teilsystem I) und bei C_{II} (Knotenpunkt C im Teilsystem II) eingetragen. (Diese Zerschneidung wurde gewählt, weil sich für Teilsystem I die Verschiebungen aus Abschnitt 2.4.2 übernehmen lassen.)
2. *Verschiebungen:* Für Teilsystem I ergeben sich aus Abschnitt 2.4.2 (vgl. die Bilder 2.4.4 und 2.5.2) mit $\beta = 0$, $\gamma = 90°$ und der Last $F - S_3$ an Stelle von F die Verschiebungen von Punkt C_I zu
$$u_I = -\frac{c(F-S_3)}{(EA)_2 \tan\alpha}, \quad w_I = \frac{c(F-S_3)}{\sin^2\alpha\cos\alpha}\left[\frac{1}{(EA)_1} + \frac{\cos^3\alpha}{(EA)_2}\right].$$
Für Teilsystem II ergeben sich die Verschiebungen von C_{II} zu
$$w_{II} = \frac{S_3 l}{(EA)_3},$$
vgl. Abschnitt 2.4.1; u_{II} ist frei, denn der Stab ist am Lager D drehbar aufgehängt.

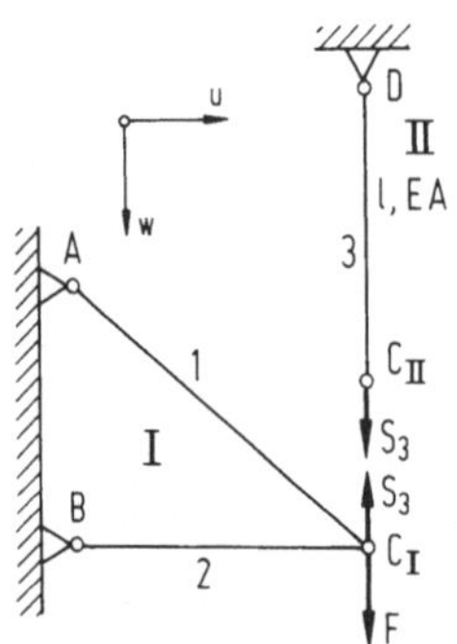

Bild 2.5.2. Aufgeschnittenes Stabwerk

3. *Geometrische Verträglichkeit:* Die Verschiebungen von C_I und C_{II} müssen übereinstimmen: $u_I = u_{II}$, $w_I = w_{II}$.
Einsetzen obiger Ausdrücke für w_I, w_{II} in die letzte Gleichung liefert
$$S_3 = \frac{c[1/(EA)_1 + \cos^3\alpha/(EA)_2]/(\sin^2\alpha\cos\alpha)}{c[1/(EA)_1 + \cos^3\alpha/(EA)_2]/(\sin^2\alpha\cos\alpha) + l/(EA)_3} F.$$
Im *Sonderfall gleicher Dehnsteifigkeit*, $(EA)_1 = (EA)_2 = (EA)_3 =: EA$, gilt
$$S_3 = \frac{c(1+\cos^3\alpha)/(\sin^2\alpha\cos\alpha)}{l + c(1+\cos^3\alpha)/(\sin^2\alpha\cos\alpha)} F.$$
Die Dehnsteifigkeit EA ist herausgefallen, S_3 hängt nicht mehr von EA ab. Außerdem zeigt man leicht, daß $|S_3| \leq |F|$.

4. *Ergebnisse* für das statisch unbestimmte System (wir beschränken uns auf den *Sonderfall* gleicher Dehnsteifigkeit): Mit dem nun bekannten S_3 gilt

$$u = u_I = -\frac{clF/(EA\tan\alpha)}{l + c(1+\cos^3\alpha)/(\sin^2\alpha\cos\alpha)},$$

$$w = w_{II} = \frac{clF(1+\cos^3\alpha)/(EA\sin^2\alpha\cos\alpha)}{l + c(1+\cos^3\alpha)/(\sin^2\alpha\cos\alpha)}.$$

Aus den Gleichgewichtsbedingungen am Knoten C nach Bild 2.5.1b folgt

$$S_1 = \frac{lF/\sin\alpha}{l + c(1+\cos^3\alpha)/(\sin^2\alpha\cos\alpha)}, \quad S_2 = \frac{-lF/\tan\alpha}{l + c(1+\cos^3\alpha)/(\sin^2\alpha\cos\alpha)}.$$

2.6 Federverbände

2.6.1 Federn als elastische Elemente

Wir verstehen unter einer *Feder* ein recht allgemeines linear elastisches Bauelement, das wir uns meistens als *Schraubenfeder* vorstellen und symbolisch wie in Bild 2.6.1b zeichnen. Unter der Wirkung einer Kraft F verlängere sich die Feder um das Stück Δl. Man setzt

$$F = k\,\Delta l \quad \text{oder} \quad \Delta l = h\,F$$

und nennt sinnfällig

$$k = \frac{F}{\Delta l} \quad \text{Steifigkeit,} \qquad \dim k = \frac{\mathrm{K}}{\mathrm{L}},$$

$$h = \frac{\Delta l}{F} \quad \text{Nachgiebigkeit,} \qquad \dim h = \frac{\mathrm{L}}{\mathrm{K}}.$$

Häufig bezeichnet man die Federverlängerung mit x und nennt $k = 1/h$ *Federkonstante.*

Vergleicht man die Feder mit dem Stab nach Abschnitt 2.4.1, s. Bild 2.6.1a, so kann man wegen $\Delta l = lF/(EA)$ den Stab durch die Feder "ersetzen", wenn sie die

(Ersatz-)Steifigkeit $\quad k := \dfrac{EA}{l}$

oder die

(Ersatz-)Nachgiebigkeit $\quad h := \dfrac{l}{EA}$

besitzt.

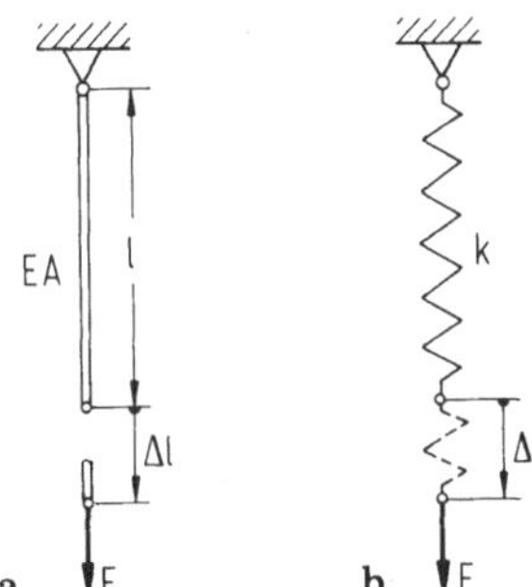

Bild 2.6.1. Feder und Stab a b

Entsprechend kann man *(Ersatz-)Federn* für andere elastische Bauelemente einführen, wenn es der größeren Anschaulichkeit oder Übersichtlichkeit dient.

2.6.2 Federschaltungen

Ähnlich den "Schaltungen" von Bauelementen der Elektrotechnik (Kondensatoren, Widerständen, Spulen) zu Netzwerken kann man *Federverbände* als "Federschaltungen" behandeln und sich Analogien zwischen beiden zunutze machen.

Parallelschaltung

Gegeben seien zwei Federn mit den Steifigkeiten k_1, k_2, die über eine Traverse T miteinander verbunden – *parallel* geschaltet – und mit der Kraft F belastet sind, vgl. Bild 2.6.2a. Die Traverse T dient hier und im folgenden als symbolisches Verbindungselement. Es wird stets angenommen, daß sie sich nur *quer zu ihrer Ausgangsrichtung* verschiebt und sich nicht verdreht.

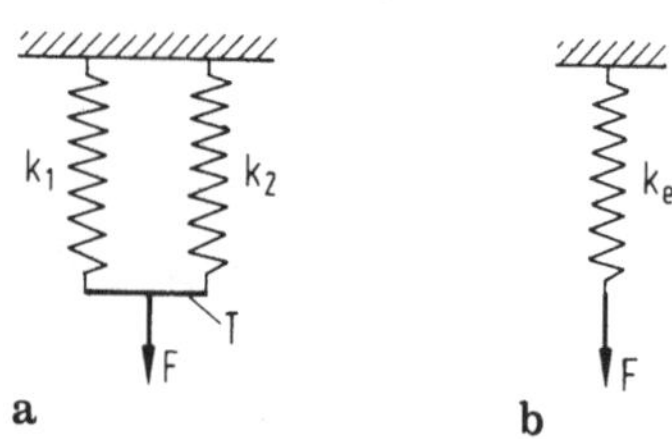

Bild 2.6.2. Parallelschaltung von Federn

Gesucht ist die Steifigkeit k_e einer Ersatzfeder (Bild 2.6.2b), die sich unter der Last F genauso längt wie die beiden Ausgangsfedern.

Lösung:

Für die Verlängerungen gilt $x_1 = x_2 = x$, für die Kräfte $F_1 = k_1 x$, $F_2 = k_2 x$. Aus dem Gleichgewicht an der Traverse folgt (vgl. Bild 2.6.3):

$$F = F_1 + F_2 = (k_1 + k_2)x.$$

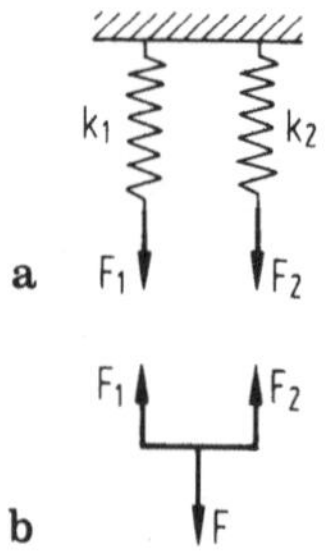

Bild 2.6.3. Kräfte an Federn und Traverse

Der Vergleich mit der Ersatzfeder, wo $F = k_e x$, liefert für die Parallelschaltung

$$k_e = k_1 + k_2.$$

Bei *Parallelschaltung addieren sich* die *Kräfte,* also die *Federsteifigkeiten* (vgl. Kondensatoren).

Hintereinanderschaltung

Gegeben seien zwei Federn mit den Steifigkeiten k_1, k_2, die aneinander gehängt – *hintereinander* (in Reihe) geschaltet – und mit der Kraft F belastet sind, vgl. Bild 2.6.4a.

Gesucht ist die Steifigkeit k_e einer Ersatzfeder (Bild 2.6.4b), die sich unter der Last F genauso längt wie die beiden Ausgangsfedern.

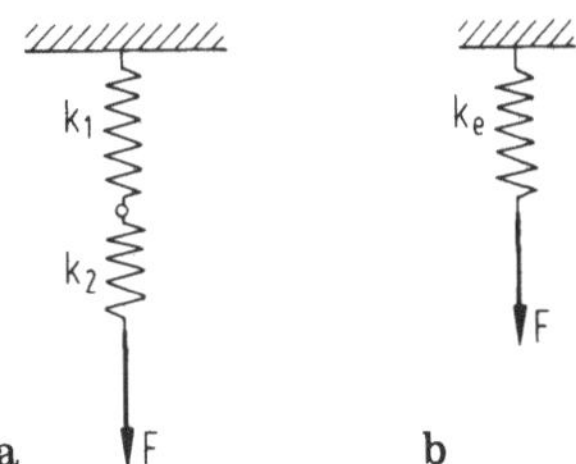

Bild 2.6.4. Hintereinanderschaltung von Federn

Lösung:

Für die Verlängerungen der Federn 1 und 2 gelten $x_1 = F/k_1$, $x_2 = F/k_2$. Die Verschiebung des Kraftangriffspunktes ergibt sich damit zu

$$x = x_1 + x_2 = F\left(\frac{1}{k_1} + \frac{1}{k_2}\right).$$

Der Vergleich mit der Ersatzfeder, wo $x = F/k_e$, liefert für die Hintereinanderschaltung:

$$\frac{1}{k_e} = \frac{1}{k_1} + \frac{1}{k_2} \quad \text{oder} \quad h_e = h_1 + h_2.$$

Bei *Hintereinanderschaltung addieren sich* die *Verschiebungen,* also die *Federnachgiebigkeiten* (vgl. Kondensatoren).

2.6.3 Beispiele

Ersatzfeder

Gegeben: Starrer gewichtsloser Balken, Längen l_1, l_2, belastet mit der Kraft F und gestützt durch eine Feder (Steifigkeit k), vgl. Bild 2.6.5.

Gesucht: Steifigkeit k_e einer bei C angreifenden Ersatzfeder für den Fall sehr kleiner Auslenkungen.

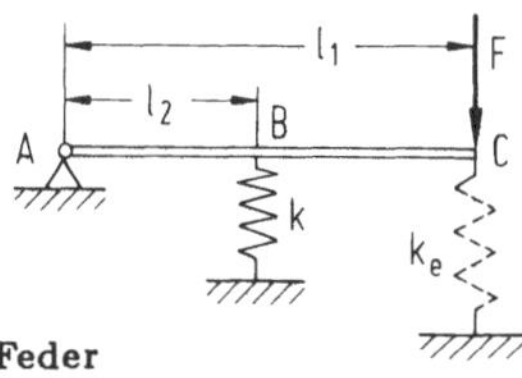

Bild 2.6.5. Balken mit Feder

Lösung:
Die *Gleichgewichtsbedingung* für das Moment um A bei kleiner Auslenkung liefert (vgl. Bild 2.6.6a):

$$\overset{+}{\sum} M^{(A)} = 0: \; l_2 F_B - l_1 F = 0.$$

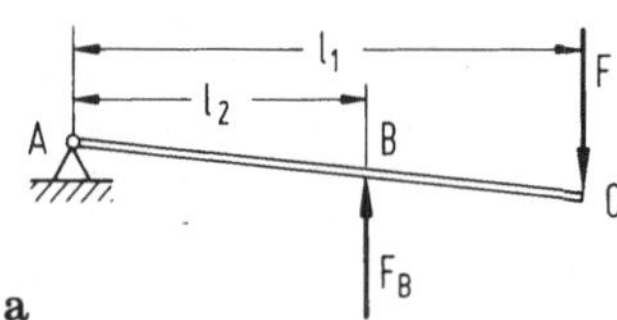

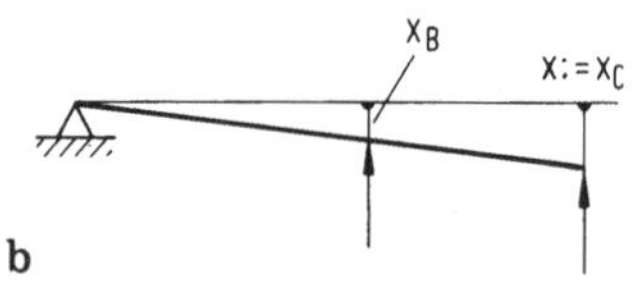

Bild 2.6.6. Ausgelenkter Balken

Geometrisch folgt aus dem Strahlensatz für den als starr vorausgesetzten Balken (vgl. Bild 2.6.6b):

$$x = \frac{l_1}{l_2} x_B.$$

Mit $F_B = k x_B$ kann man F_B und x_B eliminieren und erhält

$$F = \frac{l_2}{l_1} F_B = \frac{l_2}{l_1} k x_B = \left(\frac{l_2}{l_1}\right)^2 k x.$$

Der Vergleich mit $F = k_e x$ liefert

$$k_e = k \left(\frac{l_2}{l_1}\right)^2.$$

Vier-Feder-Schaltung

Gegeben: Vier Federn mit den Steifigkeiten $k_1, ..., k_4$ sind gemäß Bild 2.6.7 verbunden und mit der Kraft F belastet.
Gesucht: Ersatzsteifigkeit k_e.

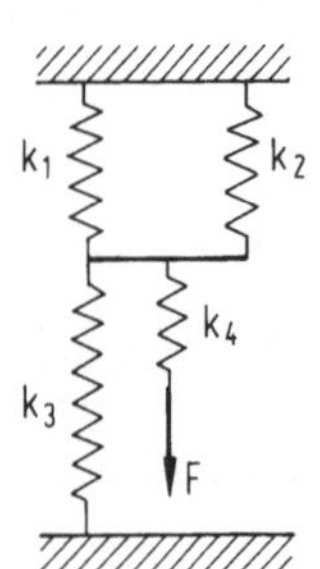

Bild 2.6.7. Zusammenschaltung von Federn

Lösung:
Die Federn 1, 2, 3 sind parallel geschaltet: $k_e' = k_1 + k_2 + k_3$. Die Feder k_e' liegt in Reihe mit der Feder 4: $1/k_e = 1/k_4 + 1/k_e'$. Damit erhält man die Ersatzsteifigkeit

$$k_e = \frac{k_4(k_1 + k_2 + k_3)}{k_1 + k_2 + k_3 + k_4}.$$

Haftungsaufgabe

Gegeben: Zwei Klötze, Gewichte G_1, G_2, haften gemäß Bild 2.6.8a auf einer rauhen unverformbaren (starren) Ebene, Haftungszahlen μ_{01}, μ_{02}. An den beiden Klötzen greift über ein Zuggestänge mit den Federsteifigkeiten k_1, k_2 eine Kraft F an (bei $F = 0$ sei das Gestänge kräftefrei).

Gesucht: Der Wert $F = F^*(> 0)$, bei welchem einer der Klötze zu rutschen beginnt, wobei die Kraft F von $F = 0$ ausgehend gesteigert werde.

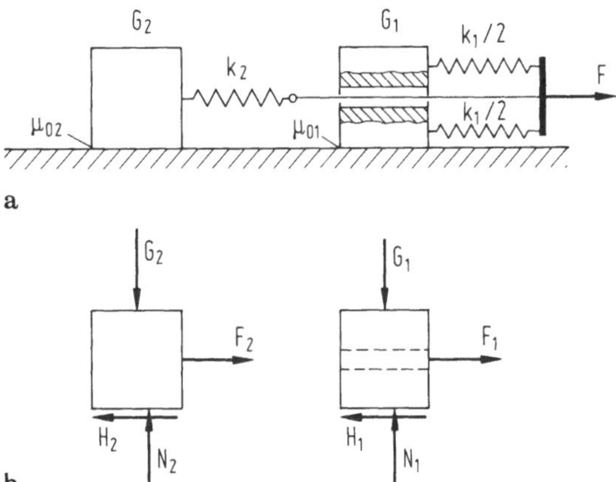

Bild 2.6.8. Haftende Klötze

Lösung:

Sei x die Auslenkung des Kraftangriffspunktes gegenüber der kräftefreien Ausgangslage. Dann gelten, vgl. Bild 2.6.8b:

$$F_1 = k_1 x\,, \quad F_2 = k_2 x\,, \quad F = F_1 + F_2 = (k_1 + k_2)x.$$

Elimination von x liefert mit der relativen Steifigkeit $\kappa := k_1/k_2$:

$$F_1 = \frac{k_1}{k_1 + k_2}F = \frac{\kappa}{1+\kappa}F, \quad F_2 = \frac{k_2}{k_1 + k_2}F = \frac{1}{1+\kappa}F.$$

Die Haftungsbedingungen lauten (vgl. Abschnitt 1.19.2):

$$|H_1| < \mu_{01}N_1, \quad |H_2| < \mu_{02}N_2.$$

Daraus folgen hier die Bedingungen

$$\frac{\kappa}{1+\kappa}F = F_1 < \mu_{01}G_1 \quad \text{und} \quad \frac{1}{1+\kappa}F = F_2 < \mu_{02}G_2,$$

also

$$F < \mu_{01}G_1\frac{1+\kappa}{\kappa}, \qquad \text{damit } G_1 \text{ nicht rutscht,}$$

$$F < \mu_{02}G_2(1+\kappa), \qquad \text{damit } G_2 \text{ nicht rutscht.}$$

Ergebnis: Der Klotz, zu dem in den Ungleichungen die kleinere rechte Seite gehört, rutscht als erster. Es gilt

$$F^* = \min[\mu_{01}G_1(1+\kappa)/\kappa,\ \mu_{02}G_2(1+\kappa)].$$

Zum Beispiel erhält man für $k_1 = k_2$, also $\kappa = 1$,

$$F^* = \min[2\mu_{01}G_1,\ 2\mu_{02}G_2].$$

Wichtig: In das Kriterium geht nur das Verhältnis κ der Steifigkeiten k_1, k_2 ein, ihre absoluten Werte spielen keine Rolle. Die Aussage gilt also auch für $k_1, k_2 \to \infty$ – für gemeinsam "erstarrende" Federn –, wenn nur κ erhalten bleibt, vgl. Abschnitt 1.19.3 (allerdings müßte man dann auch fragen, ob sich die Ebene nicht auch verformt).

2.7 Wärmedehnungen und Wärmespannungen

2.7.1 Wärmedehnungen

Ein Stab von der Länge $l = l_0$ bei der Temperatur t_0 wird um Δt auf $t_1 = t_0 + \Delta t$ erwärmt. Experimentell stellt man eine Verlängerung auf $l_1 = l_0 + \Delta l$ fest; man findet (vgl. Bild 2.7.1):

$$\Delta l = \alpha\, l\, \Delta t\, .$$

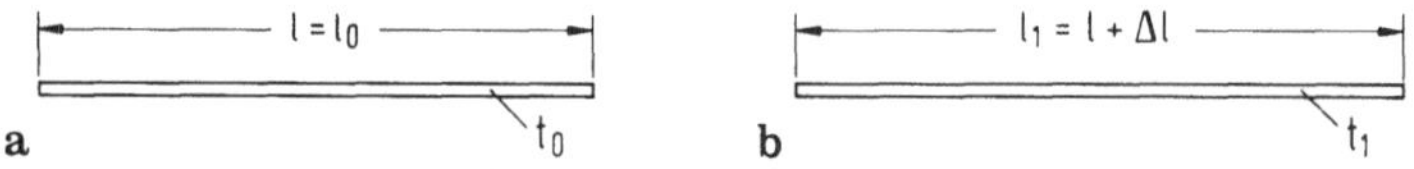

Bild 2.7.1. Stabverlängerung durch Temperaturerhöhung

Der Koeffizient α heißt (thermischer) *Längenausdehnungskoeffizient.*

Dimensionen, Einheiten

Dimensionen: $\dim t = \mathbf{T}^*$ (Temperatur), $\dim \alpha = (\dim \Delta t)^{-1} = 1/\mathbf{T}^*$.
Einheiten: $[t]$ = Kelvin = K, $[\alpha] = \text{Kelvin}^{-1} = \text{K}^{-1}$.

In Tabelle 2.7.1 sind Längenausdehnungskoeffizienten α von einigen Werkstoffen zusammengestellt.

Tabelle 2.7.1. Thermische Längenausdehnungskoeffizienten von Werkstoffen

Werkstoff	$\alpha/(10^{-5}/\text{K})$
Stahl	1,2
Grauguß	0,9
Aluminium	2,3
Kupfer	1,7

In Analogie zu Abschnitt 2.2.1 definiert man die *Wärmedehnung* oder thermische Dehnung

$$\varepsilon_{th} := \frac{\Delta l}{l} = \alpha\, \Delta t\, .$$

Überlagerung von thermischen und spannungsbedingten Dehnungen
Wird ein Stab mit einer Spannung belastet und erwärmt, so addieren sich die beiden Dehnungen:

$$\varepsilon = \frac{\sigma}{E} + \alpha\,\Delta t.$$

Für die allgemeine Dehnung in der Ebene gilt (vgl. Abschnitt 2.3.5):

$$\varepsilon_x = \frac{\sigma_x}{E} - \nu\frac{\sigma_y}{E} + \alpha\,\Delta t,$$

$$\varepsilon_y = \frac{\sigma_y}{E} - \nu\frac{\sigma_x}{E} + \alpha\,\Delta t.$$

Auf die Schubverformungen, den Winkel γ, hat eine Erwärmung unmittelbar keinen Einfluß.

2.7.2 Wärmespannungen

Zur Behandlung von Wärmespannungen werden im folgenden zwei Beispiele betrachtet, die typische Aufgabenstellungen deutlich machen.

Stab zwischen zwei starren Wänden
Gegeben: Stab mit Dehnsteifigkeit EA, Ausdehnungskoeffizient α; bei der Temperatur t_0 spannungsfrei eingepaßt zwischen zwei starre Wände mit Abstand l.
Gesucht: Spannung σ nach Erwärmung um Δt.

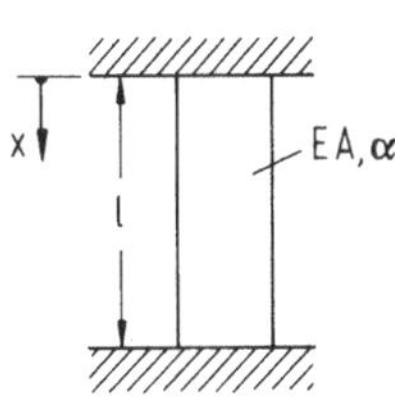

Bild 2.7.2. Stab zwischen zwei Wänden

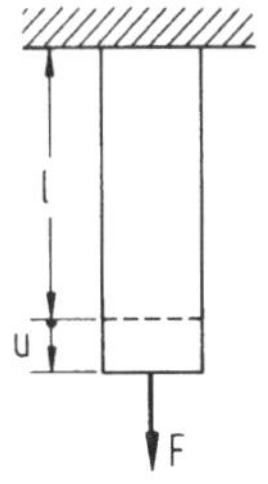

Bild 2.7.3. Herausgeschnittener Stab

Lösung:
Schneidet man den Stab entsprechend der Darstellung von Bild 2.7.3 heraus, so erhält man – bei Vernachlässigung des Gewichtes – aus den statischen Gleichgewichtsbedingungen lediglich die Aussage, daß die Längskraft unabhängig von x ist; das System ist statisch unbestimmt. Wir gehen nach dem Schema für statisch unbestimmte Systeme aus Abschnitt 2.5.1 vor:

1. Stab bei $x = l$ freischneiden und Schnittkraft F – als Zug positiv – einführen.
2. Verschiebung bei $x = l$ für das freigeschnittene System bestimmen:

$$u = l\,\varepsilon = l\left[\frac{F}{EA} + \alpha\,\Delta t\right].$$

3. Geometrische Verträglichkeit berücksichtigen:

$$u = 0.$$

4. Kraft und Spannung bestimmen:

$$F = -EA\alpha\Delta t, \quad \sigma = F/A = -E\alpha\Delta t.$$

Zahlenbeispiel: Mit $\alpha = 1,2 \cdot 10^{-5}\,\mathrm{K}^{-1}, E = 2,1 \cdot 10^5\ \mathrm{N/mm^2}$ und $\Delta t = 50$ K erhält man $\sigma = -126\ \mathrm{N/mm^2}$. Damit ergibt sich bei einer Eisenbahnschiene mit einer Querschnittsfläche von $A = 6000\,\mathrm{mm}^2$ eine Kraft $F = -7,56 \cdot 10^5\,\mathrm{N}$.

Schraube mit Dehnhülse

Gegeben: Zwei Kupferplatten (Dicke s, Fläche A_{Cu} sehr groß) sind gemäß der Darstellung von Bild 2.7.4 durch eine Stahlschraube (Länge $l_S = l+a+2s$, Querschnitt A_S) zusammengeschraubt. Damit bei Temperaturschwankungen Δt die Schraubenkraft nicht zu stark schwankt, ist zusätzlich zur Unterlagscheibe (Dicke a, Fläche A_U sehr groß) eine Dehnhülse eingebaut (Länge l, Stahl, Querschnitt A_D); E Elastizitätsmodul von Stahl; α_{Cu}, α_{St} Ausdehnungskoeffizienten.

Gesucht: Kraftänderung in der Schraube bei einer Temperaturänderung Δt.

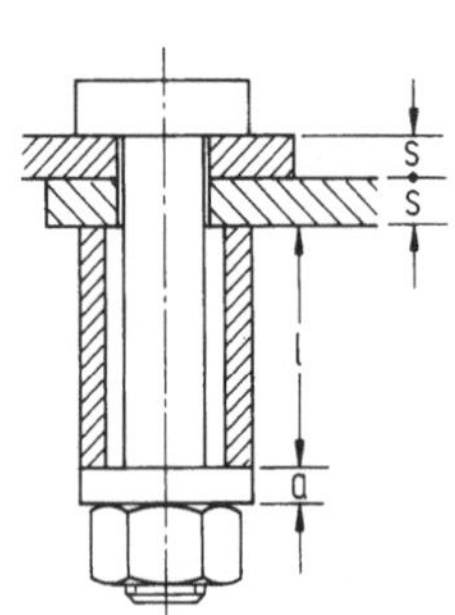

Bild 2.7.4. Behälterverschraubung

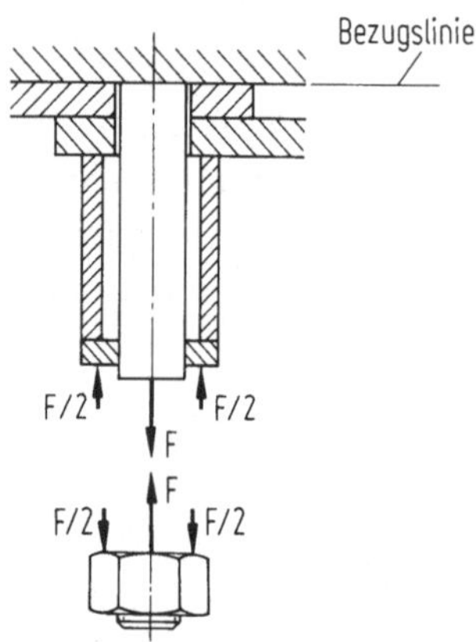

Bild 2.7.5. Rechenmodell für Schraubverbindung

Lösung:

Dem Modell nach Bild 2.7.5 liegt die Annahme zugrunde, daß die Verformungen von Schraubenkopf und Schraubenteil in Mutter sowie die Biegung und Zusammenpressung von Unterlagscheibe und Kupferplatten vernachlässigbar sind. Wir gehen nach dem Schema von Abschnitt 2.5.1 vor:

1. *Schnitt* oberhalb der Schraubenmutter liefert Schnittkraft F als Zug auf Schraubenschaft und Druck auf Dehnhülse - in Bild 2.7.5 in zweimal $F/2$ aufgeteilt.
2. *Verschiebungen* der Schnittflächen (nach unten positiv).
   Schraubenschaft:
$$u_S = l_S[\alpha_{St}\Delta t + F/(EA_S)]\,,$$
   Platten, Dehnhülse, Scheibe ("Rest"):
$$u_R = 2s\alpha_{Cu}\Delta t + (l+a)\alpha_{St}\Delta t - lF/(EA_D)\,.$$

3. Geometrische *Verträglichkeit:* $u_S = u_R$.

4. *Kraft* bestimmen: $F = \dfrac{2s(\alpha_{Cu} - \alpha_{St})\Delta t}{l_S/(EA_S) + l/(EA_D)}$.

Diese Kraft überlagert sich der Kraft, mit der die Schraube vorgespannt ist. Man erkennt: F ist um so kleiner, je größer l, l_S und je kleiner A_S, A_D sind.

Biegung von Balken mit symmetrischen Querschnitten

2.8 Gleichungen der Balkenbiegung

2.8.1 Aufgabenstellung

Die bisherige Betrachtung von Balken als *starre* Körper war auf die Auflagerkräfte sowie die Schnittgrößen beschränkt, vgl. die Abschnitte 1.10.2, 1.17 und das Beispiel in Bild 2.8.1. Ausgehend von der Kenntnis dieser Größen, interessiert man sich für die Verformungen und die Spannungen. Insbesondere fragt man:

1. Welchen Querschnitt (Form und Größe) muß der belastete Balken erhalten, damit vorgegebene zulässige Spannungen nicht überschritten werden? Alternativ: Welche Spannungen treten bei gegebenem Querschnitt auf?
2. Wie biegt sich der belastete Balken bei gegebenem Querschnitt? Alternativ: Welchen Querschnitt muß man wählen, wenn vorgegebene zulässige Biegungen nicht überschritten werden dürfen?

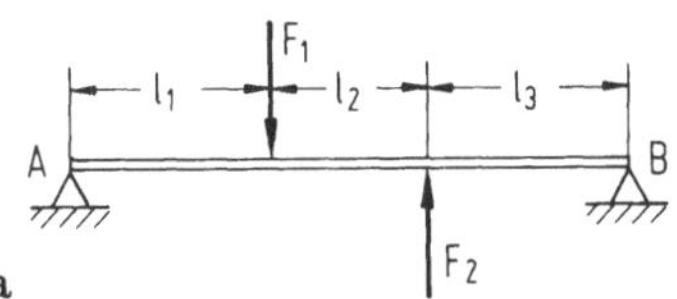

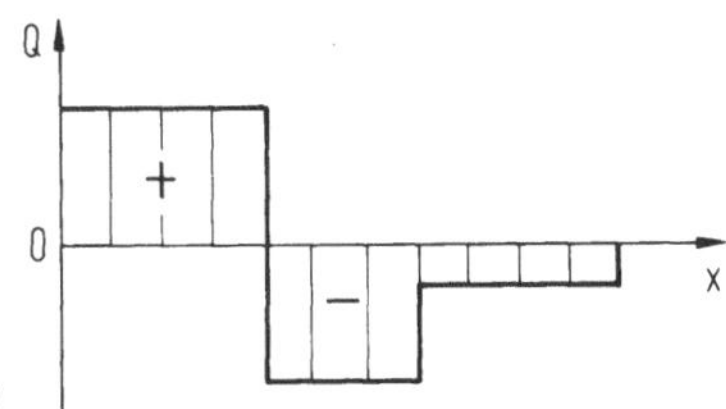

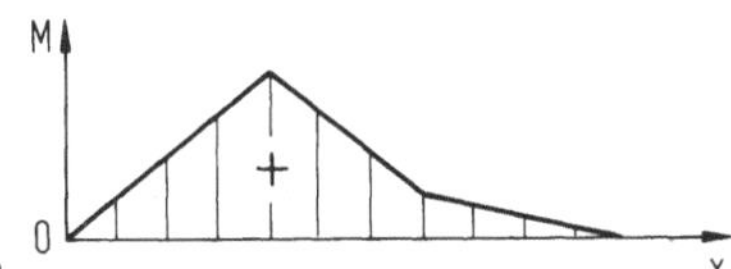

Bild 2.8.1. Schnittgrößenverlauf bei einem Balken

2.8.2. Verformung des Balkenelementes

Annahmen

Ein Balken-"Element" der Länge Δx sei gemäß Bild 2.8.2a durch Momente und Querkräfte belastet. Wir betrachten die Wirkung der Lasten:

1. Der Querkraft entsprechen Schubspannungen τ im Balkenelement. Das ursprünglich rechteckige Element wird, wie Bild 2.8.2b zeigt, rautenförmig verschoben. Ins einzelne gehende Beispielrechnungen zeigen, daß dieser Beitrag gegenüber den "Biegeverformungen" infolge des Momentes vernachlässigt werden kann, wenn die Balkenlänge groß gegenüber der Balkenhöhe ist, (wenn der Balken schlank ist). Die Schubspannungen spielen dann ebenfalls eine untergeordnete Rolle. Wir vernachlässigen diese Einflüsse.

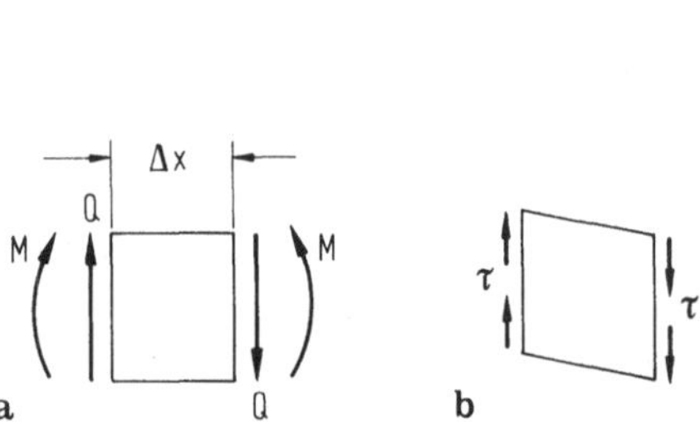

Bild 2.8.2. Balkenelement

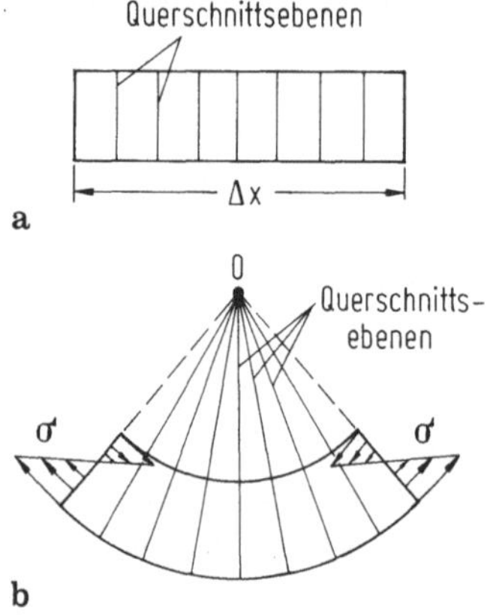

Bild 2.8.3. Biegeverformung

2. Dem Moment entsprechen – wie in Abschnitt 2.8.3 gezeigt wird – Normalspannungen σ am Balkenelement. Hatte der Balken ursprünglich z.B. Rechteckquerschnitt und wird er z.B. in einer Ebene parallel zu einer Rechteckseite (Symmetrieebene des Balkens) gebogen, so bleiben ursprünglich parallele Querschnittsebenen, Bild 2.8.3a, auch nach der Biegung eben, vgl. Bild 2.8.3b. Dies gilt streng, wenn keine Querkräfte vorhanden sind und die Momente am Balkenende "richtig" eingeleitet werden. Es ist eine gute Näherung bei vorhandenen Querkräften und für Balkenquerschnitte, die nicht in unmittelbarer Nachbarschaft von Kraft- oder Momenteneinleitungsstellen liegen.
3. Je nach Form des Balkenquerschnittes treten auch andere Spannungen und Verformungen – z.B. senkrecht zur Biegeebene – auf. Ihr Einfluß ist bei nicht zu breiten Balken klein, wir berücksichtigen sie nicht.

Dehnung

Ein Balken mit symmetrischem Querschnitt (Begründung für Annahme folgt in Abschnitt 2.8.4) wird durch ein Moment in seiner Symmetrieebene gebogen. Ein gerades Element der Länge Δx (Bild 2.8.4a, b) wird dabei zum Sektor eines Kreisringes mit dem Zentriwinkel $\Delta\alpha$, Bild 2.8.4c. Eine "Faser" an der Oberseite des Balkens wird gedrückt, eine Faser an der Unterseite wird gezogen. Da die Verzerrung sich von oben nach unten stetig ändert, gibt es in der Ebene $y = 0$ eine Faser, die ungedehnt bleibt, die *neutrale Faser*. Auf diese Faser legen wir den Nullpunkt der z-Richtung, sein Ort wird in Abschnitt 2.8.4 bestimmt. Damit liegt das x-y-z-Koordinatensystem im *unverformten* Balken (Bild 2.8.4a, b) vorläufig fest und gestattet es, die Balkenpunkte mit (x, y, z) zu benennen (Referenzkonfiguration). Diese Benennung wird auch für die Punkte des gebogenen Balkens beibehalten.

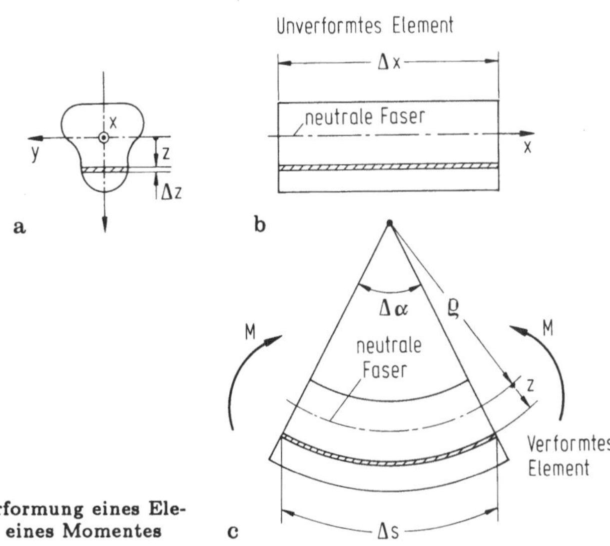

Bild 2.8.4. Verformung eines Elementes infolge eines Momentes

Den noch unbekannten Krümmungsradius der neutralen Faser bezeichnen wir mit ϱ. Für die Länge der neutralen Faser im betrachteten Element gilt

$$\varrho\,\Delta\alpha = \Delta x.$$

Wir untersuchen die Dehnung einer Faser an der Stelle z. Aus Bild 2.8.4c liest man ihre Länge nach der Biegung ab:

$$\Delta s = (\varrho + z)\Delta\alpha.$$

Mit Δx, der Länge vor der Biegung, folgt gemäß Abschnitt 2.2.1 für die Dehnung:

$$\varepsilon = \frac{\Delta s - \Delta x}{\Delta x} = \frac{(\varrho + z)\Delta\alpha - \varrho\,\Delta\alpha}{\varrho\,\Delta\alpha} = \frac{z}{\varrho} = \varepsilon(z).$$

Die Dehnung hängt linear von z ab. Da ϱ für einen Querschnitt konstant ist, haben wir für ε eine Geradengleichung. Dies ist die mathematische Form der obigen Annahme 2 über das Ebenbleiben der Querschnitte (Bernoulli-Hypothese).

2.8.3 Spannungen

Mit $\varepsilon = z/\varrho$ nach Abschnitt 2.8.2 erhalten wir aus dem Hookeschen Gesetz (vgl. Abschnitt 2.3.2):

$$\sigma = \sigma(z) = E\varepsilon = \frac{E}{\varrho}z.$$

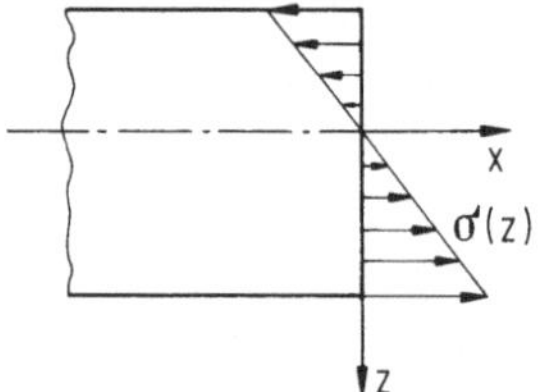

Bild 2.8.5. Verlauf der Spannungen in Abhängigkeit von z

Wegen der Bernoulli-Hypothese hängen also auch die Spannungen linear von z ab, vgl. Bild 2.8.5.

2.8.4 Gleichgewichtsbeziehungen

Bisher ging die Querschnittsform des Balkens nicht in unsere Überlegungen ein. Dies folgt nun über die Gleichgewichtsbedingungen:
Die Spannungen $\sigma(z)$ wirken in x-Richtung; man schreibt deshalb gelegentlich auch $\sigma_x(z)$. Sie können eine Längskraft N, ein Moment M_z um die z-Achse (in Bild 2.8.6 als Vektor $\boldsymbol{M_z}$ gezeichnet) und ein Moment M_y um die y-Achse (im folgenden mit M statt M_y bezeichnet) hervorrufen. Also müssen die entsprechenden Gleichgewichtsbedingungen untersucht werden.

Längskraft

Die Bedingung für Kräftegleichgewicht in x-Richtung am Balkenelement liefert (vgl. Bild 2.8.6):

$$N = \int_A \sigma \, dA.$$

Mit $\sigma(z)$ aus Abschnitt 2.8.3 ergibt sich

$$N = \frac{E}{\varrho}\int_A z \, dA.$$

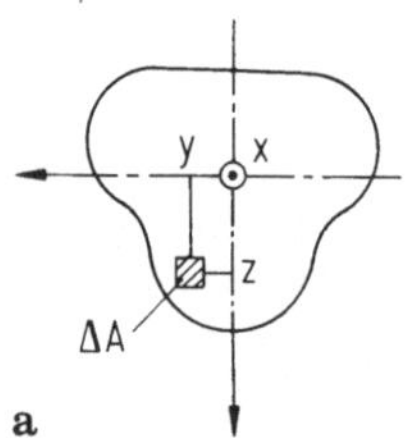

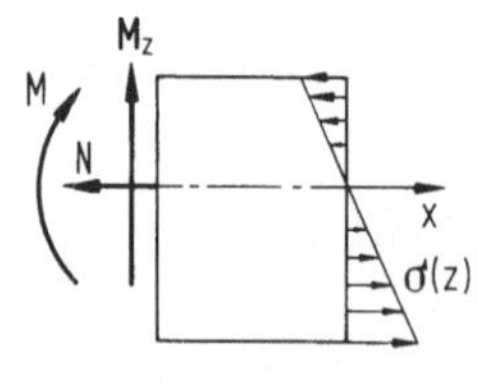

Bild 2.8.6. Momente und Längskraft am Balkenelement

Da gemäß unseren Annahmen keine Längskraft am Balken angreift, muß N verschwinden. Wegen $E/\varrho \neq 0$ folgt

$$\int_A z\,dA = 0.$$

Ein Vergleich dieses Ausdrucks mit den Gleichungen für die Schwerpunktkoordinaten in Abschnitt 1.15.3 zeigt, daß $N = 0$ erfüllt ist, wenn der Koordinatenursprung 0 im Schwerpunkt S des Querschnittes liegt. Beim Balken *ohne Normalkraft* definiert der *Querschnittsschwerpunkt* also die *neutrale Faser* (vgl. Abschnitt 2.8.2).

Moment um z-Achse

Das Momentengleichgewicht um die z-Achse liefert (vgl. Bild 2.8.7):

$$M_z = -\int_A y(\sigma\,dA).$$

Mit $\sigma(z)$ aus Abschnitt 2.8.3 ergibt sich

$$M_z = -\frac{E}{\varrho}\int_A y\,z\,dA.$$

Da nur das Moment M um die y-Achse am Balken angreift, muß M_z verschwinden. Wegen $E/\varrho \neq 0$ folgt

$$\int_A y\,z\,dA = 0.$$

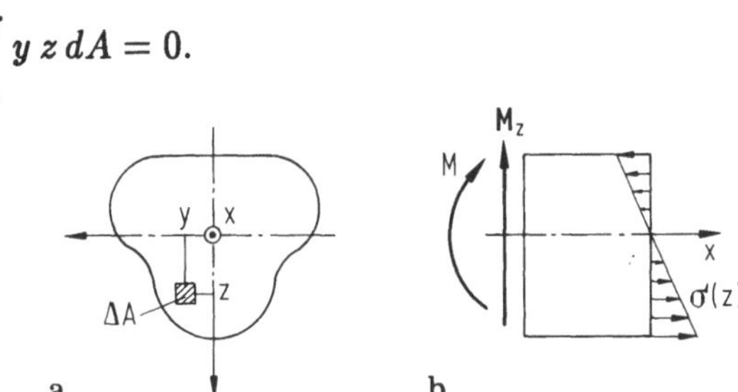

Bild 2.8.7. Momente am Balkenelement

Dieses Integral, ein *Flächenmoment zweiter Ordnung* und als *Deviationsmoment* bezeichnet, verschwindet, wenn die z-Achse eine Symmetrieachse des Querschnittes ist. Verschwindet es nicht, biegt sich der Balken aus der x-z-Ebene heraus, man hat es mit einer *schiefen Biegung* zu tun, die hier nicht betrachtet wird.

Das Moment verschwindet auch, wenn die y-Achse Symmetrieachse ist, doch müssen dann die gemäß Abschnitt 2.8.2 vernachlässigten Schubspannungen berücksichtigt werden; eine genauere Untersuchung ist erforderlich.

Moment um y-Achse

Das Momentengleichgewicht um die y-Achse liefert (vgl. Bild 2.8.7):

$$M_y = M = \int_A z(\sigma\,dA).$$

Mit $\sigma(z)$ aus Abschnitt 2.8.3 ergibt sich

$$M = \frac{E}{\varrho}\int_A z^2 dA.$$

Hierin ist M das gegebene Moment, E der Elastizitätsmodul des Balkenwerkstoffes, ϱ der – unbekannte – Krümmungsradius der neutralen Faser.
Das Integral

$$I := I_y := \int_A z^2 dA$$

ist das *Flächenmoment zweiten Grades* um die y-Achse (wird auch mit J, J_y bezeichnet). Flächenmomente berechnen wir im nächsten Abschnitt.
Bei bekanntem I können wir die obige Gleichung nach ϱ auflösen und erhalten für den Krümmungsradius

$$\varrho = \frac{EI}{M}.$$

Hiervon ausgehend werden wir in Abschnitt 2.11 den Verlauf der neutralen Faser, die *Biegelinie*, bestimmen.
Setzt man obiges ϱ in die Beziehung für $\sigma(z)$ aus Abschnitt 2.8.3 ein, so erhält man

$$\sigma(z) = \frac{Mz}{I}.$$

Hiermit werden wir im Abschnitt 2.10 Spannungen berechnen.

Aufgabe: Man kontrolliere die Dimensionen in den beiden letzten Gleichungen.

2.9 Flächenmomente zweiten Grades

2.9.1 Allgemeine Definitionen und Beziehungen

Definition

Gegeben sei der Querschnitt A mit dem Koordinatensystem y, z, vgl. Bild 2.9.1; der Koordinatenursprung 0 braucht nicht mit dem Schwerpunkt S von A zusammenzufallen, es brauchen keine Symmetrien vorzuliegen.

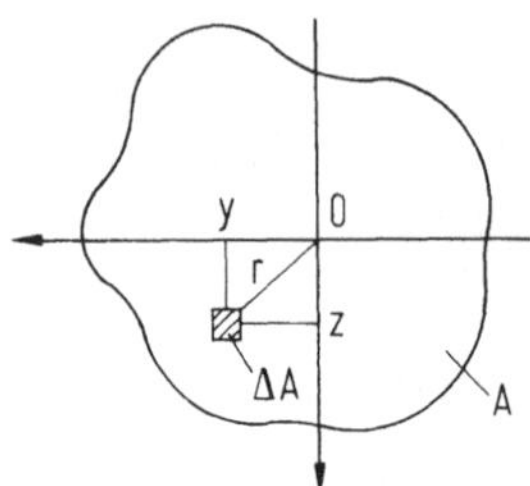

Bild 2.9.1. Querschnitt und Koordinatensystem

Man definiert die folgenden Flächenmomente zweiten Grades (früher: Flächenträgheitsmomente):

Flächenmoment um y-Achse: $I_y = \int_A z^2 dA$,

Flächenmoment um z-Achse: $I_z = \int_A y^2 dA$,

Flächen-Deviationsmoment: $I_{yz} = \int_A y\, z\, dA$,

Polares Flächenmoment: $I_p = \int_A r^2 dA$.

Das Deviationsmoment werden wir hier nicht weiter benutzten, I_p brauchen wir für die Torsion. Zur Unterscheidung von I_p nennt man I_y, I_z auch *axiale* Flächenmomente; man schreibt auch I_{xx} und I_{yy} an Stelle von I_x bzw. I_y.

Zusammenhang zwischen I_y, I_z und I_p

Addiert man I_y und I_z, so folgt wegen $y^2 + z^2 = r^2$:

$$I_y + I_z = \int_A (y^2 + z^2) dA = \int_A r^2 dA = I_p.$$

Da sich I_p bei Drehung des Koordinatensystemes nicht ändert, ist die Summe

$$I_y + I_z = I_p$$

gegen Koordinatendrehungen *invariant*. Man kann diese Beziehung gelegentlich bei der Berechnung von I_p oder I_y, I_z ausnutzen.

2.9.2 Flächenmomente zweiten Grades für einige Querschnitte

Rechteckquerschnitt

Gegeben: Rechteckquerschnitt, Höhe h Breite b, vgl. Bild 2.9.2 .
Gesucht: Flächenmoment I_y (um y-Achse durch den Schwerpunkt).

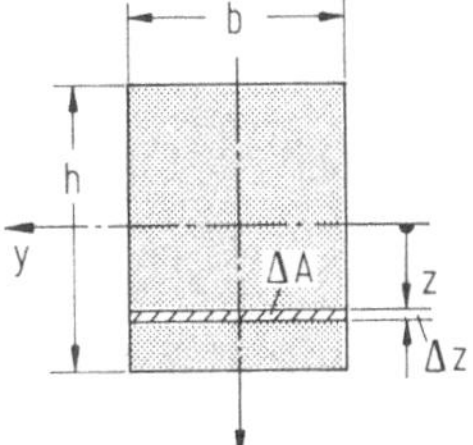

Bild 2.9.2. Rechteckquerschnitt

Lösung:

Als Flächenelement können wir den Streifen $\Delta A = b\,\Delta z$ im Abstand z von der y-Achse wählen, denn er enthält alle Fasern mit gleichem z.
Dann folgt aus der allgemeinen Definition:

$$I_y = \int_A z^2 dA = \int_{-h/2}^{h/2} b z^2 dz = b\left[\frac{1}{3}\left(\frac{h}{2}\right)^3 - \frac{1}{3}\left(-\frac{h}{2}\right)^3\right] = \frac{bh^3}{12} .$$

Quadratischer Querschnitt

Gegeben: Quadrat der Kantenlänge a mit den Koordinatenachsen y, z und y^*, z^*, vgl. Bild 2.9.3.

Gesucht: Flächenmoment I_y.

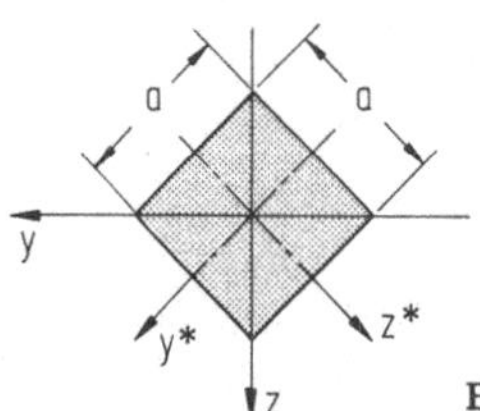

Bild 2.9.3. Quadratischer Querschnitt

Lösung:

Aus der obigen Formel für das Rechteck folgt mit $b = a$ und $h = a$ für das Quadrat

$$I_{y^*} = I_{z^*} = \frac{a^4}{12} \quad \text{und} \quad I_p = I_{y^*} + I_{z^*} = \frac{a^4}{6}.$$

Außerdem gelten auch $I_p = I_y + I_z$ sowie $I_y = I_z$. Damit folgt:

$$I_y = I_z = \frac{I_p}{2} = \frac{a^4}{12} = I_{y^*} = I_{z^*}.$$

Kreisquerschnitt

Gegeben: Kreis mit Radius R, vgl. Bild 2.9.4.

Gesucht: Flächenmoment I_y.

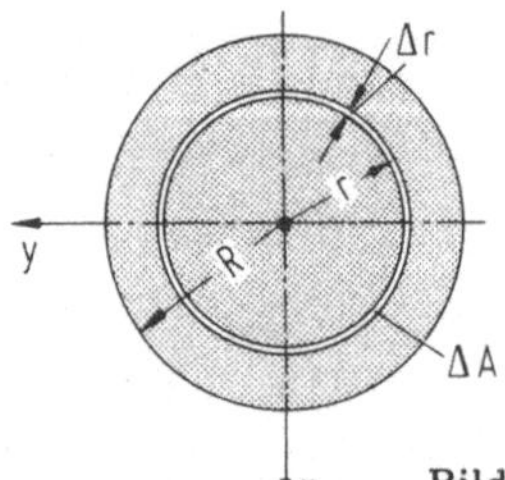

Bild 2.9.4. Kreisquerschnitt

Lösung:

Wegen $I_y = I_z$ gilt wieder $I_y = I_p/2$. Das polare Flächenmoment bestimmen wir durch Integration: Alle Faserenden in einem Kreisring liegen auf dem gleichen Radius r und bilden das Flächenelement (vgl. Bild 2.9.4)

$$\Delta A = 2\pi r \, \Delta r.$$

Damit kann man schreiben

$$I_p = \int_A r^2 dA = \int_0^R r^2 (2\pi r \, dr) = \frac{\pi}{2} R^4.$$

Für das gesuchte Flächenmoment I_y gilt dann:

$$I_y = \frac{\pi}{4}R^4 = \frac{\pi}{64}D^4,$$

wo $D := 2R$ den Durchmesser bezeichnet.

2.9.3 Der Satz von Steiner

Gegeben sei der Querschnitt A mit dem Flächenmoment I_{y^*} um eine Achse durch den eigenen Schwerpunkt S sowie die Verschiebung a des Schwerpunktes gegenüber dem Bezugspunkt 0 in z-Richtung (a ist der Abstand der zueinander parallelen Achsen y und y^*), vgl. Bild 2.9.5.
Gesucht werde das Flächenmoment I_y.

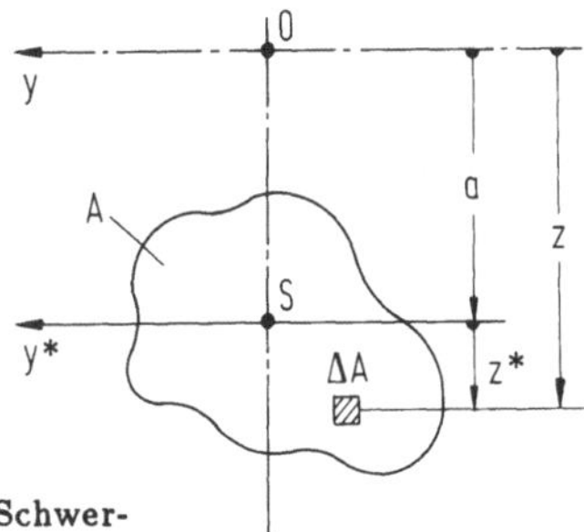

Bild 2.9.5. Querschnitt mit aus dem Schwerpunkt verschobener Bezugsachse

Lösung:
Mit $z = a + z^*$ folgt

$$I_y = \int_A z^2 dA = \int_A (a+z^*)^2 dA = \int_A a^2 dA + \int_A 2az^* dA + \int_A z^{*2} dA .$$

Wir kennen

$$\int_A a^2 dA = a^2 A, \quad \int_A z^{*2} dA = I_{y^*}$$

und haben

$$\int_A 2az^* dA = 2a \int_A z^* dA = 0,$$

denn z^* ist auf den Schwerpunkt bezogen (vgl. Abschnitt 1.15.3). Damit folgt der *Satz von Steiner:*

$$I_y = I_{y^*} + a^2 A .$$

Der Satz von Steiner zeigt, daß das Flächenmoment zweiten Grades den kleinsten Wert annimmt, wenn die Bezugsachse durch den Flächenschwerpunkt läuft.

2.9.4 Zusammengesetzte Querschnitte

Allgemein

Besteht ein Querschnitt aus mehreren Teilquerschnitten, $A=A_1+A_2+A_3+...$, vgl. Bild 2.9.6, so gilt für die Flächenmomente gemäß Abschnitt 2.9.1:

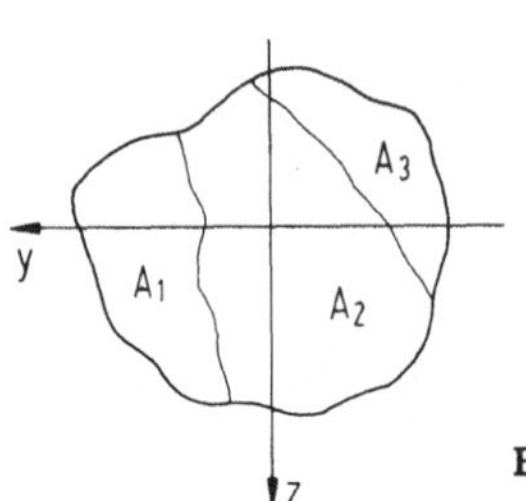

$I_A = I_{A_1} + I_{A_2} + I_{A_3} + \dots$, vgl. Abschnitt 1.16.3. Dabei müssen alle I_{A_i} auf dieselben Achsen bezogen sein.

Bild 2.9.6. Querschnittzerlegung

Kastenquerschnitt

Gegeben: Kastenquerschnitt mit Abmessungen b, h, B, H (Schwerpunkte der Rechtecke $A_1 = BH$, $A_2 = bh$ in S), vgl. Bild 2.9.7.
Gesucht: Flächenmoment I_y.

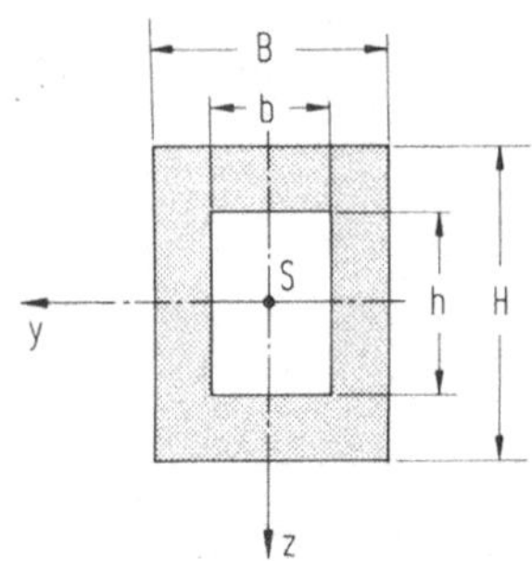

Bild 2.9.7. Kastenquerschnitt

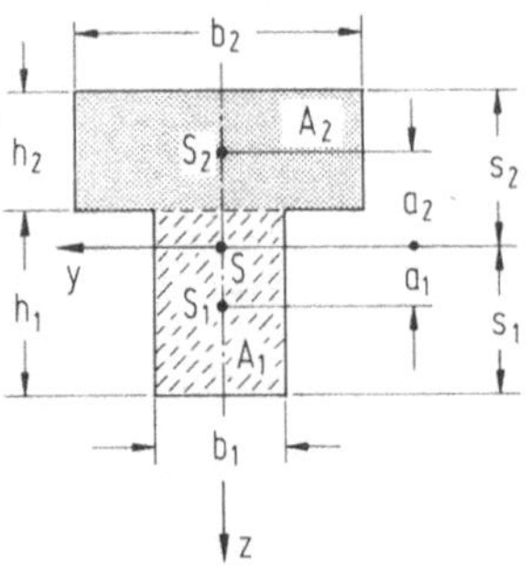

Bild 2.9.8. T-Querschnitt

Lösung:
Mit der Formel für Rechteckquerschnitte aus Abschnitt 2.9.2 erhält man

$$I_y = I_{A_1} - I_{A_2} = \frac{BH^3 - bh^3}{12}.$$

T-Querschnitt

Gegeben: T-Profil mit den Abmessungen b_1, h_1, b_2, h_2 (symmetrisch zur z-Achse), vgl. Bild 2.9.8.
Gesucht: Schwerpunktlage und Flächenmoment I_y (um y-Achse durch den Schwerpunkt).
Lösung:
Aufteilung von A in Teilrechtecke nach Bild 2.9.8 ergibt:

$A_1 = b_1 h_1$ mit Flächenmoment $I_1 = \dfrac{b_1 {h_1}^3}{12}$ bezüglich S_1,

$A_2 = b_2 h_2$ mit Flächenmoment $I_2 = \dfrac{b_2 {h_2}^3}{12}$ bezüglich S_2.

1. Schritt: Schwerpunktabstände s_1, s_2 bestimmen.
Gemäß Abschnitt 1.16.3 ergeben sich

$$s_1 = \frac{b_1 {h_1}^2 + b_2 h_2 (2h_1 + h_2)}{2(b_1 h_1 + b_2 h_2)}, \quad s_2 = h_1 + h_2 - s_1,$$

und

$$a_1 = s_1 - \frac{h_1}{2}, \quad a_2 = s_2 - \frac{h_2}{2}.$$

2. Schritt: Flächenmoment bestimmen.
Wir setzen das Flächenmoment nach der allgemeinen Regel und mit Hilfe des Satzes von Steiner zusammen:

$$I_y = I_{A_1} + I_{A_2} = I_1 + b_1 h_1 a_1^2 + I_2 + b_2 h_2 a_2^2 \ .$$

2.10 Biegespannungen

2.10.1 Spannungen bei reiner Biegung

Für die Spannung berechneten wir am Ende von Abschnitt 2.8.4

$$\sigma(z) = \frac{Mz}{I}.$$

Jetzt können wir den bereits in Abschnitt 2.8.3 besprochenen linearen Spannungsverlauf zahlenmäßig verfolgen. Die Extremwerte liegen an den "Querschnittsrändern" $z = e_1$ und $z = -e_2$. Es gelten

$$\sigma_1 = \frac{Me_1}{I} \quad \text{und} \quad \sigma_2 = \frac{-Me_2}{I}.$$

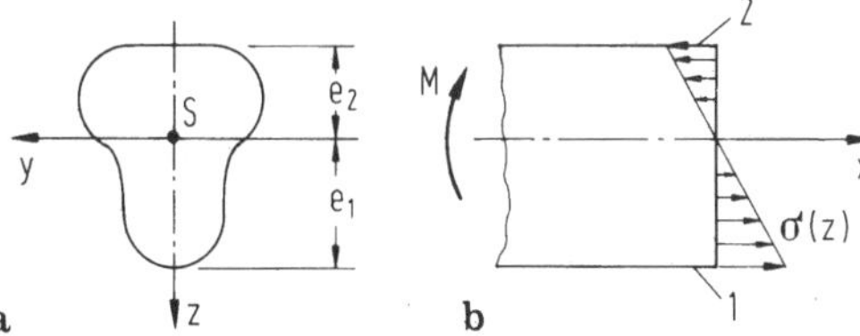

Bild 2.10.1. Spannungsverlauf und Extremwerte

Mit dem Randabstand e definiert man das *Widerstandsmoment*

$$W = \frac{I}{e}.$$

Bei bezüglich der y-Achse symmetrischen Querschnitten mit $e := e_1 = e_2$ gibt man oft geschlossene Formeln für W an; zum Beispiel (vgl. Abschnitt 2.9.2)

Rechteck:	$e = \frac{h}{2}$,	$W = \frac{bh^2}{6}$;
Kreis:	$e = R = \frac{D}{2}$,	$W = \frac{\pi}{4}R^3 = \frac{\pi}{32}D^3$.

Mit $W_1 = I/e_1$ bzw. $W_2 = I/e_2$ erhält man für Bild 2.10.1

$$\sigma_1 = \frac{M}{W_1} \quad \text{und} \quad \sigma_2 = -\frac{M}{W_2} .$$

Je nach dem Vorzeichen von M sind σ_1 oder σ_2 positiv (Zug) oder negativ (Druck). Da manche Stoffe z. B. mehr Druck als Zug aufnehmen können (Beton), müssen Zug- und Druckspannungen im allgemeinen getrennt beurteilt werden.

Beispiel

Gegeben: Kragbalken aus Holz, Länge $l = 3\,\text{m}$, Breite $b = 20\,\text{cm}$, soll mit $F = 5$ kN belastet werden, vgl. Bild 2.10.2.

Gesucht: Höhe h, wenn für Biegung (Zug und Druck) die zulässige Spannung $\sigma_{zul} = 800\ \text{N/cm}^2$ angenommen wird.

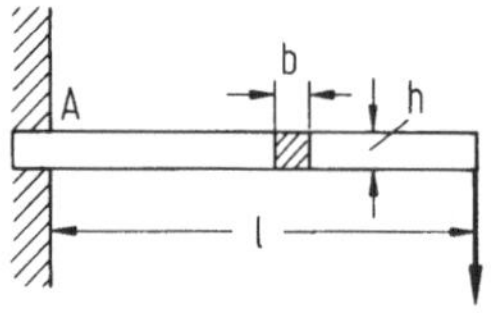

Bild 2.10.2. Kragbalken

Lösung:

Das maximale Moment tritt an der Einspannstelle A auf,

$$M_A = -Fl = -1,5 \cdot 10^6\,\text{Ncm}.$$

Die größte Spannung $\sigma_{\max}$ darf die zulässige Spannung nicht überschreiten:

$$\sigma_{\max} = \frac{|M_A|}{W} = \frac{6|M_A|}{bh^2} \leq \sigma_{zul}.$$

Daraus folgt

$$h_{\min} = \sqrt{\frac{6|M_A|}{b\sigma_{zul}}} = 23,7\,\text{cm}.$$

2.10.2 Überlagerung von Normalkraft- und Biegespannungen

Bisher haben wir für Balken nur die Spannungen infolge eines Biegemomentes berechnet. Kommt eine Normalkraft hinzu, so muß man deren Spannungen den ersten überlagern.

Gegeben sei ein Balken mit der Querschnittsfläche A, dem Flächenmoment I, den Randabständen e_1, e_2, belastet durch das Moment M und die Normalkraft N; vgl. Bild 2.10.3a.

Gesucht ist die Gesamtspannung.

Lösung:
Die Gesamtspannung setzt sich zusammen aus der Biegespannung infolge des Momentes,

$$\sigma_M = \frac{M}{I} z\,, \quad \text{wird auch mit } \sigma_b \text{ bezeichnet,}$$

und der Spannung infolge der Normalkraft,

$$\sigma_N = \frac{N}{A}\,.$$

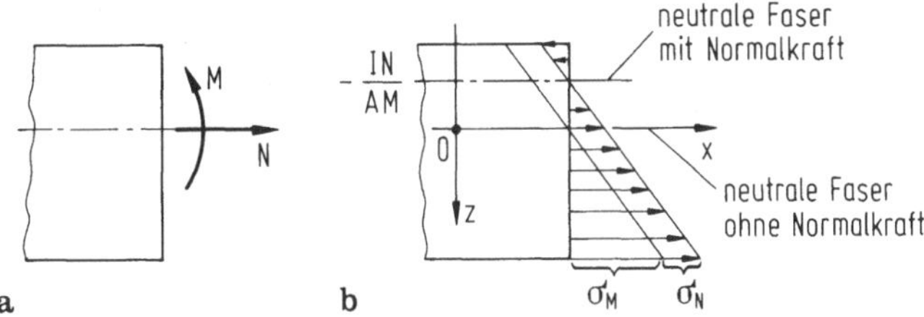

Bild 2.10.3. Spannungen bei Momenten- und Normalkraftbelastung

Überlagern liefert die Gesamtspannung (vgl. Bild 2.10.3b):

$$\sigma(z) = \sigma_M + \sigma_N = \frac{M}{I} z + \frac{N}{A}.$$

Die neutrale Faser, das ist die unbelastete Faser ($\sigma = 0$), verschiebt sich infolge der Normalkraft aus der Schwerpunktachse an die Stelle z_0. Aus

$$\sigma(z_0) = \frac{M}{I} z_0 + \frac{N}{A} = 0$$

folgt (vgl. auch Bild 2.10.3b)

$$z_0 = -\frac{IN}{AM}\,.$$

2.11 Biegelinien von Balken

Im Abschnitt 2.8.4 haben wir für den Krümmungsradius ϱ der neutralen Faser eines durch ein Moment M belasteten Balkens mit dem Elastizitätsmodul E und dem Flächenmoment I die Beziehung

$$\frac{1}{\varrho} = \frac{M}{EI}$$

hergeleitet, vgl. auch Bild 2.8.4c. Das Produkt EI heißt *Biegesteifigkeit,* weil bei gegebenem Moment M die *Krümmung* $1/\varrho$ um so kleiner wird, je größer EI ist.

Diese Beziehung gilt in guter Näherung nicht nur für längs des Balkens konstante Momente und Biegesteifigkeiten, sondern auch für veränderliche, falls die Änderungen nicht zu abrupt erfolgen. Dann stellt sich die Aufgabe, zu vorgegebenen Verläufen $M(x)$ und $EI(x)$, also zu Krümmungsverläufen, die Form der neutralen Faser am belasteten Balken zu ermitteln. Der Anschaulichkeit halber arbeitet man mit der (ursprünglich geraden) Schwerelinie des deformierten Balkens und nennt sie *Biegeline* (des Balkens schlechthin).
Der Weg zur Biegelinie führt über Differentialgleichungen; damit deren Lösung nicht zu schwierig wird, beschränken wir uns auf Biegelinien, die nur wenig von einer Geraden abweichen.

2.11.1 Differentialgleichung der Biegelinie

Die x-Achse des x-w-Koordinatensystems nach Bild 2.11.1a liege in der Schwerelinie des unbelastet geraden Balkens, die w-Achse weise nach unten (in z-Richtung).

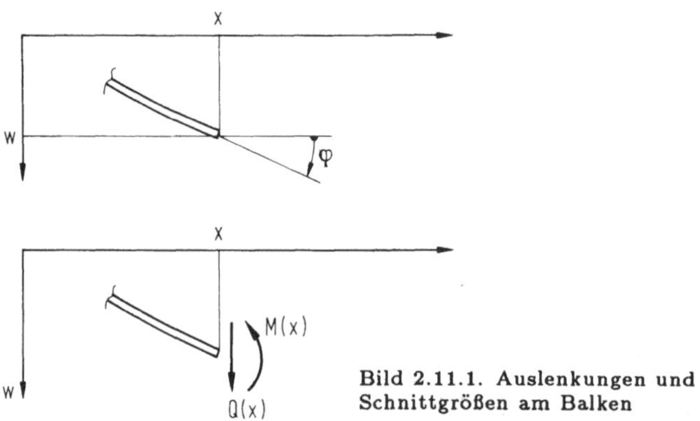

Bild 2.11.1. Auslenkungen und Schnittgrößen am Balken

Das Bild 2.11.1 zeigt zweimal ein Stück des betrachteten Balkens. Hervorgehoben ist die Schnittstelle x. In Bild 2.11.1a sind zur Biegelinie die Auslenkungen eingetragen, nämlich die *Durchbiegung* (Absenkung) w und der *(Biege-) Winkel* φ, in Bild 2.11.1b die Querkraft Q und das Moment M (vgl. Abschnitt 1.17.1). Alle diese Größen sind Funktionen des *Ortes* x: $w = w(x)$ – heißt ebenfalls Biegelinie –, $\varphi = \varphi(x)$, $M = M(x)$, $Q = Q(x)$.
Zwischen $w(x)$ und $\varphi(x)$ bestehen die gleichwertigen Differentialbeziehungen

$$\tan\varphi = w', \quad \varphi = \operatorname{Arctan} w', \quad \cos\varphi = \frac{1}{\sqrt{1+w'^2}}.$$

Bild 2.11.2 zeigt die gekrümmte neutrale Faser eines Balkenelementes der Länge Δs, dessen linker Endpunkt bei x liegt. Da Δs klein gegenüber den sonstigen Abmessungen sein soll, sind M und EI etwa konstant; es gilt

$$\frac{1}{\varrho(x)} = \frac{M(x)}{EI(x)}.$$

Man liest aus Bild 2.11.2 ab:

$$\Delta s = \varrho \, \Delta\alpha,$$

$$\Delta x \approx \Delta s \cos\varphi,$$

$$\Delta\alpha = \varphi(x) - \varphi(x+\Delta x) =: -\Delta\varphi.$$

Elimination von Δs und $\Delta\alpha$ liefert $\Delta\varphi/\Delta x = -1/(\rho\cos\varphi)$, woraus mit $\Delta x \to 0$ folgt:

$$\varphi' = \frac{d\varphi}{dx} = -\frac{1}{\varrho\cos\varphi} \,.$$

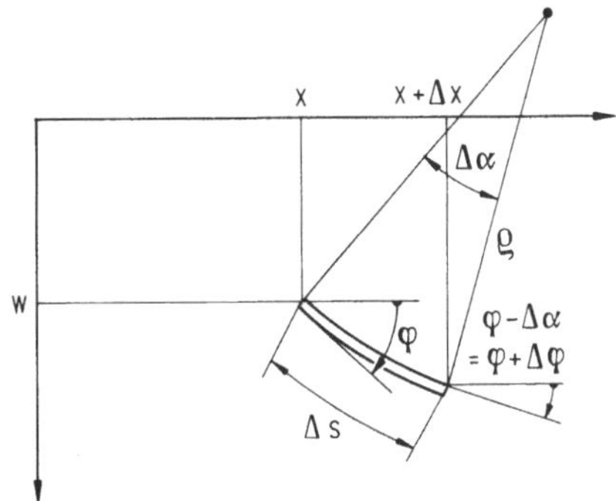

Bild 2.11.2. Balkenelement, ausgelenkt und verformt

Einsetzen der obigen Ausdrücke für φ, $\cos\varphi$ und $1/\varrho$ führt auf

$$\varphi'\cos\varphi = \cos\varphi\frac{d}{dx}(\text{Arctan}\, w') = \cos\varphi\frac{w''}{1+w'^2} = \frac{w''}{(1+w'^2)^{3/2}} = -\frac{1}{\varrho} = -\frac{M}{EI} \,.$$

Man erhält für die Biegelinie $w(x)$ die *nichtlineare* gewöhnliche Differentialgleichung zweiter Ordnung

$$\frac{w''}{(1+w'^2)^{3/2}} = -\frac{M}{EI} \,.$$

Häufig ist der Biegewinkel klein, $|\varphi| \ll 1$, und dies werden wir im folgenden stets voraussetzen. Dann gilt

$$\varphi \approx \tan\varphi = w', \quad \text{also gilt auch} \quad |w'| \ll 1.$$

Wir können in der Differentialgleichung der Biegelinie $1 + w'^2 \approx 1$ setzen und erhalten die *lineare* Differentialgleichung

$$w'' = -\frac{M}{EI} \,,$$

wobei wir das Zeichen $\approx$ durch das Gleichheitszeichen $=$ ersetzt haben.

2.11.2 Allgemeine Bemerkungen zur Integration (Lösung) der Differentialgleichung der Biegeline

Setzt man $\varphi = w'$ in die Biegedifferentialgleichung ein, so erhält man

$$\frac{d\varphi}{dx} = -\frac{M}{EI} .$$

Diese Differentialgleichung kann man formal integrieren:

$$\varphi(x) = C_1 - \int_0^x \frac{M(\xi)}{EI(\xi)} d\xi.$$

Die Deutung der Integrationskonstanten C_1 ergibt sich mit $x = 0$ zu $\varphi(0) = C_1$, also als Neigungswinkel $\varphi_0 := \varphi(0)$ an der Stelle $x = 0$. Sei nun

$$\varphi(x) = \varphi_0 - \int_0^x \frac{M(\xi)}{EI(\xi)} d\xi$$

berechnet. Aus $dw/dx = \varphi(x)$ folgt dann in einem zweiten Integrationsschritt

$$w(x) = C_2 + \int_0^x \varphi(\xi) d\xi,$$

wobei $C_2 = w(0) =: w_0$ die Absenkung bei $x = 0$ bedeutet. Dann gilt

$$w(x) = w_0 + \int_0^x \varphi(\xi) d\xi.$$

Die beiden Integrationskonstanten C_1, C_2 – oder φ_0, w_0 – ergeben sich *nicht* aus den hier angestellten allgemeinen Überlegungen für das Feld (vgl. Abschnitt 1.17.4), sondern dienen zur Anpassung der allgemeinen Lösungen an die *Randbedingungen*, die die jeweilige Lagerungsart des Balkens beschreiben und stets besonders festgestellt werden müssen.

2.11.3 Anwendungsbeispiele

Kragbalken mit Endmoment

Gegeben: Kragbalken, Länge l, konstante Biegesteifigkeit EI, gewichtslos, durch Endmoment M_0 belastet, vgl. Bild 2.11.3.

Gesucht: Biegelinie $w(x)$, insbesondere Endauslenkung $f := w(l)$ und Endwinkel $\psi := \varphi(l)$.

Lösung:

Es gilt $M(x) = -M_0 = \text{const}$. Aus Bild 2.11.3 liest man zwei Randbedingungen ab:

$$w_0 = w(0) = 0, \quad \varphi_0 = \varphi(0) = 0.$$

Auswerten der Integrale aus Abschnitt 2.11.2 für unseren Fall liefert

$$\varphi(x) = \frac{M_0}{EI}x, \quad \psi = \varphi(l) = \frac{M_0 l}{EI} \quad \text{sowie} \quad w(x) = \frac{M_0 x^2}{2EI}, \quad f = w(l) = \frac{M_0 l^2}{2EI}.$$

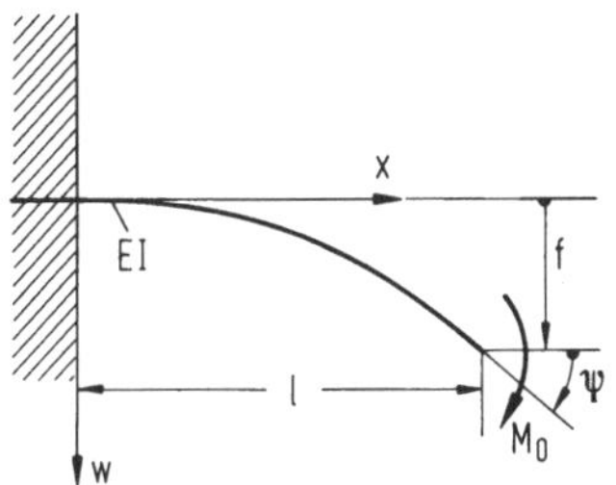

Bild 2.11.3. Kragbalken mit Endmoment

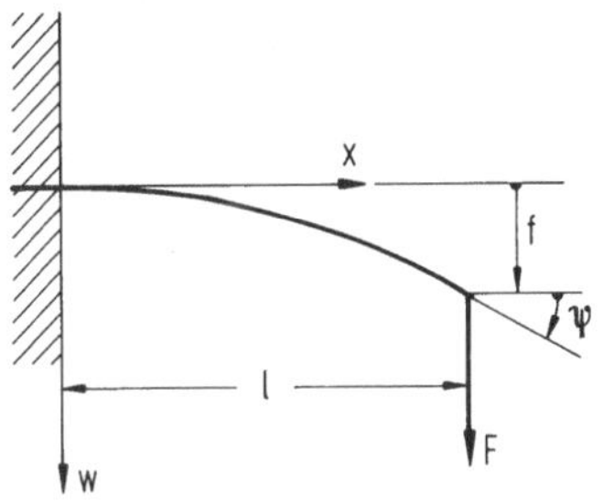

Bild 2.11.4. Kragbalken mit Endlast

Kragbalken mit Endlast

Gegeben: Kragbalken, Länge l, konstante Biegesteifigkeit EI, gewichtslos, durch Kraft F am Ende belastet, vgl. Bild 2.11.4.

Gesucht: Biegelinie $w(x)$, insbesondere die Auslenkung $f := w(l)$ und der Winkel $\psi := \varphi(l)$.

Lösung:

Momentenverlauf: $M(x) = -(l - x)F$; Randbedingungen: $\varphi_0 = 0$, $w_0 = 0$.
Auswerten der Integrale aus Abschnitt 2.11.2 für unseren Fall liefert

$$\varphi(x) = \frac{F}{EI}\int_0^x (l - \xi)d\xi = \frac{F}{EI}\left(lx - \frac{x^2}{2}\right), \quad \psi = \varphi(l) = \frac{Fl^2}{2EI}$$

sowie

$$w(x) = \frac{F}{EI}\int_0^x (l\xi - \xi^2/2)d\xi = \frac{F}{EI}\left(\frac{lx^2}{2} - \frac{x^3}{6}\right), \quad f = w(l) = \frac{Fl^3}{3EI}.$$

2.11.4 Allgemeinere Randbedingungen

Im allgemeinen sind w und φ nicht einfach für den linken Rand vorgegeben. Oft sind geometrische Bedingungen für beide Ränder, $x = 0$ und $x = l$ (vgl. Bild 2.11.5), oder auch nur für den rechten Rand bekannt. Kennt man zwei unabhängige Bedingungen, so kann man daraus die beiden Integrationskonstanten $C_1 = \varphi_0$, $C_2 = w_0$ ermitteln.

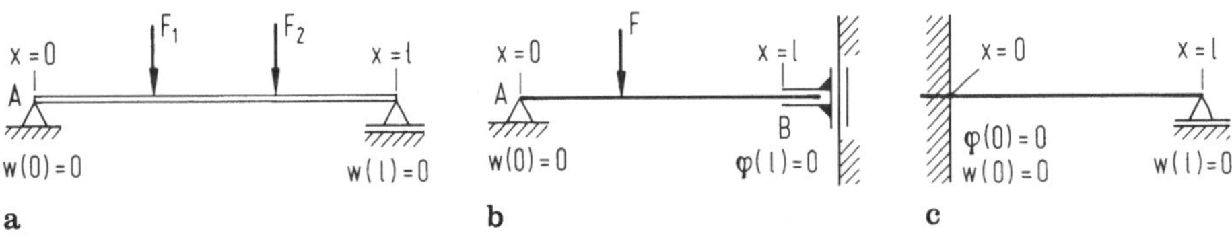

Bild 2.11.5. Balken mit Randbedingungen für linken und rechten Rand

Kennt man für einen Balken mehr als zwei geometrische Bedingungen für w und/oder φ, so handelt es sich um ein statisch unbestimmtes System (vgl. Bild 2.11.5c). Die Behandlung solcher Systeme erfolgt in Abschnitt 2.12.

Beispiel mit Bedingungen für beide Ränder

Gegeben: Balken, Länge l, konstante Biegesteifigkeit EI, gewichtslos, durch konstante Streckenlast q_0 belastet, vgl. Bild 2.11.6.

Gesucht: Biegelinie $w(x)$, insbesondere Ort x_m und Größe $f := w(x_m)$ der maximalen Auslenkung.

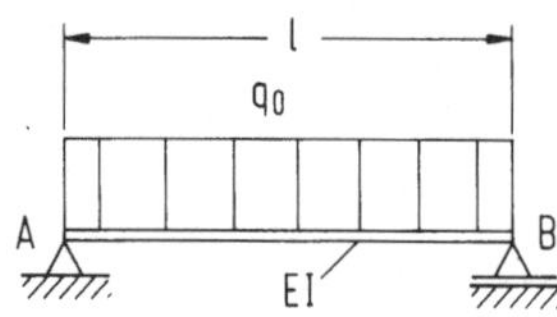

Bild 2.11.6. Balken mit Streckenlast und zwei Gelenklagern

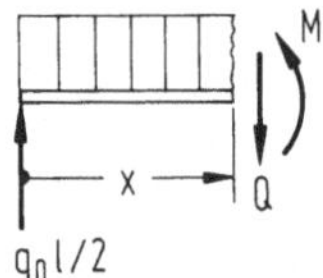

Bild 2.11.7. Bestimmung des Momentenverlaufes

Lösung:

1. Schritt: Bestimmen des Momentenverlaufes.

Aus Symmetriegründen gilt für die Auflagerkräfte $A = B = q_0 l/2$. Damit folgt für das Moment (vgl. auch Bild 2.11.7) aus $\sum M_i^{(x)} = 0$:

$$M(x) = \frac{q_0 l x}{2} - \frac{q_0 x^2}{2} = \frac{q_0}{2}(lx - x^2).$$

2. Schritt: Einsetzen von $M(x)$ in Biegedifferentialgeichung und Integration.

Weil hier EI konstant ist, kann man, ausgehend von

$$EIw'' = -\frac{q_0}{2}(lx - x^2),$$

unbestimmt integrieren:

$$EI\varphi = EIw' = -\frac{q_0}{2}\left(l\frac{x^2}{2} - \frac{x^3}{3}\right) + C_1^*,$$

$$EIw = -\frac{q_0}{2}\left(l\frac{x^3}{6} - \frac{x^4}{12}\right) + C_1^* x + C_2^* \qquad \text{(allgemeine Lösung).}$$

Die Zuordnung von C_1^* und C_2^* zu den in Abschnitt 2.11.2 verwendeten Integrationskonstanten ist durch $C_1 = C_1^*/(EI)$, $C_2 = C_2^*/(EI)$ gegeben.

3. Schritt: Aufstellen der Randbedingungen und Anpassen der allgemeinen Lösung an die Randbedingungen.

Randbedingungen: $w(0) = 0, \quad w(l) = 0.$

Anpassen: Aus $w(0) = 0$ folgt $0 = C_2^*$,

aus $w(l) = 0$ folgt $0 = -\frac{q_0 l^4}{24} + C_1^* l$, also $C_1^* = \frac{q_0 l^3}{24}$.

Biegelinie:
$$w(x) = \frac{q_0}{12EI}\left(\frac{l^3 x}{2} - lx^3 + \frac{x^4}{2}\right) = \frac{q_0 x(l-x)}{24EI}\,[l^2 + x(l-x)],$$

$$\varphi = w'(x) = \frac{q_0}{12EI}\left(\frac{l^3}{2} - 3lx^2 + 2x^3\right).$$

Die maximale Auslenkung ergibt sich für $x_m = l/2$, da $w'(l/2) = 0$. Einsetzen in w liefert

$$f := w_{max} = \frac{5}{384}\frac{q_0 l^4}{EI}.$$

2.11.5 Aneinanderstückeln von Biegelinien

Wenn die Momentenlinie Knicke aufweist (vgl. Bild 1.17.8c), kann man $M(x)$ nur bereichsweise angeben. Dann müssen die Integrale nach Abschnitt 2.11.2 ebenfalls bereichsweise ausgewertet werden. Dieses Vorgehen ist meistens sehr aufwendig und lohnt sich nicht, wenn nur spezielle Absenkungen interessieren. Man setzt einfacher das gesuchte Ergebnis aus Teillösungen für die einzelnen Bereiche zusammen und verwendet hierzu häufig die Kragbalkenformeln aus Abschnitt 2.11.3.

Beispiel

Gegeben: Zweiseitig gelenkig gelagerter Balken, Längen l_1, l_2, Biegesteifigkeit EI, gewichtslos, durch Kraft F belastet, vgl. Bild 2.11.8.
Gesucht: Absenkung f und Winkel ψ für den Lastangriffspunkt C.

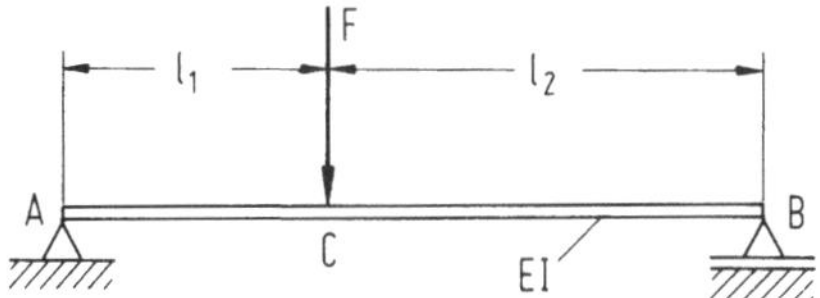

Bild 2.11.8. Balken mit Knick in der Momentenlinie

Lösung:
Aus den Gleichgewichtsbedingungen erhält man für die Lagerkräfte (vgl. Bild 2.11.9):

$$A = F\frac{l_2}{l_1 + l_2}\,, \quad B = F\frac{l_1}{l_1 + l_2}\,.$$

Die Balkenteile $C - A$ und $C - B$ werden je für sich als Kragbalken unter den Lasten A bzw. B angesehen, die bei C an der Stelle f unter dem Winkel ψ ($|\psi| \ll 1$) eingespannt sind, vgl. Bild 2.11.9. Für diese Kragbalken gelten die in Abschnitt 2.11.3 aufgestellten Biegeformeln. Aus Bild 2.11.9 erhält man damit für Balkenteil $C - A$

$$w_A = f - \psi l_1 - \frac{A l_1^3}{3EI} = 0, \quad \text{denn } w_A \text{ muß verschwinden,}$$

und für Balkenteil $C - B$

$$w_B = f + \psi l_2 - \frac{B l_2^3}{3EI} = 0, \quad \text{denn } w_B \text{ muß verschwinden.}$$

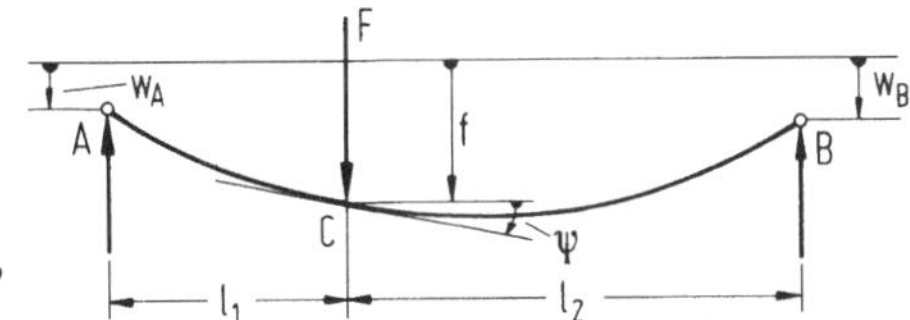

Bild 2.11.9. Balken von Lagern gelöst, bei C eingespannt gedacht

Dies sind zwei Gleichungen für ψ und f; man findet

$$\psi = \frac{Fl_1l_2}{3EI}\frac{l_2-l_1}{l_1+l_2}\,, \quad f = \frac{Fl_1^2l_2^2}{3EI(l_1+l_2)}\,.$$

Aufgabe: Unter Verwendung von $w(x)$ aus Abschnitt 2.11.3 und obiger Ergebnisse bestimme man die Stelle x_m und die Größe $w_m := w(x_m)$ der maximalen Auslenkung.

2.11.6 Überlagerung (Superposition) von Lösungen

Im Abschnitt 1.14 haben wir Reaktionskräfte aus verschiedenen Lasten überlagert. Entsprechend kann man in Abschnitt 1.17 die Schnittgrößen für zusammengesetzte Lasten aus den Schnittgrößen der Einzellasten zusammensetzen (überlagern), denn die Gleichungen sind linear. Bei den Biegelinien (lineare Differentialgleichung!) ist das Überlagern besonders vorteilhaft, weil der Rechenaufwand meistens groß ist, und man spart viel Arbeit, wenn man bereits bekannte Ergebnisse verwertet.

Beispiel für Superposition

Gegeben: Zweiseitig gelenkig gelagerter Balken, Längen l_1, l_2, Biegesteifigkeit EI, gewichtslos, belastet durch eine konstante Streckenlast $q(x) = q_0$ und eine bei $x = l_1$ angreifende Kraft F, vgl. Bild 2.11.10.

Gesucht: Biegelinie $w(x)$ und Absenkung $w(l_1)$ des Angriffspunkts von F.

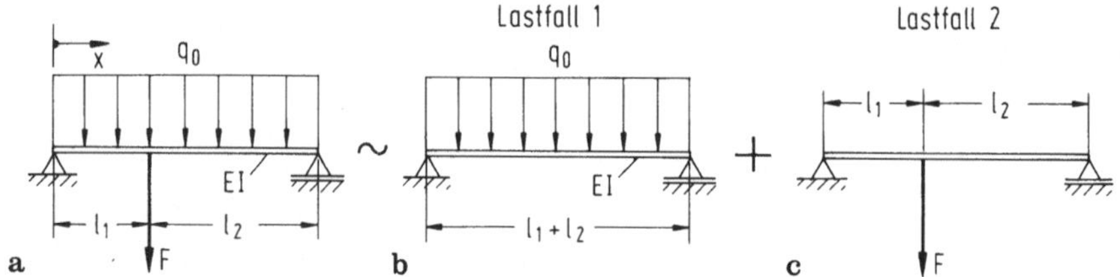

Bild 2.11.10. Überlagerung von Lasten

Lösung:

Wir zerlegen das gegebene System gemäß Bild 2.11.10b, c in die Lastfälle 1 bzw. 2, für die wir nach Abschnitt 1.17 die Momentenlinien $M_1(x)$ bzw. $M_2(x)$ bestimmen können. Nach Abschnitt 2.11.1 gilt wegen $M(x) = M_1(x) + M_2(x)$ für die Biegedifferentialgleichung

$$w'' = \frac{-M}{EI} = -\frac{M_1+M_2}{EI} = -\frac{M_1}{EI} - \frac{M_2}{EI}\,.$$

Wir zerlegen die Gesamtlösung in zwei Teile,

$$w(x) = w_1(x) + w_2(x) \quad \text{mit} \quad w_1'' = \frac{-M_1}{EI}\,, \quad w_2'' = \frac{-M_2}{EI}\,.$$

Sowohl für das vollständige System als auch für die skizzierten Lastfälle 1 und 2 gelten die gleichen (homogenen) Randbedingungen

$$w(0) = 0, \qquad w_1(0) = 0, \qquad w_2(0) = 0,$$
$$w(l_1 + l_2) = 0, \quad w_1(l_1 + l_2) = 0, \quad w_2(l_1 + l_2) = 0.$$

Sie sind mit der Zerlegung $w(x) = w_1(x)+w_2(x)$ verträglich, das heißt, wenn die Randbedingungen für $w_1(x)$ und $w_2(x)$ erfüllt sind, sind sie auch für $w = w_1+w_2$ erfüllt. Dann sind $w_1(x)$ und $w_2(x)$ die Biegelinien der skizzierten Lastfälle, die man überlagern darf, um die Biegelinie $w(x)$ des Ausgangssystems zu erhalten. Für die Auslenkung an der Stelle $x = l_1$ folgt mit

$$w_1(l_1) = \frac{q_0 l_1 l_2}{24EI}[(l_1 + l_2)^2 + l_1 l_2] \quad \text{aus Abschnitt 2.11.4,}$$

$$w_2(l_1) = \frac{F l_1^2 l_2^2}{3EI(l_1 + l_2)} \quad \text{aus Abschnitt 2.11.5}$$

durch Überlagerung:

$$w(l_1) = \frac{q_0 l_1 l_2}{24EI}[(l_1 + l_2)^2 + l_1 l_2] + \frac{F l_1^2 l_2^2}{3EI(l_1 + l_2)} .$$

Beispiel für Superposition mit Aneinanderstückeln

Besonders viel Rechenaufwand spart man, wenn man die Vorteile der Superposition mit denen des Aneinanderstückelns verbinden kann. Dies wird an dem folgenden Beispiel gezeigt.

Gegeben: Kragbalken, Biegesteifigkeit EI, Längen l_1, l_2, belastet mit Kräften F_1, F_2.

Gesucht: Absenkungen $f_1 := w(l_1)$ und $f_2 := w(l_1+l_2)$ an den Stellen 1 bzw. 2.

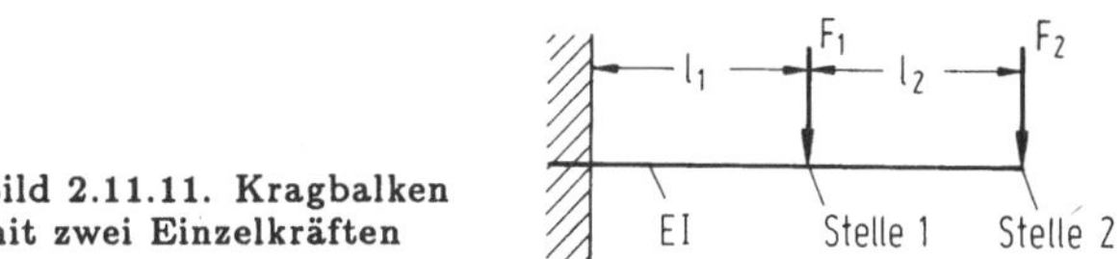

Bild 2.11.11. Kragbalken mit zwei Einzelkräften

Lösung in zwei Schritten:

1. Aufteilen der Gesamtlast in die beiden zu überlagernden Lastfälle 1 und 2 gemäß Bild 2.11.12b bzw. c. Dabei werden die Auslenkungen doppelt indiziert: f_{ik}, ψ_{ik}, nämlich erster Index: Stelle ("Wirkung"), zweiter Index: Lastfall ("Ursache").

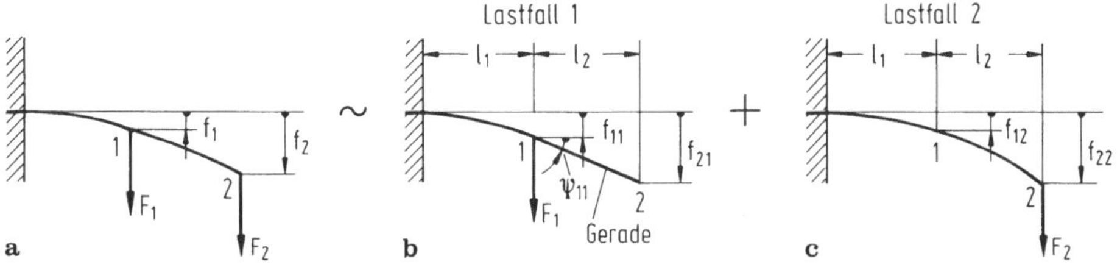

Bild 2.11.12. Aufteilung in Lastfälle

2. Ermitteln der Absenkungen.
Lastfall 1 (anstückeln):

$$f_{11} = \frac{F_1 l_1^3}{3EI}, \quad \psi_{11} = \frac{F_1 l_1^2}{2EI}, \quad f_{21} = f_{11} + l_2\psi_{11} = \frac{F_1 l_1^2}{6EI}(2l_1 + 3l_2).$$

Lastfall 2 (anstückeln):

$$f_{12} = \frac{F_2 l_1^2}{6EI}(2l_1 + 3l_2), \quad f_{22} = \frac{F_2}{3EI}(l_1 + l_2)^3.$$

Damit gilt für die Gesamtabsenkungen:

$$f_1 = f_{11} + f_{12} = \frac{F_1 l_1^3}{3EI} + \frac{F_2 l_1^2}{6EI}(2l_1 + 3l_2),$$

$$f_2 = f_{21} + f_{22} = \frac{F_1 l_1^2}{6EI}(2l_1 + 3l_2) + \frac{F_2}{3EI}(l_1 + l_2)^3.$$

2.11.7 Biegedifferentialgleichung vierter Ordnung

Im Abschnitt 1.17.5 haben wir für die Querkraft $Q(x)$, das Moment und die Streckenlast $q(x)$ die folgenden Differentialbeziehungen hergeleitet:

$$Q' = -q(x), \quad M' = Q(x).$$

Für die Biegelinie $w(x)$ besteht gemäß Abschnitt 2.11.1 der folgende Zusammenhang mit dem Moment

$$w'' = -\frac{M}{EI} \quad \text{oder} \quad M = -(EIw'').$$

Danach kann $M(x)$ durch (die zweite Ableitung von) $w(x)$ ausgedrückt werden. Differenzieren wir diesen Ausdruck, so erhalten wir mit den zuerst genannten Gleichungen

$$M' = Q = -(EIw'')',$$
$$Q' = -q = -(EIw'')''.$$

Falls EI von x abhängt, muß es mit differenziert werden. Hängt EI nicht von x ab, $EI = \text{const.}$, so gilt

$$EIw^{IV} = q(x).$$

In beiden Fällen haben wir es zu gegebenem $q(x)$ mit einer Differentialgleichung vierter Ordnung für $w(x)$ zu tun. Bei der Integration erhält man vier Integrationskonstanten. Für jedes Balkenende kennt man zwei Randbedingungen, nämlich Aussagen über Absenkung "oder" Querkraft und Winkel "oder" Moment (ausschließendes "oder"; Kombinationen sind möglich, z.B. bei elastischen Einspannungen). Für zwei Ränder erhält man gerade die vier erforderlichen Bedingungen, die man alle durch $w(x)$ und seine Ableitungen ausdrücken kann; dies liefert die vier Integrationskonstanten. Wir gehen auf die Lösung dieser Gleichungen nicht weiter ein.

2.12 Statisch unbestimmt gelagerte Balken

Für statisch unbestimmt gelagerte Balken gelten die allgemeinen Aussagen von Abschnitt 2.5, man arbeitet bei ihrer Untersuchung nach dem Schema aus Abschnitt 2.5.1. Je nach den gewählten Schnitten und den Bestimmungsweisen der Biegelinien – Integration, Superposition aus bekannten Ergebnissen – ergeben sich verschiedene Möglichkeiten des Vorgehens, die alle auf die gleichen Kräfte und Verformungen führen. Im folgenden werden typische Lösungswege an Hand von Beispielen näher erläutert.

2.12.1 Lösung durch Integration der Biegelinie

Gegeben: Balken, Länge l, Biegesteifigkeit EI = const., eingespannt bei A, gestützt bei B, belastet mit Streckenlast q_0, vgl. Bild 2.12.1.
Gesucht: Auflagerreaktionen bei A und B, Biegelinie $w(x)$.

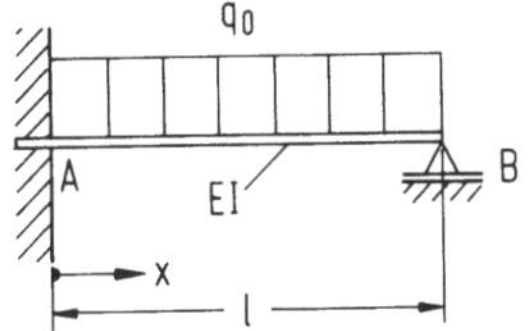

Bild 2.12.1. Kragbalken mit Endlager

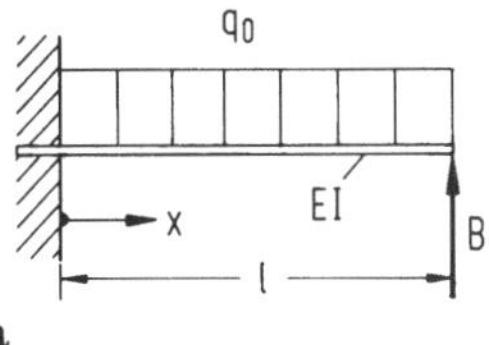

Bild 2.12.2. Teilsysteme Kragbalken und Lager

Lösung:
Da vier Bindungen vorliegen (vgl. Abschnitt 1.11.2), ist der Balken statisch unbestimmt gelagert. Das Schema aus Abschnitt 2.5.1 lautet hier:

1. *Aufschneiden* in statisch bestimmte Teilsysteme: Schneidet man das Lager B weg (Bild 2.12.2), so erhält man einen Kragbalken mit einfachen Randbedingungen, vgl. Abschnitt 2.11.3. Die Belastungen sind durch q_0 und B gegeben.
2. *Verschiebungen* der Teilsysteme (hier Biegelinie, vgl. Abschnitt 2.11.4):
   1. Schritt: Bestimmen der Momentenlinie.

Bild 2.12.3. Schnittbild für das Teilsystem Balken

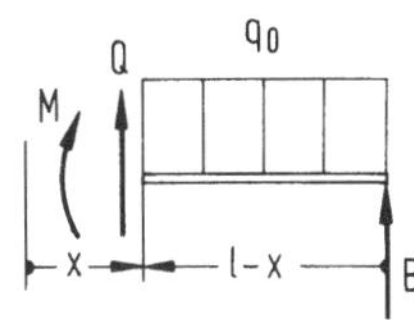

Bei Schnitt an der Stelle x gilt (vgl. Bild 2.12.3):

$$\overset{\curvearrowleft}{\sum} M_i^{(x)} = 0: \quad -M(x) - \frac{q_0(l-x)^2}{2} + B(l-x) = 0.$$

Daraus folgt

$$M(x) = B(l-x) - \frac{q_0(l-x)^2}{2}.$$

2. Schritt: Einsetzen von M in Biegedifferentialgleichung $w'' = -M/(EI)$ und unbestimmte Integration ergibt mit $EI = \text{const.}$:

$$EIw'' = -B(l-x) + \frac{q_0(l-x)^2}{2},$$
$$EIw' = \frac{B(l-x)^2}{2} - \frac{q_0(l-x)^3}{6} + C_1{}^*,$$
$$EIw = -\frac{B(l-x)^3}{6} + \frac{q_0(l-x)^4}{24} + C_1{}^*x + C_2{}^* \quad \text{(allgemeine Lösung).}$$

3. Schritt: Aufstellen der Randbedingungen und Anpassen der allgemeinen Lösung.
Die Randbedingungen lauten: $w(0) = 0$, $w'(0) = 0$.
Anpassen der Lösung:

$$EIw'(0) = 0 = \frac{Bl^2}{2} - \frac{q_0l^3}{6} + C_1^*, \quad \text{also} \quad C_1^* = \frac{q_0l^3}{6} - \frac{Bl^2}{2},$$
$$EIw(0) = 0 = -\frac{Bl^3}{6} + \frac{q_0l^4}{24} + C_2^*, \quad \text{also} \quad C_2^* = \frac{Bl^3}{6} - \frac{q_0l^4}{24}.$$

Damit folgt für die Biegelinie des statisch bestimmten Teilsystems:

$$w(x) = \frac{1}{EI}\left[q_0\left(\frac{(l-x)^4}{24} + \frac{l^3x}{6} - \frac{l^4}{24}\right) - B\left(\frac{(l-x)^3}{6} + \frac{l^2x}{2} - \frac{l^3}{6}\right)\right].$$

3. *Geometrische Verträglichkeiten* (hier Lager B): Da das Lager B sich nicht nach unten verschieben kann, gilt $w(l) = 0$. Daraus folgt

$$0 = \frac{1}{EI}\left[q_0\left(\frac{l^4}{6} - \frac{l^4}{24}\right) - B\left(\frac{l^3}{2} - \frac{l^3}{6}\right)\right]$$

und

$$B = \frac{3}{8}\,q_0 l.$$

Die Biegesteifigkeit EI fällt heraus, weil sie konstant ist.

4. *Schnittlasten und Verschiebungen:*

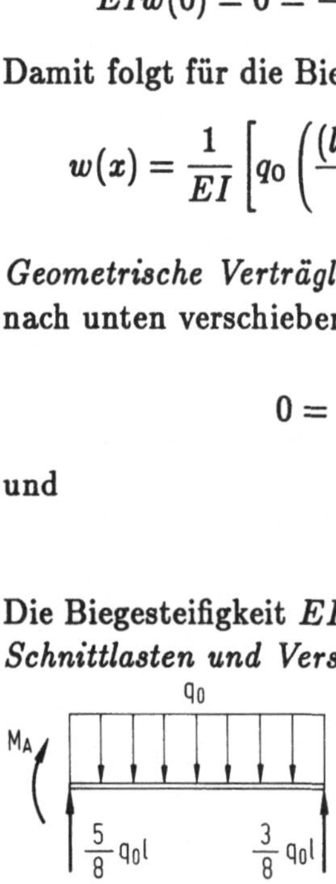

Bild 2.12.4. Kräfte und Momente auf Balken

Für die Auflagerreaktionen bei A erhält man (vgl. auch Bild 2.12.4)

$$M_A = M(0) = \frac{3}{8}\,q_0l^2 - \frac{1}{2}\,q_0l^2 = -\frac{1}{8}\,q_0l^2, \quad A = \frac{5}{8}\,q_0l.$$

Die Biegelinie lautet

$$w(x) = \frac{q_0l^4}{48EI}\left(1 - \frac{x}{l}\right)\left[2\left(1 - \frac{x}{l}\right)^3 - 3\left(1 - \frac{x}{l}\right)^2 + 1\right].$$

2.12.2 Lösung durch Superposition (Beispiel)

Gegeben: Balken, Biegesteifigkeit EI, Längen l_1, l_2, gestützt auf starren Lagern A, B, C, belastet mit Streckenlast q_0, vgl. Bild 2.12.5.
Gesucht: Lagerkräfte A, B, C.

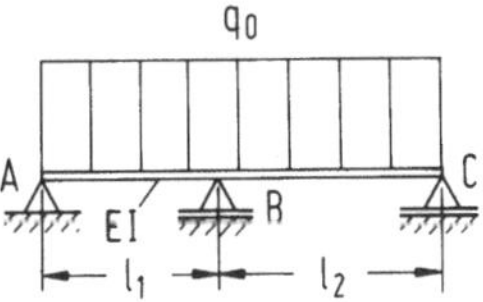

Bild 2.12.5. Balken mit Dreifach-Lagerung

Lösung:

1. *Aufschneiden* (und Zerlegen in die Lastfälle 1 und 2, vgl. Bild 2.12.6):

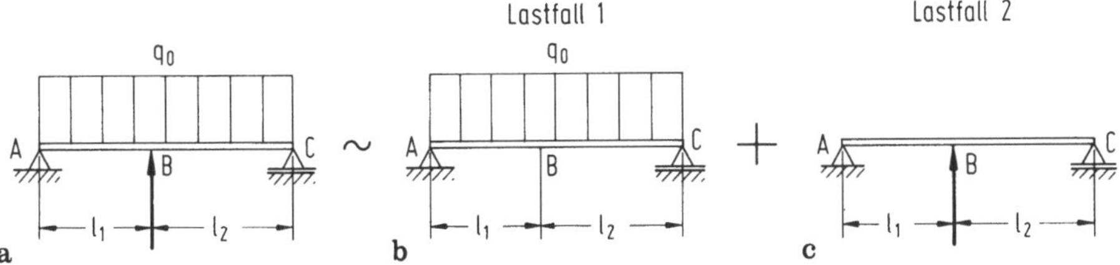

Bild 2.12.6. Lastfälle für Balken mit Dreifach-Lagerung

2. *Verschiebungen* (an der Stelle $x = l_1$): Im Lastfall 1 erhält man nach Abschnitt 2.11.4

$$w_1(l_1) = \frac{q_0 l_1 l_2}{24EI}[(l_1 + l_2)^2 + l_1 l_2] \ ,$$

im Lastfall 2 nach Abschnitt 2.11.5

$$w_2(l_1) = -\frac{B l_1^2 l_2^2}{3EI(l_1 + l_2)} \ .$$

Daraus folgt (vgl. Abschnitt 2.11.6):

$$w(l_1) = w_1(l_1) + w_2(l_1) = \frac{q_0 l_1 l_2}{24EI}[(l_1 + l_2)^2 + l_1 l_2] - \frac{B l_1^2 l_2^2}{3EI(l_1 + l_2)} \ .$$

3. *Geometrische Verträglichkeit* (für die Stelle $x = l_1$): Bei $x = l_1$ verschwindet $w(x)$, es gilt $w(l_1) = 0$. Damit folgt

$$B = \frac{q_0}{8} \frac{(l_1 + l_2)[(l_1 + l_2)^2 + l_1 l_2]}{l_1 l_2} \ .$$

4. *Lagerkräfte*: Mit dem gefundenen B ergeben sich für A und C aus den Momentengleichgewichtsbedingungen

$$A = \frac{q_0}{2}(l_1 + l_2) - B\frac{l_2}{l_1 + l_2} \ , \quad C = \frac{q_0}{2}(l_1 + l_2) - B\frac{l_1}{l_1 + l_2} \ .$$

2.12.3 Statisch unbestimmtes System mit elastischer Lagerung (Beispiel)

Gegeben: Kragbalken, Biegesteifigkeit EI, Längen l_1, l_2, belastet mit Kraft F, gestützt bei B durch Feder mit Steifigkeit k, vgl. Bild 2.12.7. Weiter sei wegen Fertigungsungenauigkeit vor der Montage bei B eine Lücke der Weite a vorhanden.

Gesucht: Lagerreaktionen bei A und B, Absenkungen des Lastangriffspunktes und des Punktes B gegenüber der vor der Montage horizontalen Ausgangslage.

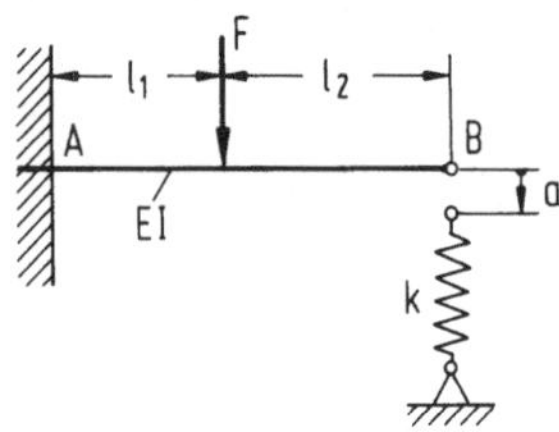

Bild 2.12.7. Kragbalken mit elastischem Endlager

Lösung:

1. *Aufschneiden* (vgl. Bild 2.12.8):

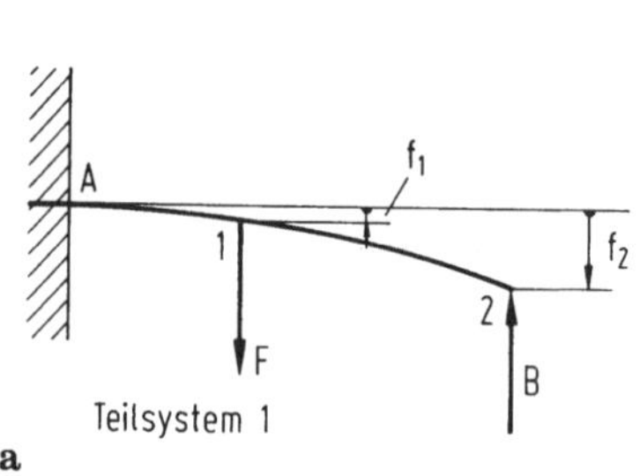

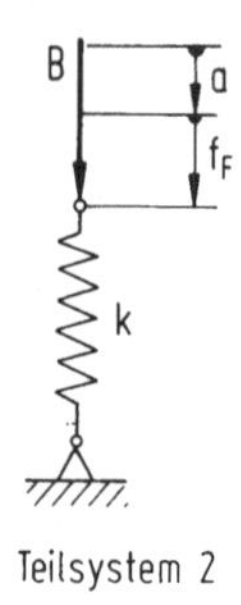

Bild 2.12.8. Teilsysteme Kragbalken und Feder

2. *Verschiebungen:* Aus Abschnitt 2.11.6 folgen für das Teilsystem 1

$$f_1 = \frac{Fl_1^3}{3EI} - \frac{Bl_1^2}{6EI}(2l_1 + 3l_2), \quad f_2 = \frac{Fl_1^2}{6EI}(2l_1 + 3l_2) - \frac{B}{3EI}(l_1 + l_2)^3.$$

Für das Teilsystem 2, die Feder, gilt nach Abschnitt 2.6.1

$$f_F = \frac{B}{k}.$$

3. *Geometrische Verträglichkeit* (für Anschlußpunkt B): Aus den Bildern 2.12.7 und 2.12.8 liest man ab:

$$f_2 = a + f_F.$$

Einsetzen obiger Werte liefert

$$\frac{Fl_1^2(2l_1+3l_2)}{6EI} - \frac{B}{3EI}(l_1+l_2)^3 = a + \frac{B}{k}$$

und

$$B = \frac{Fl_1^2(2l_1+3l_2)/(6EI) - a}{1/k + (l_1+l_2)^3/(3EI)}.$$

4. *Lagerkräfte und Verschiebungen:* Für die Lagerkräfte bei A folgt mit der bekannten Kraft B (vgl. auch Bild 2.12.9):

$$A = F - B, \quad M_A = B(l_1+l_2) - Fl_1.$$

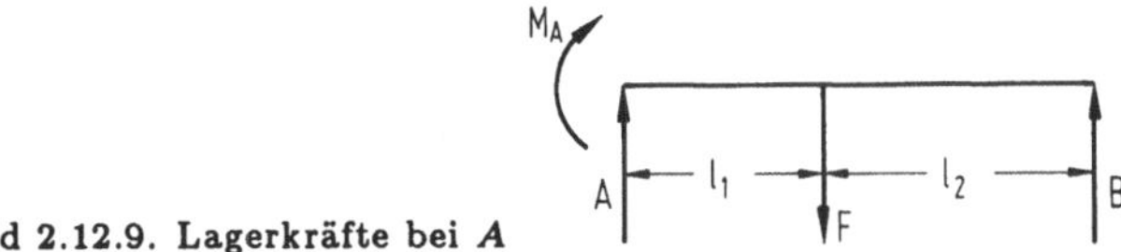

Bild 2.12.9. Lagerkräfte bei A

Die Verschiebungen f_1, f_2 und f_F ergeben sich unter Verwendung der nun bekannten Kraft B aus den unter Punkt 2 aufgestellten Beziehungen.

Torsion von Stäben

2.13 Stäbe mit kreis- oder kreisringförmigem Querschnitt

2.13.1 Allgemeine Überlegungen

Bisher haben wir die Längenänderungen von Stäben unter der Wirkung von Längs- oder Normalkräften betrachtet (Abschnitt 2.4) und die Biege-Verformung von Balken unter der Wirkung von (Biege-) Momenten untersucht (Abschnitte 2.8 bis 2.12). Wir kommen nun zur *Torsion* – zur Verdrehung, Verdrillung, Verwindung – eines geraden Stabes unter der Wirkung eines (Dreh- oder Torsions-) Momentes um seine Achse (vektoriell ein Moment parallel zur Stabachse), vgl. Bild 2.13.1.

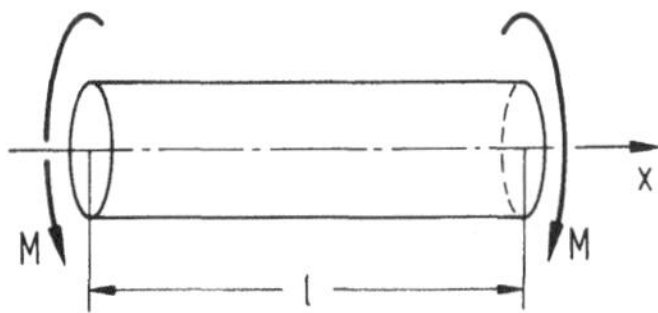

Bild 2.13.1. Stab unter Einwirkung eines Torsionsmomentes

Dabei beschränken wir uns auf Stäbe mit Kreis- oder Kreisringquerschnitten, weil die Torsion von Stäben mit allgemeineren Querschnittsformen einen erheblich umfangreicheren Aufwand an mechanischen und mathematischen Überlegungen erfordert.
Die folgende Aufgabenstellung ist für Torsionsbeanspruchungen typisch:
Gegeben ist ein zylindrischer Torsionsstab vom Radius R, der Länge l, den Konstanten E und G zur Beschreibung der elastischen Eigenschaften, vgl. Bild 2.13.1. (Statt M schreibt man auch M_T, wenn Verwechslungsmöglichkeiten mit dem Biegemoment bestehen.)
Gesucht ist der Verdrehwinkel des Stabes.

2.13.2 Herleitung der Gleichungen

Verformungen

Wir schneiden aus dem Stab ein Element in der Form eines Hohlzylinders, Länge Δx, Radius r, Wanddicke Δr, heraus; vgl. Bild 2.13.2. Eine im unbelasteten Element zur Achse parallele Mantellinie $A - A$ geht bei Belastung in die Linie $A - A'$ über. Ferner bleiben alle auf einem Strahl durch die Mittelachse liegenden Punkte eines Quer-Schnittes aus Symmetriegründen auch bei Belastung auf einem Strahl, der Winkel φ ist also unabhängig von r. Aus der Skizze liest man ab

$$\Delta\varphi \, r = \gamma \, \Delta x \, .$$

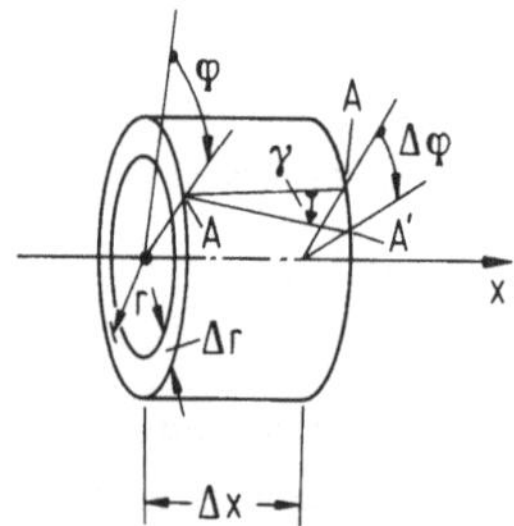

Bild 2.13.2. Herausgeschnittener Hohlzylinder

Daraus folgt

$$\gamma = \gamma(r) = r \frac{d\varphi}{dx} = r\varphi' .$$

Der Winkel $\varphi = \varphi(x)$ ist der *(Ver-) Drehwinkel*, seine Ableitung $\varphi' = d\varphi/dx$ nennt man *Drillung*.

Schubspannungen

Ein an der Mantellinie liegendes, ursprünglich rechteckiges Element des Hohlzylinders ist nach der Belastung um den Winkel γ verschoben, Bild 2.13.3. Aus dem Hookeschen Gesetz (Abschnitt 2.3.4) folgt

$$\tau = G\gamma = Gr\varphi'.$$

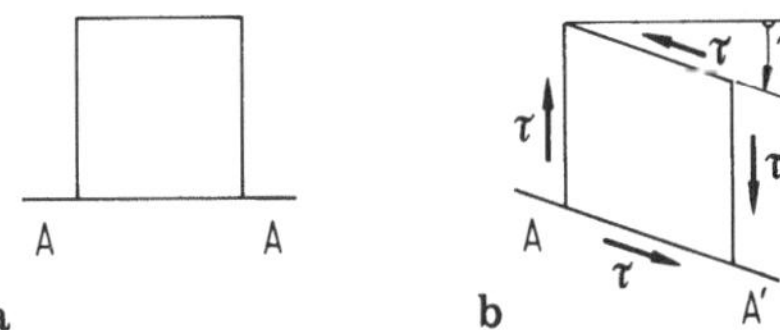

Bild 2.13.3. Verformung eines Elementes des Hohlzylinders

Gleichgewicht

Das Stabelement nach Bild 2.13.4 zeigt am negativen Schnittufer die Schubspannungen – gezeichnet sind sie nur für ein Flächenelement ΔA im Abstand r von der Stabachse – und am positiven Schnittufer das (Dreh-) Moment M. Die Bedingung für das Momentengleichgewicht um die x-Achse liefert

$$M - \int_A r\tau \, dA = 0.$$

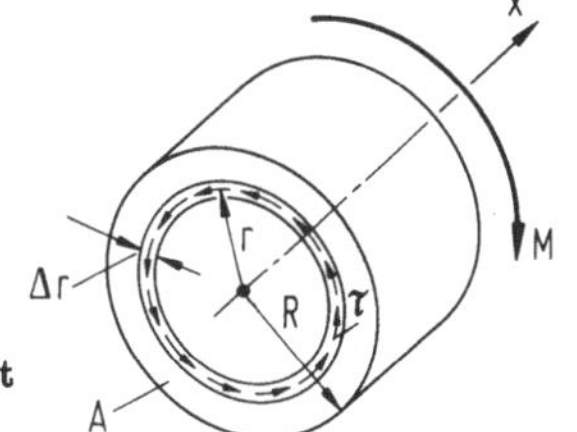

Bild 2.13.4. Momentengleichgewicht am Torsionsstab

(Die anderen Gleichgewichtsbedingungen sind erfüllt.) Mit $\tau = Gr\varphi'$ ergibt sich daraus

$$M = \int_A r(Gr\varphi')dA = G\varphi' \int_A r^2 dA.$$

Der Integralausdruck ist das in Abschnitt 2.9.1 eingeführte *polare Flächenmoment zweiten Grades*

$$I_p = \int_A r^2 dA.$$

Man erhält für die *Drillung* eines Stabes mit dem Flächenmoment I_p und dem Schubmodul G infolge des Momentes M den Ausdruck

$$\varphi' = \frac{M}{GI_p}.$$

Die Drillung ist um so kleiner, je größer das Produkt GI_p ist, deshalb heißt GI_p *Drillsteifigkeit.*

Die polaren Flächenmomente von kreis- und kreisringförmigen Querschnitten, vgl. Bild 2.13.5, haben wir in Abschnitt 2.9.2 berechnet:

$$I_p = \frac{\pi}{2}R^4 = \frac{\pi}{32}d^4 \quad \text{für Vollzylinder,}$$

$$I_p = \frac{\pi}{2}(R_a{}^4 - R_i{}^4) = \frac{\pi}{32}(D_a{}^4 - D_i{}^4) \quad \text{für Hohlzylinder.}$$

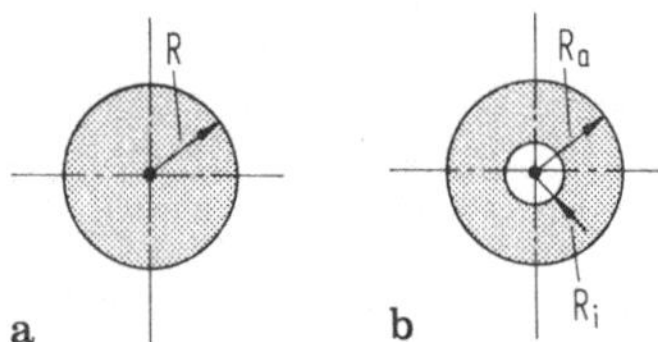

Bild 2.13.5. Voll- und Hohlzylinder

Hinweis 1: Obige Überlegungen lassen sich *nicht* auf Stäbe mit anderen als kreisförmigen Querschnitten übertragen. Allerdings gilt auch für sie eine Beziehung $\varphi' = M/(GI_T)$. Dabei ist in der Torsionssteifigkeit GI_T das I_T eine Rechengröße von der Dimension eines Flächenmomentes zweiten Grades, und *nur* für Kreisquerschnitte gilt $I_T = I_p$.

Schubspannungsverlauf

Einsetzen der Drillungsbeziehung $\varphi' = M/(GI_p)$ in die Schubspannungsformel $\tau = Gr\varphi'$ liefert

$$\tau = \tau(r) = \frac{M}{I_p}r,$$

die Schubspannung wächst linear mit dem Radius, Bild 2.13.6.

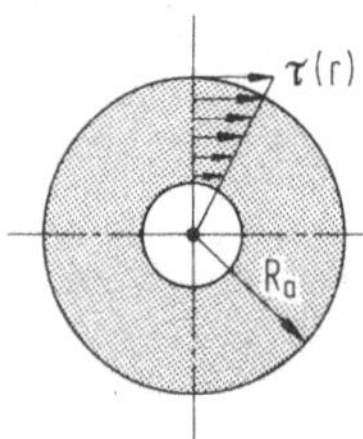

Bild 2.13.6. Verlauf der Schubspannungen

Sie nimmt außen, bei $r = R_a$, den Größtwert $\tau_{\max}$ an. Mit dem *Torsions-Widerstandsmoment*

$$W_p := \frac{I_p}{R_a}$$

erhält man

$$\tau_{\max} = \frac{M}{W_p} = \frac{MR_a}{I_p}.$$

Hinweis 2: Bei anderen als kreisförmigen Querschnitten sind die Schubspannungen im allgemeinen nicht linear über den Querschnitt verteilt und haben ihre Extrema auch nicht an den Punkten mit der größten Entfernung vom Querschnittszentrum.

2.13.3 Drehwinkel, Drehfedern

Verdrehung einer Welle

Gegeben: Welle, Länge l, Drillsteifigkeit GI_p = const., festgehalten bei $x = 0$, belastet mit Torsionsmoment M, vgl. Bild 2.13.7.
Gesucht: Verdrehung $\varphi_B := \varphi(l)$.

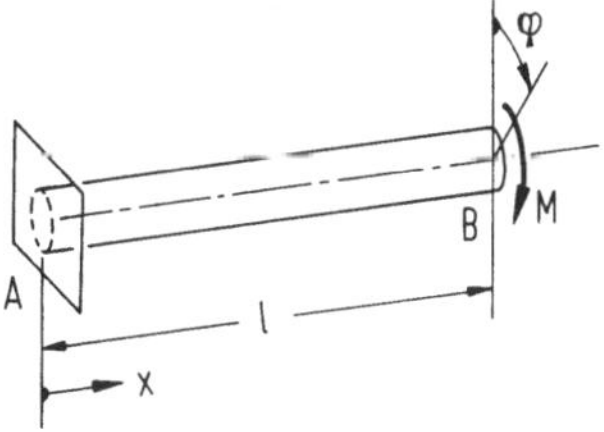

Bild 2.13.7. Eingespannter Torsionsstab

Lösung:
Es gilt die Differentialgleichung

$$\varphi' = \frac{M}{GI_p} = \text{const.}$$

Die Integration liefert

$$\varphi(x) = \varphi(0) + \int_0^x \frac{M}{GI_p} d\xi = \varphi_0 + \frac{Mx}{GI_p}.$$

Mit der Randbedingung $\varphi(0) = 0$ folgt

$$\varphi_B = \varphi(l) = \frac{Ml}{GI_p}.$$

Drehfedern (vgl. Abschnitt 2.6)

Man vergleicht die Verdrehung eines Torsionsstabes oder einer Welle mit der Verdrehung eine Spiralfeder (z. B. Unruhfeder), vgl. Bild 2.13.8. Aus der obigen Beziehung für $\varphi(l)$ folgt

$$M = \frac{GI_p}{l}\varphi.$$

Für die *Drehfeder* setzt man mit der *Drehfedersteifigkeit* (Torsionssteifigkeit) k_T

$$M = k_T \varphi.$$

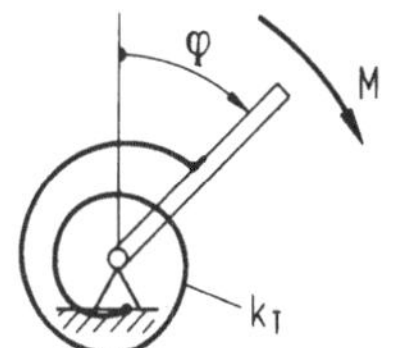

Bild 2.13.8. Drehfeder

Dimension: $\dim k_T = \dim M =$ **KL**.
Vergleich der beiden Beziehungen liefert

$$k_T = \frac{GI_p}{l}.$$

Für Drehfeder-Schaltungen gelten Beziehungen analog zu Abschnitt 2.6.2.

2.13.4 Beispiele

Verdrehung einer abgesetzten Welle

Gegeben: Abgesetzter Torsionsstab, Längen l_1, l_2, Drillsteifigkeiten $(GI_p)_1$ bzw. $(GI_p)_2$, bei B und C belastet mit Momenten M_B, M_C (in Bild 2.13.9 als Vektoren eingetragen).

Gesucht: Drehwinkel φ_B, φ_C bei B bzw. C.

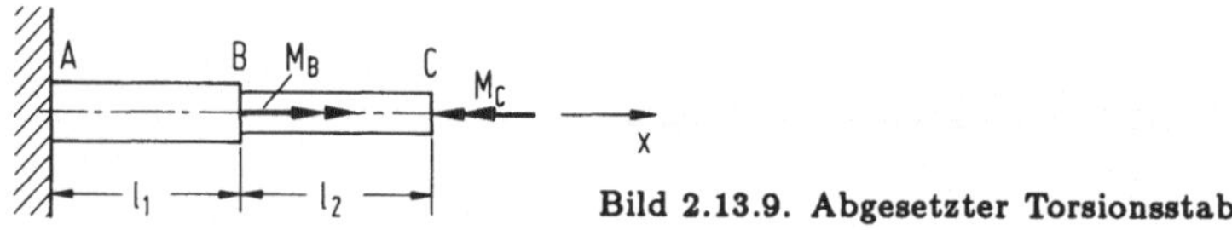

Bild 2.13.9. Abgesetzter Torsionsstab

Lösung (nach Abschnitt 2.13.3):

Verdrehung von Teil 1: $\varphi_1 = \frac{M_1 l_1}{(GI_p)_1} = \frac{M_B - M_C}{(GI_p)_1} l_1$,

Verdrehung von Teil 2: $\varphi_2 = \frac{M_2 l_2}{(GI_p)_2} = \frac{-M_C l_2}{(GI_p)_2}$,

Drehwinkel $\varphi_B = \varphi_1 = \frac{M_B - M_C}{(GI_p)_1} l_1$,

Drehwinkel $\varphi_C = \varphi_1 + \varphi_2 = \frac{M_B - M_C}{(GI_p)_1} l_1 - \frac{M_C}{(GI_p)_2} l_2$.

Statisch unbestimmtes System

Gegeben: Abgesetzter Torsionsstab, Längen l_1, l_2, Drillsteifigkeiten $(GI_p)_1$ bzw. $(GI_p)_2$, fest eingespannt bei A und C, belastet bei B mit M_B; vgl. Bild 2.13.10.

Gesucht: Drehung φ_B, Einspannmomente bei A und C.

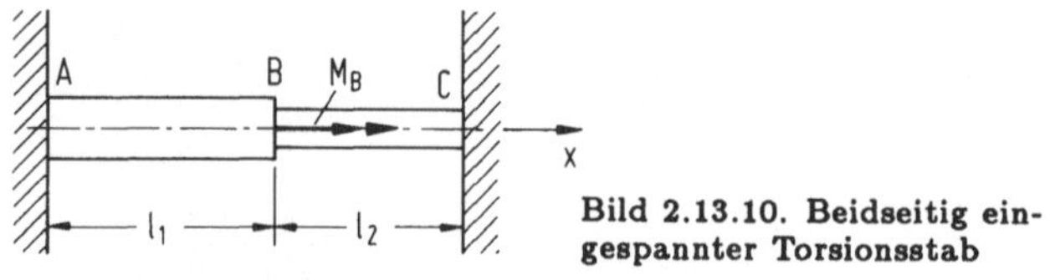

Bild 2.13.10. Beidseitig eingespannter Torsionsstab

Lösung (nach Schema aus Abschnitt 2.5.1):

1. *Aufschneiden:* Schneidet man den Torsionsstab unmittelbar rechts von der Stelle B, so erhält man die beiden in Bild 2.13.11 dargestellten Teilsysteme; M ist das Schnittmoment.

2. *Drehungen*

Teilsystem 1: $\varphi_{B1} = \dfrac{(M_B + M)l_1}{(GI_p)_1}$,

Teilsystem 2: $\varphi_{B2} = -\dfrac{Ml_2}{(GI_p)_2}$.

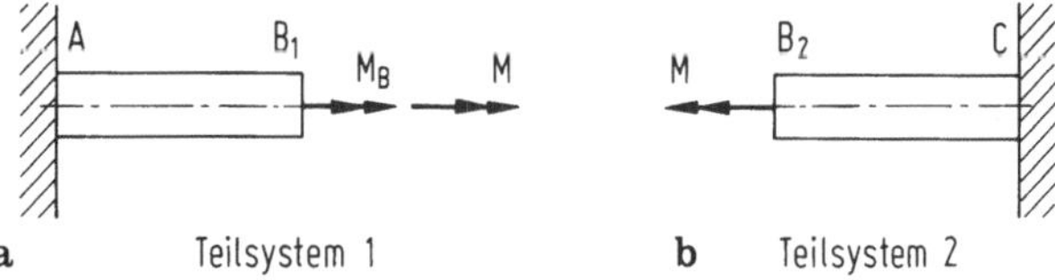

Bild 2.13.11. Aufgeschnittener Torsionsstab

3. *Geometrische Verträglichkeit:* Aus $\varphi_{B1} = \varphi_{B2} = \varphi_B$ folgt

$$M = -\frac{M_B l_1/(GI_p)_1}{l_1/(GI_p)_1 + l_2/(GI_p)_2}.$$

4. *Momente und Drehungen*

Momente (Vorzeichen gemäß Bild 2.13.12): Aus den Gleichgewichtsbedingungen für die bei A bzw. C freigeschnittenen Teilsysteme 1 und 2, vgl. Bild 2.13.11, erhält man

$$M_A = \frac{M_B l_2/(GI_p)_2}{l_1/(GI_p)_1 + l_2/(GI_p)_2}, \quad M_C = -M = \frac{M_B l_1/(GI_p)_1}{l_1/(GI_p)_1 + l_2/(GI_p)_2}.$$

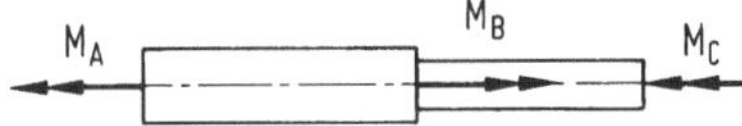

Bild 2.13.12. Äußeres Moment und Auflagerreaktionen

Drehungen: Für den gesuchten Drehwinkel ergibt sich

$$\varphi_B = \varphi_{B2} = \frac{l_1/(GI_p)_1 \cdot l_2/(GI_p)_2}{l_1/(GI_p)_1 + l_2/(GI_p)_2} M_B = \frac{M_B}{(GI_p)_1/l_1 + (GI_p)_2/l_2}.$$

Lösung (mit Federschaltungen nach Abschnitt 2.6.2):
Faßt man die beiden Teile des Torsionsstabes als Drehfedern mit den Federsteifigkeiten

$$k_{T1} = \frac{(GI_p)_1}{l_1}, \quad k_{T2} = \frac{(GI_p)_2}{l_2}$$

auf, vgl. Abschnitt 2.13.3, so liegt eine Parallelschaltung der Federn vor:

$$k_{Te} = k_{T1} + k_{T2}.$$

Für die Drehung gilt dann

$$\varphi_B = \frac{M_B}{k_{Te}} = \frac{M_B}{k_{T1} + k_{T2}}.$$

Die Einspannmomente ergeben sich – mit dem Drehsinn von M_A und M_C gemäß Bild 2.13.12 – zu

$$M_A = k_{T1}\,\varphi_B = \frac{k_{T1}}{k_{T1}+k_{T2}}M_B, \quad M_C = k_{T2}\,\varphi_B = \frac{k_{T2}}{k_{T1}+k_{T2}}M_B.$$

Man zeige, daß diese Ergebnisse mit den obigen übereinstimmen.

Arbeitsaussagen der Elastostatik

Mit Hife einer Arbeitsaussage, dem Prinzip der virtuellen Verrückungen, wurde in Abschnitt 1.21 das statische Gleichgewicht von Systemen erfaßt. Zu diesem Zweck haben wir die Arbeit der *eingeprägten äußeren* Kräfte bei *virtuellen* Verrückungen berechnet. Die *inneren* Kräfte, d.h. die Kräfte *in* den Bauteilen, lieferten keine Beiträge, denn wir hatten starre Körper vorausgesetzt.
Wir wollen jetzt Arbeitsaussagen für *linear elastische Körper* entwickeln. Dabei müssen wir nun auch die von den inneren Kräften bei der Verformung des Körpers verrichtete Arbeit berücksichtigen. Im Unterschied zum Abschnitt 1.21 behandeln wir hier tatsächliche Kräfte (und Momente) *und* tatsächliche Verformungen. Wir beschränken uns allerdings auf die Grundgedanken.
Die Parallele zum Prinzip der virtuellen Verrückungen, mit dem man in der Statik tatsächliche Kräfte bestimmt, ist in der Elastostatik das Prinzip der virtuellen Kräfte, mit dem man tatsächliche Verformungen mit Hilfe von virtuellen – bloß gedachten – Kräften ermittelt. Darauf gehen wir hier aber nicht ein.

2.14 Energieüberlegungen

Wir betrachten "quasi-statische", d.h. sehr *langsam* ablaufende Vorgänge, bei denen man die kinetische Energie nicht zu berücksichtigen braucht (vgl. z.B. Abschnitt 3.10).

2.14.1 Arbeit der äußeren Kräfte und Momente

Gezogener Stab

Gegeben ist der Zugstab nach Bild 2.14.1a, Ausgangslänge l, Dehnsteifigkeit EA, belastet mit der äußeren Kraft F_0, die das Stabende um $f_0 = F_0 l/(EA)$ absenkt, vgl. Abschnitt 2.4.1.
Gesucht ist die Arbeit W^a der äußeren Kraft F_0, wenn sie auf den zunächst entlasteten Stab langsam aufgebracht wird.

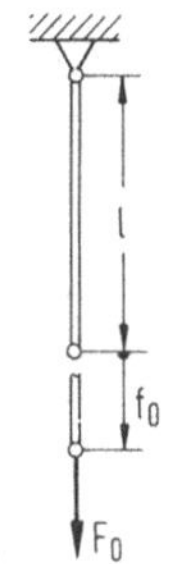

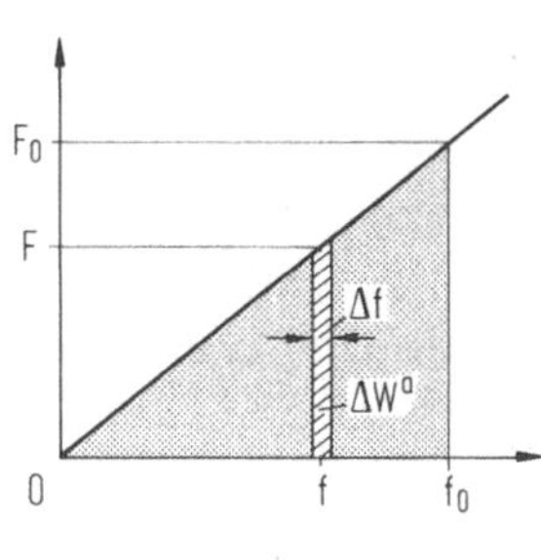

Bild 2.14.1. Zugstab und Kraft-Verschiebungs-Diagramm

Lösung:
Wir bezeichnen die während des Belastungsvorgangs ansteigende, also variable Kraft mit F, $0 \leq F \leq F_0$, und die jeweils zugehörige Absenkung mit f, $0 \leq f \leq f_0$.
Zwischen f und F besteht nach Abschnitt 2.4.1 die Beziehung

$$f = \frac{Fl}{EA} = f_0 \frac{F}{F_0},$$

vgl. Bild 2.14.1b. Die von F bei einer kleinen Krafterhöhung ΔF und der damit verbundenen Zusatzauslenkung Δf am Stab verrichtete Arbeit ΔW^a beträgt nach Abschnitt 1.21.1

$$\Delta W^a = F\,\Delta f.$$

Mit $\Delta f = \Delta F f_0/F_0$ erhält man

$$W^a = \int_0^{f_0} F df = \frac{f_0}{F_0} \int_0^{F_0} F\,dF = \frac{1}{2} F_0 f_0.$$

Die Arbeit W^a ist gleich der Fläche des in Bild 2.14.1b punktierten Dreieckes. Führt man einen "Belastungsparameter" λ mit $0 \leq \lambda \leq 1$ ($\lambda = 0$: entlasteter Stab, $\lambda = 1$: mit F_0 belasteter Stab) ein, und setzt man gemäß dem linearen Zusammenhang in Bild 2.14.1b

$$f = \lambda f_0, \quad F = \lambda F_0$$

an, so kann man auch schreiben

$$W^a = \int_0^{f_0} F df = F_0 f_0 \int_0^1 \lambda\,d\lambda = \frac{1}{2} F_0 f_0.$$

Gebogener Balken

Gegeben ist der Balken nach Bild 2.14.2, der sich unter der *gemeinsamen Wirkung* der Kräfte F_{i0} und der Momente M_{k0} an den Krafteinleitungsstellen um f_{i0} absenkt und an den Momenteneinleitungsstellen um ψ_{k0} dreht.

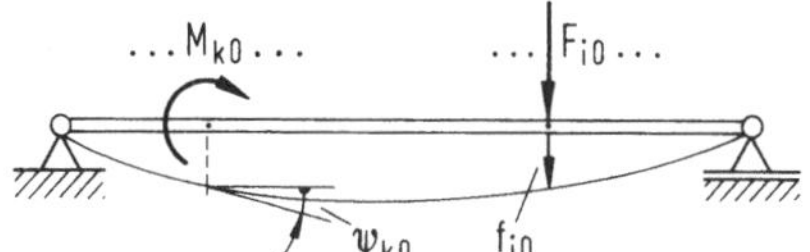

Bild 2.14.2. Balkenauslenkungen unter der Wirkung von Kräften und Momenten

Gesucht ist die Arbeit W^a der äußeren Lasten, wenn sie langsam aufgebracht werden.

Lösung:

Wir bezeichnen mit F_i, M_k und f_i, ψ_k die während des Belastungsvorganges ansteigenden, also variablen Größen. Es gilt nach Abschnitt 1.21.1

$$\Delta W^a = \sum_i F_i \,\Delta f_i + \sum_k M_k \,\Delta\psi_k.$$

Da auch hier zwischen F_i, M_k und f_i, ψ_k ein linearer Zusammenhang besteht, vgl. Abschnitt 2.11.6, können wir mit dem Belastungsparameter λ aus der obigen Betrachtung über den gezogenen Stab ansetzen

$$F_i = \lambda F_{i0}, \quad M_k = \lambda M_{k0}, \quad f_i = \lambda f_{i0}, \quad \psi_k = \lambda\psi_{k0}$$

und erhalten

$$W^a = \int_0^1 \Big[\sum_i F_{i0} f_{i0} + \sum_k M_{k0}\psi_{k0}\Big]\lambda \,d\lambda = \frac{1}{2}\Big[\sum_i F_{i0} f_{i0} + \sum_k M_{k0}\psi_{k0}\Big].$$

Nachdem nun die Ausdrücke für W^a bekannt sind, lassen wir den Index 0 weg: $F_{i0} \to F_i$, $f_{i0} \to f_i$, $M_{k0} \to M_k$, $\psi_{k0} \to \psi_k$.

Man sieht leicht ein, daß die Ausdrücke für die Arbeit der äußeren Kräfte bei beliebigen *linear elastischen* Systemen die obige Form haben.

2.14.2 Arbeit der inneren Kräfte und Momente

Gezogener Stab

Gegeben ist der Stab nach Bild 2.14.3a, der (langsam) bis auf eine Kraft F (im vorigen Abschnitt mit F_0 bezeichnet) belastet wird. Ein Element, Ausgangslänge Δx, verformt sich dann infolge der inneren (Schnitt-) Kräfte F gemäß Bild 2.14.3b.

Gesucht ist die Arbeit W^i der inneren Kräfte.

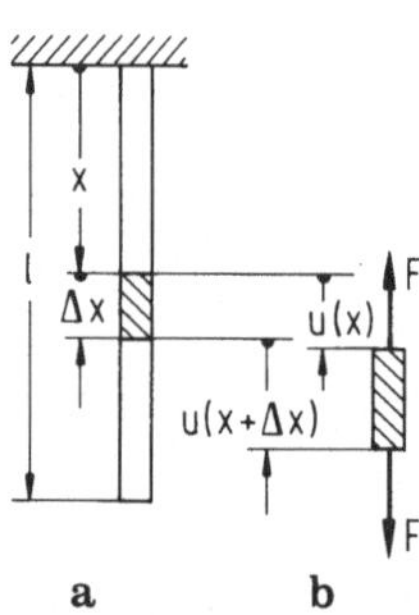

Bild 2.14.3. Zugstab mit inneren Kräften

Lösung:

Nach dem Schnitt an einem Stabelement – wie in Bild 2.14.3b – können wir die Kräfte F als äußere Kräfte auffassen, die auf ein lineares System wirken. Wir erhalten gemäß vorigem Abschnitt für die Arbeit ΔW^i an dem betrachteten Element (unter der vollen Last!):

$$\Delta W^i = \frac{1}{2}u(x+\Delta x)F - \frac{1}{2}u(x)F = \frac{1}{2}F[u(x+\Delta x) - u(x)] = \frac{1}{2}F\Delta u \approx \frac{1}{2}Fu'\Delta x.$$

Mit $u' = \varepsilon$ (vgl. Abschnitt 2.2.3) und $\varepsilon = F/(EA)$ (vgl. Abschnitt 2.4.1) erhält man bei Integration über die Stablänge einerseits

$$W^i = \frac{1}{2}\int_0^l F\,\frac{F}{EA}dx = \frac{1}{2}\int_0^l \frac{F^2}{EA}dx\,.$$

Ist die Dehnsteifigkeit EA unabhängig von x ($EA = \text{const.}$), so gilt

$$W^i = \frac{1}{2}\frac{F^2 l}{EA}\,.$$

Andererseits folgt durch Integration von $\Delta W^i = Fu'\Delta x/2$:

$$W^i = \frac{1}{2}\int_0^l Fu'dx = \frac{1}{2}Fu(l) = \frac{1}{2}Ff = W^a.$$

Man findet die Arbeit der äußeren Kräfte also gerade im Stab als Arbeit der inneren Kräfte wieder:

$$W^i = W^a.$$

Man nennt W^i auch *Formänderungsenergie* oder *Potential.* Im Abschnitt 3.11.3 werden wir obige Aussage als Sonderfall des allgemeinen Energieerhaltungssatzes sehen.

Gebogener Balken

Gegeben ist ein Balken der Länge l mit der Biegesteifigkeit $EI(x)$, belastet mit einem Biegemoment $M(x)$; vgl. etwa Bild 2.8.4.
Gesucht ist die Arbeit W^i der inneren Kräfte; das ist hier die Arbeit der Schnittmomente.
Lösung:
Entsprechend dem Vorgehen beim Zugstab erhält man (vgl. Bild 2.8.4 und Abschnitt 2.11.1)

$$\Delta W^i = \frac{1}{2}M\,\Delta\alpha = -\frac{1}{2}M\,\Delta\varphi \approx -\frac{1}{2}M\varphi'\Delta x = \frac{1}{2}\frac{M^2}{EI}\Delta x$$

und

$$W^i = \frac{1}{2}\int_0^l \frac{M^2}{EI}dx.$$

Um dieses Integral berechnen zu können, braucht man nur den Momentenverlauf $M(x)$ und den Biegesteifigkeitsverlauf $EI(x)$ zu kennen.
Wieder gilt $W^i = W^a$, nur läßt es sich hier nicht so unmittelbar wie beim Stab zeigen.

Anwendungsbeispiel

Gegeben: Kragbalken, Biegesteifigkeit EI, Länge l, belastet mit Kraft F; vgl. Bild 2.14.4.
Gesucht: Absenkung f.

Lösung:
Für die Arbeit der äußeren Kraft gilt nach Abschnitt 2.14.1

$$W^a = \frac{1}{2}Ff.$$

Die Formänderungsenergie ergibt sich mit $M(x) = -(l-x)F$ zu

$$W^i = \frac{1}{2}\int_0^l \frac{(l-x)^2F^2}{EI}dx = \frac{F^2l^3}{6EI}.$$

Durch Gleichsetzen erhält man (einfacher als in Abschnitt 2.11.3):

$$f = \frac{Fl^3}{3EI}.$$

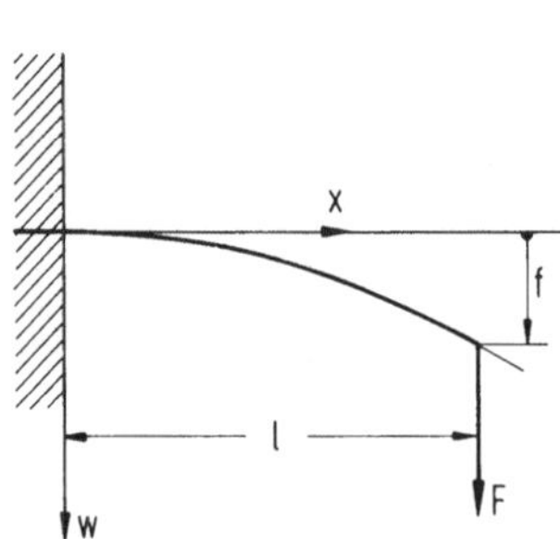

Bild 2.14.4. Kragbalken mit Einzelkraft

2.14.3 Die Sätze von Castigliano

Einflußzahlen

In Abschnitt 2.11.6 haben wir für das in Bild 2.14.5 gezeigte System die Absenkungen

$$f_1 = \frac{l_1^3}{3EI}F_1 + \frac{l_1^2}{6EI}(2l_1 + 3l_2)F_2,$$

$$f_2 = \frac{l_1^2}{6EI}(2l_1 + 3l_2)F_1 + \frac{(l_1+l_2)^3}{3EI}F_2$$

berechnet. Man kürzt diesen linearen Zusammenhang ab:

$$f_1 = h_{11}F_1 + h_{12}F_2,$$
$$f_2 = h_{21}F_1 + h_{22}F_2.$$

Dabei gilt

$$h_{11} = \frac{l_1^3}{3EI}, \quad h_{12} = h_{21} = \frac{l_1^2(2l_1+3l_2)}{6EI}, \quad h_{22} = \frac{(l_1+l_2)^3}{3EI}.$$

Die h_{ik} erfassen die Auslenkung (Wirkung) i infolge der Last (Ursache) k; sie heißen *Verschiebungs-Einflußzahlen* und entsprechen der *Nachgiebigkeit* h in Abschnitt 2.6.1.

Man kann obige lineare Gleichungen nach den Kräften F_1, F_2 auflösen (Übungsaufgabe!). Das Ergebnis hat die Form

$$F_1 = k_{11}f_1 + k_{12}f_2,$$
$$F_2 = k_{21}f_1 + k_{22}f_2.$$

Die k_{mn} erfassen die Last (Wirkung) m infolge der Auslenkung (Ursache) n; sie heißen *Kraft-Einflußzahlen* und entsprechen der *Steifigkeit* k in Abschnitt 2.6.1. Man sieht leicht ein, daß die am Beispiel besprochene *Einfluß-Überlagerung* unmittelbar auf andere Systeme, mehr Lasten (d.h. Kräfte und Momente) und mehr Auslenkungen (d.h. Absenkungen und Winkel) angewendet werden kann, solange mit linearisierter Geometrie und linear elastischen Werkstoffen gearbeitet werden darf.

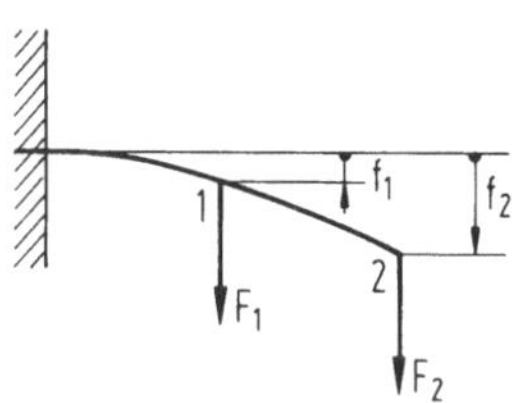

Bild 2.14.5. Kragbalken mit zwei Einzelkräften

Der erste Satz von Castigliano

Drückt man für das oben genannte Beispiel die Arbeit W^a der äußeren Kräfte mit Hilfe der Verschiebungseinflußzahlen aus, so ergibt sich für

$$W^a = \frac{1}{2}(F_1 f_1 + F_2 f_2)$$

die bezüglich F_1, F_2 *quadratische Form*

$$W^a = \frac{1}{2}(h_{11}F_1{}^2 + h_{12}F_1F_2 + h_{21}F_2F_1 + h_{22}F_2{}^2).$$

Wegen $W^i = W^a$ erhält man durch partielles Differenzieren (mit $h_{12} = h_{21}$, s. unten):

$$\frac{\partial W^i}{\partial F_1} = h_{11}F_1 + h_{12}F_2 = f_1, \quad \frac{\partial W^i}{\partial F_2} = h_{21}F_1 + h_{22}F_2 = f_2.$$

Die allgemeine Form dieser Aussage ist der *erste Satz von Castigliano:* Schreibt man die Formänderungsenergie W^i als quadratische Form der Lasten, so ist die partielle Ableitung von W^i nach einer Last gleich der Auslenkung des Lastangriffspunktes in Richtung der Last.

Verschwindet die Auslenkung, z.B. am Angriffspunkt einer starren Lagerung, so muß auch die Ableitung von W^i nach der Lagerreaktion verschwinden.

Aus der gemischten zweiten Ableitung

$$\frac{\partial^2 W^i}{\partial F_1 \partial F_2} = \frac{\partial^2 W^i}{\partial F_2 \partial F_1}$$

folgt die oben schon benutzte Beziehung:

$$h_{21} = h_{12}.$$

In der allgemeinen Form $h_{ik} = h_{ki}$ heißt diese Aussage *Maxwellscher Reziprozitätssatz.*

Der zweite Satz von Castigliano

Arbeitet man mit den Kraft- statt mit den Verschiebungs-Einflußzahlen, so erhält man auf entsprechende Weise (mit $k_{12} = k_{21}$)

$$\frac{\partial W^i}{\partial f_1} = k_{11} f_1 + k_{12} f_2 = F_1 \quad \text{usw.}$$

Zweiter Satz von Castigliano: Schreibt man die Formänderungsarbeit W^i als quadratische Form der Auslenkungen, so ist die partielle Ableitung von W^i nach einer Auslenkung gleich der am Auslenkungspunkt angreifenden Last in Richtung der Auslenkung.

Hinweis: Die Sätze von Castigliano gelten auch für nichtlinear elastische Systeme. Dann treten andere nichtlineare Funktionen an die Stelle der quadratischen Formen; die Einflußzahlen entfallen (vgl. das folgende Beispiel 2).

Anwendungsbeispiele

Beispiel 1

Gegeben: Kragbalken ABC nach Bild 2.14.6, Länge $2l$, Biegesteifigkeiten EI_0 und $2EI_0$, belastet mit Streckenlast q_0, Kraft F und Moment M_A.

Gesucht: Absenkung f und Winkel ψ bei A.

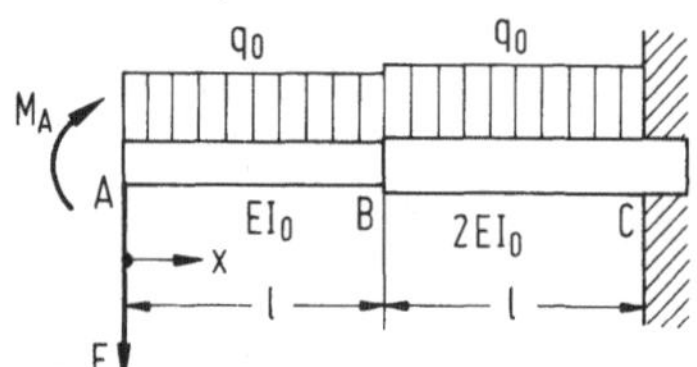

Bild 2.14.6. Kragbalken

Lösung (nach dem ersten Satz von Castigliano):

Momentenverlauf:

$$M(x) = M_A - Fx - q_0 \frac{x^2}{2}.$$

Formänderungsenergie:

$$W^i = \frac{1}{2} \int_0^{2l} \frac{[M(x)]^2}{EI(x)} dx = \frac{1}{2} \int_0^l \frac{M^2}{EI_0} dx + \frac{1}{2} \int_l^{2l} \frac{M^2}{2EI_0} dx.$$

Auslenkungen:

$$\psi = \frac{\partial W^i}{\partial M_A} = \frac{1}{2EI_0} \left[2 \int_0^l \left(M_A - Fx - q_0 \frac{x^2}{2} \right) dx + \int_l^{2l} \left(M_A - Fx - q_0 \frac{x^2}{2} \right) dx \right]$$

$$= \frac{1}{2EI_0} \left(3M_A l - \frac{5}{2} F l^2 - \frac{3}{2} q_0 l^3 \right),$$

$$f = \frac{\partial W^i}{\partial F} = \frac{1}{2EI_0} \left[2 \int_0^l \left(-M_A + Fx + q_0 \frac{x^2}{2} \right) x dx + \int_l^{2l} \left(-M_A + Fx + q_0 \frac{x^2}{2} \right) x dx \right]$$

$$= \frac{1}{2EI_0} \left(-\frac{5}{2} M_A l^2 + 3Fl^3 + \frac{17}{8} q_0 l^4 \right).$$

Die Formeln schließen auch die Fälle $M_A \to 0$ und $F \to 0$ ein.
Ist bei A zusätzlich eine starre Stütze angebracht, so folgt aus $f = \partial W^i/\partial F = 0$ die Auflagerkraft $A := -F$ zu

$$A = \frac{17}{24} q_0 l - \frac{5}{6}\frac{M_A}{l}.$$

Beispiel 2
Gegeben: Stab AB nach Bild 2.14.7, Abmessungen a, h (Länge $l = \sqrt{a^2 + h^2}$), Dehnsteifigkeit EA.
Gesucht: Absenkung f des Lagers A bei Belastung mit der Kraft F

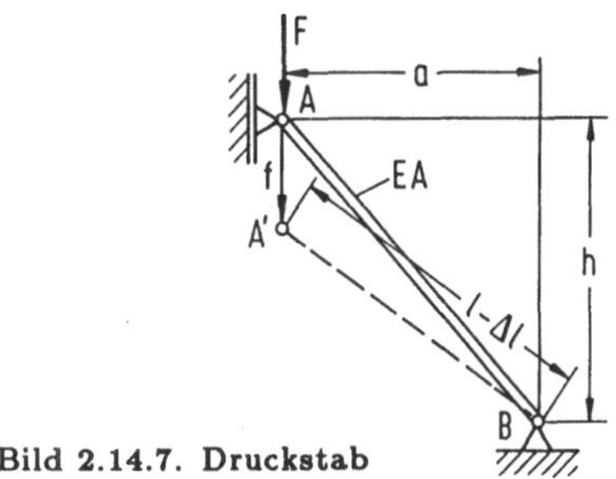

Bild 2.14.7. Druckstab

Lösung (nach dem zweiten Satz von Castigliano):
Gemäß den Überlegungen zum Zugstab in Abschnitt 2.14.2 erhält man mit der Stablängenänderung Δl für die Formänderungsenergie $W^i = EA(\Delta l)^2/(2l)$. Aus Bild 2.14.7 liest man ab

$$-\Delta l = \sqrt{a^2 + (h-f)^2} - l.$$

Bei $|f| \ll l$ kann man diesen Ausdruck bezüglich f *linearisieren.*
Mit $l = \sqrt{a^2 + h^2}$ gilt

$$-\Delta l = l\left[\sqrt{1 + (f^2 - 2hf)/l^2} - 1\right] \approx l(1 - hf/l^2 - 1) = -hf/l.$$

Damit ergibt sich $W^i = EAh^2f^2/(2l^3)$, und es folgt

$$F = \frac{\partial W^i}{\partial f} = \frac{EAh^2}{l^3} f \quad \text{oder} \quad f = \frac{Fl^3}{EAh^2}.$$

Ist die Bedingung $|f| \ll l$ nicht erfüllt, so erhält man die nichtlineare Beziehnung

$$F = \frac{\partial W^i}{\partial f} = EA\,\frac{h-f}{l}\left[\frac{l}{\sqrt{a^2 + (h-f)^2}} - 1\right].$$

Sie gilt, solange $W^i = EA(\Delta l)^2/(2l)$ zutrifft.

Stabilität

2.15 Einführende Überlegungen zur Stabilität

Systeme aus Technik und der Natur können nicht nur dadurch versagen, daß sie "brechen", "zerreißen" oder "durchbrennen", also infolge zu großer Last zerstört werden. Es ist auch möglich, daß eine kleine Störung, die zu einer (großen) Grundlast hinzukommt, die Funktion des Systemes "plötzlich" ändert (danach kann eine Zerstörung folgen). Probleme dieser Art nennt man *Stabilitätsprobleme.* Es erhebt sich die Frage: Wie muß man ein System bauen, damit der Größe nach unbekannte – doch kleine – Störungen die Funktion dieses Systems nicht (zu) nachteilig beeinflussen?
Lehrbuchmäßig bekannt sind die in Bild 2.15.1 gezeigten Lagerungsfälle einer schweren Kugel, deren Gewicht von einer Unterlage aufgenommen wird. Eine kleine Störung wäre hier eine Horizontalkraft (z.B. ein Luftzug). Nach Aufhören der Störung liegt dann eine Auslenkung vor, auf die die Kugel in der in Bild 2.15.1 angegebenen Weise reagiert. Die Einstufung der Reaktionsweisen hinsichtlich der *Stabilität der Gleichgewichtslage* des Systems Kugel-Unterlage ist ebenfalls im Bild genannt.

Lagerungsfall Nr.	1	2	3	4
Bild der Lagerung				
Reaktion auf Störung	Zurück-Rollen	Liegen-Bleiben	Weg-Rollen	Zurück-Rollen, wenn Störung klein genug
Gleichgewichtslage heißt	Stabil	Indifferent	Instabil	Praktisch Stabil

Bild 2.15.1. Gleichgewichtslagen und ihre Stabilität

Der Fall 4 kommt der Realität in vieler Hinsicht am nächsten, leider ist er nur sehr schwer rechnerisch zu erfassen. Der Fall 2 wird in der Technik nur als Grenzfall zwischen 1 und 3 betrachtet (man braucht meistens "eindeutige" Arbeitspunkte). Wichtig sind der Fall 1 der *Stabilität* und der Fall 3 der *Instabilität* (das Wort "labil" wird nur selten benutzt).
Wir untersuchen im folgenden einige Fälle *statischer* Stabilität und Instabilität: Wir fragen, ob ein System ausknickt. Daneben gibt es in der Mechanik die *kinetische* Instabilität: Systeme beginnen bei ungünstigen Lasten (Parametern) zu schwingen (quietschende Kreide, ratternder Wasserhahn, flatternde Tragflügel). Instabile Regelkreise können sich ähnlich verhalten.

2.16 Statische Stabilität eines Feder-Stab-Systems

2.16.1 Stabilitätsuntersuchung

Ein gewichtsloser starrer Stab der Länge l wird durch eine Feder der Steifigkeit k und der Länge $L \gg l$ in vertikaler Stellung gehalten, vgl. Bild 2.16.1a.

Fall 1 (Bild 2.16.1a):
Der Stab wird durch eine *große* Kraft F vertikal belastet.
Wie verschiebt sich der Lastangriffspunkt?
Lösung: Der Lastangriffspunkt verschiebt sich nicht.

Fall 2 (Bild 2.16.1b):
Der Stab wird durch eine *kleine* Kraft F^* horizontal belastet.
Wie verschiebt sich der Lastangriffspunkt?
Lösung: Der Lastangriffspunkt verschiebt sich um

$$f = \frac{F^*}{k}, \quad |f| \ll l.$$

Fall 3 (Bild 2.16.1c):
Auf den durch die *große* Vertikalkraft F vorbelasteten Stab wirkt zusätzlich eine *kleine* Horizontalkraft F^*.
Wie verschiebt sich der Lastangriffspunkt?
Lösung:
Die Kraft F heißt groß, wenn $|F| \ll k\,l$ *nicht* erfüllt ist. Im Fall großer Kräfte muß man die Gleichgewichtsbedingungen für das *verformte* System ansetzen, vgl. Bild 2.16.2.

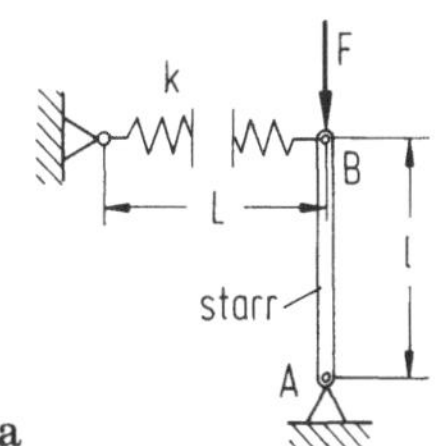

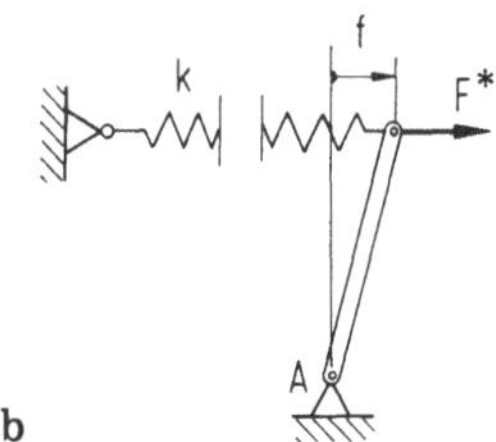

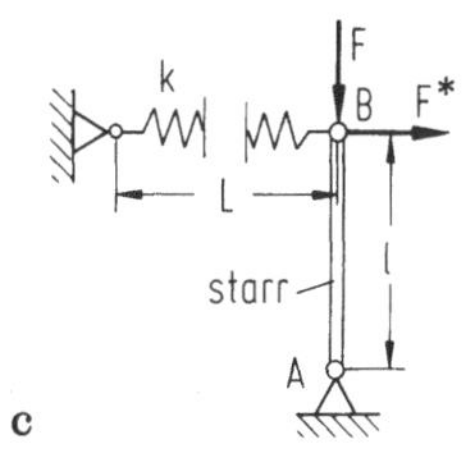

Bild 2.16.1. Feder-Stab-System

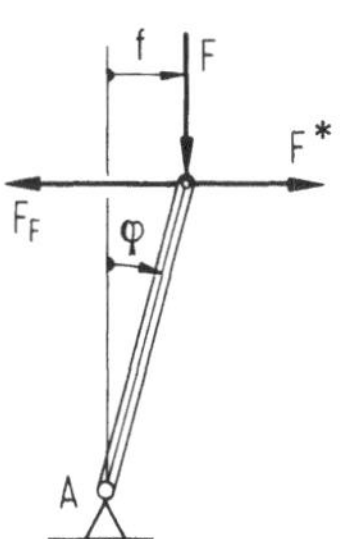

Bild 2.16.2. Kräfte am ausgelenkten Stab

Die Auslenkung bezeichnen wir wahlweise durch f oder den Winkel φ mit der Zuordnung (vgl. Bild 2.16.2)

$$f = l \sin\varphi.$$

Für die Federkraft F_F gilt

$$F_F = kf = k\,l \sin\varphi.$$

Wegen $L \gg l$ kann man die Schrägstellung der Feder infolge der Auslenkung vernachlässigen, F_F wirkt also horizontal.
Das Momentengleichgewicht um den Punkt A liefert

$$(F_F - F^*)l\cos\varphi - Ff = 0.$$

Einsetzen obiger Ausdrücke und Umformen liefert für f die Bestimmungsgleichung:

$$\left(\frac{f}{l} - \frac{F^*}{kl}\right)\sqrt{1 - \left(\frac{f}{l}\right)^2} = \frac{F}{kl}\frac{f}{l}.$$

Wir interessieren uns für kleine Auslenkungen, $|f/l| \ll 1$. Dann gilt erst recht $|f/l|^2 \ll 1$, und die Gleichung vereinfacht sich zu

$$f = \frac{F^*l}{kl - F}.$$

Zu $F^* = 0$ erhalten wir $f = 0$ gemäß Fall 1, zu $F = 0$ oder $|F| \ll kl$ ergibt sich $f = F^*/k$ gemäß Fall 2.

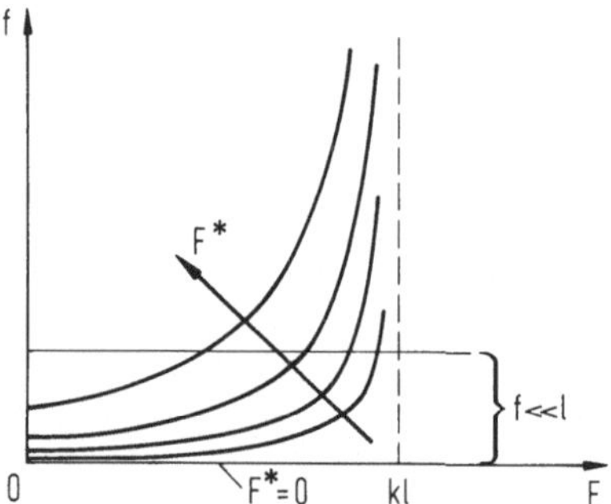

Bild 2.16.3. Auslenkung als Funktion der Vertikalkraft

Bild 2.16.3 zeigt die Auslenkung f in Abhängigkeit von der Vertikalkraft F, $0 \leq F < kl$, mit der Horizontalkraft F^* als Parameter (sie ist hier die oben genannte kleine Störung). Man erkennt: Nur solange, wie F deutlich unter dem Wert kl bleibt, ergibt sich zu einer kleinen Störung eine kleine Auslenkung $|f| \ll l$. Nähert sich F dem Wert kl, so reagiert das System immer empfindlicher, schließlich versagt – "knickt" oder "kippt" – es bei $F \to kl$ bereits unter der kleinsten Störung $F^* \neq 0$. Die Kraft

$$F_{krit} = kl$$

heißt *kritische Kraft* oder *Knickkraft* (auch Kipplast). Das System ist (gegen kleine Störungen) stabil für $F < F_{krit}$, instabil für $F \geq F_{krit}$.

2.16.2. Zwei allgemeine Schlüsse aus dem Beispiel

Wie im Diagramm für $f(F, F^*)$ in Bild 2.16.3 eingetragen, gelten die Kurven nur für kleine f. Ziel unserer Untersuchungen ist aber auch nichts anderes, als die kritische Last zu finden. Die Auslenkung des gestörten Systemes oder gar andere Gleichgewichtslagen interessieren hier nicht. Deshalb ist die Beschränkung auf kleine Auslenkungen und die dafür mögliche Linearisierbarkeit zulässig.

Auch diese Vorgehensweise ist für verwickeltere Systeme noch zu aufwendig: Schreibt man die Gleichung für f um,

$$(kl - F)f = F^*l,$$

so erhält man für $F^* = 0$:

$$(kl - F)f = 0.$$

Hieraus folgt $f = 0$ bei $F < kl$ und ein *unbestimmter Wert* f bei $F = kl = F_{krit}$. Bei $F = F_{krit}$ gibt es also, im Rahmen der Linearisierungen, *beliebige Nachbargleichgewichtslagen* $f \neq 0$ ($|f| \ll l$) in der Umgebung der vertikalen Gleichgewichtslage ("indifferentes Gleichgewicht" als Grenzfall). Dies nutzt man bei komplizierteren Systemen aus, um F_{krit} zu bestimmen.

2.17 Knicken bei Biegestäben (Euler)

2.17.1 Aufgabenstellung und Differentialgleichung

Ein vertikaler Stab der Länge l, Biegesteifigkeit EI, Dehnsteifigkeit $EA \to \infty$ (Längsverformung kann vernachlässigt werden), trägt eine vertikale Last F, vgl. Bild 2.17.1a. Parallel zu den Überlegungen von Abschnitt 2.16 fragen wir nach der kleinsten Last $F = F_{krit}$, für die es eine Nachbargleichgewichtslage $w(x) \not\equiv 0$ gibt, vgl. Bild 2.17.1b.

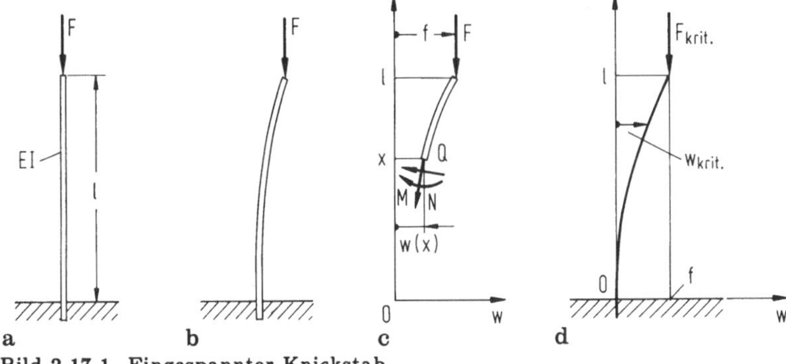

Bild 2.17.1. Eingespannter Knickstab

Wir beschränken uns auf die Untersuchung der gestellten Aufgabe und schreiben nicht die allgemeine Differentialgleichung für Knickstäbe an. Wie bei der vorigen Aufgabe setzen wir das Gleichgewicht für den verformten Balken an (Normalkraft N in Tangentenrichtung, Querkraft Q senkrecht dazu, sonst wie in Abschnitt 1.17, vgl. Bild 2.17.1c).

Schnitt bei x und Momentengleichgewicht um den Punkt x für oberen Stabteil liefert

$$M(x) = -F[f - w(x)] \quad \text{mit} \quad f := w(l).$$

Für die Biegung gilt nach Abschnitt 2.11.1: $M(x) = -EIw''$. Damit folgt

$$EIw'' + Fw = Ff.$$

2.17.2 Lösen der Differentialgleichung

Die Differentialgleichung

$$EIw'' + Fw = Ff$$

hat die (allgemeine) Lösung

$$w(x) = A\sin(\kappa x) + B\cos(\kappa x) + f,$$

wo $\kappa := \sqrt{F/(EI)}$ und A, B freie Parameter (Integrationskonstanten) sind. Wir müssen die Randbedingungen $w(0) = 0$, $w'(0) = 0$ erfüllen (vgl. Kragbalken in Abschnitt 2.11.3); außerdem haben wir $f = w(l)$ gesetzt. Aus der allgemeinen Lösung folgen dann

$$w(0) = B + f = 0, \quad w'(0) = A\kappa = 0,$$
$$w(l) = A\sin(\kappa l) + B\cos(\kappa l) + f = f.$$

Es ergeben sich also $B = -f$, $A = 0$ und $B\cos(\kappa l) = 0$. Der letzte Ausdruck führt mit $B = -f$ auf

$$f\cos(\kappa l) = 0.$$

Soll es beliebige Nachbargleichgewichtslagen mit $w(x) \not\equiv 0$ geben, muß $f \neq 0$ sein. Daraus folgt als Bedingung die *charakteristische Gleichung*

$$\cos(\kappa l) = 0.$$

Sie hat die Lösungen *(Eigenwerte)*

$$\kappa l = \pm\frac{\pi}{2}, \quad \pm\frac{3}{2}\pi, \quad \pm\frac{5}{2}\pi, \ldots$$

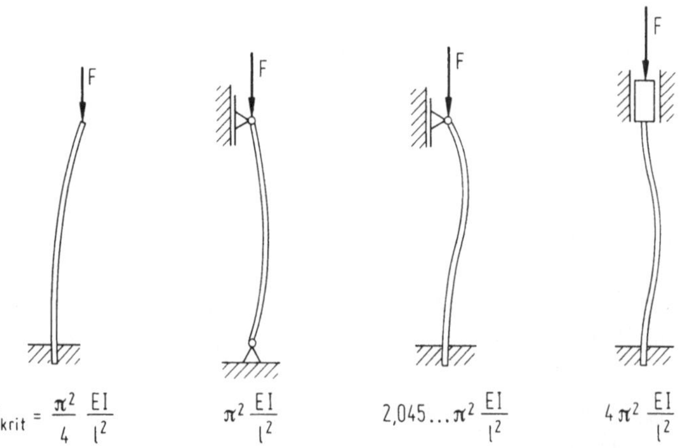

Bild 2.17.2. Knicklinien und kritische Lasten der Euler-Knickstäbe

Es interessiert hier nur der kleinste positive Eigenwert $\kappa l = \pi/2$. Mit $\kappa = \sqrt{F/(EI)}$ führt er auf die *kritische Last*

$$F_{krit} = \frac{\pi^2}{4}\frac{EI}{l^2}.$$

Die zugehörige *Knicklinie*, die *Eigenform*, lautet

$$w_{krit} = f\left[1 - \cos\left(\frac{\pi}{2}\frac{x}{l}\right)\right],$$

vgl. Bild 2.17.1d. Der Wert von f bleibt unbestimmt.
Anders eingespannte oder gelagerte Knickstäbe kann man auf entsprechende Weise untersuchen. Bild 2.17.2 zeigt die vier von Euler untersuchten Knickstäbe mit den kritischen Lasten F_{krit} und den Knicklinien (Länge l, Biegesteifigkeit EI).

3 Kinematik und Kinetik

Die *Kinematik* (griech. κίνημα: Bewegung) ist die Lehre von den möglichen Bewegungen von Körpern und Körpersystemen ohne Rücksicht auf die dabei auftretenden Kräfte.
Die *Kinetik* (griech. κινητικός: zum Bewegen gehörig) ist die Lehre von den wechselseitigen Zusammenhängen zwischen Bewegungen und Kräften.
Im englischen Sprachraum faßt man Kinematik und Kinetik meistens als *Dynamik* (engl. *dynamics*) zusammen. Dieser Gebrauch entspricht auch deutschen Wortverbindungen wie "Maschinendynamik" oder "Systemdynamik".
Im allgemeinen hält man sich im Deutschen strenger an den Stamm (griech. δύναμις: Kraft) und vereint unter Dynamik die Statik und die Kinetik. Sieht man dann die Statik als Grenzfall der Kinetik (Ruhe = verschwindende Bewegung), gelangt man zu einem synonymen Gebrauch von Dynamik und Kinetik.

Kinematik eines Punktes

Einen *Punktkörper*, kurz Punkt, benutzt man als Modell zur Untersuchung von Bahnen eines Körpers, wenn dessen Ausdehnung klein im Vergleich zu den Bahnabmessungen ist.

3.1 Ort, Bewegung, Koordinaten

3.1.1 Ort, Bewegung

Bezugssystem, Ort

Gegeben sei ein Punkt P im Raum, z. B. ein Satellit über der Erde. Hat man den Aufenthaltsort des Satelliten zu beschreiben, muß man zuerst ein *Bezugssystem* (z. B. die drehende Erde) und einen *Bezugspunkt* 0 (z. B. an der Erdoberfläche oder einfach den Erdmittelpunkt) *wählen*, von wo aus man den Punkt betrachten will, vgl. Bild 3.1.1. Man erfaßt dann den *Ort* von P *relativ* zum Punkt 0 des Bezugssystems durch Angabe des *Ortsvektors*

$$\boldsymbol{r} = \overrightarrow{0P}.$$

Statt $\boldsymbol{r}$ schreibt man auch $\boldsymbol{x}$, statt Ort sagt man auch Lage oder Stellung. Will man den Ortsvektor zahlenmäßig darstellen, muß man im Bezugssystem ein geeignetes Koordinatensystem einführen, vgl. Abschnitte 3.1.2 und 3.1.3.

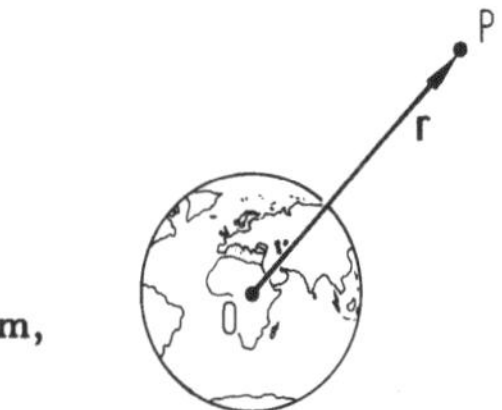

Bild 3.1.1. Bezugssystem, Bezugspunkt, Ort

Bewegung, Bahn

Im allgemeinen wird sich der Punkt P gegenüber dem Bezugssystem *bewegen* – er ändert seine Lage im Laufe der Zeit t –, der Ortsvektor $\boldsymbol{r}$ hängt von der Zeit ab (vgl. Bild 3.1.2):

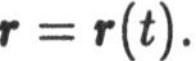

$$\boldsymbol{r} = \boldsymbol{r}(t).$$

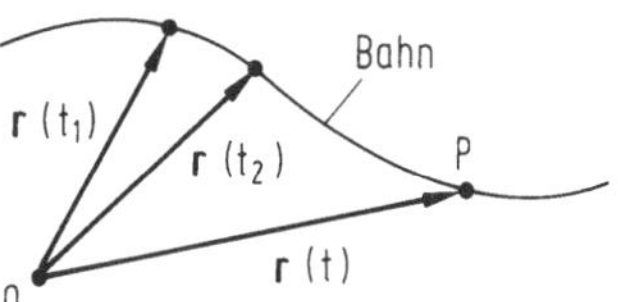

Bild 3.1.2. Bewegung, Bahn

Die von den Pfeilspitzen $\boldsymbol{r}(t)$ durchlaufene Kurve $\boldsymbol{r}(t_1), \boldsymbol{r}(t_2), ..., \boldsymbol{r}(t)$ heißt *Bahn* (-Kurve) des Punktes P. Der Punkt bewegt sich längs der Bahn. Die Bahn kann im voraus bekannt sein (z. B. Achterbahn, die Wagen werden geführt) oder sich erst aus der Bewegung ergeben (z. B. Flugbahn eines geworfenen Steines).

Beispiele für Ortsangaben

Liegt die Bahn fest, so beschreibt man den Ort von P oft durch Angabe der längs der Bahn gemessenen Bogenlänge s, $\boldsymbol{r} = \boldsymbol{r}(s)$, vgl. Bild 3.1.3. Ist s als Funktion der Zeit t bekannt, $s = s(t)$, so ergibt sich $\boldsymbol{r} = \boldsymbol{r}(s(t)) = \boldsymbol{r}(t)$. Beispiel: Ein Auto fährt zur Zeit $t_0 = 14$ h bei $s_0 = 76$ km auf eine Autobahn und ist zur Zeit $t = 16$ h bei $s = 316$ km; $\boldsymbol{r}(s)$ und $\boldsymbol{r}(t) = \boldsymbol{r}(s(t))$ entnimmt man aus einer Landkarte oder von einem Globus.

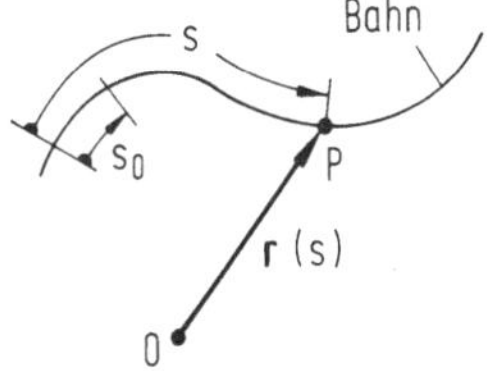

Bild 3.1.3. Bahn mit Bogenlänge

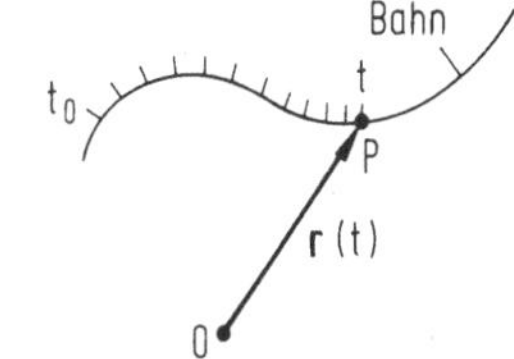

Bild 3.1.4. Bahn mit Zeitmarken

Wird die Bahn erst durch die Bewegung von P gegeben, so benutzt man meistens die Zeit t als (Bahn-) Kurvenparameter, vgl. Bild 3.1.4. Beispiel: Route einer Polarexpedition auf Karte enthält Zeitmarken.

3.1.2 Kartesische Koordinaten

Häufig legt man eine kartesische Basis $\underline{e} := (e_x, e_y, e_z)^T$ im Punkt 0 auf das Bezugssystem, vgl. Bild 3.1.5, und erfaßt den Ortsvektor $r = r(t)$ durch zeitabhängige kartesische Koordinaten $\underline{r} =: (x, y, z)^T = (x(t), y(t), z(t))^T = \underline{r}(t)$:

$$r = r(t) = e_x x + e_y y + e_z z = e_x x(t) + e_y y(t) + e_z z(t) = \underline{e}^T \underline{r}(t) = \underline{r}^T(t) \underline{e} \; ;$$

vgl. die Matrizenschreibweise in Abschnitt 1.5.1.

Dimensionen: $\dim r = \dim \underline{r} = \dim x = \dim y = \dim z = \mathrm{L}$.

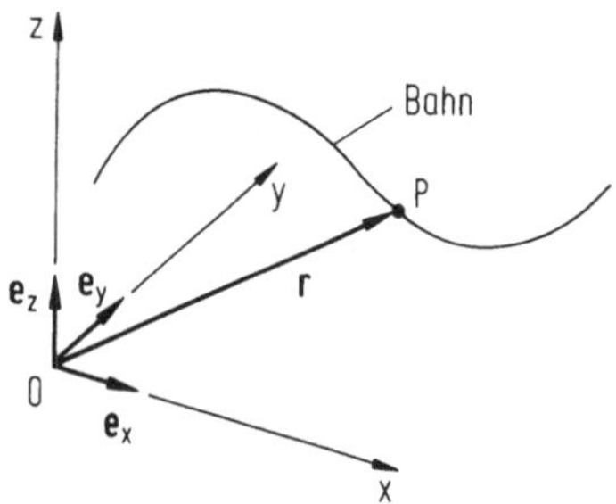

Bild 3.1.5. Darstellung in kartesischen Koordinaten

Beispiel
Gegeben ist der Ortsvektor

$$r(t) = e_x(c_1 + v_1 t) + e_y(c_2 + v_2 t) + e_z(c_3 + c_4 \sin \Omega t)$$

mit den Konstanten c_1 bis c_4, v_1, v_2 und Ω.
Gesucht ist der Verlauf der Bahn.
Lösung: Bahnverlauf etwa wie Bild 3.1.5.

3.1.3 Polar- und Zylinderkoordinaten

In Fällen, wo der Punkt P den Bezugspunkt 0 (den Koordinatenursprung) in einer Ebene oder die z-Achse im Raum in irgendeiner Weise "umrundet", ist es *zweckmäßig*, mit Polar- bzw. Zylinderkoordinaten zu arbeiten.

Polarkoordinaten

Bezugssystem ist die Blattebene, Bezugspunkt 0 ("Pol") und Bezugsstrahl $\overrightarrow{0Q}$ ("Polarachse") werden geeignet gewählt, vgl. Bild 3.1.6. Für den Ortsvektor $r = r(t)$ gilt nun in der Blattebene

$$r = \varrho \, e_\varrho .$$

Dabei bezeichnet $\varrho \geq 0$ den Radius ("Polabstand"), und der in der Blattebene liegende Einheitsvektor

$$e_\varrho = e_\varrho(\varphi)$$

erfaßt Richtung und (positive) Orientierung in Abhängigkeit vom Winkel φ ("Polarwinkel"). In *Polarkoordinaten* (ϱ, φ) wird eine Bahn zeitabhängig durch $(\varrho, \varphi) = (\varrho(t), \varphi(t))$ beschrieben. Für eine Kreisbahn vom Radius R gilt z.B. $(\varrho, \varphi) = (R, \varphi(t))$; $r(t) = Re_\varrho(\varphi(t))$. Natürlich kann man beliebige ebene Bahnen, z. B. auch gerade Bahnen, in Polarkoordinaten anschreiben.

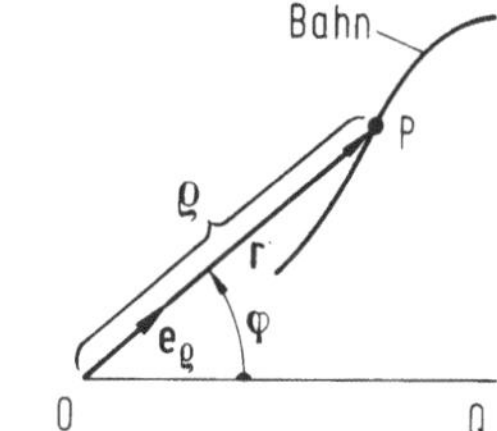

Bild 3.1.6. Polarkoordinaten

Zylinderkoordinaten

Ergänzt man die Ebene nach Bild 3.1.6 um eine im Pol 0 errichtete, orientierte Normale, die z-Achse mit dem Einheitsvektor e_z (vgl. Bild 3.1.7), so kann man den räumlichen Ortsvektor r über

$$r = \varrho e_\varrho(\varphi) + z e_z$$

durch die *Zylinderkoordinaten* (ϱ, φ, z) ausdrücken (das Tripel (ϱ, φ, z) ist keine Zeilenmatrix! Vgl. Hinweis in Abschnitt 3.1.4). Eine Bahn wird dann durch $(\varrho, \varphi, z) = (\varrho(t), \varphi(t), z(t))$ beschrieben. Aus Bild 3.1.7 liest man wegen $e_\varrho \perp e_z$ ab:

$$|r| = \sqrt{\varrho^2 + z^2}.$$

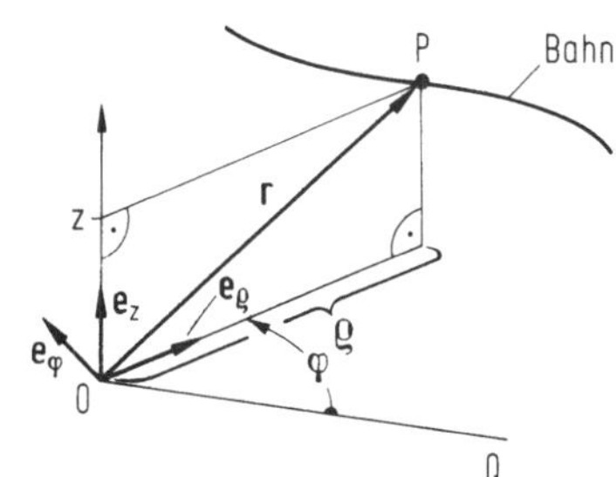

Bild 3.1.7. Zylinderkoordinaten

Man ergänzt die beiden zueinander senkrechten Einheitsvektoren e_ϱ, e_z zu einem vollständigen Dreibein, indem man einen Einheitsvektor

$$e_\varphi := e_z \times e_\varrho$$

hinzufügt, der senkrecht auf der von e_z und e_ϱ aufgespannten Ebene steht und in die Richtung der Pfeilspitze von φ weist.

Die drei zueinander senkrechten Einheitsvektoren $(e_\varrho, e_\varphi, e_z)$ bilden die (orthogonale) Basis $\underline{e} := (e_\varrho, e_\varphi, e_z)^T$, mit der man ähnlich wie mit der kartesischen Basis im Abschnitt 1.5.1 arbeiten kann. Zum Beispiel wird man in Zylinderkoordinaten eine am Punkt P angreifende Kraft $\boldsymbol{F}$ in der Form

$$\boldsymbol{F} = e_\varrho F_\varrho + e_\varphi F_\varphi + e_z F_z = \underline{e}^T \underline{F} = \underline{F}^T \underline{e}$$

schreiben, wo $\underline{F} := (F_\varrho, F_\varphi, F_z)^T$ für die Spaltenmatrix der Koordinaten steht. Von der kartesischen Basis $\underline{e}_{\text{kart}} = (e_x, e_y, e_z)^T$ unterscheidet sich die Basis der Zylinderkoordinaten $\underline{e}_{\text{zyl}} = (e_\varrho, e_\varphi, e_z)^T$ dadurch, daß sie nicht "fest" - wie jene - ist, sondern sich mit dem Winkel φ - mit dem Ort von P - ändert. Ein und derselbe Kraftvektor $\boldsymbol{F}$, zum Beispiel, erhält deshalb in Zylinderkoordinaten je nach dem Winkel φ verschiedene Koordinaten $\underline{F}_{\text{zyl}}$; dagegen sind seine kartesischen Koordinaten $\underline{F}_{\text{kart}}$ fest.

Hinweis: Wie aus dem letzten Absatz bereits deutlich wird, muß man die Basen $\underline{e}$ und die Koordinaten $\underline{F}$, zum Beispiel durch Indizes, unterscheiden, wenn man mehrere parallel benutzt; oben geschah das mit $\underline{e}_{\text{kart}}$, $\underline{F}_{\text{kart}}$ bzw. $\underline{e}_{\text{zyl}}$, $\underline{F}_{\text{zyl}}$.

3.1.4 Koordinatendrehung

Man spricht von der Drehung eines Koordinatensystems - kurz: Koordinatendrehung -, wenn man die Drehung seiner Basis meint. Häufig identifiziert man auch eine bestimmte mit dem Bezugssystem verbundene Basis mit dem Bezugssystem und faßt dann auch eine Drehung des Bezugssystems als Koordinatendrehung auf.

Bild 3.1.8 zeigt die kartesische Basis $\underline{e}_{\text{kart}} = (e_x, e_y, e_z)^T$ und, um den Winkel φ dagegen gedreht, die Basis $\underline{e}_{\text{zyl}} = (e_\varrho, e_\varphi, e_z)^T$ der Zylinderkoordinaten; vgl. die Bilder 3.1.5 und 3.1.7.

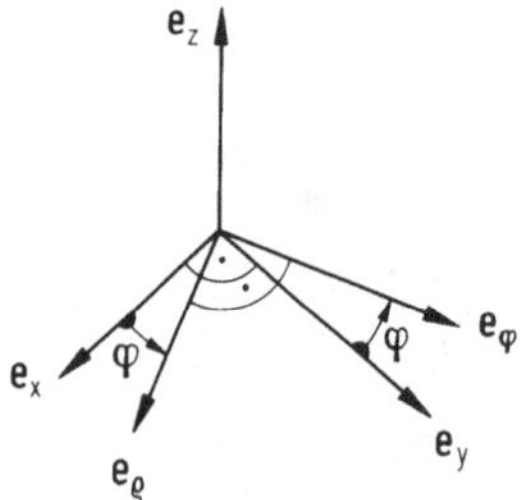

Bild 3.1.8. Basen $\underline{e}_{\text{kart}}$ und $\underline{e}_{\text{zyl}}$

Aus Bild 3.1.8 liest man die beiden folgenden Sätze von *Transformationsgleichungen* - hier für die Basis-Drehungen - ab:

$$\begin{aligned} e_\varrho &= e_x \cos\varphi + e_y \sin\varphi \\ e_\varphi &= -e_x \sin\varphi + e_y \cos\varphi \\ e_z &= e_z \end{aligned} \qquad \text{oder} \qquad \begin{aligned} e_x &= e_\varrho \cos\varphi - e_\varphi \sin\varphi \\ e_y &= e_\varrho \sin\varphi + e_\varphi \cos\varphi \\ e_z &= e_z . \end{aligned}$$

Man definiert die *Drehmatrix*

$$\underline{\underline{D}} := \underline{\underline{D}}(\varphi) := \begin{pmatrix} \cos\varphi & \sin\varphi & 0 \\ -\sin\varphi & \cos\varphi & 0 \\ 0 & 0 & 1 \end{pmatrix}.$$

Sie ist *orthogonal:* $\underline{\underline{D}}(\varphi) \cdot \underline{\underline{D}}(-\varphi) = \underline{\underline{D}} \cdot \underline{\underline{D}}^T = \underline{\underline{I}}$ (Einheitsmatrix).
In Matrizenschreibweise lauten die Basisdrehungen

$$\underline{e}_{\text{zyl}} = \underline{\underline{D}}(\varphi)\underline{e}_{\text{kart}} \qquad \text{und} \qquad \underline{e}_{\text{kart}} = \underline{\underline{D}}(-\varphi)\underline{e}_{\text{zyl}} \,.$$

In dieser abgekürzten Schreibweise sind die Indizes "kart" und "zyl" erforderlich (vgl. Hinweis am Ende von Abschnitt 3.1.3), in der voranstehenden Form genügen die Bezeichnungen der einzelnen Basisvektoren zur Unterscheidung.
Für ein und denselben Vektor, zum Beispiel für einen am Punkt P angreifenden Kraftvektor $\boldsymbol{F}$, muß gelten:

$$\boldsymbol{F} = \underline{e}^T_{\text{kart}}\underline{F}_{\text{kart}} = \underline{e}^T_{\text{zyl}}\underline{F}_{\text{zyl}} \,.$$

Dabei sind $\underline{F}_{\text{kart}} := (F_x, F_y, F_z)^T$ die kartesischen und $\underline{F}_{\text{zyl}} := (F_\varrho, F_\varphi, F_z)^T$ die Zylinderkoordinaten des Vektors (der Kraft).
Ersetzt man in obiger Gleichung $\underline{e}_{\text{zyl}}$ mit Hilfe der Drehungsgleichungen, so ergibt sich

$$\underline{e}^T_{\text{kart}}\underline{F}_{\text{kart}} = \underline{e}^T_{\text{zyl}}\underline{F}_{\text{zyl}} = (\underline{\underline{D}} \cdot \underline{e}_{\text{kart}})^T\underline{F}_{\text{zyl}} = \underline{e}^T_{\text{kart}}\underline{\underline{D}}^T\underline{F}_{\text{zyl}}.$$

Der Vergleich von erstem und letztem Glied dieser Gleichungskette zeigt

$$\underline{F}_{\text{kart}} = \underline{\underline{D}}^T\underline{F}_{\text{zyl}} = \underline{\underline{D}}(-\varphi)\underline{F}_{\text{zyl}} \,.$$

Ersetzt man oben $\underline{e}_{\text{kart}}$ oder multipliziert man die letzte Gleichung mit $\underline{\underline{D}}$, so erhält man

$$\underline{F}_{\text{zyl}} = \underline{\underline{D}} \cdot \underline{F}_{\text{kart}} = \underline{\underline{D}}(\varphi)\underline{F}_{\text{kart}} \,.$$

Hinweis 1: Bei einer Drehung *orthogonaler* Basen transformieren sich die Koordinaten (eines Vektors) wie die Basen.
Hinweis 2: Wendet man die letzte Transformation auf die Koordinaten $\underline{r}_{\text{kart}}$ des Ortsvektors an, so erhält man formal

$$\underline{r}_{\text{zyl}} = \begin{pmatrix} r_\varrho \\ r_\varphi \\ r_z \end{pmatrix} = \begin{pmatrix} \cos\varphi & \sin\varphi & 0 \\ -\sin\varphi & \cos\varphi & 0 \\ 0 & 0 & 1 \end{pmatrix} \begin{pmatrix} x \\ y \\ z \end{pmatrix} = \begin{pmatrix} x\cos\varphi + y\sin\varphi \\ -x\sin\varphi + y\cos\varphi \\ z \end{pmatrix} .$$

Das Glied r_φ muß verschwinden, vgl. Bild 3.1.7. Daraus folgen $\varphi = \arctan(y/x)$ und $r_\varrho = \varrho = \sqrt{x^2 + y^2}$. Für die Koordinaten des *Ortsvektors* $\boldsymbol{r}$ gelten also die *nichtlinearen* Transformationsformeln

$$r_\varrho = \varrho = \sqrt{x^2 + y^2} \,, \quad r_\varphi = 0 \,, \quad \varphi = \arctan(y/x) \,, \quad r_z = z$$

und

$$x = \varrho\cos\varphi \,, \quad y = \varrho\sin\varphi.$$

Beispiel: Schraubenbewegung

Gegeben ist in den Zylinderkoordinaten nach Bild 3.1.7 die Bahn $(\varrho, \varphi, z) = (R, \Omega t, \kappa t)$ mit konstanten Werten für R, Ω und κ. Es handelt sich bei dieser Bahn um eine Schraubenlinie, vgl. Bild 3.1.9.

Gesucht ist die zeitabhängige Bahnkurve $(x(t), y(t), z(t))$ in kartesischen Koordinaten, wenn diese gemäß Bild 3.1.9 gewählt werden.

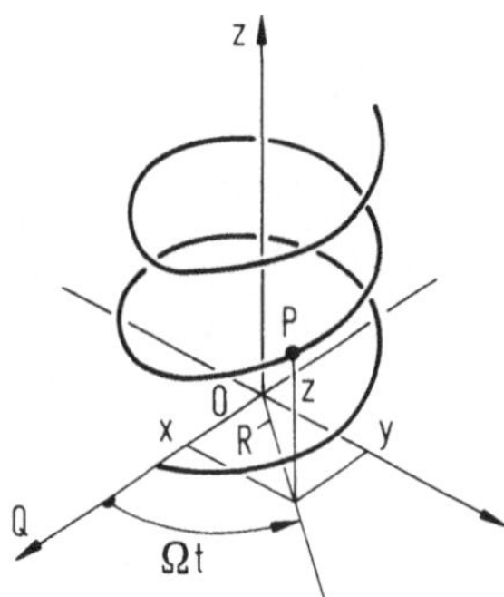

Bild 3.1.9. Schraubenlinie als Bahnkurve

Lösung: In Zylinderkoordinaten folgt aus $(\varrho, \varphi, z) = (R, \Omega t, \kappa t)$ für die Bahnkurve

$$\boldsymbol{r}(t) = \underline{\boldsymbol{e}}_{\text{zyl}}^T \, \underline{r}_{\text{zyl}} = (\boldsymbol{e}_\varrho(\Omega t), \boldsymbol{e}_\varphi(\Omega t), \boldsymbol{e}_z) \begin{pmatrix} r \\ 0 \\ \kappa t \end{pmatrix} = R\, \boldsymbol{e}_\varrho(\Omega t) + \kappa t \boldsymbol{e}_z \, .$$

Weil $\overrightarrow{0Q}$ in die positive x-Richtung weist, geht $\underline{\boldsymbol{e}}_{\text{zyl}}$ durch die Drehung $\varphi = \Omega t$ aus $\underline{\boldsymbol{e}}_{\text{kart}}$ hervor.

Man erhält

$$\boldsymbol{r}(t) = (\underline{\underline{D}}(\Omega t)\; \underline{\boldsymbol{e}}_{\text{kart}})^T \begin{pmatrix} R \\ 0 \\ \kappa t \end{pmatrix} = (\boldsymbol{e}_x, \boldsymbol{e}_y, \boldsymbol{e}_z) \underline{\underline{D}}^T(\Omega t) \begin{pmatrix} R \\ 0 \\ \kappa t \end{pmatrix}$$

$$= (\boldsymbol{e}_x, \boldsymbol{e}_y, \boldsymbol{e}_z) \begin{pmatrix} R \cos \Omega t \\ R \sin \Omega t \\ \kappa t \end{pmatrix} = \boldsymbol{e}_x R \cos \Omega t + \boldsymbol{e}_y R \sin \Omega t + \boldsymbol{e}_z \kappa t \; ,$$

also $(x, y, z) = (R \cos \Omega t, R \sin \Omega t, \kappa t)$.

3.1.5 Spezielle Bewegungen

Geradlinige Bewegungen

Die Bewegung auf geradliniger Bahn (Bild 3.1.10) erfaßt man gemäß Bild 3.1.3 durch die Bahnlänge

$$s = s(t) \quad \text{oder} \quad x = x(t).$$

Man nennt s bzw. x Weg, Auslenkung, Koordinate oder Ausschlag.

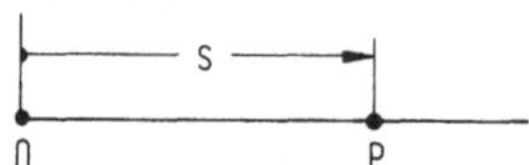

Bild 3.1.10. Bewegung längs gerader Bahn

Weg-Zeit-Diagramm (s-t-Diagramm)
Die Abhängigkeit $s = s(t)$ stellt man graphisch im *Weg-Zeit-Diagramm* dar, Bild 3.1.11. Dabei ist t_0 der Anfangszeitpunkt, ab dem man den Vorgang betrachtet, und $s_0 := s(t_0)$ ist der Anfangsausschlag. Oft wird die Zeitachse so verschoben, daß $t_0 = 0$ gilt. Für eine Bewegung im dreidimensionalen Raum müßte man drei Weg-Zeit-Diagramme zeichnen, nämlich für $x(t)$, $y(t)$ und $z(t)$ bei kartesischen Koodinaten und für $\varrho(t)$, $\varphi(t)$ und $z(t)$ bei Zylinderkoordinaten.

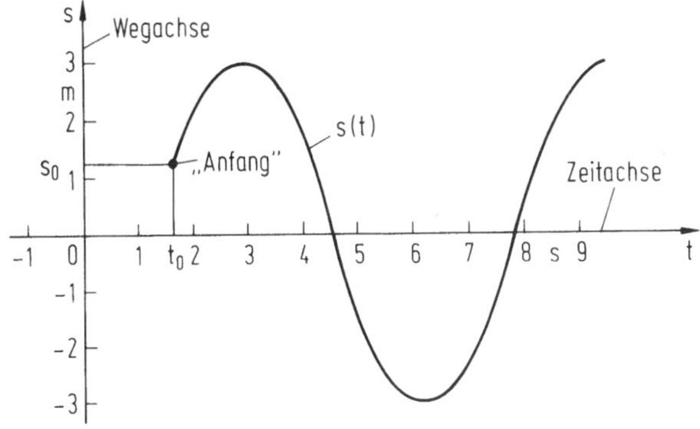

Bild 3.1.11. Weg-Zeit-Diagramm

Punkt auf Kreisbahn
Der Punkt P bewegt sich nach Bild 3.1.12 auf einem Kreis mit festem Radius R. Der Ort des Punktes P kann beschrieben werden durch:

Bahnlänge $s(t)$ gegenüber Bezugsstrahl 1 für die Bahnmessung oder durch
Winkel $\varphi(t)$ gegenüber Bezugsstrahl 2 für die Winkelmesssung.

(Im Vergleich zu Bild 3.1.6 ist hier die Orientierung von φ umgekehrt.) Man nennt $\varphi(t)$ Winkelauslenkung, Winkelkoordinate oder Winkelausschlag. Analog zum Weg-Zeit-Diagramm kann man ein Winkelausschlag-Zeit-Diagramm zeichnen.
Mit dem Winkel φ_0 zwischen Bezugsstrahl 2 und Bezugsstrahl 1 gelten nach Bild 3.1.12 zwischen $s(t)$ und $\varphi(t)$ für alle t die folgenden Beziehungen:

$$s = R(\varphi - \varphi_0) \quad \text{oder} \quad \varphi = \frac{s}{R} + \varphi_0.$$

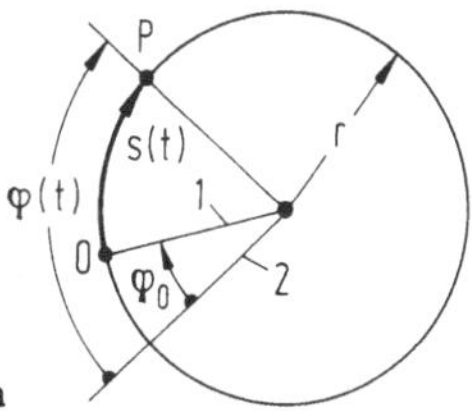

Bild 3.1.12. Bewegung auf Kreisbahn

3.2 Geschwindigkeit

3.2.1 Geschwindigkeit längs Bahn (z.B. Gerade, Kreis)

Konstante Geschwindigkeit

Die Bewegung $s(t)$ sei im Weg-Zeit-Diagramm für den betrachteten Zeitabschnitt durch eine Gerade gegeben, Bild 3.2.1. Dann definiert man für zwei beliebige Zeitpunkte t_1, t_2 aus dem Zeitabschnitt die *Geschwindigkeit* v als Steigung der Geraden:

$$v := \frac{s(t_2) - s(t_1)}{t_2 - t_1} = \frac{s_2 - s_1}{t_2 - t_1} = \frac{s(t_1 + \Delta t) - s(t_1)}{\Delta t}\,.$$

Man sieht: $v = \text{const.}$, es ist unabhängig von t_1, t_2.

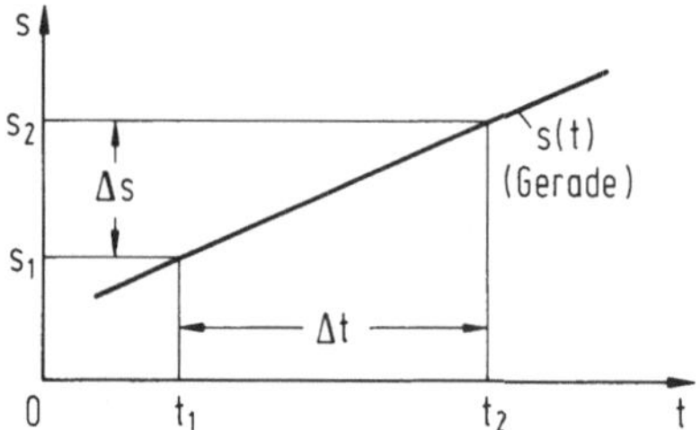

Bild 3.2.1. Weg-Zeit-Diagramm für konstante Geschwindigkeit

Vorzeichen, Dimension, Einheit

Vorzeichen: v hat dieselbe Orientierung wie s.
Dimension: $\dim v = \dim(\Delta s/\Delta t) = \mathbf{L}/\mathbf{T}$.
Einheiten: $[v]$= m/s, km/h usw.

Geschwindigkeits-Zeit-Diagramm (v-t-Diagramm)

Analog zum Weg-Zeit-Diagramm nach Abschnitt 3.1.4 trägt man im Geschwindigkeits-Zeit-Diagramm die Geschwindigkeit $v(t)$ in Abhängigkeit von der Zeit auf. Hier, bei konstanter Geschwindigkeit v, erhält man für den betrachteten Zeitabschnitt eine horizontale Gerade.

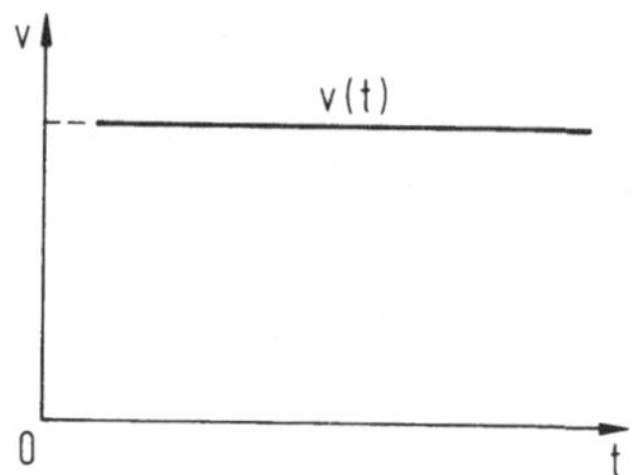

Bild 3.2.2. Geschwindigkeits-Zeit-Diagramm für konstante Geschwindigkeit

Veränderliche Geschwindigkeit

Im allgemeinen Fall ist $s(t)$ keine Gerade im s-t-Diagramm, s. Bild 3.2.3. Man wählt zwei Zeitpunkte t_1, t_2 und definiert zu gegebenem $s(t)$ die *mittlere Geschwindigkeit:*

$$v_m := \frac{s(t_2) - s(t_1)}{t_2 - t_1} = \frac{s(t_1 + \Delta t) - s(t_1)}{\Delta t} .$$

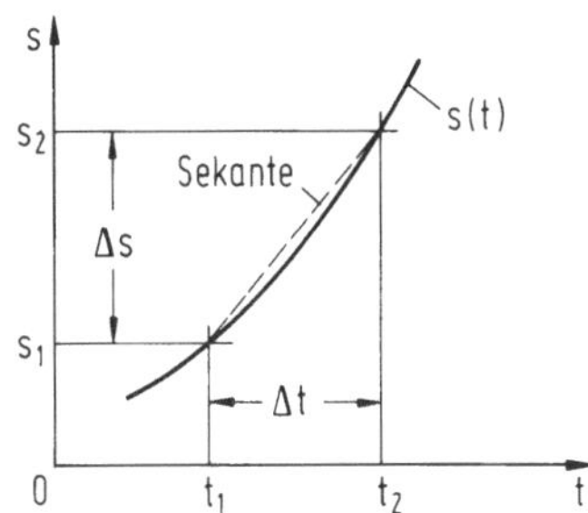

Bild 3.2.3. Weg-Zeit-Diagramm zur Definition der mittleren Geschwindigkeit

Bei der Definition der mittleren Geschwindigkeit nähert man $s(t)$ im betrachteten Zeitintervall durch die Sekante an, vgl. Bild 3.2.3. Die mittlere Geschwindigkeit v_m hängt von der Wahl von t_1 und t_2 ab, $v_m = v_m(t_1, t_2)$. Durch den Grenzübergang $t_2 \to t_1$ erhält man aus der mittleren Geschwindigkeit die *Momentangeschwindigkeit,*

$$v(t_1) := \lim_{t_2 \to t_1} v_m(t_1, t_2) = \lim_{\Delta t \to 0} \frac{s(t_1 + \Delta t) - s(t_1)}{\Delta t} = \frac{ds}{dt} .$$

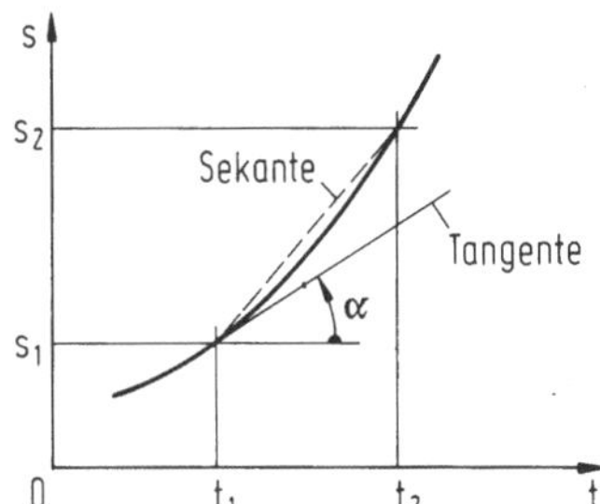

Bild 3.2.4. Definition der Momentangeschwindigkeit

Dem Grenzübergang $\Delta t \to 0$ entspricht im s-t-Diagramm der Übergang von der Sekante zur Tangente (an die Kurve $s(t)$ bei $t = t_1$, vgl. Bild 3.2.4). Man schreibt t statt t_1, nennt $v(t)$ *Geschwindigkeit* schlechthin und kennzeichnet die Ableitung nach der Zeit durch einen Punkt:

$$v(t) = \frac{ds}{dt} =: \dot{s} =: \dot{s}(t).$$

Beispiel: Der Tachometer eines Kraftfahrzeuges zeigt während der Fahrt die momentane (Bahn-) Geschwindigkeit an.

Beispiel für zusammengehörige s-t- und v-t-Diagramme

Bild 3.2.5a zeigt einen Weg-Verlauf $s(t)$ und Bild 3.2.5.b den zugehörigen Geschwindigkeitsverlauf $v(t) = \dot{s}(t)$; $v_0 = v(t_0)$ ist die Anfangsgeschwindigkeit. Bei den Maxima und Minima von $s(t)$, den Extrema, verschwindet v. Bei den Extrema von $v(t)$ ändert sich $s(t)$ am stärksten (Kurvenflanken von $s(t)$ sind am steilsten).

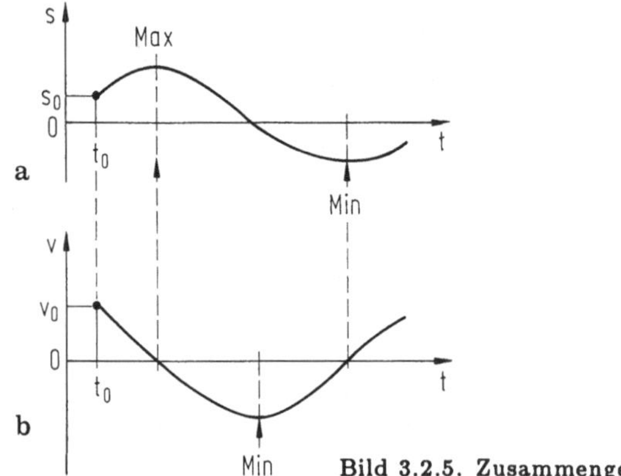

Bild 3.2.5. Zusammengehörige s-t- und v-t-Diagramme

Geschwindigkeits-Weg-Diagramm (Phasenebene)

Gelegentlich ist es zweckmäßig, die Geschwindigkeit in Abhängigkeit vom Weg aufzutragen, $v = v(s)$. Diese sogenannten Phasenkurven werden im Uhrzeigersinn durchlaufen und schneiden die Abszisse senkrecht. (Warum?)

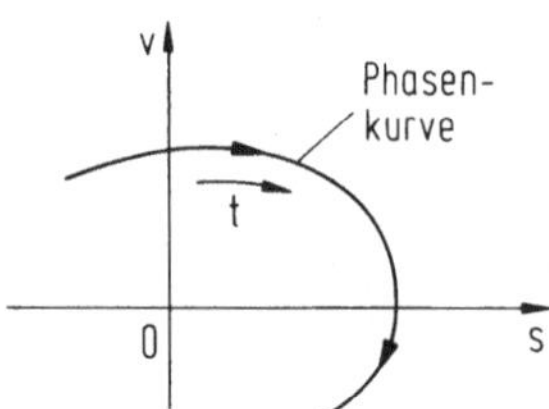

Bild 3.2.6. Phasenebene

3.2.2 Winkelgeschwindigkeit

Für Winkelkoordinaten $\varphi(t)$, wie sie zum Beispiel beim Arbeiten mit Polar- oder Zylinderkoordinaten in den Abschnitten 3.1.3 und 3.1.4 oder bei der Kreisbahn nach Bild 3.1.12 auftreten, kann man analog zu den obigen Überlegungen Winkelgeschwindigkeiten einführen. Man bezeichnet die (momentane) *Winkelgeschwindigkeit* mit

$$\omega := \omega(t) := \frac{d\varphi}{dt} = \dot{\varphi}.$$

Vorzeichen, Dimension, Einheit
Vorzeichen: ω hat dieselbe Orientierung (Drehsinn) wie φ.
Dimension: $\dim \omega = \dim(\Delta\varphi/\Delta t) = 1/\mathrm{T}$.
Einheiten: $[\omega] = 1/\mathrm{s} = 1\ \mathrm{rad/s}$.

Zusammenhang zwischen Bahn- und Winkelgeschwindigkeit bei Kreisbewegung
Aus der Beziehung $s = R(\varphi - \varphi_0)$ nach Bild 3.1.12 folgt durch Differentiation

$$\dot{s} = R\dot{\varphi}, \quad \text{also} \quad v = \omega R \quad \text{oder} \quad \omega = \frac{v}{R}.$$

3.2.3 Geschwindigkeitsvektor

Der Punkt P bewege sich längs der Bahn $\boldsymbol{r}(t)$, vgl. Abschnitt 3.1.1. Analog zu Abschnitt 3.2.1 definieren wir die *mittlere* Geschwindigkeit $\boldsymbol{v}_m := \Delta\boldsymbol{r}/\Delta t$. Sie hat die Richtung des Sekantenvektors $\Delta\boldsymbol{r} := \boldsymbol{r}(t + \Delta t) - \boldsymbol{r}(t)$, vgl. Bild 3.2.7, und ist selbst ein Vektor.
Nach Grenzübergang $\Delta t \to 0$ erhalten wir den (momentanen) *Geschwindigkeitsvektor*

$$\boldsymbol{v}(t) := \frac{d\boldsymbol{r}}{dt} =: \dot{\boldsymbol{r}}.$$

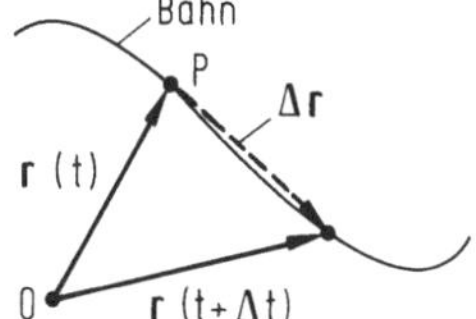

Bild 3.2.7. Sekantenvektor $\Delta\boldsymbol{r}$

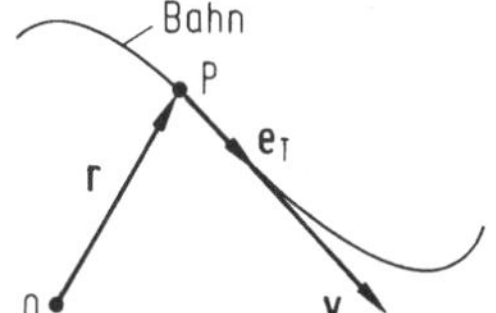

Bild 3.2.8. Geschwindigkeitsvektor

Da die Sekante beim Grenzübergang in die Tangente übergeht, hat die *Geschwindigkeit* $\boldsymbol{v}(t)$ die *Richtung des Tangenteneinheitsvektors* $\boldsymbol{e}_T$, vgl. Bild 3.2.8. Wir schreiben

$$\boldsymbol{v} = \boldsymbol{v}(t) = v\boldsymbol{e}_T = v(t)\,\boldsymbol{e}_T(t).$$

Sowohl die Bahngeschwindigkeit (Maßzahl) v als auch der Einheitsvektor $\boldsymbol{e}_T$ hängen im allgemeinen von der Zeit ab.

3.2.4 Geschwindigkeitsvektor in kartesischen Koordinaten

Mit der Koordinatenschreibweise nach Abschnitt 3.1.2,

$$\boldsymbol{r}(t) = \boldsymbol{e}_x x + \boldsymbol{e}_y y + \boldsymbol{e}_z z,$$

ergibt sich $\boldsymbol{v}$ zu

$$\boldsymbol{v} = \frac{d\boldsymbol{r}}{dt} = \frac{d}{dt}(\boldsymbol{e}_x x + \boldsymbol{e}_y y + \boldsymbol{e}_z z) = \boldsymbol{e}_x \dot{x} + \boldsymbol{e}_y \dot{y} + \boldsymbol{e}_z \dot{z} = \underline{\boldsymbol{e}}^T \dot{\underline{r}}.$$

Dabei wurde ausgenutzt, daß die Basis $\underline{\boldsymbol{e}}$ fest ist: $d\underline{\boldsymbol{e}}/dt = \underline{O}$.

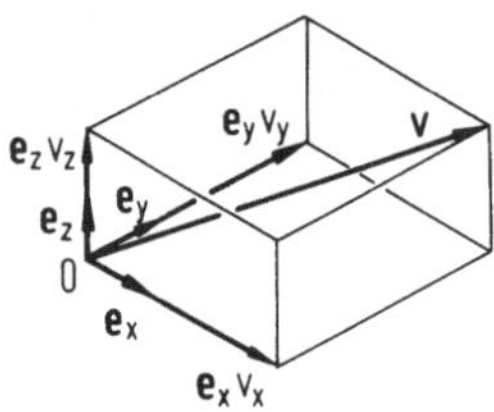

Bild 3.2.9. Darstellung des Geschwindigkeitsvektors in kartesischen Koordinaten

Bezogen auf das kartesische Dreibein $\underline{\boldsymbol{e}} = (\boldsymbol{e}_x, \boldsymbol{e}_y, \boldsymbol{e}_z)^T$, Bild 3.2.9, hat $\boldsymbol{v}$ die Form

$$\boldsymbol{v}(t) = \boldsymbol{e}_x v_x + \boldsymbol{e}_y v_y + \boldsymbol{e}_z v_z =: \underline{\boldsymbol{e}}^T \underline{v}\,,$$

wo $\underline{v} = (v_x, v_y, v_z)^T$ die Spaltenmatrix der Geschwindigkeiten (der Geschwindigkeitskoordinaten) ist.

Der Vergleich der beiden Formen liefert

$$\boldsymbol{v} = \underline{v} = \dot{\boldsymbol{r}} = \dot{\underline{r}} = \begin{pmatrix} v_x \\ v_y \\ v_z \end{pmatrix} = \begin{pmatrix} \dot{x} \\ \dot{y} \\ \dot{z} \end{pmatrix},$$

wobei wir wie in Abschnitt 1.5.1 die physikalischen Vektoren und die Spaltenmatrizen der Koordinaten jeweils identifiziert haben.

Die Geschwindigkeiten (Geschwindigkeitskoordinaten) v_x, v_y, v_z haben dieselben Orientierungen wie die Koordinaten x, y bzw. z.

Aus Bild 3.2.9 liest man ab

$$|\boldsymbol{v}| = \sqrt{v_x^2 + v_y^2 + v_z^2} = \sqrt{\dot{x}^2 + \dot{y}^2 + \dot{z}^2} = |v|.$$

Dabei ist v die Bahngeschwindigkeit gemäß den Abschnitten 3.2.1 und 3.2.3. Der Vergleich mit $\boldsymbol{v} = v\boldsymbol{e}_T$ in Abschnitt 3.2.3 liefert eine Formel für den Tangenteneinheitsvektor $\boldsymbol{e}_T$:

$$\boldsymbol{e}_T = \frac{1}{\sqrt{\dot{x}^2 + \dot{y}^2 + \dot{z}^2}}(\boldsymbol{e}_x \dot{x} + \boldsymbol{e}_y \dot{y} + \boldsymbol{e}_z \dot{z}).$$

Beispiel: Schraubenbewegung
Man bestimme $\boldsymbol{v}(t)$, $|\boldsymbol{v}|$ und $\boldsymbol{e}_T(t)$ für die im Abschnitt 3.1.4 angegebene Bewegung auf einer Schraubenlinie,

$$\boldsymbol{r}(t) = \boldsymbol{e}_x R \cos \Omega t + \boldsymbol{e}_y R \sin \Omega t + \boldsymbol{e}_z \kappa t.$$

Anwendung der oben hergeleiteten Beziehungen liefert:

$$\boldsymbol{v}(t) = -\boldsymbol{e}_x R\,\Omega \sin \Omega t + \boldsymbol{e}_y R\,\Omega \cos \Omega t + \boldsymbol{e}_z \kappa, \quad |\boldsymbol{v}| = \sqrt{R^2\Omega^2 + \kappa^2} = \text{const.},$$

$$\boldsymbol{e}_T = \frac{1}{\sqrt{R^2\Omega^2 + \kappa^2}}(-\boldsymbol{e}_x R\,\Omega \sin \Omega t + \boldsymbol{e}_y R\,\Omega \cos \Omega t + \boldsymbol{e}_z \kappa).$$

3.2.5 Geschwindigkeitsvektor in Zylinderkoordinaten

Ist die Bahn $\boldsymbol{r}(t)$ mit Hilfe von Zylinderkoordinaten (ϱ, φ, z) nach Abschnitt 3.1.3 ausgedrückt,

$$\boldsymbol{r}(t) = \varrho \boldsymbol{e}_\varrho(\varphi) + z\boldsymbol{e}_z,$$

vgl. Bild 3.1.7, wobei $\varrho = \varrho(t)$, $\varphi = \varphi(t)$, $z = z(t)$ als Funktionen der Zeit gegeben sind, folgt der Geschwindigkeitsvektor $\boldsymbol{v}$ nach den allgemeinen Überlegungen in Abschnitt 3.2.3 zu

$$\boldsymbol{v} = \frac{d\boldsymbol{r}}{dt} = \frac{d}{dt}(\varrho \boldsymbol{e}_\varrho(\varphi) + z\boldsymbol{e}_z) = \dot{\varrho}\boldsymbol{e}_\varrho(\varphi) + \varrho\dot{\varphi}\frac{d\boldsymbol{e}_\varrho}{d\varphi} + \dot{z}\boldsymbol{e}_z.$$

Dabei entstehen die beiden ersten Glieder rechts nach Produkt- und Kettenregel der Differentialrechnung.

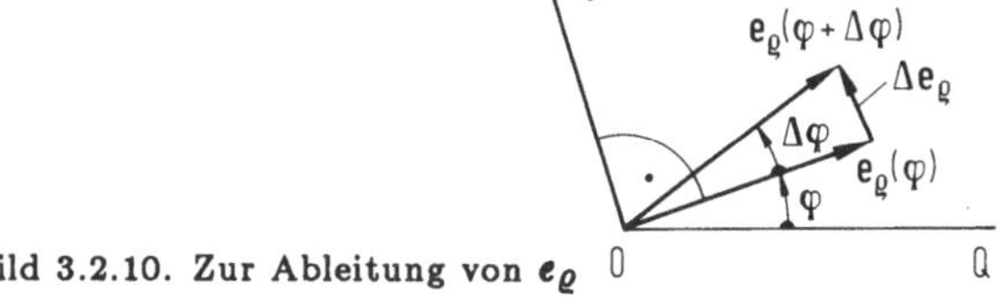

Bild 3.2.10. Zur Ableitung von $\boldsymbol{e}_\varrho$

Die Ableitung $d\boldsymbol{e}_\varrho/d\varphi$ ergibt sich gemäß Bild 3.2.10 zu

$$\frac{d\boldsymbol{e}_\varrho}{d\varphi} = \lim_{\Delta\varphi \to 0} \frac{\boldsymbol{e}_\varrho(\varphi + \Delta\varphi) - \boldsymbol{e}_\varrho(\varphi)}{\Delta\varphi} = \lim_{\Delta\varphi \to 0} \frac{\Delta \boldsymbol{e}_\varrho}{\Delta\varphi}$$

$$= \lim_{\Delta\varphi \to 0} \frac{2\sin(\Delta\varphi/2)\boldsymbol{e}_\varphi(\varphi + \Delta\varphi/2)}{\Delta\varphi},$$

also zu

$$\frac{d\boldsymbol{e}_\varrho}{d\varphi} = \boldsymbol{e}_\varphi = \boldsymbol{e}_z \times \boldsymbol{e}_\varrho.$$

Ähnlich zeigt man

$$\frac{d\boldsymbol{e}_\varphi}{d\varphi} = -\boldsymbol{e}_\varrho = \boldsymbol{e}_z \times \boldsymbol{e}_\varphi.$$

Wir erhalten für den *Geschwindigkeitsvektor* in Zylinderkoordinaten den Ausdruck

$$\boldsymbol{v} = \dot{\varrho}\boldsymbol{e}_{\varrho}(\varphi) + \varrho\dot{\varphi}\boldsymbol{e}_{\varphi}(\varphi) + \dot{z}\boldsymbol{e}_z.$$

Der Geschwindigkeitsvektor ist hier also in drei zueinander senkrechte Komponenten zerlegt, wo nur $\dot{z}(t)\boldsymbol{e}_z$ eine feste Richtung (parallel zur z-Achse) hat, während sich $\dot{\varrho}(t)\boldsymbol{e}_{\varrho}(\varphi(t))$ und $\varrho(t)\dot{\varphi}(t)\boldsymbol{e}_{\varphi}(\varphi(t))$ im allgemeinen in der Ebene $z = 0$ bewegen.

Hinweis 1: Bei Kenntnis der Beziehung $\underline{e}_{\text{zyl}} = \underline{\underline{D}}(\varphi)\underline{e}_{\text{kart}}$ für die Koordinatendrehung nach Abschnitt 3.1.4 kann man $\dot{\underline{e}}_{\text{zyl}} = (\dot{\boldsymbol{e}}_{\varrho}, \dot{\boldsymbol{e}}_{\varphi}, \dot{\boldsymbol{e}}_z)^T$ für $\varphi = \varphi(t)$ leicht durch formales Ableiten gewinnen:

$$\begin{aligned}\dot{\underline{e}}_{\text{zyl}} &= \frac{d}{dt}(\underline{\underline{D}}(\varphi(t))\underline{e}_{\text{kart}}) = \frac{d}{d\varphi}\underline{\underline{D}}(\varphi)\dot{\varphi}\underline{e}_{\text{kart}} = \dot{\varphi}\frac{d}{d\varphi}\underline{\underline{D}}(\varphi)(\underline{\underline{D}}^T(\varphi)\underline{e}_{\text{zyl}}) \\ &= \dot{\varphi}\begin{pmatrix} -\sin\varphi & \cos\varphi & 0 \\ -\cos\varphi & -\sin\varphi & 0 \\ 0 & 0 & 0 \end{pmatrix}\begin{pmatrix} \cos\varphi & -\sin\varphi & 0 \\ \sin\varphi & \cos\varphi & 0 \\ 0 & 0 & 1 \end{pmatrix}\underline{e}_{\text{zyl}} \\ &= \dot{\varphi}\begin{pmatrix} 0 & 1 & 0 \\ -1 & 0 & 0 \\ 0 & 0 & 0 \end{pmatrix}\begin{pmatrix} \boldsymbol{e}_{\varrho} \\ \boldsymbol{e}_{\varphi} \\ \boldsymbol{e}_z \end{pmatrix} = \begin{pmatrix} \boldsymbol{e}_{\varphi}\dot{\varphi} \\ \boldsymbol{e}_{\varrho}\dot{\varphi} \\ 0 \end{pmatrix} = \begin{pmatrix} \dot{\boldsymbol{e}}_{\varrho} \\ \dot{\boldsymbol{e}}_{\varphi} \\ \dot{\boldsymbol{e}}_z \end{pmatrix}.\end{aligned}$$

Winkelgeschwindigkeitsvektor

Schreibt man $\varrho\dot{\varphi}\boldsymbol{e}_{\varphi}$ mit der Winkelgeschwindigkeit $\omega := \dot{\varphi}$ nach Abschnitt 3.2.2 und mit $\boldsymbol{e}_{\varphi} = \boldsymbol{e}_z \times \boldsymbol{e}_{\varrho}$ in der Form

$$\begin{aligned}\varrho\dot{\varphi}\boldsymbol{e}_{\varphi} &= \varrho\omega\boldsymbol{e}_z \times \boldsymbol{e}_{\varrho} = (\omega\boldsymbol{e}_z) \times (\varrho\boldsymbol{e}_{\varrho}) = \\ &= (\omega\boldsymbol{e}_z) \times (\varrho\boldsymbol{e}_{\varrho} + z\boldsymbol{e}_z) = (\omega\boldsymbol{e}_z) \times \boldsymbol{r}\end{aligned}$$

(letzteres gilt wegen $\boldsymbol{e}_z \times \boldsymbol{e}_z = \boldsymbol{O}$), so kann man

$$\boldsymbol{\omega} := \omega\boldsymbol{e}_z = \omega(t)\boldsymbol{e}_z$$

als *Winkelgeschwindigkeitsvektor* für eine Drehung um die z-Achse einführen. Dann erscheint der *Geschwindigkeitsvektor* $\boldsymbol{v}$ als

$$\boldsymbol{v} = \dot{\varrho}\boldsymbol{e}_{\varrho} + \dot{z}\boldsymbol{e}_z + \boldsymbol{\omega} \times \boldsymbol{r}.$$

Er ist also in die Komponente $\dot{\varrho}\boldsymbol{e}_{\varrho} + \dot{z}\boldsymbol{e}_z$ in der von $\boldsymbol{r}$ und $\boldsymbol{\omega}$ (oder $\boldsymbol{e}_{\varrho}$ und $\boldsymbol{e}_z$) aufgespannten Ebene und in die Komponente $\boldsymbol{\omega} \times \boldsymbol{r}$ senkrecht zu dieser Ebene zerlegt. Die erste Komponente entsteht durch Ableiten der Koordinaten ϱ und z in der "festgehalten gedachten" Basis, bedeutet also eine *Relativbewegung* gegenüber der Basis; die zweite Komponente entsteht durch Ableiten der Basis bei festgehalten gedachten Koordinaten, man faßt sie als durch die bewegte Basis "geführte Bewegung" auf (*Führungsbewegung*). Bei bewegten Basen – oder Bezugssystemen – ist es stets zweckmäßig, den Geschwindigkeitsvektor $\boldsymbol{v}$ auf solche Weise zu verstehen und zu berechnen.

Hinweis 2: Mit dem Winkelgeschwindigkeitsvektor $\boldsymbol{\omega}$ gilt für die drehende Basis: $\dot{\underline{e}}_{\text{zyl}} = \boldsymbol{\omega} \times \underline{e}_{\text{zyl}}$ (Beweis als Übungsaufgabe!).

Beispiel: Drehung um festen Punkt
Ein starrer Körper K drehe sich momentan mit der Winkelgeschwindigkeit ω um den festen Punkt 0, s. Bild 3.2.11. Ein Punkt P von K hat dann wegen $|\boldsymbol{r}| = r = \text{const.}$ die Geschwindigkeit

$$\boldsymbol{v} = \boldsymbol{\omega} \times \boldsymbol{r}.$$

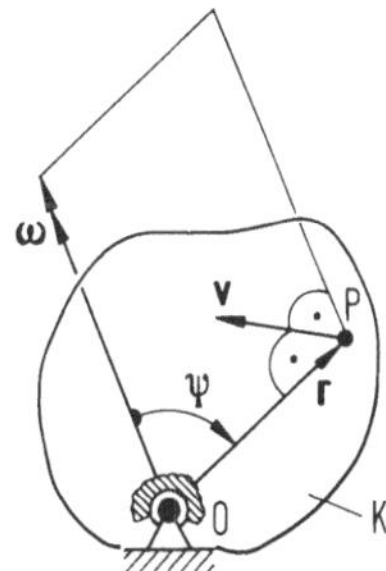

3.2.11. Drehung um festen Punkt

Beispiel: Schraubenbewegung
Für die Schraubenbewegung des Beispiels aus Abschnitt 3.1.3 erhält man in Zylinderkoordinaten

$$\boldsymbol{v} = R\,\Omega\,\boldsymbol{e}_\varphi(\Omega t) + \kappa\,\boldsymbol{e}_z = (\Omega \boldsymbol{e}_z) \times \boldsymbol{r} + \kappa\,\boldsymbol{e}_z.$$

Selbstverständlich gilt der rechts stehende Ausdruck auch in kartesischen Koordinaten:

$$\boldsymbol{v} = (\Omega \boldsymbol{e}_z) \times (R\boldsymbol{e}_x \cos\Omega t + R\boldsymbol{e}_y \sin\Omega t + \kappa t \boldsymbol{e}_z) + \kappa\,\boldsymbol{e}_z;$$

man vergleiche mit dem entsprechenden Ausdruck in Abschnitt 3.2.4.

3.3 Beschleunigung

Die Beschleunigung ist die Zeitableitung der Geschwindigkeit im gleichen Sinne, wie die Geschwindigkeit die Zeitableitung des Ortsvektors (oder des Weges) ist. Man kann dazu $\boldsymbol{v}(t)$ formal als Ortsvektor auffassen; die dadurch entstehende "Bahnkurve" nennt man *Hodograph.* Für den Hodographen stellt man die Überlegungen nach Abschnitt 3.2 an.

3.3.1 Beschleunigung längs Bahn (z.B. Gerade, Kreis)

Nach Vorüberlegungen parallel zu Abschnitt 3.2.1 definiert man die – momentane – (Bahn-)*Beschleunigung* als Ableitung der Geschwindigkeit zu

$$a := a(t) := \frac{dv}{dt} = \dot{v} = \frac{d}{dt}\left(\frac{ds}{dt}\right) = \frac{d^2 s}{dt^2} = (\dot{s})^{\cdot} = \ddot{s}.$$

Vorzeichen, Dimension, Einheit
Vorzeichen: a hat dieselbe Orientierung wie v und s.
Dimension: $\dim a = \dim(\Delta v/\Delta t) = \mathbf{L}/\mathbf{T}^2$.
Einheit: $[a] = \text{m/s}^2$ usw.

Beispiel für zusammengehörige s-t-, v-t- und a-t-Diagramme

Bild 3.3.1 zeigt $s(t)$ und, daraus durch Ableitung entstanden, $v = \dot{s}(t)$ sowie $a = \dot{v} = \ddot{s}(t)$.

Eine besondere Anfangsbeschleunigung $a_0 := a(t_0)$ interessiert im allgemeinen nicht.

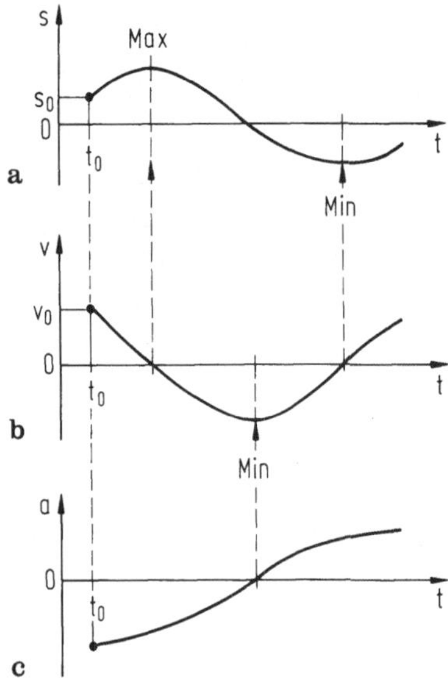

Bild 3.3.1. Zusammengehörige Verläufe $s(t)$, $v(t)$ und $a(t)$

3.3.2 Winkelbeschleunigung

Im Anschluß an Abschnitt 3.2.2 definiert man die *Winkelbeschleunigung* α als Zeitableitung der Winkelgeschwindigkeit $\omega(t)$,

$$\alpha := \alpha(t) := \frac{d\omega}{dt} = \dot{\omega} = \frac{d}{dt}\left(\frac{d\varphi}{dt}\right) = \frac{d^2\varphi}{dt^2} = (\dot{\varphi})^{\cdot} = \ddot{\varphi}.$$

Statt der genormten Bezeichnung α (veraltet ε) schreibt man häufig $\dot{\omega}$.

Vorzeichen, Dimension, Einheit

Vorzeichen: α hat dieselbe Orientierung (Drehsinn) wie φ und ω.
Dimension: $\dim \alpha = \dim(\Delta\omega/\Delta t) = 1/\mathrm{T}^2$.
Einheit: $[\alpha] = 1/s^2 = 1\,\mathrm{rad}/s^2$.

Zusammenhang zwischen Bahnbeschleunigung und Winkelbeschleunigung bei der Kreisbewegung

Aus der Beziehung $v = \omega R$, vgl. Abschnitt 3.2.2, folgt durch Differentiation

$$\dot{v} = \dot{\omega} R, \quad \text{also} \quad a = \alpha R \quad \text{oder} \quad \alpha = \frac{a}{R}.$$

3.3.3 Beschleunigungsvektor

Parallel zu Abschnitt 3.2.3 wird mit Bild 3.3.2a, b der *Beschleunigungsvektor* $\boldsymbol{a}(t)$ definiert als

$$\boldsymbol{a} := \lim_{\Delta t \to 0} \frac{\boldsymbol{v}(t+\Delta t) - \boldsymbol{v}(t)}{\Delta t} = \lim_{\Delta t \to 0} \frac{\Delta \boldsymbol{v}}{\Delta t},$$

also

$$\boldsymbol{a} = \boldsymbol{a}(t) = \frac{d\boldsymbol{v}}{dt} = \dot{\boldsymbol{v}} = \frac{d}{dt}\left(\frac{d\boldsymbol{r}}{dt}\right) = \frac{d^2\boldsymbol{r}}{dt^2} = (\dot{\boldsymbol{r}})^{\cdot} = \ddot{\boldsymbol{r}}.$$

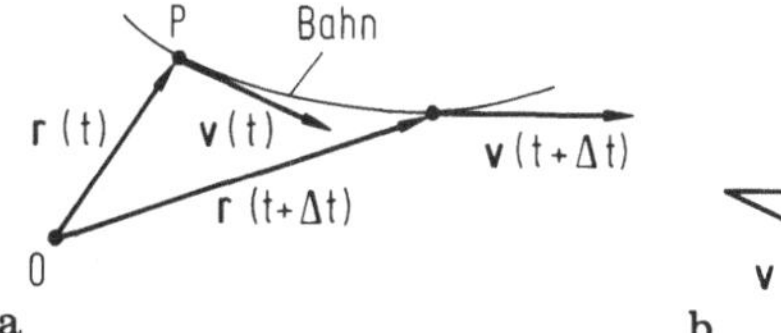

Bild 3.3.2. Differenzvektor $\Delta \boldsymbol{v}$ der Geschwindigkeit

Man kann $\boldsymbol{a}$ auch wieder als Produkt von Maßzahl (Betrag) und Einheitsvektor schreiben, $\boldsymbol{a} = |\boldsymbol{a}|\boldsymbol{e}_a$, wobei $\boldsymbol{e}_a$ im allgemeinen weder parallel noch senkrecht zur Bahn liegt. Eine weitergehende Aussage folgt im Abschnitt 3.3.5 aus der Betrachtung der Kreisbewegung.

3.3.4 Beschleunigungsvektor in kartesischen Koordinaten

Mit den kartesischen Koordinaten nach Abschnitt 3.1.2 und 3.2.4 ergibt sich der *Beschleunigungsvektor* $\boldsymbol{a}$ in der Form

$$\boldsymbol{a} = \frac{d\boldsymbol{v}}{dt} = \frac{d^2\boldsymbol{r}}{dt^2} = \boldsymbol{e}_x\dot{v}_x + \boldsymbol{e}_y\dot{v}_y + \boldsymbol{e}_z\dot{v}_z = \boldsymbol{e}_x\ddot{x} + \boldsymbol{e}_y\ddot{y} + \boldsymbol{e}_z\ddot{z} = \underline{\boldsymbol{e}}^T\ddot{\underline{r}}.$$

Bezieht man die Beschleunigung auf das kartesische Dreibein $\underline{\boldsymbol{e}} = (\boldsymbol{e}_x, \boldsymbol{e}_y, \boldsymbol{e}_z)^T$, vgl. Bild 3.1.5, so gilt

$$\boldsymbol{a}(t) = \boldsymbol{e}_x a_x + \boldsymbol{e}_y a_y + \boldsymbol{e}_z a_z =: \underline{\boldsymbol{e}}^T\underline{a},$$

wo $\underline{a} = (a_x, a_y, a_z)^T$ die Spaltenmatrix der Beschleunigungen (d.h. ihrer Koordinaten) ist.

Der Vergleich der beiden Formen liefert

$$\boldsymbol{a} = \underline{a} = \dot{\boldsymbol{v}} = \dot{\underline{v}} = \ddot{\boldsymbol{r}} = \ddot{\underline{r}} = \begin{pmatrix} a_x \\ a_y \\ a_z \end{pmatrix} = \begin{pmatrix} \dot{v}_x \\ \dot{v}_y \\ \dot{v}_z \end{pmatrix} = \begin{pmatrix} \ddot{x} \\ \ddot{y} \\ \ddot{z} \end{pmatrix}.$$

Die Beschleunigungen (Beschleunigungskoordinaten) a_x, a_y, a_z haben dieselben Orientierungen wie die Geschwindigkeiten v_x, v_y bzw. v_z und die Koordinaten x, y bzw. z.

Für Betrag und Einheitsvektor erhält man analog zu Abschnitt 3.2.3, 3.2.4:

$$|\boldsymbol{a}| = \sqrt{a_x^2 + a_y^2 + a_z^2} = \sqrt{\dot{v}_x^2 + \dot{v}_y^2 + \dot{v}_z^2} = \sqrt{\ddot{x}^2 + \ddot{y}^2 + \ddot{z}^2}$$

und

$$\boldsymbol{e}_a = \frac{1}{\sqrt{\ddot{x}^2 + \ddot{y}^2 + \ddot{z}^2}}(\boldsymbol{e}_x\ddot{x} + \boldsymbol{e}_y\ddot{y} + \boldsymbol{e}_z\ddot{z}).$$

Beispiel: Schraubenbewegung

Man bestimme $\boldsymbol{a}(t)$, $|\boldsymbol{a}|$ und $\boldsymbol{e}_a$ für die Schraubenbewegung nach Abschnitt 3.1.4 und 3.2.4, $\boldsymbol{r}(t) = \boldsymbol{e}_x R\cos\Omega t + \boldsymbol{e}_y R\sin\Omega t + \boldsymbol{e}_z \kappa t$.
Anwendung der oben hergeleiteten Beziehungen liefert:

$$\boldsymbol{a}(t) = -\boldsymbol{e}_x R\,\Omega^2\cos\Omega t - \boldsymbol{e}_y R\,\Omega^2\sin\Omega t, \quad |\boldsymbol{a}| = \sqrt{R^2\,\Omega^4} = R\,\Omega^2,$$
$$\boldsymbol{e}_a = -(\boldsymbol{e}_x\cos\Omega t + \boldsymbol{e}_y\sin\Omega t).$$

3.3.5 Beschleunigungsvektor in Zylinderkoordinaten

Sind Bahn $\boldsymbol{r}(t)$ und Geschwindigkeit $\boldsymbol{v}$ mit Hilfe von Zylinderkoordinaten $(\varrho,\varphi,z) = (\varrho(t),\varphi(t),z(t))$ ausgedrückt, nämlich durch $\boldsymbol{r}(t) = \varrho\boldsymbol{e}_\varrho(\varphi) + z\boldsymbol{e}_z$ (vgl. Abschnitt 3.1.3) bzw. durch $\boldsymbol{v}(t) = \dot\varrho\boldsymbol{e}_\varrho(\varphi) + \varrho\dot\varphi\boldsymbol{e}_\varphi(\varphi) + \dot z\boldsymbol{e}_z$ (vgl. Abschnitt 3.2.5), so erhält man nach Abschnitt 3.3.3

$$\boldsymbol{a} = \dot{\boldsymbol{v}} = \ddot\varrho\boldsymbol{e}_\varrho + \dot\varrho\dot\varphi\frac{d\boldsymbol{e}_\varrho}{d\varphi} + \dot\varrho\dot\varphi\boldsymbol{e}_\varphi + \varrho\ddot\varphi\boldsymbol{e}_\varphi + \varrho\dot\varphi^2\frac{d\boldsymbol{e}_\varphi}{d\varphi} + \ddot z\boldsymbol{e}_z.$$

Mit $d\boldsymbol{e}_\varrho/d\varphi = \boldsymbol{e}_\varphi$, $d\boldsymbol{e}_\varphi/d\varphi = -\boldsymbol{e}_\varrho$ (vgl. Abschnitt 3.2.5) ergibt sich der *Beschleunigungsvektor* in Zylinderkoordinaten zu

$$\boldsymbol{a} = (\ddot\varrho - \varrho\omega^2)\boldsymbol{e}_\varrho + (\varrho\alpha + 2\dot\varrho\omega)\boldsymbol{e}_\varphi + \ddot z\boldsymbol{e}_z.$$

Man zerlegt ihn mit $\boldsymbol{\omega} := \omega\ \boldsymbol{e}_z$ auch wie folgt:

$$\boldsymbol{a} = (\ddot\varrho\boldsymbol{e}_\varrho + \ddot z\boldsymbol{e}_z) + (\varrho\alpha\boldsymbol{e}_\varphi - \varrho\omega^2\boldsymbol{e}_\varrho) + 2\boldsymbol{\omega}\times(\dot\varrho\boldsymbol{e}_\varrho + \dot z\boldsymbol{e}_z).$$

In dieser Form kann man den Beschleunigungsvektor parallel zum Geschwindigkeitsvektor (vgl. Ende von Abschnitt 3.2.5) deuten: Die Glieder in der ersten Klammer rechts stellen die *Relativbeschleunigung* des Punktes P gegenüber der festgehalten gedachten Basis dar. Die zweite Klammer gibt die Beschleunigung wieder, die ein bei (ϱ, z) mit der bewegten Basis fest verbundener Punkt hätte, man nennt sie *Führungsbeschleunigung.* Das dritte Glied rührt (vgl. Abschnitt 3.2.5) von der Relativbewegung von P auf der drehenden Basis her, es heißt *Zusatz- oder Coriolisbeschleunigung.*

Sonderfall Kreisbahn

Gegeben sei eine Kreisbewegung auf einer Bahn vom festen Radius R in der Ebene $z = 0$ des Zylinderkoordinatensystems nach Bild 3.1.7:

$$(\varrho,\varphi,z) = (R,\varphi(t),0).$$

Gesucht ist eine Zerlegung der Beschleunigung $\boldsymbol{a}$ nach Komponenten $\boldsymbol{a}_T$ tangential und $\boldsymbol{a}_N$ normal zur Bahn.
Lösung:
Für die Kreisbewegung erhält man mit

$$(\dot\varrho,\dot\varphi,\dot z) = (0,\omega,0) \quad \text{und} \quad (\ddot\varrho,\ddot\varphi,\ddot z) = (0,\alpha,0)$$

die Beschleunigung

$$\boldsymbol{a} = -R\omega^2\boldsymbol{e}_\varrho\ +\ R\alpha\boldsymbol{e}_\varphi.$$

Sie liegt in der Ebene des Kreises; wir dürfen mit den Polarkoordinaten nach Bild 3.3.3a arbeiten.

Man setzt in den Punkt P auf der Bahn, vgl. Bild 3.3.3b,

den Tangenteneinheitsvektor $\boldsymbol{e}_T \equiv \boldsymbol{e}_\varphi$,

den Normaleneinheitsvektor $\boldsymbol{e}_N := -\boldsymbol{e}_\varrho$, von der Bahn zum Krümmungsmittelpunkt 0 weisend.

Dann lautet die gesuchte Zerlegung, vgl. Bild 3.3.3c,

$$\boldsymbol{a} = \boldsymbol{a}_T + \boldsymbol{a}_N\,,$$

mit der *Tangential-* (oder Bahn-) *Beschleunigung* $\boldsymbol{a}_T = a_T \boldsymbol{e}_T$ und der *Normal-Beschleunigung* $\boldsymbol{a}_N = a_N \boldsymbol{e}_N$.

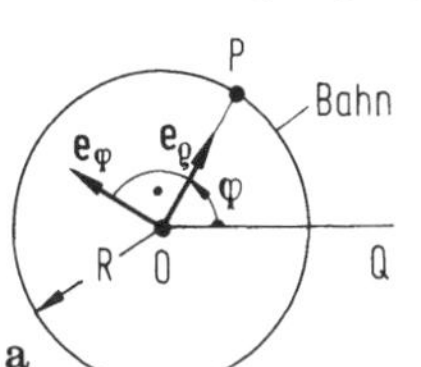

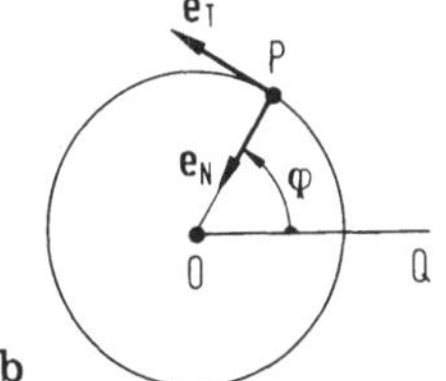

c

Bild 3.3.3. Beschleunigungen bei Kreisbewegung

Die Maßzahl der Tangentialbeschleunigung,

$$a = a_T = R\alpha = \dot{v}\,,$$

kann wechselnde Vorzeichen haben oder auch verschwinden.

Die Normalbeschleunigung $\boldsymbol{a}_N = a_N \boldsymbol{e}_N$ weist wegen

$$a_N = \omega^2 R = v^2/R \geq 0$$

stets von der Bahn zum Krümmungsmittelpunkt (*Zentripetalbeschleunigung,* zum Zentrum strebend). Sie verschwindet nur, wenn $v = 0$ (der Punkt P still steht) oder $R \to \infty$ (der Kreis in eine Gerade ausartet).

Hinweis: Diese Überlegungen gelten auch für allgemeine räumliche Bahnen, wenn für v die Bahngeschwindigkeit und für $R = R(t)$ der jeweilige Krümmungsradius der Bahn eingesetzt wird; $\boldsymbol{e}_T$ und $\boldsymbol{e}_N$ haben die übliche Bedeutung des Tangenten- bzw. Normaleneinheitsvektors der Bahnkurve.

Betont werden muß, daß die drei Darstellungen nach Abschnitt 3.3.3, 3.3.4 und 3.3.5 (im Fall der allgemeinen Raumkurve) ein und dieselbe Beschleunigung $\boldsymbol{a}(t)$ liefern und sich nur in der Form unterscheiden.

3.3.6 Berechnen der Beschleunigung aus wegabhängig vorgegebener Geschwindigkeit

Nach Abschnitt 3.2.1 kann die Geschwindigkeit v wegabhängig vorgegeben sein (vgl. Phasenkurve in Bild 3.2.6), $v = v(s)$ oder vektoriell $\boldsymbol{v} = \boldsymbol{v}(s)$.

Wegen $s = s(t)$ und mit $v = ds/dt = \dot{s}$ (vgl. Abschnitt 3.2.1) berechnet man nach der Kettenregel

$$a = a_T = \frac{dv}{dt} = \frac{dv}{ds}\,\frac{ds}{dt} = v\,\frac{dv}{ds} \quad \left(= \frac{1}{2}\frac{d(v^2)}{ds}\right);$$

man entnimmt $v(s)$ und dv/ds der Phasenkurve und erhält $a(s)$. Entsprechend gilt vektoriell

$$\boldsymbol{a} = \frac{d\boldsymbol{v}}{dt} = \frac{d\boldsymbol{v}}{ds}\,\frac{ds}{dt} = v\,\frac{d\boldsymbol{v}}{ds}\,.$$

3.4 Berechnung von Geschwindigkeit und Weg aus vorgegebener Beschleunigung

Während die Geschwindigkeit nach Abschnitt 3.2 und die Beschleunigung nach Abschnitt 3.3 aus vorgegebenem $\boldsymbol{r}(t)$ oder $s(t)$ bzw. $\boldsymbol{v}(t)$ oder $v(t)$ (auch aus $\boldsymbol{v}(s)$ oder $v(s)$) leicht durch Differentiation bestimmt werden können, erfordert die Umkehrung, das heißt die Berechnung der Geschwindigkeit und des Weges aus vorgegebener Beschleunigung, je eine Integration, ist also schwieriger zu gewinnen und kann häufig nur näherungsweise – z.B. numerisch – ausgeführt werden. Bei Rechenmodellen für technische Systeme stellt man jedoch meistens einen Ausdruck für die Beschleunigung – eine "Bewegungsgleichung" – auf, aus der Geschwindigkeit und Weg ermittelt werden müssen (vgl. Abschnitt 3.5 ff.); die Umkehrung ist also die wichtigere Aufgabe. Wir behandeln hier den skalaren Fall, die Bewegung längs einer Bahn (vgl. die Abschnitte 3.2.1 und 3.3.1).

3.4.1 Beschleunigung $a(t)$ gegeben, $v(t)$ und $s(t)$ gesucht

Das Vorgehen entspricht den Überlegungen zur Integration der Differentialgleichung der Biegelinie in Abschnitt 2.11.2.

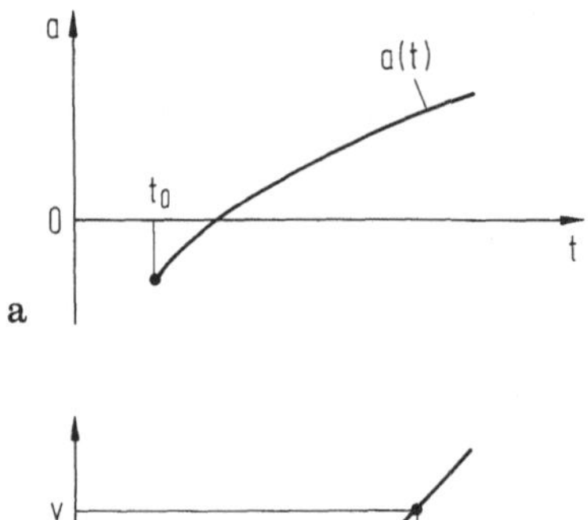

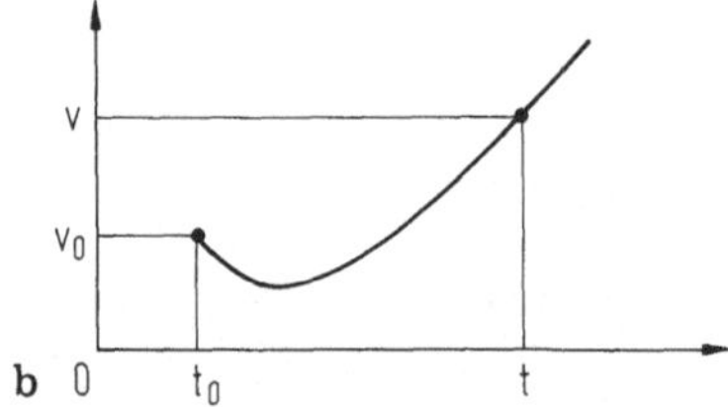

Bild 3.4.1. Beschleunigungs- und zugehöriger Geschwindigkeitsverlauf

Zuerst wird die Geschwindigkeit $v(t)$ aus dem gegebenen Verlauf von $a(t)$, vgl. Bild 3.4.1a, bestimmt: Nach Abschnitt 3.3.1 gilt

$$\dot{v} = \frac{dv}{dt} = a(t).$$

Wir "trennen" die abhängige Variable v von der unabhängigen t,

$$dv = a(t)dt,$$

und integrieren zwischen den Punkten (t_0, v_0) und (t, v) von Bild 3.4.1b:

$$\int_{v_0}^{v} d\nu = \int_{t_0}^{t} a(\tau)d\tau.$$

Man erhält

$$v = v(t) = v_0 + \int_{t_0}^{t} a(\tau)d\tau.$$

Die Anfangsgeschwindigkeit $v(t_0) = v_0$ muß (zusätzlich zu $a(t)$) *vorgegeben* werden. Damit ist $v(t)$ berechenbar, also bekannt.
Im zweiten Schritt wird der Weg $s(t)$ aus $v(t)$ berechnet. Nach Abschnitt 3.2.1 gilt

$$\dot{s} = \frac{ds}{dt} = v(t).$$

Wir trennen,

$$ds = v(t)dt,$$

und integrieren zwischen den Punkten (t_0, s_0) und (t, s), vgl. Bild 3.4.2b:

$$\int_{s_0}^{s} d\sigma = \int_{t_0}^{t} v(\tau)d\tau.$$

Man erhält

$$s = s(t) = s_0 + \int_{t_0}^{t} v(\tau)d\tau.$$

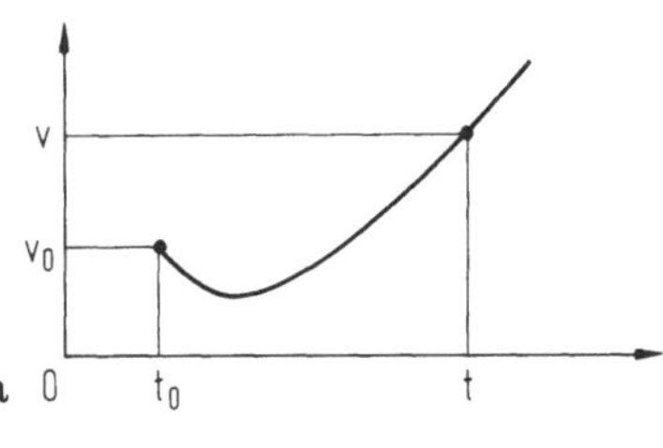

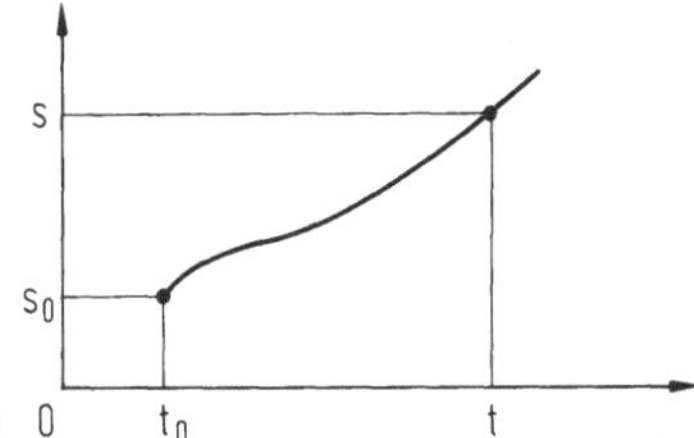

Bild 3.4.2. Geschwindigkeits- und zugehöriger Wegverlauf

Der Anfangswert des Weges, $s(t_0) = s_0$, muß ebenfalls *vorgegeben* werden. Damit ist $s(t)$ berechenbar, also bekannt.
Hinweis: Man kann die Differentialgleichung

$$\ddot{s} = a(t)$$

auch auf anderen Wegen lösen. In jedem Fall muß man die Lösung $s(t)$ an die *Anfangsbedingungen* $\dot{s}(t_0) = v_0$, $s(t_0) = s_0$ (mit gegebenen Werten v_0, s_0) anpassen. Häufig setzt man als Anfangszeitpunkt $t_0 = 0$.

Beispiel

Gegeben: Beschleunigung $a(t) = ce^{-\beta t}$ (mit c, β konstant) und Werte v_0, s_0 für die Anfangsbedingungen $v(0) = v_0$, $s(0) = s_0$.
Gesucht: $v(t)$ und $s(t)$.

Lösung:
Gemäß den beiden obigen Integrationsschritten folgt:

$$1.\quad v(t) = v_0 + \int_0^t ce^{-\beta\tau}d\tau = v_0 - \frac{c}{\beta}e^{-\beta\tau}\Big|_0^t = v_0 + \frac{c}{\beta}\left(1 - e^{-\beta t}\right),$$

$$\begin{aligned} 2.\quad s(t) &= s_0 + \int_0^t v(\tau)d\tau = s_0 + \int_0^t \left[v_0 + \frac{c}{\beta}\left(1 - e^{-\beta\tau}\right)\right]d\tau \\ &= s_0 + \left[v_0\tau + \frac{c}{\beta}\left(\tau + \frac{1}{\beta}e^{-\beta\tau}\right)\right]\Big|_0^t \\ &= s_0 + v_0 t + \frac{c}{\beta}t - \frac{c}{\beta^2}\left(1 - e^{-\beta t}\right). \end{aligned}$$

3.4.2 Beschleunigung $a(s)$ gegeben, $v(t)$ und $s(t)$ gesucht

In dieser Form begegnet man der Beschleunigung in vielen Bewegungsgleichungen, etwa bei den Schwingungen (vgl. Abschnitte 3.4.3 und 3.21 f.).
Wir gehen vom Geschwindigkeits-Weg-Diagramm, der Phasenkurve nach Bild 3.2.6, aus. In Bild 3.4.3b gibt der Punkt P' mit den Koordinaten s, v Ort und Geschwindigkeit ("Zustand") des Punktes P wieder, vgl. Bild 3.4.3a.

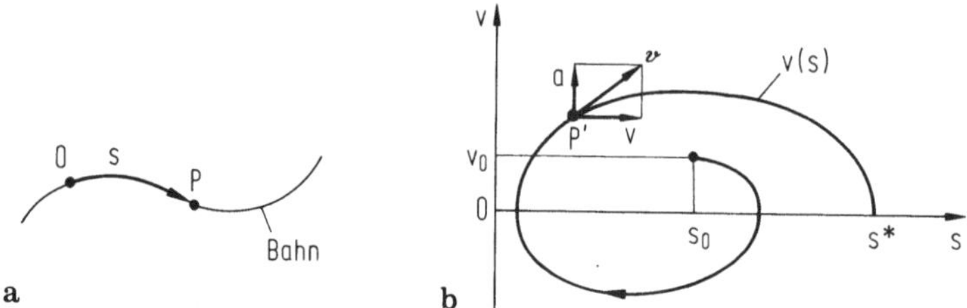

Bild 3.4.3. Bahnkurve und Phasenebene

Wegen $\dot{s} = v(s)$ und $\dot{v} = a(s)$ bewegt sich P' im Diagramm mit der Horizontalgeschwindigkeit v und der Vertikal-"Geschwindigkeit" a (diese Bewegung kann man beobachten, wenn man die Phasenkurve mit einem Oszillographen schreibt). Der Punkt P kann auf der Bahn nur zur Ruhe kommen (dann ruht auch P'), wenn $v = 0$ ist (also P' auf der Abzisse liegt) *und* außerdem $a(s^*)$ für diese Stelle $s = s^*$ verschwindet. Um $v(s)$ aus $a(s)$ zu gewinnen, benutzen wir für $a(s)$ aus Abschnitt 3.3.6 den Ausdruck

$$a(s) = \frac{1}{2}\frac{d(v^2)}{ds} = \frac{1}{2}\frac{du}{ds}, \quad \text{mit} \quad u(s) := v^2(s),$$

trennen, $du = 2\,a(s)\,ds$, und erhalten nach der (ersten) Integration

$$u(s) = u_0 + 2\int_{s_0}^{s} a(\sigma)d\sigma, \quad \text{also} \quad v^2(s) = v_0^2 + 2\int_{s_0}^{s} a(\sigma)d\sigma.$$

Hierbei bezeichnen (s_0, v_0) die Koordinaten (Anfangswerte) des "Anfangspunktes" (Zeitpunkt $t = t_0$) in der Phasenebene. Für die Geschwindigkeit gilt dann

$$v(s) = \pm\sqrt{v_0^2 + 2\int_{s_0}^{s} a(\sigma)d\sigma}.$$

Das Vorzeichen $\pm$ muß so gewählt werden, daß $\lim_{s\to s_0} v(s) = v_0$ erfüllt ist. (Bei endlichen Beschleunigungen dürfen in den Phasenkurven keine Sprünge auftreten!)
Mit dem nun bekannten $v = v(s)$ folgt aus $ds/dt = v(s)$ durch Trennen, $dt = ds/v(s)$, und (zweite) Integration

$$t = t_0 + \int_{s_0}^{s} \frac{d\sigma}{v(\sigma)};$$

dabei steht (t_0, s_0) für den Anfangspunkt in Bild 3.4.2b. Man erhält die Umkehrfunktion $t = t(s)$, die man auf $s = s(t)$ umschreiben muß. Setzt man $s(t)$ in $v(s)$ und $a(s)$ ein, so gewinnt man $v(t)$ und $a(t)$.
Hinweis: Ein jedes Mal, wenn die Phasenkurve $v(s)$ die s-Achse schneidet, schlägt das Vorzeichen obiger Wurzel um, das Integral muß neu angesetzt werden und läßt sich deshalb nur sehr umständlich auswerten. Aus diesem Grunde modifiziert man das Vorgehen (vgl. den folgenden Abschnitt) oder arbeitet mit anderen Methoden (vgl. Abschnitt 3.21 f.).

3.4.3 Kinematik harmonischer Schwingungen

Herleitung aus dem Beschleunigungsgesetz

Im Anschluß an den vorigen Abschnitt stellen wir uns die folgende Aufgabe:
Gegeben sind die Beschleunigung $\ddot{s} = a(s) = -{\omega_0}^2 s$ (mit ${\omega_0}^2 = \text{const.}$) und Anfangswerte v_0, s_0 für $t = t_0$. Solch eine Beschleunigung gilt z. B. für den in Bild 3.4.4 gezeigten Feder-Masse-Schwinger (Auslenkung s gegenüber entspannter Feder gezählt).
Gesucht sind $s(t)$, $v(t)$ und $a(t)$.

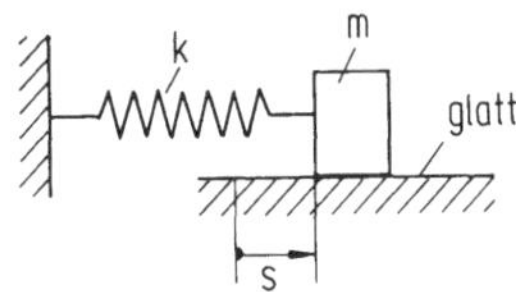

Bild 3.4.4. Feder-Masse-Schwinger

Lösung:
Die erste Integration liefert

$$v^2 - v_0^2 = \omega_0^2 s_0^2 - \omega_0^2 s^2\,, \quad \text{umgestellt:} \quad v^2 + \omega_0^2 s^2 = v_0^2 + \omega_0^2 s_0^2.$$

Mit $v_E := \sqrt{v_0^2 + \omega_0^2 s_0^2}$, $s_E := v_E/\omega_0$ folgt daraus

$$\frac{v^2}{v_E^2} + \frac{s^2}{s_E^2} = 1\,.$$

Die Phasenkurve ist eine *Ellipse,* vgl. Bild 3.4.5a. Die Werte s_E und v_E sind die Extremwerte von Ausschlag bzw. Geschwindigkeit an den Scheitelpunkten der Ellipse. Bezieht man s und v auf s_E bzw. v_E, so wird die Phasenkurve zum Einheitskreis, vgl. Bild 3.4.5b.

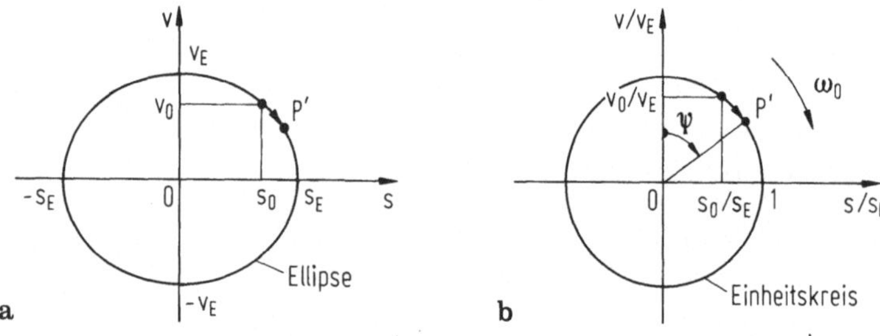

Bild 3.4.5. Phasenebenen

Die zweite Integration führt auf

$$t = t_0 + \int_{s_0}^{s} \frac{d\sigma}{v(\sigma)} = t_0 + \int_{s_0}^{s} \frac{d\sigma}{\pm\sqrt{v_E^2 - \omega_0^2\sigma^2}} \,.$$

Aus der Darstellung am Einheitskreis in Bild 3.4.5b lesen wir eine zweckmäßige Variablentransformation (Substitution) ab, die die Integration erleichtert:

$$v = v_E \cos\psi; \quad s = s_E \sin\psi, \quad ds = s_E \cos\psi \, d\psi.$$

Die Vorzeichen von v und s werden damit richtig erfaßt. Wir erhalten (Integrationsvariable $\chi \mathrel{\hat{=}} \psi$):

$$t = t_0 + \int_{\psi_0}^{\psi} \frac{s_E \cos\chi d\chi}{v_E \cos\chi} = t_0 + \frac{s_E}{v_E}(\psi - \psi_0),$$

$$\text{also} \quad \psi = \frac{v_E}{s_E}(t - t_0) + \psi_0 = \omega_0(t - t_0) + \psi_0.$$

Daraus folgt: $\dot{\psi} = \omega_0$. Der Phasenpunkt P' läuft in Bild 3.4.5b (unabhängig von den Anfangswerten s_0, v_0) mit der festen Winkelgeschwindigkeit ω_0 um. Deshalb heißt ω_0 *Kreisfrequenz.* Für einen Umlauf benötigt man die als *Periode* oder *Periodendauer* bezeichnete Zeit

$$T = \frac{2\pi}{\omega_0}.$$

Nach einer Periode wiederholen sich $s(t)$ und $v(t)$,

$$s(t+T) = s(t), \quad v(t+T) = v(t),$$

sie sind periodische Funktionen der Zeit. Mit $\psi(t)$ gemäß obigem Ausdruck folgt

$$\begin{aligned} s(t) &= s_E \sin\psi = s_E \sin[\omega_0(t-t_0)+\psi_0] \\ &= s_E \sin\psi_0 \cos\omega_0(t-t_0) + s_E \cos\psi_0 \sin\omega_0(t-t_0). \end{aligned}$$

Aus Bild 3.4.5b entnimmt man $\sin\psi_0 = s_0/s_E$, $\cos\psi_0 = v_0/v_E$ und erhält

$$s(t) = s_0 \cos\omega_0(t-t_0) + \frac{v_0}{\omega_0}\sin\omega_0(t-t_0).$$

Differentiation liefert

$$v(t) = -s_0\omega_0 \sin\omega_0(t-t_0) + v_0\cos\omega_0(t-t_0),$$

$$a(t) = -s_0{\omega_0}^2 \cos\omega_0(t-t_0) - v_0\omega_0 \sin\omega_0(t-t_0) = -{\omega_0}^2 s(t).$$

Benennungen, Schreibweisen, Zeitverläufe

Die oben gefundene Bewegung

$$\begin{aligned} s(t) &= s_0\cos\omega_0(t-t_0) + \frac{v_0}{\omega_0}\sin\omega_0(t-t_0) = s_E\sin[\omega_0(t-t_0)+\psi_0] \\ &= \sqrt{s_0^2+\frac{v_0^2}{\omega_0^2}}\sin[\omega_0(t-t_0)+\psi_0] = \sqrt{s_0^2+\frac{v_0^2}{\omega_0^2}}\cos[\omega_0(t-t_0)+\psi_0-\pi/2] \end{aligned}$$

heißt *Sinusschwingung* oder *harmonische Schwingung.* Nach DIN 1311 beschreibt man die Sinusschwingung mit Hilfe der cos-Funktion:

$$s(t) = \hat{s}\cos\varphi(t) = \hat{s}\cos(\omega_0 t + \varphi_0).$$

Dabei heißen

$\hat{s}$:	*Amplitude,*
$\varphi(t)$:	*Phasenwinkel,*
$\varphi_0 := \varphi(0)$:	*Null-Phasenwinkel.*

Der Vergleich obiger Lösung mit der genormten Schreibweise zeigt:

$$\hat{s} = \sqrt{s_0^2+\frac{v_0^2}{\omega_0^2}}, \quad \varphi_0 = \psi_0 - \omega_0 t_0 - \frac{\pi}{2}.$$

Durch Subtraktion oder Addition von ganzen Vielfachen von 2π schiebt man φ_0 in ein bestimmtes Intervall der Länge 2π, z.B. $-\pi < \varphi_0 \le \pi$ (die Lage des Intervalls ist willkürlich wählbar!).

Differentiation liefert die Geschwindigkeit

$$v = \dot{s} = -\hat{s}\omega_0 \sin(\omega_0 t + \varphi_0) = \hat{v}\cos(\omega_0 t + \varphi_0 + \pi/2)$$

und die Beschleunigung

$$a = \ddot{s} = -\hat{s}\omega_0{}^2 \cos(\omega_0 t + \varphi_0) = \hat{a}\cos(\omega_0 t + \varphi_0 + \pi).$$

Mit $s(t)$ sind also auch $v(t)$ und $a(t)$ harmonische Schwingungen mit den Amplituden $\hat{v}$ bzw. $\hat{a}$ und den *Phasenverschiebungen* $\pi/2$ bzw. π gegenüber $s(t)$, vgl. Bild 3.4.6.

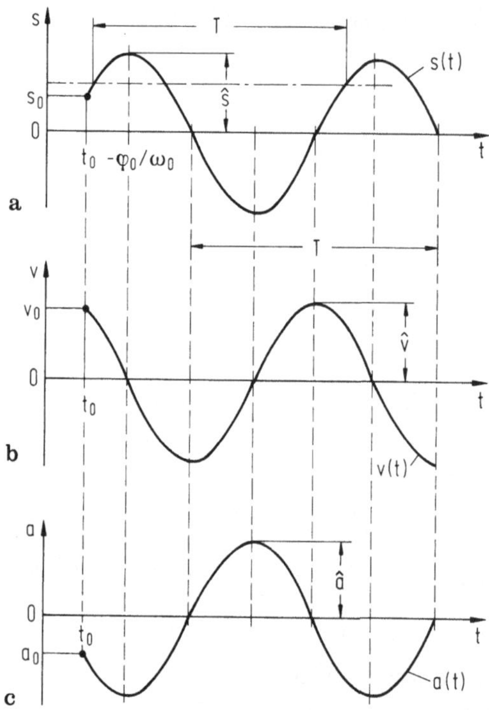

Bild 3.4.6. Zeitverläufe $s(t)$, $v(t)$, $a(t)$ bei harmonischer Schwingung

Neben der Kreisfrequenz ω_0 (vgl. Bild 3.4.5b) führt man die *Frequenz* f ein:

$$f := \frac{1}{T} = \frac{\omega_0}{2\pi}.$$

Man kann f als "Anzahl der (Sinus-) Schwingungen pro Zeiteinheit" auffassen. Da $\dim\omega_0 = \dim f = 1/\mathrm{T}$, unterscheidet man die beiden Frequenzen durch die Namen der Einheiten und schreibt s^{-1} als Einheit von ω_0 und 1 Hertz = 1 Hz an Stelle von s^{-1} als Einheit von f. Zum Beispiel beträgt die Netzfrequenz $f = 50$ Hz, die Netz-Kreisfrequenz $\omega_0 = 314{,}15...\ \mathrm{s}^{-1}$. Sehr oft nennt man auch ω_0 der Kürze halber "Frequenz".

Kinetik des Massenpunktes

Die Kinetik verknüpft die Bewegungen von Körpern mit den wirkenden Kräften. Dabei kommt die *Masse* als Maß für die *Stoffmenge* ins Spiel. Einen massebehafteten Punktkörper nennt man *Massenpunkt* oder *Punktmasse*. Zum Beispiel kann man für Bahnuntersuchungen die Erde (Erdradius $r \approx 6370$ km, Bahnradius $R \approx 1{,}5 \cdot 10^8$ km) wegen $r/R \approx 0{,}000042$ als "Punkt" der Masse $m \approx 6 \cdot 10^{24}$ kg ansehen.

3.5 Der freie Fall und die kinetischen Grundgleichungen

3.5.1 Der freie Fall

Galilei fand zwischen Fallhöhe s (Bild 3.5.1) und Zeit t experimentell den Zusammenhang $s = kt^2$, wobei k ein Proportionalitätsfaktor ist. Differenzieren dieses Ausdruckes liefert $v = \dot{s} = 2kt$ und $a = \dot{v} = \ddot{s} = 2k = \text{const}$. Die Konstante $g := 2k$ ist die örtliche *Fallbeschleunigung* (ohne Luftwiderstand). Für Paris gilt der Normwert $g = 9{,}80665\ \text{m/s}^2 \approx 9{,}81\ \text{m/s}^2$; am Äquator: $g \approx 9{,}78\ \text{m/s}^2$, am Pol: $g \approx 9{,}83\ \text{m/s}^2$.

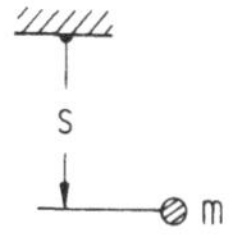

Bild 3.5.1. Freier Fall

3.5.2 Die kinetischen Grundgesetze nach Newton

Newton abstrahierte aus dem Wissen seiner Zeit die folgenden Grundgesetze der Bewegung:

1. Newtonsches Gesetz
Wirken auf einen Massenpunkt keine Kräfte, so bleibt er im Zustand der Ruhe oder der gleichförmig geradlinigen Bewegung ("gleichförmig" heißt mit konstanter Geschwindigkeit).

2. Newtonsches Gesetz
Wirkt auf einen Punkt der Masse m die (resultierende) Kraft $\boldsymbol{F}$, so gilt für seine Beschleunigung $\boldsymbol{a}$

$$m\,\boldsymbol{a} = \boldsymbol{F}.$$

Dies ist eine Aussage über Größe *und* Richtung, vgl. Bild 3.5.2. Die Masse m ist hier ein (skalarer, dimensionsbehafteter) Proportionalitätsfaktor.

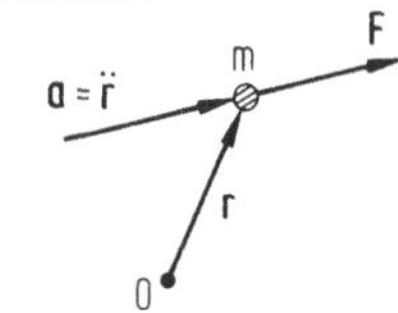

Bild 3.5.2. Kraft und Beschleunigung eines Massenpunktes

Hinweis 1: Das 2. Newtonsche Gesetz – man nennt es meistens "Newtonsches Gesetz" schlechtin – gilt für ein Inertialsystem. (Ein Inertialsystem ist ein Bezugssystem in dem *erfahrungsgemäß* das Newtonsche Gesetz gilt.) Für technische Probleme auf der Erdoberfläche genügt es meistens, das Bezugssystem mit einem Punkt der Erdoberfläche fest zu verbinden. Bei meteorologischen und erdnahen raumfahrttechnischen Problemen wählt man häufig den Erdmittelpunkt als Bezugspunkt, bei himmelsmechanischen Problemen die Sonne. Für sehr genaue Untersuchungen oder sehr große Geschwindigkeiten in der Größenordnung der Lichtgeschwindigkeit ($c \approx 300000$ km/s) muß man mit der relativistischen Mechanik arbeiten.

Bei Bewegung längs einer Geraden schreibt man das Newtonsche Gesetz meistens skalar (vgl. Bild 3.5.3):

$$ma = F, \quad a = \ddot{s}.$$

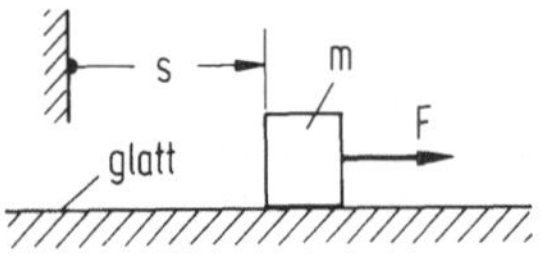

Bild 3.5.3. Geradlinige Bewegung

Für den freien Fall, Abschnitt 3.5.1, folgt nach dem Newtonschen Gesetz, (vgl. Bild 3.5.4):

$$ma = G, \quad G \text{ Gewicht(skraft)}.$$

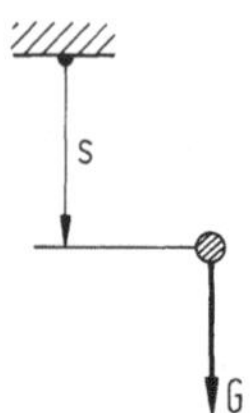

Bild 3.5.4. Freier Fall: Bewegung unter Gewicht

Die spezielle durch das Gewicht erzeugte Beschleunigung bezeichnet man mit g und erhält

$$mg = G.$$

Aus der Beobachtung, daß (im Vakuum) alle Körper *dasselbe* g erfahren, folgt $G \sim m$, nämlich $G = mg$: *Träge* und *schwere* Masse sind gleich.
Hinweis 2: Newton hat das 2. Gesetz mit Hilfe der "Bewegungsgröße" formuliert (s. Abschnitt 3.12.1).

3. Newtonsches Gesetz

Das 3. Newtonsche Gesetz ist das Reaktionsgesetz, es wurde bereits in Abschnitt 1.3.3 als Axiom 6 eingeführt.

3.5.3 Maßsysteme

Die Beziehung $mg = G$ wird benutzt, um Massen miteinander zu vergleichen:

$$m_1 : m_2 = G_1 : G_2.$$

Masseneinheit: 1 Kilogramm = 1 kg = Masse des "Urkilogramms" in Paris.
Alte Krafteinheit: 1 Kilopond = 1 kp = Gewicht des Urkilogramms in Paris.
Aus $ma = F$ folgt die Dimensionsgleichung

$$\dim m \cdot \dim a = \dim F, \quad \text{also} \quad \mathbf{ML/T^2 = K}.$$

Kraft- und Masssendimension – also auch die Einheiten – sind nicht unabhängig voneinander. Früher wählte man die Krafteinheit 1 Kilopond neben dem Meter und der Sekunde als *Grundeinheit* und setzte

$$[m] = \frac{[F]}{[a]} = \frac{1\ \text{kp}}{1\ \text{m/s}^2} = \frac{1\ \text{kp s}^2}{\text{m}} =: 1\,\text{TME}\,;$$

1 TME (Technische Masseneinheit) ist die Masse, der die Kraft $F = 1$ kp die Beschleunigung $a = 1\ \text{m/s}^2$ erteilt.
Heute wählt man die Masseneinheit 1 Kilogramm als Grundeinheit und definiert die Krafteinheit – als "abgeleitete Einheit" – durch

$$[F] = [m] \cdot [a] = 1\ \text{kg} \cdot 1\ \text{m/s}^2 =: 1\ \text{N};$$

1 N (Newton) ist die Kraft, die der Masse 1 kg die Beschleunigung 1 m/s^2 erteilt.

Umrechnung

Die Umrechnung von einem Maßsystem ins andere erfolgt über die Gleichung für den freien Fall, $mg = G$, angesetzt für das Urkilogramm in Paris:
Auflösen nach 1 kg liefert

$$1\ \text{kg} = \frac{1}{9,80665}\frac{\text{kp s}^2}{\text{m}} = \frac{1}{9,80665}\ \text{TME} \approx \frac{1}{9,81}\ \text{TME}\,.$$

Auflösen nach 1 kp liefert

$$1\ \text{kp} = 9,80665\ \text{kg m/s}^2 = 9,80665\ \text{N} \approx 9,81\ \text{N}\,.$$

3.5.4 Koordinatenschreibweise des Newtonschen Gesetzes

Auf die Punktmasse m wirke die resultierende Kraft $\boldsymbol{F}$. Das Newtonsche Gesetz lautet nach Abschnitt 3.5.2

$$\boldsymbol{F} = m\boldsymbol{a}.$$

Bezieht man $\boldsymbol{F}$ und $\boldsymbol{a}$ auf dasselbe kartesische Dreibein $\underline{\boldsymbol{e}} = (\boldsymbol{e}_x, \boldsymbol{e}_y, \boldsymbol{e}_z)^T$, vgl. Bild 3.5.5, so gilt mit $\boldsymbol{F} = \boldsymbol{e}_x F_x + \boldsymbol{e}_y F_y + \boldsymbol{e}_z F_z = \underline{\boldsymbol{e}}^T \underline{F}$ (s. Abschnitt 1.5.1) und $\boldsymbol{a} = \boldsymbol{e}_x a_x + \boldsymbol{e}_y a_y + \boldsymbol{e}_z a_z = \boldsymbol{e}_x \ddot{x} + \boldsymbol{e}_y \ddot{y} + \boldsymbol{e}_z \ddot{z} = \underline{\boldsymbol{e}}^T \underline{\ddot{r}}$ (s. Abschnitt 3.3.4):

$$m\underline{\ddot{r}} = \underline{F} \quad \text{oder} \quad m\begin{pmatrix} \ddot{x} \\ \ddot{y} \\ \ddot{z} \end{pmatrix} = \begin{pmatrix} F_x \\ F_y \\ F_z \end{pmatrix} \quad \text{oder} \quad \begin{aligned} m\ddot{x} &= F_x = \Sigma F_{xi}, \\ m\ddot{y} &= F_y = \Sigma F_{yi}, \\ m\ddot{z} &= F_z = \Sigma F_{zi}. \end{aligned}$$

Dies sind drei skalare Gleichungen. Die Summen rechts weisen darauf hin, daß die Resultierenden ALLER am Massenpunkt angreifenden Kräfte beachtet werden müssen; man muß den Massenpunkt stets zuerst FREISCHNEIDEN, bevor man die Newtonschen Gleichungen ansetzt.

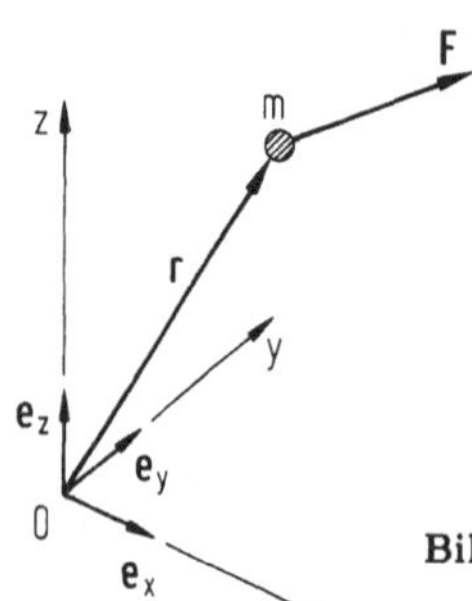

Bild 3.5.5. Kartesisches Dreibein zur Koordinatenschreibweise

3.5.5 Anwendungsbeispiele für das Newtonsche Gesetz

Kräftefreier Punkt

Gegeben: Punktmasse m bewegt sich frei (ohne Krafteinwirkung von außen) durch den Raum und hat zur Zeit $t = t_0$ die Anfangslage $\boldsymbol{r}_0$ und die Anfangsgeschwindigkeit $\boldsymbol{v}_0$, Bild 3.5.6.
Gesucht: Geschwindigkeit $\boldsymbol{v}(t)$ und Ort $\boldsymbol{r}(t)$ für $t \geq t_0$.

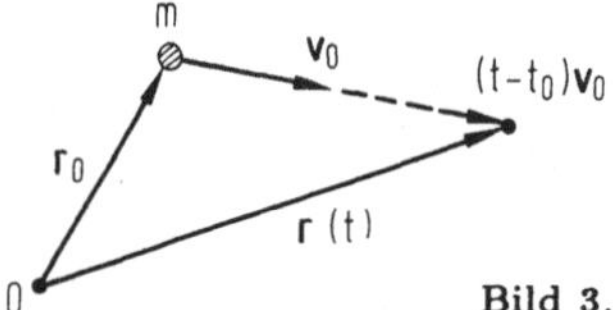

Bild 3.5.6. Bewegung eines kräftefreien Punktes

Lösung:
a) Skalar
Mit $\boldsymbol{F} = \boldsymbol{O}$ folgen aus Abschnitt 3.5.4 die drei skalaren Bewegungsgleichungen

$$m\ddot{x} = 0, \quad m\ddot{y} = 0, \quad m\ddot{z} = 0.$$

Sie haben die ersten Integrale (Lösungen)

$$v_x = \dot{x}(t) = v_{x0}, \quad v_y = \dot{y}(t) = v_{y0}, \quad v_z = \dot{z}(t) = v_{z0}$$

und die zweiten Integrale

$$x(t) = x_0 + (t - t_0)v_{x0}, \quad y(t) = y_0 + (t - t_0)v_{y0}, \quad z(t) = z_0 + (t - t_0)v_{z0}.$$

b) Vektoriell
Mit $\boldsymbol{F} = \boldsymbol{O}$ folgt $m\ddot{\boldsymbol{r}} = \boldsymbol{O}$; die Lösung lautet in Vektorform

$$\boldsymbol{v} = \dot{\boldsymbol{r}}(t) = \boldsymbol{v}_0 \quad \text{und} \quad \boldsymbol{r}(t) = \boldsymbol{r}_0(t) + (t - t_0)\boldsymbol{v}_0.$$

Der Punkt bewegt sich gleichförmig geradlinig (1. Newtonsches Gesetz ist also in 2. Gesetz enthalten).

Geradlinig beschleunigte Bewegung eines Massenpunktes (Beispiel)
Gegeben: Ein Klotz (Massenpunkt) der Masse m und des Gewichtes G gleitet mit der Anfangsgeschwindigkeit $v_0 > 0$ aus der Anfangslage $x_0 = 0$ eine rauhe schiefe Ebene hinab (Neigungswinkel α, Reibungskoeffizient μ), s. Bild 3.5.7.
Gesucht: Bewegungsablauf.

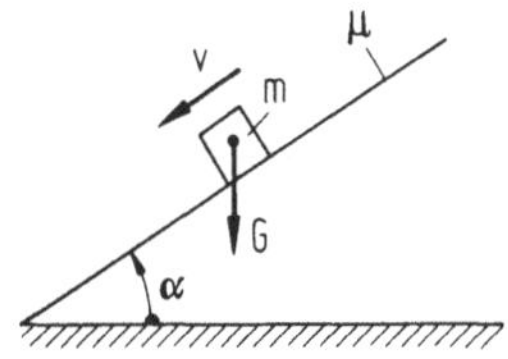

Bild 3.5.7. Bewegung auf schiefer Ebene

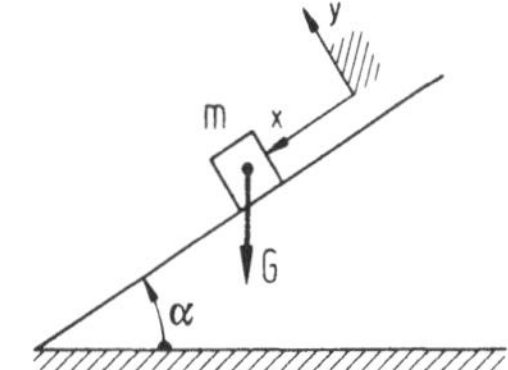

Bild 3.5.8. Lageplan und Koordinanten

Lösung (nach dem Schema aus Abschnitt 1.10.2, das hier für die Kinetik geeignet erweitert wird; vgl. letzte Seite des Buches):
1. Schritt: Lageplan, Koordinaten, Freiheitsgrad, Kinematik (Bild 3.5.8).
Koordinate x parallel zu geneigter Ebene, hangabwärts positiv, Koordinate y senkrecht dazu gewählt.
Man liest ab: $y(t)$ = konstant (bekannt).
2. Schritt: System aufschneiden, Kräfte (Momente) eintragen (Bild 3.5.9).
Reibungskraft R wirkt gegen Abwärtsbewegung (vgl. Abschnitt 1.20.1).

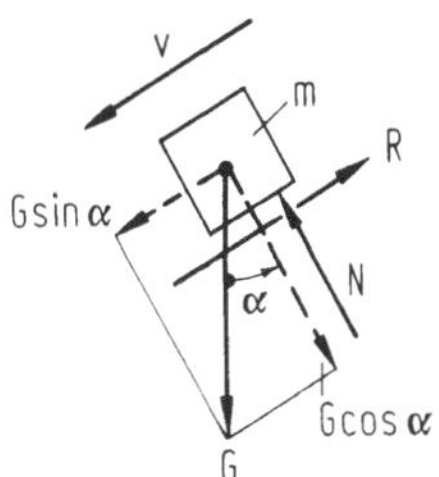

Bild 3.5.9. Aufgeschnittenes System

3. Schritt: Gleichgewichtsbedingung *und* Newtonsches Gesetz (für die verschiedenen Richtungen, skalar) anschreiben.

Vorgehen a):
In Richtung y erfolgt keine Bewegung, also Gleichgewicht ansetzen:

$$\sum F_{yi} = 0 : \quad N - G\cos\alpha = 0.$$

In Richtung x erfolgt eine Bewegung, also Newtonsches Gesetz ansetzen:

$$m\ddot{x} = \sum F_{xi} = G\sin\alpha - R.$$

Vorgehen b):
Newtonsches Gesetz für x- und y-Richtung ansetzen:

$$m\ddot{x} = \sum F_{xi} = G\sin\alpha - R; \quad m\ddot{y} = \sum F_{yi} = N - G\cos\alpha.$$

4. Schritt: Unbekannte und Gleichungen abzählen; evtl. Zusatzbedingungen (Reibungsgesetze, Federkennlinien usw.) einführen.
Vorgehen a):
Unbekannt sind N, R, $\ddot{x}$: 3 Unbekannte. Bekannt sind 2 Gleichungen aus Schritt 3a). Zusätzlich erforderlich: Reibungsgesetz $R = \mu N$.
Vorgehen b):
Schritt 3b) ergibt 4 Unbekannte, N, R, $\ddot{x}$, $\ddot{y}$, und liefert 2 Gleichungen. Zusätzlich erforderlich: Reibungsgesetz und, aus der Kinematik, $y(t) \equiv \text{const.}$, also $\ddot{y} \equiv 0$. (Das Vorgehen b) erscheint hier als umständlich.)
5. Schritt: Lösen der Gleichungen, anpassen an Anfangsbedingungen.
Elimination von N und R liefert die *Bewegungsgleichung*

$$m\ddot{x} = G\sin\alpha - \mu G\cos\alpha = mg(\sin\alpha - \mu\cos\alpha),$$

die Differentialgleichung 2. Ordnung

$$\ddot{x} = g(\sin\alpha - \mu\cos\alpha).$$

Zweimalige unbestimmte Integration ergibt

$$v = \dot{x} = C_1 + gt(\sin\alpha - \mu\cos\alpha),$$

$$x(t) = C_2 + C_1 t + \frac{1}{2}gt^2(\sin\alpha - \mu\cos\alpha)$$

mit den Integrationskonstanten C_1 und C_2.
Aus den Anfangsbedingungen zur Zeit $t = 0$ folgt

$$\dot{x}(0) = v_0 = C_1, \text{ also } C_1 = v_0, \qquad x(0) = x_0 = 0 = C_2, \text{ also } C_2 = 0.$$

Die Lösung lautet

$$x(t) = v_0 t + \frac{1}{2}gt^2(\sin\alpha - \mu\cos\alpha), \quad v(t) = v_0 + gt(\sin\alpha - \mu\cos\alpha).$$

6. Schritt: Ausdeuten der Lösung.
Wegen der in Schritt 2 zu berücksichtigenden Orientierung der Reibungskraft gilt die Lösung nur für $v(t) > 0$. Aus $v(t) = v_0 + gt(\sin\alpha - \mu\cos\alpha)$ folgt

1) $v(t) > 0$ für alle $t \geq 0$, falls $\sin\alpha - \mu\cos\alpha > 0$,
2) $v(t) > 0$ für $0 \leq t \leq v_0/[g(\mu\cos\alpha - \sin\alpha)]$, falls $\sin\alpha - \mu\cos\alpha < 0$.

Im Fall 1) nimmt $v(t)$ linear, $x(t)$ quadratisch mit der Zeit zu (soweit die schiefe Ebene reicht); im Fall 2) nimmt $v(t)$ linear ab, der Klotz kommt zur Zeit $t^* := v_0/[g(\mu\cos\alpha - \sin\alpha)]$ an der Stelle $x^* := x(t^*)$ zur Ruhe.

3.5.6 Krummlinige Bewegung eines Massenpunktes im Raum unter konstanter Kraft

Vektorielle Betrachtung

Gegeben: Massenpunkt m und darauf wirkende konstante Kraft $\boldsymbol{F}_0$, Anfangswerte $\boldsymbol{r}(0) = \boldsymbol{r}_0$ und $\boldsymbol{v}(0) = \boldsymbol{v}_0$; Bild 3.5.10a.
Gesucht: $\boldsymbol{v}(t)$ und $\boldsymbol{r}(t)$.

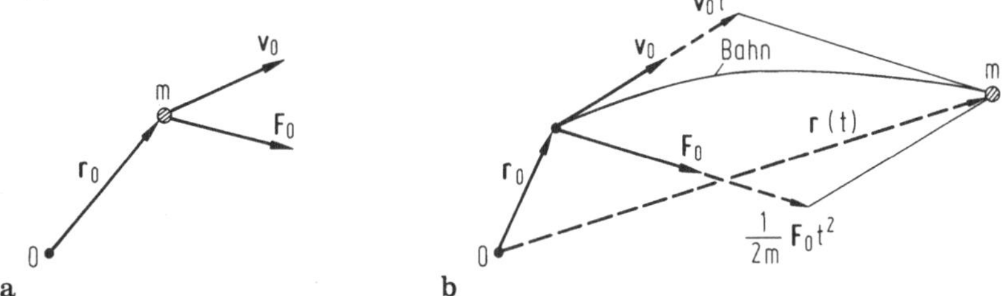

Bild 3.5.10. Bewegung bei konstanter Kraft

Lösung:
Aus $m\ddot{\boldsymbol{r}} = \boldsymbol{F}_0$ folgen

$$\boldsymbol{v}(t) = \boldsymbol{v}_0 + \frac{1}{m}\boldsymbol{F}_0 t \quad \text{und} \quad \boldsymbol{r}(t) = \boldsymbol{r}_0 + \boldsymbol{v}_0 t + \frac{1}{2m}\boldsymbol{F}_0 t^2.$$

Bild 3.5.10b zeigt die Bahn als eine Parabel in der von $\boldsymbol{v}_0$ und $\boldsymbol{F}_0$ aufgespannten Ebene.

Wurfparabel in der Ebene

Gegeben: Punktmasse m, Gewicht G, wird zur Zeit $t = 0$ aus $x = 0$, $z = z_0$ unter dem Winkel α mit der Anfangsgeschwindigkeit v_0 geworfen, Bild 3.5.11.
Gesucht: Bahn $x(t)$, $z(t)$ und $z(x)$, maximale Höhe h, Wurfweite x_w, Wurfdauer t_w, Auftreffgeschwindigkeit v_w.

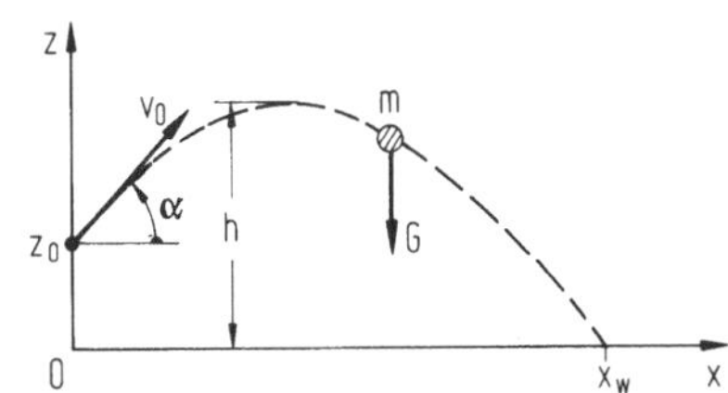

Bild 3.5.11. Wurfparabel

Lösung (kann man auch aus vorangehender Aufgabe entwickeln):
Für die Bewegung gilt

$$\begin{aligned} &\text{horizontal:} \quad m\ddot{x} = 0, \quad x(0) = 0, \quad \dot{x}(0) = v_0 \cos\alpha; \\ &\text{vertikal:} \quad m\ddot{z} = -mg, \quad z(0) = z_0, \quad \dot{z}(0) = v_0 \sin\alpha. \end{aligned}$$

Integration ergibt für die Bewegung als Funktion der Zeit:

$$x(t) = v_0 t \cos\alpha, \qquad z(t) = z_0 + v_0 t \sin\alpha - \frac{1}{2} g t^2.$$

Elimination der Zeit t führt auf die Bahnkurve

$$z(x) = z_0 + x \tan\alpha - \frac{1}{2} g \frac{x^2}{v_0^2 \cos^2\alpha} \quad \text{(Parabel)}.$$

Maximale Höhe h zur Zeit t_h: Bei $z(t_h) = h$ ist $\dot{z}(t_h) = 0$. Aus

$$\dot{z}(t_h) = v_0 \sin\alpha - g t_h = 0$$

folgt

$$t_h = \frac{v_0}{g} \sin\alpha \quad \text{und} \quad h = z_0 + \frac{v_0^2 \sin^2\alpha}{2g}.$$

Diese Lösung gilt nur für $\sin\alpha \geq 0$ (warum?).
Wurfweite x_w zur Zeit t_w: Aus $z(t_w) = 0$ folgt

$$t_w = \frac{v_0 \sin\alpha}{g} + \sqrt{\frac{v_0^2 \sin^2\alpha}{g^2} + 2\frac{z_0}{g}}, \quad x_w = \frac{v_0^2 \sin 2\alpha}{2g} + \sqrt{\frac{v_0^4 \sin^2 2\alpha}{4g^2} + 2\frac{z_0 v_0^2 \cos^2\alpha}{g}}.$$

Mit

$$\dot{x}(t_w) = v_0 \cos\alpha, \quad \dot{z}(t_w) = -\sqrt{v_0^2 \sin^2\alpha + 2 z_0 g}$$

gilt dann

$$v_w := \sqrt{\dot{x}^2(t_w) + \dot{z}^2(t_w)} = \sqrt{v_0^2 + 2 z_0 g}.$$

Fragen: Unter welchem Winkel trifft der Punkt bei x_w auf? Unter welchem Winkel α muß man werfen, um bei $z_0 = 0$ und gegebenem v_0 eine maximale Weite zu erzielen?

Prinzip von d'Alembert. Reine Translation und reine Rotation eines starren Körpers

3.6 Das Prinzip von d'Alembert

Mit dem d'Alembertschen Prinzip gelingt es, das Aufstellen von Bewegungsgleichungen auf die Gleichgewichtsbedingungen der Statik zurückzuführen.

3.6.1 Allgemeine Überlegungen

Gegeben sei eine von der Umgebung freigeschnittene starre, masselose Scheibe (oder ein räumlicher Körper), auf der Punktmassen m_k, $k = 1, ..., K$, fest angebracht sind, vgl. Bild 3.6.1a. Im betrachteten Zeitpunkt t ("Momentaufnahme"!) seien für die m_k die Ortsvektoren $\boldsymbol{r}_k^*(t)$ und die Beschleunigungen $\boldsymbol{a}_k(t)$ bekannt. An der Scheibe greifen die äußeren Kräfte $\boldsymbol{F}_n(t)$ in den Punkten $\boldsymbol{r}_n(t)$, $n = 1, ..., N$, und die äußeren Momente $\boldsymbol{M}_l(t)$, $l = 1, ..., L$, an.

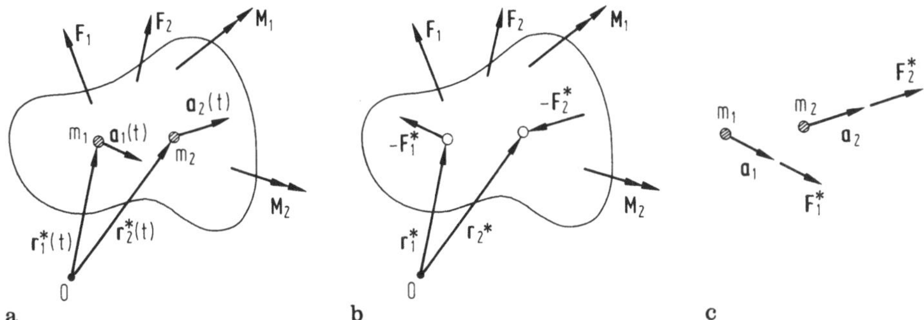

Bild 3.6.1. Starre, masselose Scheibe mit Punktmassen

Überlegung: Wir schneiden die Punkte m_k von der Scheibe (vom Körper) ab, Bild 3.6.1b, c. Für die Massenpunkte m_k gilt jeweils das Newtonsche Gesetz:

$$m_k \boldsymbol{a}_k = \boldsymbol{F}_k^*,$$

wobei $\boldsymbol{F}_k^*$ die von der Scheibe (dem Körper) auf die Punktmasse übertragene (Schnitt-) Kraft ist. An der Scheibe greift dann die zu $\boldsymbol{F}_k^*$ gehörende Reaktionskraft an, nämlich

$$-\boldsymbol{F}_k^* = -m_k \boldsymbol{a}_k = -m_k \ddot{\boldsymbol{r}}_k^* \,.$$

Man fordert nun gemäß Axiom 10 in Abschnitt 1.3.3, daß die starre, masselose Scheibe in jedem Augenblick im statischen Gleichgewicht sein muß. Aus Abschnitt 1.10.1 und 1.10.3 folgen dann die Gleichgewichtsbedingungen für die *Kräfte:*

$$\sum_{n=1}^{N} \boldsymbol{F}_n(t) - \sum_{k=1}^{K} \boldsymbol{F}_k^*(t) = \boldsymbol{O} \quad \text{oder} \quad \sum_{n=1}^{N} \boldsymbol{F}_n(t) - \sum_{k=1}^{K} m_k \boldsymbol{a}_k(t) = \boldsymbol{O},$$

für die *Momente:*

$$\sum_{l=1}^{L} \boldsymbol{M}_l(t) + \sum_{n=1}^{N} [\boldsymbol{r}_n(t) \times \boldsymbol{F}_n(t)] - \sum_{k=1}^{K} [\boldsymbol{r}_k^*(t) \times \boldsymbol{F}_k^*(t)] = \boldsymbol{O}$$

oder

$$\sum_{l=1}^{L} \boldsymbol{M}_l(t) + \sum_{n=1}^{N} [\boldsymbol{r}_n(t) \times \boldsymbol{F}_n(t)] - \sum_{k=1}^{K} m_k [\boldsymbol{r}_k^*(t) \times \boldsymbol{a}_k(t)] = \boldsymbol{O}.$$

3.6.2 Ausdeutung des Ergebnisses

Rezept: Man trägt auf der von der Umgebung freigeschnittenen starren Scheibe (dem Körper) neben den äußeren Kräften $\boldsymbol{F}_n$ und Momenten $\boldsymbol{M}_l$ die (d'Alembertschen) *Trägheitskräfte* $-m_k\boldsymbol{a}_k$ *gegen* die als positiv angenommene *Beschleunigungsrichtung* orientiert ein, vgl. Bild 3.6.2, und schreibt 3 Gleichgewichtsbedingungen für die Scheibe (6 Gleichgewichtsbedingungen für den Körper) an. Beim Anschreiben der $\boldsymbol{a}_k(t)$ muß beachtet werden, daß die Massenpunkte fest auf einem starren Gebilde sitzen, sich also mit ihm mitbewegen; vgl. unten, Abschnitte 3.7 und 3.8. Im Lösungsschema nach Abschnitt 1.10.2 muß der Schritt 2 um die Trägheitskräfte erweitert werden, wenn mit dem d'Alembertschen Prinzip gearbeitet wird. (Das so ergänzte Schema findet man auf der letzten Druckseite des Buches.)

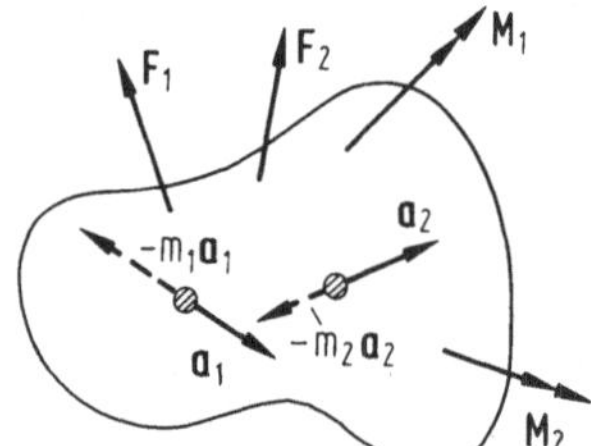

Bild 3.6.2. Scheibe mit d'Alembertschen Trägheitskräften

3.7 Translationsbewegungen eines starren Körpers

3.7.1 Kinematik der Translation

Ein starrer Körper bewegt sich *translatorisch,* wenn alle seine Punkte zur selben Zeit dieselbe Geschwindigkeit $\boldsymbol{v}(t)$ haben; dann ist auch die Beschleunigung $\boldsymbol{a}(t)$ aller Punkte gleich. Bei einer Translation bleibt jede körperfeste Gerade sich stets parallel. Die Bahnen aller Körperpunkte haben dieselbe Form. Zur Beschreibung einer Translation genügt es also, die Bahn *eines* Körperpunktes (*eine* Geschwindigkeit, *eine* Beschleunigung) anzugeben. Beispiele für translatorisch bewegte Körper sind der die schiefe Ebene hinabgleitende Klotz in Bild 3.5.7 und die gemäß Bild 3.7.2 bewegte Koppel *CD*. Die Beispiele zeigen auch, daß (reine) Translationen in der Regel nur bei "geführten" Körpern vorkommen.

3.7.2 Kinetik der Translation

Gegeben sei ein translatorisch geführter starrer Körper vom Volumen V und der Dichte* $\tilde{\varrho}(\boldsymbol{r})$, der momentan die Beschleunigung $\boldsymbol{a}(t)$ erfährt. Bild 3.7.1a zeigt den freigeschnittenen Körper mit den Kräften $\boldsymbol{F}_n$ und Momenten $\boldsymbol{M}_l$ in Momentaufnahme.
Gesucht ist eine möglichst einfache Gleichgewichtsaussage für den Körper.

* In Kapitel 3 bezeichnen wir die Dichte mit $\tilde{\varrho}$ zur Unterscheidung vom Radius ϱ.

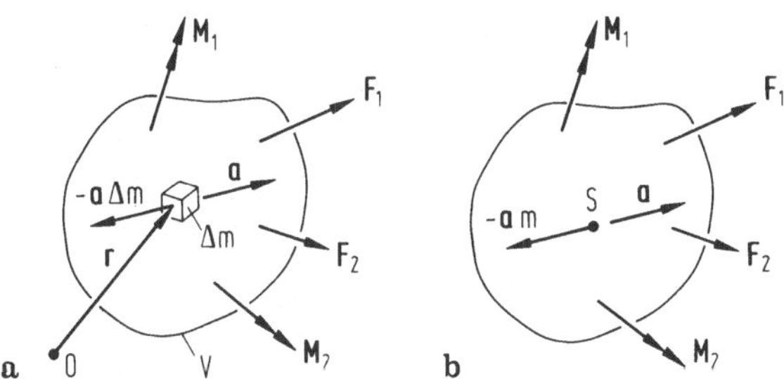

Bild 3.7.1. Translatorisch bewegter Körper

Lösung:
Das in Bild 3.7.1a gezeigte Volumenelement ΔV enthält die (Punkt-) Masse $\Delta m = \tilde{\varrho}\,\Delta V$. Wir stellen uns vor, daß der Körper dicht mit solchen Massen Δm belegt ist und wenden das d'Alembertsche Prinzip an: Infolge der Beschleunigung $\boldsymbol{a}$ tritt die Trägheitskraft $-\Delta \boldsymbol{F}^* = -\boldsymbol{a}\,\Delta m$ auf. Da $\boldsymbol{a}$ für alle Δm gleich ist, sind alle $-\Delta \boldsymbol{F}^*$ *parallel*, man kann sie zu einer Resultierenden

$$-\boldsymbol{F}^* = -\int_V \boldsymbol{a}\,dm = -\boldsymbol{a}\int_V dm = -\boldsymbol{a}\,m$$

zusammenfassen. Diese Resultierende $-\boldsymbol{a}\,m$ greift nach den Überlegungen in Abschnitt 1.15.3 im Schwerpunkt S des Körpers an, vgl. Bild 3.7.1b. Der dort gezeigte Körper ist im Gleichgewicht, wenn die Gleichgewichtsbedingungen unter Einbeziehung der Trägheitskraft $-\boldsymbol{a}\,m$ jeweils erfüllt sind.
Hinweis: Beim translatorisch bewegten starren Körper lassen sich die Trägheitskräfte zu einer Resultierenden zusammenfassen, die so wirkt, wie wenn die Gesamtmasse des Körpers in seinem Schwerpunkt vereinigt wäre (vgl. Verallgemeinerung in Abschnitt 3.14.2).

Beispiel
Gegeben sind zwei mit einer Führungsstange AB verbundene Räder (Radius r), die mit der konstanten Geschwindigkeit v auf einer Schiene rollen (Antriebskraft F), s. Bild 3.7.2. An zwei Zapfen C und D an der Felge der Räder ist eine starre Koppel (homogene Stange, Länge l, Masse m, Gewicht $G = mg$) angebracht, bei D mit Langloch.
Gesucht sind die Kräfte von den Zapfen C und D auf die Koppel in Abhängigkeit vom Winkel $\varphi = vt/r$.

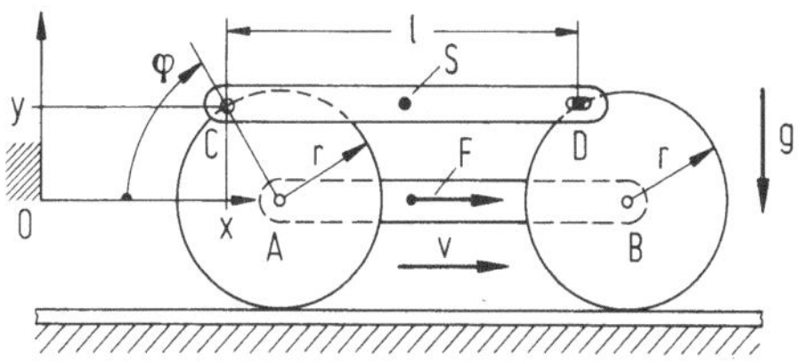

Bild 3.7.2. Radsatz mit Führungsstange und Koppel

Lösung (nach Schema, mit dem d'Alembertschen Prinzip):
1. Schritt: Koordinaten, Kinematik.
Die Koppel CD unterliegt einer Translation. Also genügt es, die Bewegung eines ihrer Punkte zu erfassen. Besonders geeignet ist Punkt C. Liege der Ursprung des in Bild 3.7.2 gezeigten x-y-Systems auf dem Ort von C für $t = 0$. Dann liest man aus dem Bild ab:

$$x = r\varphi + r(1 - \cos\varphi), \quad y = r\sin\varphi.$$

Mit $\varphi = vt/r$ folgen

$$\dot{x} = v + v\sin\varphi, \quad \dot{y} = v\cos\varphi,$$
$$\ddot{x} = \frac{v^2}{r}\cos\varphi, \quad \ddot{y} = -\frac{v^2}{r}\sin\varphi.$$

2. Schritt: System aufschneiden, Schnittkräfte und d'Alembertsche Trägheitskräfte eintragen (negative Orientierung beachten), s. Bild 3.7.3.

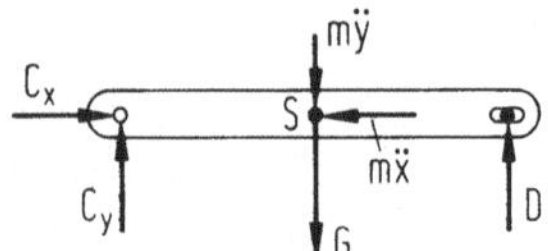

Bild 3.7.3. Freikörperbild der Koppel

3. Schritt: Gleichgewichtsbedingungen für die Koppel ansetzen.

$$\sum F_{xi} = 0: \qquad C_x - m\ddot{x} = 0;$$

$$\stackrel{\curvearrowleft}{+}\sum M_i^{(C)} = 0: \quad -(G + m\ddot{y})\frac{l}{2} + Dl = 0;$$

$$\stackrel{\curvearrowleft}{+}\sum M_i^{(D)} = 0: \quad -C_y l + (G + m\ddot{y})\frac{l}{2} = 0.$$

4. Schritt: Unbekannte und Gleichungen zählen.
Unbekannt sind C_x, C_y, D: 3 Unbekannte. Bekannt sind 3 Gleichungen.
5. Schritt: Gleichungen lösen.
Man erhält

$$C_x = m\frac{v^2}{2r}\cos\varphi, \quad C_y = D = \frac{G}{2} - m\frac{v^2}{2r}\sin\varphi.$$

3.8 Rotationsbewegung eines starren Körpers

Wir beschränken uns hier auf die Drehung (Rotation) um eine raum- und körperfeste Achse. Die allgemeine ebene Bewegung des starren Körpers wird ab Abschnitt 3.16 behandelt.

3.8.1 Kinematik der Rotation

Der Körper K nach Bild 3.8.1 drehe sich um die in den Lagern A und B geführte Achse. Die kartesische Basis $\underline{e}_{\text{kart}}$ legen wir mit ihren Ursprung 0 so auf den Lagerpunkt A, daß $\boldsymbol{e}_z$ in die Drehachse fällt. Zusätzlich zur kartesischen Basis führen wir noch Zylinderkoordinaten mit der Basis $\underline{e}_{\text{zyl}}$ ein (vgl. die Abschnitte 3.1.3 und 3.1.4).

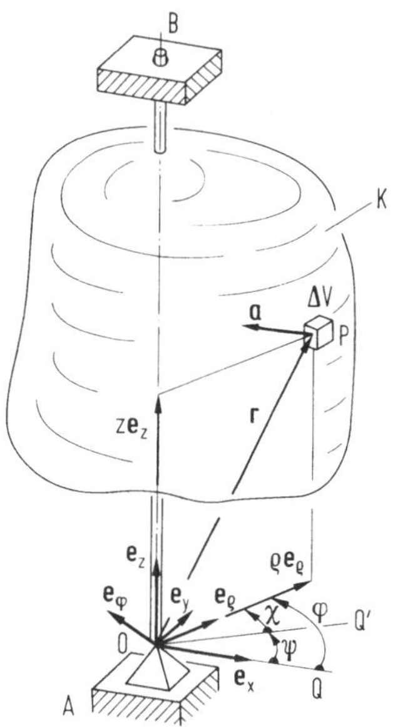

Bild 3.8.1. Beschleunigungen am Körperpunkt P

Momentan wird ein beliebiger Körperpunkt P (ein Volumenelement ΔV) durch die (Zylinder-) Koordinaten $(\varrho, \varphi, z) = (\varrho_P, \psi(t) + \chi_P, z_P)$ erfaßt, vgl. Bild 3.1.7 und 3.8.1. Dabei sind (ϱ_P, χ_P, z_P) für den betrachteten Körperpunkt P fest: Er läuft in der Ebene $z = z_P =$ konstant parallel zu der von $\boldsymbol{e}_x$ und $\boldsymbol{e}_y$ aufgespannten Ebene auf einem Kreis vom Radius ϱ_P um die z-Achse. (Der Index P ist in den Bildern 3.8.1, 3.8.2 und auch in den späteren Rechnungen weggelassen.)
Der Winkel $\varphi_P = \varphi_P(t)$ wird gemäß

$$\varphi_P(t) = \psi(t) + \chi_P$$

aufgespalten. Dabei erfaßt $\psi(t)$ die Drehung des starren Körpers als Ganzes, gemessen zwischen dem festen Bezugsstrahl $\overrightarrow{0Q}$ und dem mit dem Körper umlaufenden Bezugsstrahl $\overrightarrow{0Q'}$, vgl. Bild 3.8.1. Da die Basis $\underline{e}_{\text{zyl}}$ mitdreht, ist $\chi = \chi_P$ fest. Mit

$$\dot{\varphi} = \dot{\psi} =: \omega \quad \text{und} \quad \ddot{\varphi} = \ddot{\psi} =: \alpha$$

liefert Abschnitt 3.2.5 für feste (zeitunabhängige) Koordinaten $\varrho = \varrho_P$, $z = z_P$ die Geschwindigkeit

$$\boldsymbol{v}_P = \omega \times \boldsymbol{r}_P = (\omega \boldsymbol{e}_z) \times (\varrho_P \boldsymbol{e}_\varrho + z_P \boldsymbol{e}_z),$$

und aus Abschnitt 3.3.5 erhält man die Beschleunigung

$$\boldsymbol{a}_P = -\varrho_P \omega^2 \boldsymbol{e}_\varrho + \alpha \varrho_P \boldsymbol{e}_\varphi.$$

Bild 3.8.1 zeigt den Beschleunigungsvektor $\boldsymbol{a}_P$ für den betrachteten Punkt P; $\boldsymbol{a}_P$ liegt parallel zur Ebene $z = 0$.

3.8.2 Kinetik der Rotation

Gegeben ist der starre Körper vom Volumen V und der Dichte $\tilde{\varrho}(\boldsymbol{r})$, vgl. Bild 3.8.1, der sich um die raum- und körperfeste Achse AB, das ist die z-Achse der im vorherigen Abschnitt 3.8.1 eingeführten Basen $\underline{e}_{\text{kart}}$ bzw. $\underline{e}_{\text{zyl}}$, dreht. Die Drehung wird durch den Winkel $\psi(t)$ zwischen dem raumfesten Bezugsstrahl

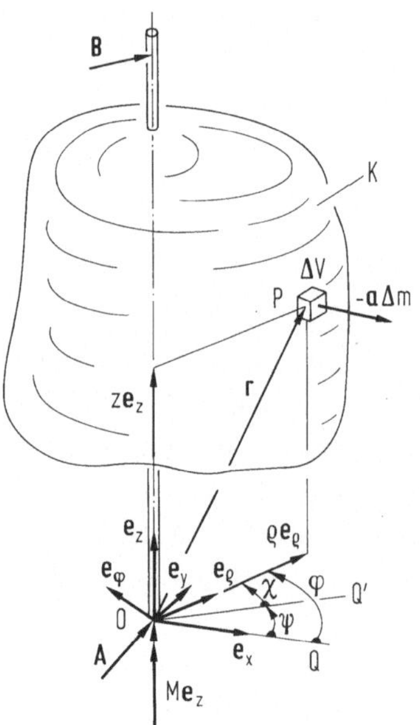

Bild 3.8.2. Trägheitskraft am Massenelement

$\overrightarrow{0Q}$ und dem körperfesten Bezugsstrahl $\overrightarrow{0Q'}$ gemessen. Auf den Körper wirkt das Moment M als resultierendes Moment aller äußeren Kräfte und Momente um die z–Achse.

Gesucht sind Aussagen über die Kinetik des Körpers, insbesondere der Zusammenhang zwischen dem "Antriebsmoment" M und der Winkelbeschleunigunng $\alpha = \ddot{\psi}$.

Lösung (nach Schema, mit d'Alembertschen Prinzip):
Am Punkt P, dem Volumenelement ΔV, das die (Punkt-) Masse $\Delta m = \tilde{\varrho}\Delta V$ enthält, greift die Trägheitskraft

$$-\Delta F^* = -\boldsymbol{a}\Delta m = \omega^2 \varrho \Delta m \boldsymbol{e}_\varrho - \alpha\varrho\Delta m \boldsymbol{e}_\varphi$$

an, vgl. Bild 3.8.2. Dabei ist $\omega^2\varrho\Delta m\boldsymbol{e}_\varrho$ die (d'Alembertsche) *Zentrifugalkraft*, die zur Zentripetalbeschleunigung $-\omega^2\varrho\boldsymbol{e}_\varrho$ gehört, während $-\alpha\varrho\Delta m\boldsymbol{e}_\varphi$ gegen die positive Winkelorientierung wirkt. Die Bilder 3.8.3a,b zeigen die zerlegten Größen in Draufsicht.

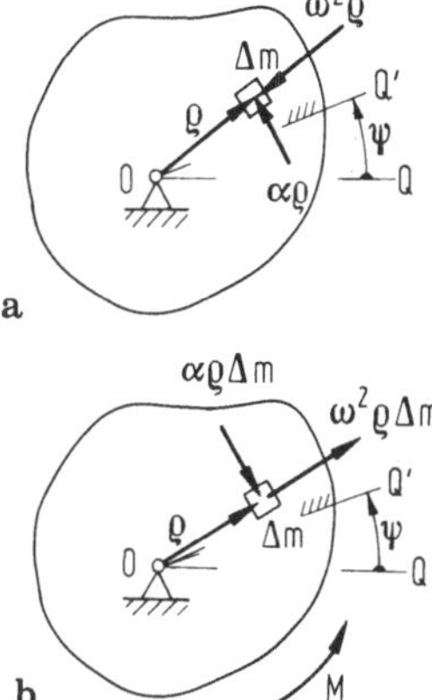

Bild 3.8.3. Zerlegung von Beschleunigung und Trägheitskraft

Für das *d'Alembertsche Moment* $-\Delta \boldsymbol{M}^*$ der Trägheitskraft $-\Delta \boldsymbol{F}^*$ *um* den *Ursprung* 0 des Zylinderkoordinatensystems gilt

$$-\Delta \boldsymbol{M}^* = -\boldsymbol{r} \times \Delta \boldsymbol{F}^* = -\boldsymbol{r} \times \boldsymbol{a}\Delta m.$$

Integration über das Volumen ergibt

$$-\boldsymbol{M}^* = -\int_V \boldsymbol{r} \times d\boldsymbol{F}^* = -\int_V \boldsymbol{r} \times \boldsymbol{a}\, dm\,.$$

Einsetzen obiger Ausdrücke liefert:

$$-\boldsymbol{M}^* = -\int_V (\varrho\,\boldsymbol{e}_\varrho + z\boldsymbol{e}_z) \times (-\varrho\,\omega^2\boldsymbol{e}_\varrho + \alpha\varrho\,\boldsymbol{e}_\varphi)dm$$
$$= -\int_V (\boldsymbol{e}_z\alpha\varrho^2 - \boldsymbol{e}_\varphi\omega^2\varrho z - \boldsymbol{e}_\varrho\alpha\varrho z)dm\,.$$

Da $\boldsymbol{e}_z$, ω und α für alle Massenelemente dieselben sind, kann man sie aus dem Integral herausziehen und erhält

$$-\boldsymbol{M}^* = \omega^2\int_V \boldsymbol{e}_\varphi\,\varrho z\,dm + \alpha\int_V \boldsymbol{e}_\varrho\,\varrho z\,dm - \alpha\,\boldsymbol{e}_z\int_V \varrho^2 dm\,.$$

Das erste Integral rechts liefert eine $\boldsymbol{M}^*$-Komponente senkrecht zur z-Achse (Drehachse); dieses Moment muß von den Lagerkräften aufgenommen werden. Es ist das Moment, das man beim "Wuchten" von Kfz-Rädern mißt. Das Moment verschwindet z.B., wenn die z-Achse Symmetrieachse oder auch nur "Schwerelinie" ist, d. h., wenn bei einer gedachten Zerlegung des Körpers in Scheiben senkrecht zur z-Achse alle Scheibenschwerpunkte auf der z-Achse liegen (vgl. die "Deviationsmomente" in Abschnitt 3.18.3).
Die Einflüsse des zweiten Integrales entsprechen denen des ersten (um $-90°$ verdreht), nur geht hier die Winkelbeschleunigung α ein, wo dort das ω^2 steht. (Beim Wuchten werden also beide gleichzeitig so klein wie möglich gemacht.)
Das dritte Integral, die $\boldsymbol{M}^*$-Komponente in Richtung der z-Achse, muß sich mit dem Moment M das Gleichgewicht halten (s. Bilder 3.8.2 und 3.8.3b):

$$\boldsymbol{e}_z M - \boldsymbol{e}_z\,\alpha\int_V \varrho^2 dm = 0.$$

Mit dem *(Massen-) Trägheitsmoment*, auch *Massenmoment zweiten Grades* genannt,

$$J := \int_V \varrho^2 dm = \int_V \varrho^2\tilde{\varrho}\,dV, \qquad \tilde{\varrho} \text{ – Dichte,}$$

erhält man

$$J\,\alpha = M,$$

"Trägheitsmoment · Winkelbeschleunigung = Moment".

Diese Beziehung ist ähnlich aufgebaut wie das Newtonsche Gesetz für die Bewegung längs einer Geraden (s. Abschnitt 3.5.2).
Dimension des Trägheitsmomentes: $\dim J = \mathbf{M\,L}^2$.

3.8.3 Trägheitsmomente homogener zylindrischer Körper

Grundformel

Gegeben: Starrer, homogener zylindrischer Körper der Höhe h, Grundfläche A, Dichte $\tilde{\varrho}$. Den Polabstand (Radius) bezeichnen wir hier mit r, vgl. Bild 3.8.4.
Gesucht: Trägheitsmoment J für Drehung um Achse $0-0$ (parallel zu Mantellinien).

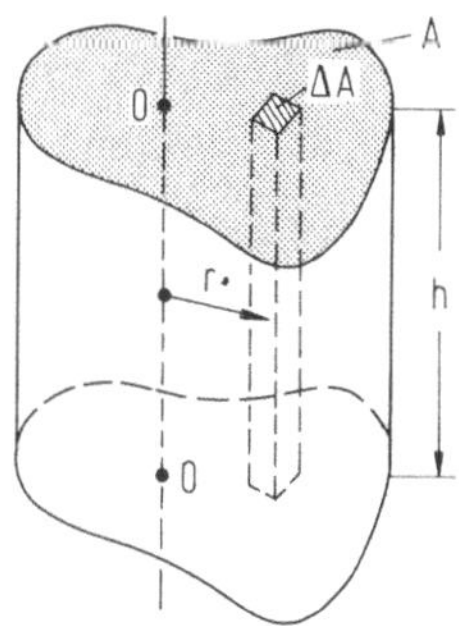

Bild 3.8.4. Homogener zylinderischer Körper

Lösung:
Da der Körper homogen und zylindrisch ist, kann man "stabförmige Volumenelemente" parallel zur Achse $0-0$ wählen: $\Delta V = h\,\Delta A$ mit dem Oberflächenelement ΔA und dem Polabstand r. Man erhält:

$$J = \int_V r^2 \tilde{\varrho}\, dV = \tilde{\varrho} \int_A r^2 h\, dA = \tilde{\varrho} h \int_A r^2 dA = \tilde{\varrho} h I_p .$$

Darin bedeutet I_p das in Abschnitt 2.9.1 angeschriebene polare Flächenmoment zweiten Grades der Grundfläche A bezogen auf den Achsendurchstoßpunkt 0.

Kreiszylinder

Für das Trägheitsmoment eines Voll-Zylinders (Walze, Kreisscheibe) vom Radius R und der Masse m bezüglich seines Zentrums gilt (Bild 3.8.5a):

$$J = \tilde{\varrho} h \frac{\pi}{2} R^4 = \frac{1}{2} (\tilde{\varrho} h \pi R^2) R^2 = \frac{1}{2} m R^2 .$$

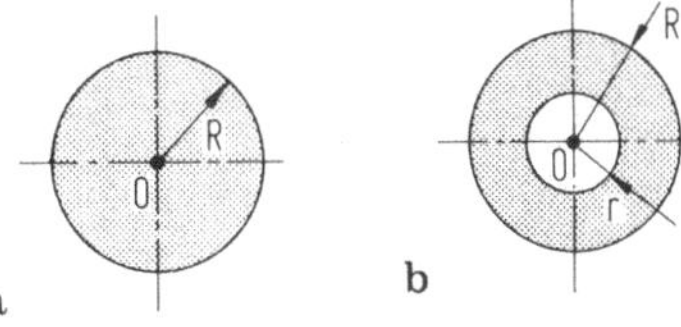

Bild 3.8.5. Voll- und Hohlzylinder

Für den Hohlzylinder mit den Radien R, r und der Masse m (Bild 3.8.5b) erhält man:

$$J = \tilde{\varrho} h \left(\frac{\pi}{2} R^4 - \frac{\pi}{2} r^4 \right) = \frac{1}{2} \left[\tilde{\varrho} h (\pi R^2 - \pi r^2) \right] (R^2 + r^2) = \frac{1}{2} m (R^2 + r^2) .$$

Aufgabe: Wie groß ist J für einen sehr dünnwandigen Zylinder, $r \to R$? Man mache sich das Ergebnis an Hand der allgemeinen Definitionsgleichung für J in Abschnitt 3.8.2 klar.

Satz von Steiner

In Bild 3.8.6 sei A die Grundfläche eines homogenen zylindrischen Körpers und $0 - 0$ eine körperfeste Achse parallel zu den Mantellinien.

Sei das Trägheitsmoment J_S bezüglich einer zur Drehachse parallelen Achse $s - s$ durch den Schwerpunkt S bekannt. Nach Steiner gilt dann für das Trägheitsmoment J_0 um die Drehachse

$$J_0 = J_S + ma^2,$$

wobei m die Masse des Körpers und a der Abstand der Achsen bedeuten. Der Beweis erfolgt wie in Abschnitt 2.9.3.

Der Satz von Steiner gilt für inhomogene Körper beliebiger Form (*Beweis?*).

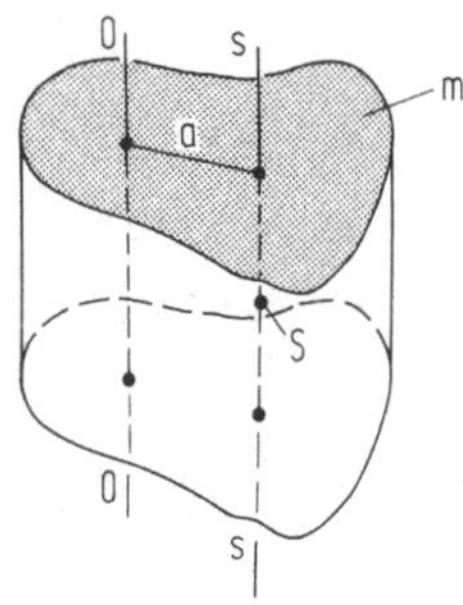

Bild 3.8.6. Zylindrischer Körper mit parallelen Drehachsen

3.8.4 Prinzip von d'Alembert für Drehbewegungen

Ähnlich wie in Abschnitt 3.6 kann man sich auch für die Drehbewegung eine d'Alembertsche Vorgehensweise überlegen, Bild 3.8.7. Umstellen der Beziehung $J\ddot{\psi} = M$ aus Abschnitt 3.8.2 liefert formal

$$M - J\ddot{\psi} = 0.$$

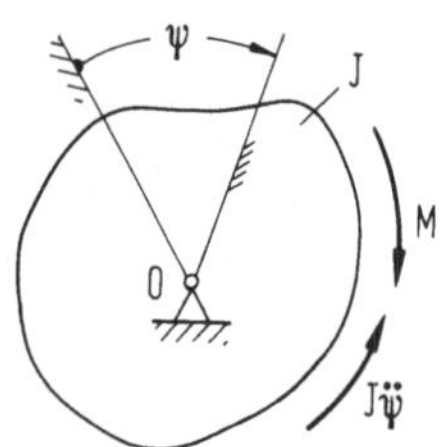

Bild 3.8.7. D'Alembertsches Moment

Sieht man $(-J\alpha) = (-J\ddot{\psi})$ als – *gegen* die angenommene Winkelorientierung wirkendes – *d'Alembertsches Moment* an (der Name "Trägheitsmoment" ist bereits für J vergeben) und zeichnet man einen entsprechenden Drehpfeil in die Skizze des Systems ein, s. Bild 3.8.7, so kann man $-M + J\ddot{\psi} = 0$ als Momentengleichgewicht um die 0-Achse lesen:

$$\overset{\curvearrowleft}{\sum} M^{(0)} = 0: \quad -M + J\ddot{\psi} = 0.$$

3.8.5 Beispiele

Drehende Walze

Gegeben: Walze, bei A reibungsfrei gelagert, Trägheitsmoment J, wird durch konstantes Moment M aus der Ruhe beschleunigt; vgl. Bild 3.8.8.
Gesucht: Drehung $\psi(t)$.

Bild 3.8.8. Walze unter der Einwirkung eines Momentes

Lösung:
Erster Lösungsweg: Anwendung der Beziehung aus Abschnitt 3.8.2.
Bewegungsgleichung: $J\ddot{\psi} = M, \quad \ddot{\psi} = M/J.$
1. Integration: $\dot{\psi} = \omega = \omega_0 + (M/J)\,t,$
2. Integration: $\psi = \psi_0 + \omega_0 t + (M/J)\,t^2/2.$
Anfangsbedingungen zur Zeit $t_0 = 0$ (gewählt!):
$\omega(0) = \omega_0 = 0, \quad \psi(0) = \psi_0 = 0.$
Angepaßte Lösung: $\psi = (M/J)\,t^2/2.$
Zweiter Lösungsweg: Anwendung des d'Alembertschen Prinzipes nach Abschnitt 3.8.4.
Orientierung von ψ (und damit auch von $\ddot{\psi}$) wählen, vgl. Bild 3.8.9; d'Alembertsches Moment $(-J\ddot{\psi})$ eintragen; nun statisches Problem:

$$\overset{\curvearrowleft}{\sum} M^{(A)} = 0: \quad J\ddot{\psi} - M = 0.$$

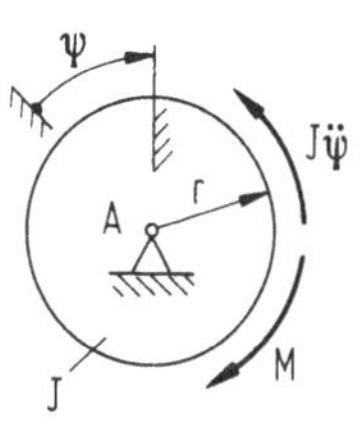

Bild 3.8.9. Walze mit d'Alembertschen Moment

Daraus folgt die Bewegungsgleichung. In diesem einfachen Fall braucht man für die Momentenbilanz kein Schnittbild, weil alle Schnittkräfte an der Drehachse A angreifen. Lösung der Differentialgleichung wie beim ersten Lösungsweg.

Hebevorrichtung

Gegeben sind zwei Seiltrommeln (Radien r_1, r_2; Trägheitsmomente J_1, J_2), die bei A und B reibungsfrei gelagert und über ein Reibradpaar (Radien R_1, R_2; Trägheitsmomente in J_1 bzw. J_2 enthalten) miteinander verbunden sind, s. Bild 3.8.10. (Eine horizontale Verspannung zwischen den Lagern A und B stellt sicher, daß die Reibräder aufeinander abrollen.) Die beiden Seile 1 und 2 tragen zwei Klötze mit den Massen m_1, m_2 und den Gewichten G_1, G_2.
Gesucht: Bewegungsgleichungen (Beschleunigungsgesetze) für die Trommeln und Klötze, Seilkräfte S_1 und S_2, wenn Antrieb und Bremsen ausgefallen sind. (Pendeln der Klötze wird ausgeschlossen.)

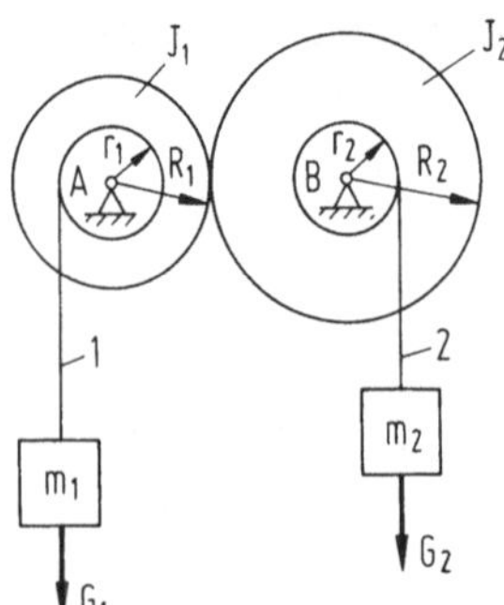

Bild 3.8.10. Hebevorrichtung bei Ausfall von Antrieb und Bremse

Lösung (nach Schema):
1. Schritt: Lageplan, Koordinaten, Freiheitsgrad, geometrische und kinematische Beziehungen.

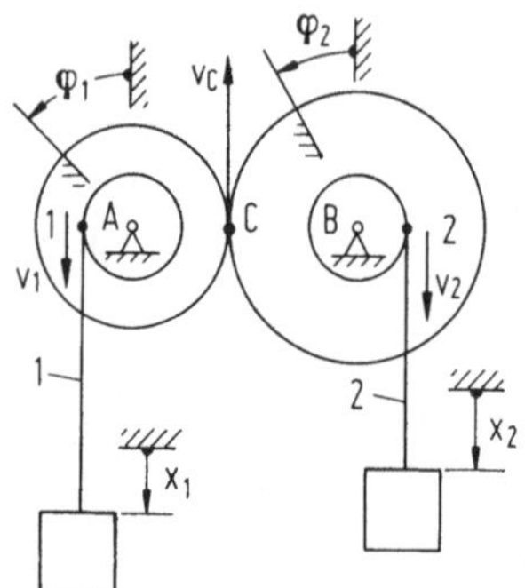

Bild 3.8.11. Koordinaten und Geschwindigkeiten

Die Koordinaten x_1, x_2, für die Vertikalbewegungen der Klötze und die Winkelkoordinaten φ_1, φ_2 für die Drehbewegungen der Trommeln werden willkürlich gewählt, vgl. Bild 3.8.11. Wegen des Kontaktes bei C und der als stets straff vorausgesetzten undehnbaren Seile bestehen drei (geometrische oder) kinematische Beziehungen zwischen den Koordinaten x_1, x_2, φ_1, φ_2; man kann drei von ihnen durch die vierte ausdrücken: Freiheitsgrad $f_g = 4 - 3 = 1$ (vgl. Abschnitt 1.11.4).

Die kinematischen Beziehungen schreibt man am besten für die Geschwindigkeiten an:

Punkt 1 auf Trommel 1 sowie Klotz 1: $v_1 = \dot{x}_1 = r_1\dot{\varphi}_1$,
Punkt 2 auf Trommel 2 sowie Klotz 2: $v_2 = \dot{x}_2 = -r_2\dot{\varphi}_2$,
Punkt C als Punkt des Rades 1: $v_C = R_1\dot{\varphi}_1$,
Punkt C als Punkt des Rades 2: $v_C = -R_2\dot{\varphi}_2$,
also $R_1\dot{\varphi}_1 = -R_2\dot{\varphi}_2$.

Die drei kinematischen Beziehungen kann man differenzieren und integrieren, vgl. Tabelle 3.8.1.

Tabelle 3.8.1. Kinematische Beziehungen

Beziehung	differenziert	integriert	$C_1 = C_2 = C_3 = 0$
$\dot{x}_1 = r_1\dot{\varphi}_1$	$\ddot{x}_1 = r_1\ddot{\varphi}_1$	$x_1 = r_1\varphi_1 + C_1$	$x_1 = r_1\varphi_1$
$\dot{x}_2 = -r_2\dot{\varphi}_2$	$\ddot{x}_2 = -r_2\ddot{\varphi}_2$	$x_2 = -r_2\varphi_2 + C_2$	$x_2 = -r_2\varphi_2$
$R_1\dot{\varphi}_1 = -R_2\dot{\varphi}_2$	$R_1\ddot{\varphi}_1 = -R_2\ddot{\varphi}_2$	$R_1\varphi_1 = -R_2\varphi_2 + C_3$	$R_1\varphi_1 = -R_2\varphi_2$

Die Wahl $C_1 = C_2 = C_3 = 0$ der Integrationskonstanten bedeutet, daß die Nullpunkte von x_1, x_2, φ_1, φ_2 so gesetzt wurden (oder werden können), daß x_1, x_2, φ_1, φ_2 gleichzeitig verschwinden. Bei anderer Wahl der Nullpunkte muß man C_1, C_2, C_3 entsprechend festlegen.

2. Schritt: Schnittbild.

System aufschneiden, Schnittkräfte, d'Alembertsche Kräfte und Momente (gegen positive Beschleunigung, positive Koordinatenorientierung) eintragen; vgl. Bild 3.8.12.

Die Gewichte der Trommeln lassen wir außer acht, sie würden lediglich die Kräfte A_V und B_V erhöhen.

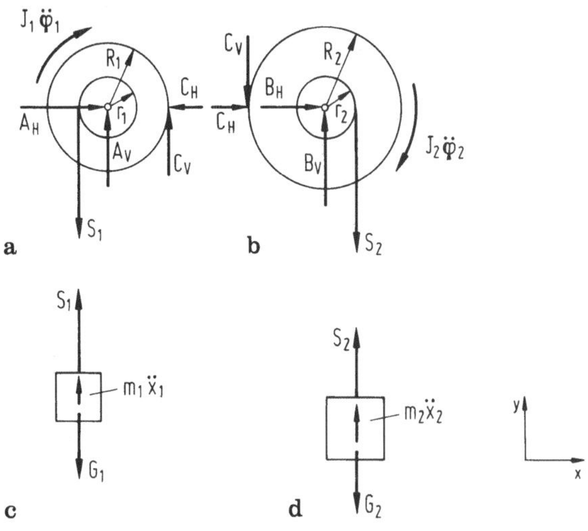

Bild 3.8.12. Freigeschnittene Systemteile

3. Schritt: Gleichgewichtsbedingungen.

Trommel 1: $\sum F_x = 0 :$ $A_H - C_H = 0,$

$\sum F_y = 0 :$ $A_V + C_V - S_1 = 0,$ *)

$\overset{\curvearrowleft}{\underset{+}{\sum}} M^{(A)} = 0 :$ $- J_1\ddot{\varphi}_1 + S_1 r_1 + C_V R_1 = 0.$ *)

Trommel 2: $\sum F_x = 0 :$ $B_H + C_H = 0,$

$\sum F_y = 0 :$ $B_V - C_V - S_2 = 0,$ *)

$\overset{\curvearrowleft}{\underset{+}{\sum}} M^{(B)} = 0 :$ $- J_2\ddot{\varphi}_2 - S_2 r_2 + C_V R_2 = 0.$ *)

Klotz 1: $\sum F_y = 0 :$ $- G_1 + m_1\ddot{x}_1 + S_1 = 0.$ *)

Klotz 2: $\sum F_y = 0 :$ $- G_2 + m_2\ddot{x}_2 + S_2 = 0.$ *)

4. Schritt: Unbekannte und Gleichungen abzählen. Erforderlichenfalls Zusatzbedingungen einführen.
12 Unbekannte: $\ddot{x}_1$, $\ddot{x}_2$, $\ddot{\varphi}_1$, $\ddot{\varphi}_2$, S_1, S_2, A_H, A_V, B_H, B_V, C_H, C_V,
11 Gleichungen: 3 aus Kinematik, 8 aus Gleichgewicht.
Aus den drei kinematischen Gleichungen und den sechs durch *) gekennzeichneten Gleichgewichtsbedingungen können die neun Größen $\ddot{x}_1$, $\ddot{x}_2$, $\ddot{\varphi}_1$, $\ddot{\varphi}_2$, S_1, S_2, A_V, B_V, C_V berechnet werden. Mit der Haftungsbedingung für den Kontaktpunkt C (das ist die 12-te Aussage) könnte man anschließend die erforderliche Verspannkraft C_H sowie A_H und B_H berechnen.
5. Schritt: Gleichungen lösen (an Anfangsbedingungen anpassen)

$$\ddot{\varphi}_1 = \frac{r_1 G_1 + r_2 G_2 R_1/R_2}{J_1 + m_1 r_1^2 + (J_2 + m_2 r_2^2)(R_1/R_2)^2},$$

$$\ddot{x}_1 = r_1\ddot{\varphi}_1 = \frac{G_1 + G_2 (r_2/r_1)(R_1/R_2)}{J_1/r_1^2 + m_1 + (J_2/r_2^2 + m_2)(r_2/r_1)^2 (R_1/R_2)^2},$$

$$S_1 = G_1 - m_1\ddot{x}_1, \quad S_2 = G_2 - m_2\ddot{x}_2 = G_2 - \frac{r_2}{r_1}\frac{R_1}{R_2} m_2\ddot{x}_1.$$

6. Schritt: Lösungen ausdeuten.
In diesem Beispiel gilt für die Seilkräfte $S_1 < G_1$, $S_2 < G_2$. Die Ergebnisse gelten nicht mehr, wenn S_1 oder S_2 negativ werden.
Frage: Kann das vorkommen?

Arbeit und Leistung, Energiesatz

Überlegungen mit Hilfe von Arbeits- oder Leistungsbilanzen sind häufig vorteilhaft, weil die Begriffe Arbeit (Energie) und Leistung allen Teilgebieten der Physik gemeinsam sind. Man kann damit also auch über "gemischte" – z. B. elektro-mechanische – Systeme Aussagen machen. Wir beschränken uns hier auf die grundlegenden Definitionen und Anwendungen in der Mechanik.

3.9 Arbeit und Leistung, Potential

3.9.1 Arbeit

Wir übertragen die Definition der Arbeit aus Abschnitt 1.21.1 auf die in Bild 3.9.1 an dem Massenpunkt m angreifende Kraft $\boldsymbol{F}$, wenn sich m längs der Bahn 1 von $\boldsymbol{r}_1 := \boldsymbol{r}(t_1)$ nach $\boldsymbol{r}_2 := \boldsymbol{r}(t_2)$ bewegt:

$$W_{12} := \int_{\boldsymbol{r}_1}^{\boldsymbol{r}_2} \boldsymbol{F} \cdot d\boldsymbol{r} = \int_1^2 \boldsymbol{F} \cdot d\boldsymbol{r}.$$

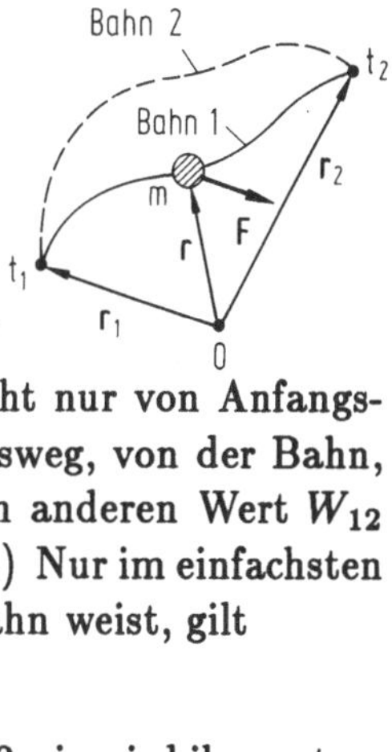

Bild 3.9.1. Arbeit einer Kraft längs einer Bahn

Der Wert dieses *Linienintegrals* hängt im allgemeinen nicht nur von Anfangs- und Endpunkt $\boldsymbol{r}_1$ bzw. $\boldsymbol{r}_2$, sondern auch vom Integrationsweg, von der Bahn, ab. (Für die Bahn 2 in Bild 3.9.1 könnte man also einen anderen Wert W_{12} erhalten als für die Bahn 1; vgl. das unten folgende Beispiel.) Nur im einfachsten Fall, daß $\boldsymbol{F}$ konstant ist und in Richtung einer geraden Bahn weist, gilt

$$\text{Arbeit} = \text{Kraft} \cdot \text{Weg}.$$

Die Arbeit wird dem Massenpunkt zugeführt, wenn $W_{12} > 0$, sie wird ihm entzogen, wenn $W_{12} < 0$. Greifen an dem Massenpunkt mehrere Kräfte an, so ist die insgesamt zugeführte Arbeit gleich der Summe der Arbeiten der Einzelkräfte. Häufig ist es zweckmäßig, mit kartesischen Koordinaten (F_x, F_y, F_z) und (x, y, z) zu arbeiten. Dann gilt

$$W_{12} = \int_{(x_1,y_1,z_1)}^{(x_2,y_2,z_2)} (F_x dx + F_y dy + F_z dz).$$

Für die Arbeit eines Momentes M, das an einem sich in einer Ebene drehenden Körper angreift (vgl. Bild 1.21.3), erhält man

$$W_{12} := \int_{\varphi_1}^{\varphi_2} M d\varphi = \int_1^2 M d\varphi.$$

Beispiel zur Wegabhängigkeit der Arbeit

Ein Körper vom Gewicht G soll um die Höhe h gehoben werden. Einmal geschieht dies durch eine horizontal wirkende Kraft $\boldsymbol{F}_I$ längs der Bahn I von 1 über 2 nach 3, das andere Mal, Bahn II, wird er mit der Kraft $\boldsymbol{F}_{II}$ unmittelbar von 1 nach 3 gezogen. Der Reibungskoeffizient sei stets gleich μ; $0 < \mu < 1$. Welche Arbeiten W_I bzw. W_{II} muß man aufbringen?

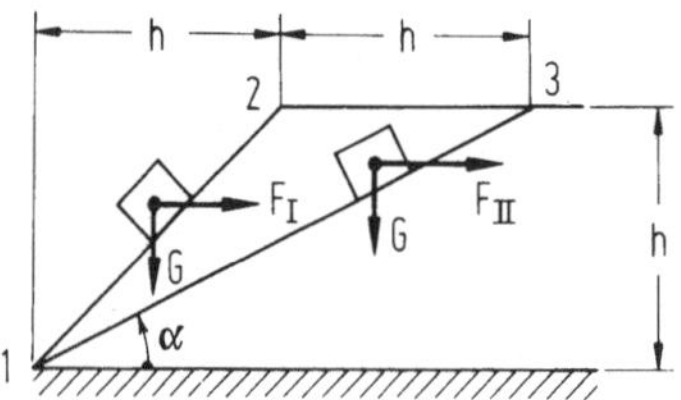

Bild 3.9.2. Verschiedene Bahnen für Klotz

Lösung:

Die jeweils erforderlichen Kräfte $\boldsymbol{F}_I$ und $\boldsymbol{F}_{II}$ entnehmen wir dem ersten Beispiel aus Abschnitt 1.20.2. Die dabei aufgebrachten Arbeiten lauten

$$\text{Weg 1-2-3:} \qquad W_I = G\frac{1+\mu}{1-\mu}h + G\mu h = Gh\,\frac{1+2\mu-\mu^2}{1-\mu}\,,$$

$$\text{Weg 1-3:} \qquad W_{II} = G\frac{\sin\alpha+\mu\cos\alpha}{\cos\alpha-\mu\sin\alpha}2h = 2Gh\,\frac{1+2\mu}{2-\mu}\,.$$

Der Vergleich liefert

$$W_I - W_{II} = Gh\,\frac{\mu(1+\mu^2)}{(1-\mu)(2-\mu)}\,.$$

3.9.2 Leistung

Dividiert man in Abschnitt 1.21.1 die Ausdrücke für die Arbeitsinkremente infolge der Verschiebung eines Kraftangriffspunktes,

$$\Delta W = \boldsymbol{F}\cdot\Delta\boldsymbol{r},$$

und infolge der Verdrehung eines Momentenangriffspunktes,

$$\Delta W = \boldsymbol{M}\cdot\Delta\boldsymbol{\varphi},$$

durch das jeweils erforderliche Zeitinkrement Δt, so liefert der Grenzübergang $\Delta t \to 0$ rechts die Ausdrücke $\boldsymbol{F}\cdot\boldsymbol{v}$ bzw. $\boldsymbol{M}\cdot\boldsymbol{\omega}$, während links beide Male das auf das Zeitinkrement bezogene Arbeitsinkrement, die *Leistung* (engl. *power*), erscheint:

$$P = \lim_{\Delta t\to 0}\frac{\Delta W}{\Delta t}.$$

Die am Massenpunkt m von Bild 3.9.3 angreifende Kraft $\boldsymbol{F}$ führt ihm also (momentan) die Leistung

$$P = \boldsymbol{F} \cdot \boldsymbol{v}$$

zu; $\boldsymbol{v}$ ist die Geschwindigkeit des Kraftangriffspunktes.

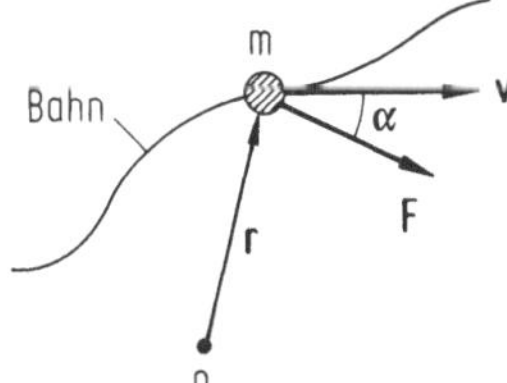

Bild 3.9.3. Leistung einer Kraft

Entsprechend führt ein an einem (starren) Körper angreifendes Moment $\boldsymbol{M}$ ihm die Leistung

$$P = \boldsymbol{M} \cdot \omega$$

zu; ω ist die Winkelgeschwindigkeit des Körpers.
Für die Vorzeichen der Leistung sowie für die Addition der Leistungen mehrerer Kräfte und Momente gelten entsprechende Aussagen wie im vorigen Abschnitt für die Arbeit.

Dimension, Einheiten

Dimension: $\dim P = \dim(\boldsymbol{F} \cdot \boldsymbol{v}) = \dim(\boldsymbol{M} \cdot \omega) = \mathbf{KL/T}$.
Einheiten: $[P] = 1$ Nm/s $= 1$ Watt (alt: 1 PS $= 75$ kpm/s).

Arbeit als Zeitintegral der Leistung

Setzt man die Leistung, zum Beispiel also

$$P = \boldsymbol{F} \cdot \boldsymbol{v} \quad \text{oder} \quad P = \boldsymbol{M} \cdot \omega,$$

als Ausgangsgröße, so erhält man die Arbeit W_{12} als Integral der Leistung über das Zeitintervall $t_1 \leq t \leq t_2$, das der (Bahn-) Bewegung entspricht:

$$W_{12} = \int_{t_1}^{t_2} P(t)\,dt.$$

Für die Beispiele gilt dann

$$W_{12} = \int_{t_1}^{t_2} \boldsymbol{F} \cdot \boldsymbol{v}\,dt \quad \text{bzw.} \quad W_{12} = \int_{t_1}^{t_2} \boldsymbol{M} \cdot \omega\,dt,$$

woraus man wieder die aus Abschnitt 3.9.1 bekannten Formen herstellen kann. Solche Sicht bietet gelegentlich Verständnisvorteile, gelegentlich erscheint sie als geboten: In der Elektrotechnik ist die Leistung, sagen wir an einem Widerstand, durch das Produkt von Strom und Spannungsabfall gegeben; für die Arbeit gibt es keinen einfachen Ausdruck.

3.9.3 Potential

Wir kommen auf die Arbeitsintegrale aus Abschnitt 3.9.1 zurück und fragen nach Kräften, für die die Arbeitsintegrale nur von den Bahnendpunkten und nicht von der Bahnform abhängen. Für solche Kräfte führt man den Begriff des *Potentials* ein, dem wir für Sonderfälle bereits im Abschnitt 2.14.2 begegneten.

Beispiel: Gewichtskraft

Ein Massenpunkt m bewegt sich auf einer beliebigen Bahn (Raumkurve) vom Ort $\boldsymbol{r}_1$ zum Ort $\boldsymbol{r}_2$, vgl. Bild 3.9.4. Welche Arbeit verrichtet das Gewicht G an dem Punkt?

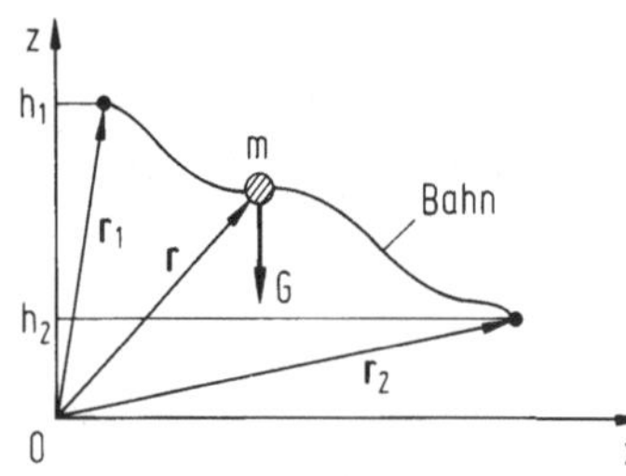

Bild 3.9.4. Gewichtskraft an einem Massenpunkt

Lösung:

Mit $\boldsymbol{F} = -\boldsymbol{e}_z G = \text{const.}$ folgt aus Abschnitt 3.9.1

$$W_{12} = \int_{\boldsymbol{r}_1}^{\boldsymbol{r}_2} (F_x dx + F_y dy + F_z dz) = -\int_{h_1}^{h_2} G dz = -G(h_2 - h_1),$$

also

$$W_{12} = G(h_1 - h_2).$$

Danach hängt die von G geleistete Arbeit nur von h_1 und h_2 und nicht von der Form des Weges ab. Ist insbesondere $h_1 = h_2$, z. B. wenn sich die Bahn schließt, so ist $W_{12} = 0$: Die während des Durchlaufens der Bahn zeitweilig dem Massenpunkt zugeführte Energie (Arbeit) ist wieder entzogen worden (und umgekehrt). Deshalb nennt man das Gewicht eine *konservative Kraft.*

Schreibt man statt h_2 eine variable obere Grenze z und setzt man $h_1 = h_0$, wo h_0 irgendeine bequem gewählte *Bezugshöhe* ist (man spricht vom *Bezugsniveau*), so gilt

$$W(z) := W_{0z} := G(h_0 - z).$$

Man nennt $W(z)$ Arbeitsfunktion. Die Ableitung von $W(z)$ nach z liefert

$$\frac{dW}{dz} = -G,$$

also die ursprüngliche Kraft (mit Vorzeichen!).

Aus anschaulichen und formalen Gründen (s. unten und Abschnitt 3.11.2) definiert man die negative Arbeitsfunktion als *Potential:*

$$V(z) := -W(z) = G(z - h_0) = -\int_{h_0}^{z} \boldsymbol{F} \cdot d\boldsymbol{r}.$$

Durch Differentiation erhält man dann in z-Richtung die Kraft

$$F_z = -G = -\frac{dV}{dz},$$

die Kraft ist die *negative* Ableitung des Potentials nach der Koordinate z. Kräfte, wie das Gewicht, die sich durch Differentiation aus einem Potential ableiten lassen, nennt man *konservative Kräfte* oder *Kräfte mit Potential.* Man kann sich das Potential $V(z)$ als "Arbeitsvermögen" oder gespeicherte Energie vorstellen, die man freisetzt, wenn man m vom Niveau z auf das Bezugsniveau h_0 (zurück-) bringt.

Potential einer allgemeinen Kraft

Parallel zu obigem Beispiel setzen wir allgemein für das Potential einer Kraft $\boldsymbol{F}$ an:

$$V(\boldsymbol{r}) := V(x,y,z) = -\int_{\boldsymbol{r}_0}^{\boldsymbol{r}} \boldsymbol{F}\cdot d\boldsymbol{r} = -\int_{\boldsymbol{r}_0}^{\boldsymbol{r}} (F_x dx + F_y dy + F_z dz)$$

$$= -\int_{(x_0,y_0,z_0)}^{(x,y,z)} (F_x dx + F_y dy + F_z dz).$$

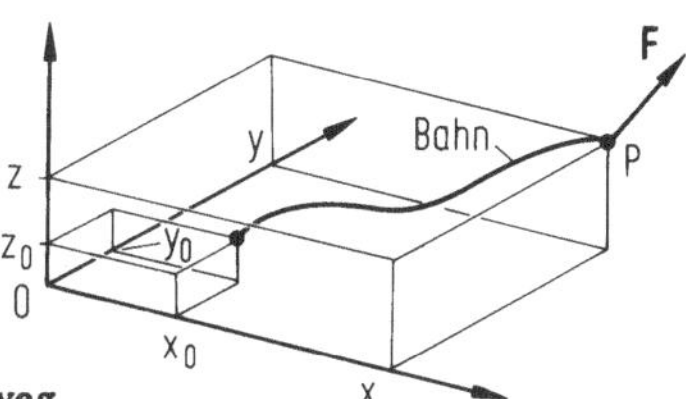

Bild 3.9.5. Integrationsweg

Hierbei bleibt der Integrationsweg frei, vgl. Bild 3.9.5. Als partielle Ableitung nach x ergibt sich (bei festgehaltenen y, z)

$$\frac{\partial V(x,y,z)}{\partial x} = \lim_{\Delta x\to 0} \frac{V(x+\Delta x,y,z) - V(x,y,z)}{\Delta x}$$

$$= -\lim_{\Delta x\to 0}\frac{1}{\Delta x}\left\{\int_{(x_0,y_0,z_0)}^{(x+\Delta x,y,z)} (F_x dx + F_y dy + F_z dz) - \int_{(x_0,y_0,z_0)}^{(x,y,z)} (F_x dx + F_y dy + F_z dz)\right\}$$

$$= -\lim_{\Delta x\to 0}\frac{1}{\Delta x}\int_{(x,y,z)}^{(x+\Delta x,y,z)} (F_x dx + F_y dy + F_z dz) = -F_x\,.$$

Entsprechend bildet man die Ableitungen $\partial V/\partial y$ und $\partial V/\partial z$. Man erhält

$$F_x = -\frac{\partial V}{\partial x}, \quad F_y = -\frac{\partial V}{\partial y}, \quad F_z = -\frac{\partial V}{\partial z}.$$

Dies kürzt man häufig in "Operatorschreibweise" ab:

$$\boldsymbol{F} = -\operatorname{grad} V = -\left(\boldsymbol{e}_x\frac{\partial}{\partial x} + \boldsymbol{e}_y\frac{\partial}{\partial y} + \boldsymbol{e}_z\frac{\partial}{\partial z}\right)V.$$

Damit das Potential $V(x, y, z)$ als Funktion von (x, y, z) berechenbar ist, müssen obige Integrale vom Integrationsweg unabhängig sein. Diese Bedingung ist erfüllt, wenn

$$\frac{\partial F_x}{\partial y} = \frac{\partial F_y}{\partial x}, \quad \frac{\partial F_y}{\partial z} = \frac{\partial F_z}{\partial y}, \quad \frac{\partial F_z}{\partial x} = \frac{\partial F_x}{\partial z}.$$

Formal folgt die Notwendigkeit dieser Beziehungen aus der Vertauschbarkeit der zweiten Ableitungen von V:

$$\frac{\partial^2 V}{\partial x \partial y} = \frac{\partial}{\partial y}\left(\frac{\partial V}{\partial x}\right) = -\frac{\partial F_x}{\partial y} \quad \text{sowie} \quad \frac{\partial^2 V}{\partial x \partial y} = \frac{\partial}{\partial x}\left(\frac{\partial V}{\partial y}\right) = -\frac{\partial F_y}{\partial x}$$

usw. Den Beweis, daß sie auch hinreichend sind, übergehen wir hier.

Hinweis: Einfacher als mit diesem formalen Kriterium entscheidet man über die Existenz eines Potentials für eine gegebene Kraft oft mit der gleichwertigen Frage, ob die Kraft konservativ ist. Häufig gibt es darauf eine physikalisch-anschauliche Antwort. (*Beispiel*: Warum hat eine Reibungskraft kein Potential?)

Arbeitsintegral für eine Kraft mit Potential

Kennt man das Potential $V(\boldsymbol{r}) = V(x, y, z)$ einer Kraft $\boldsymbol{F}$, wobei der Bezugspunkt $\boldsymbol{r}_0$ beliebig ist, so kann man die längs einer Bahn von 1 nach 2 verrichtete Arbeit als *Potentialdifferenz* schreiben (vgl. Bild 3.9.6):

$$W_{12} = \int_{\boldsymbol{r}_1}^{\boldsymbol{r}_2} \boldsymbol{F} \cdot d\boldsymbol{r} = \int_{\boldsymbol{r}_0}^{\boldsymbol{r}_2} \boldsymbol{F} \cdot d\boldsymbol{r} - \int_{\boldsymbol{r}_0}^{\boldsymbol{r}_1} \boldsymbol{F} \cdot d\boldsymbol{r},$$

also

$$W_{12} = -V(\boldsymbol{r}_2) + V(\boldsymbol{r}_1) = V_1 - V_2,$$

mit $V_1 := V(\boldsymbol{r}_1)$ usw.; auf Vorzeichen achten!

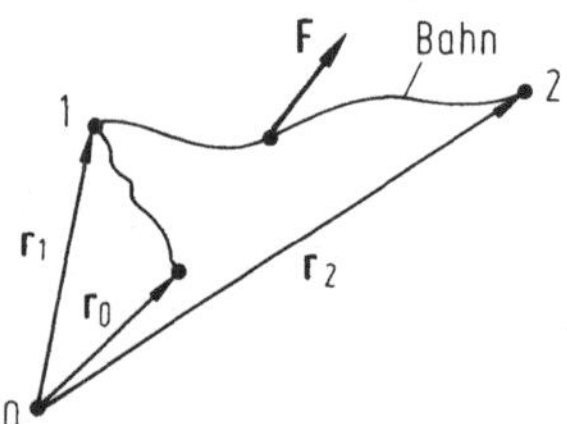

Bild 3.9.6. Arbeit einer Kraft mit Potential

Beispiel: Potential einer Federkraft

Bei der Berechnung von Potentialen muß man zwischen dem Potential der zu untersuchenden Kraft und dem der zugehörigen Reaktionskraft klar unterscheiden, da man sonst Vorzeichenfehler begeht. In der Regel interessiert man sich für das Potential der an einem Massenpunkt oder einem Körper angreifenden (Schnitt-) Kraft, benennt es jedoch nach dem Element, das diese Kraft ausübt. (Die Begründung dazu folgt unten.)

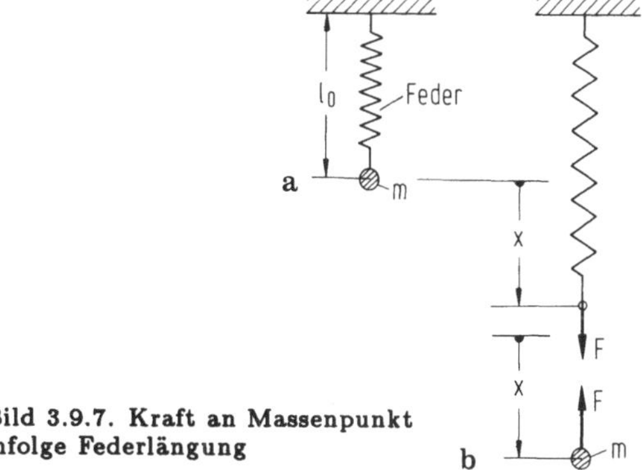

Bild 3.9.7. Kraft an Massenpunkt infolge Federlängung

Sei die Federkraft F irgendeine Funktion der Längung x gegenüber der Ausgangslänge l_0 der entspannten Feder (vgl. Bild 3.9.7):

$$F = F(x).$$

Aus der allgemeinen Überlegung folgt ihr Potential zu

$$V(x) = -\int_{x_0}^{x} [-F(\xi)]d\xi = \int_{x_0}^{x} F(\xi)d\xi.$$

Ableitung nach x liefert

$$F_x = -\frac{\partial V(x)}{\partial x} = -F,$$

die Kraft F wirkt also (richtig) gegen die positive x-Orientierung auf die Masse m, vgl. Bild 3.9.7b.

Für den Fall einer linearen Feder gilt mit $F = kx$:

$$V(x) = \int_{x_0}^{x} k\xi d\xi = \frac{1}{2}k(x^2 - x_0^2).$$

Bild 3.9.8 zeigt die Deutung von $V(x)$ als Fläche im Kraft-Auslenkungs-Diagramm.

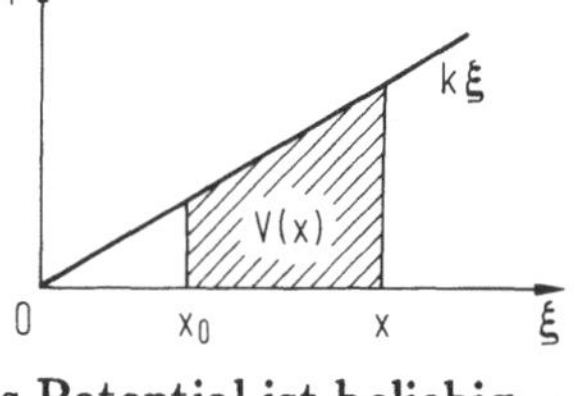

Bild 3.9.8. Deutung des Potentials als Fläche

Meistens setzt man $x_0 = 0$ – der Bezugspunkt x_0 für das Potential ist beliebig – und erhält

$$V(x) = \frac{1}{2}kx^2.$$

Der Vergleich mit Abschnitt 2.14.2 zeigt, daß dieses spezielle (auf die bei $x_0 = 0$ entspannte Feder bezogene) Potential gerade gleich der Formänderungsenergie W^i der Feder ist. Daher nennt man es *Feder*potential.

Für eine Drehfeder, vgl. Abschnitt 2.13.3, kann man entsprechend herleiten:

$$V(\varphi) = \frac{1}{2}k_T\varphi^2; \quad M = -\frac{\partial V}{\partial \varphi} = -k_T\varphi.$$

3.10 Die kinetische Energie

3.10.1 Kinetische Energie des Massenpunktes

Eine Punktmasse m bewegt sich unter der Einwirkung der (variablen) *resultierenden Kraft* $\boldsymbol{F}$. Es gilt nach Newton

$$m\ddot{\boldsymbol{r}} = \boldsymbol{F}.$$

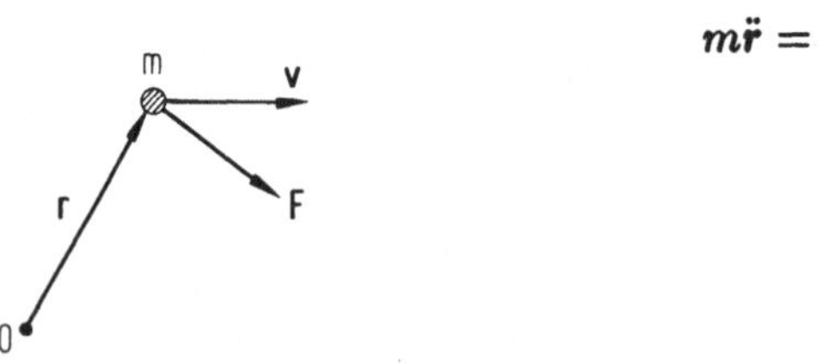

Bild 3.10.1. Punktmasse unter der Einwirkung einer Kraft

Skalare Multiplikation dieser Gleichung mit $\boldsymbol{v}$ und Integration über die Zeit von t_1 bis t_2 liefert

$$\int_{t_1}^{t_2} m\ddot{\boldsymbol{r}} \cdot \boldsymbol{v}\, dt = \int_{t_1}^{t_2} \boldsymbol{F} \cdot \boldsymbol{v}\, dt.$$

Rechts steht die Arbeit W_{12}, die die Kraft $\boldsymbol{F}$ längs der Bahn verrichtet, auf der sich die Masse m zwischen den Zeitpunkten t_1 und t_2 bewegt, vgl. Abschnitte 3.9.2 und 3.9.1.

Die linke Seite läßt sich mit $\ddot{\boldsymbol{r}} \cdot \boldsymbol{v}\, dt = \dot{\boldsymbol{v}} \cdot \boldsymbol{v}\, dt = \boldsymbol{v} \cdot d\boldsymbol{v}$ umformen; man erhält

$$\int_{t_1}^{t_2} m\ddot{\boldsymbol{r}} \cdot \boldsymbol{v}\, dt = \int_{\boldsymbol{v}_1}^{\boldsymbol{v}_2} m\boldsymbol{v} \cdot d\boldsymbol{v} = \frac{1}{2} m\boldsymbol{v}^2 \Big|_{\boldsymbol{v}_1}^{\boldsymbol{v}_2} = \frac{1}{2} mv_2^2 - \frac{1}{2} mv_1^2,$$

$$\text{wo} \quad \boldsymbol{v}_i := \boldsymbol{v}(t_i), \quad \boldsymbol{v}^2 = v^2 = \boldsymbol{v} \cdot \boldsymbol{v}.$$

Man setzt

$$E_{\text{kin}} := \frac{1}{2} mv^2.$$

Aus der Herleitung folgt, daß E_{kin} eine Energie (Arbeit) bedeutet. Es ist die "Energie der Bewegung", die *kinetische Energie* (früher "lebendige Kraft").
Obige Gleichung lautet jetzt

$$E_{\text{kin}2} - E_{\text{kin}1} = W_{12}.$$

Die Ausdeutungen dieser Gleichung erfolgen im Abschnitt 3.11.
Hinweis: Aus den Überlegungen in Abschnitt 3.7.2 zur Kinetik des (rein) translatorisch bewegten starren Körpers der Masse m folgt, daß auch für diesen die kinetische Energie durch

$$E_{\text{kin}} = \frac{1}{2} mv^2$$

gegeben ist (bei Translation haben alle Körperpunkte die gleiche Geschwindigkeit $\boldsymbol{v}$, vgl. Abschnitt 3.7.1).
Aufgabe: Man überprüfe Dimensionen und Einheiten.

3.10.2 Kinetische Energie bei Drehung um eine feste Achse

Ein Körper dreht sich unter dem Einfluß des (variablen) resultierenden Momentes M um die Achse A (senkrecht zur Zeichenebene von Bild 3.10.2). Nach Abschnitt 3.8.2 gilt die Bewegungsgleichung

$$J\ddot{\varphi} = M.$$

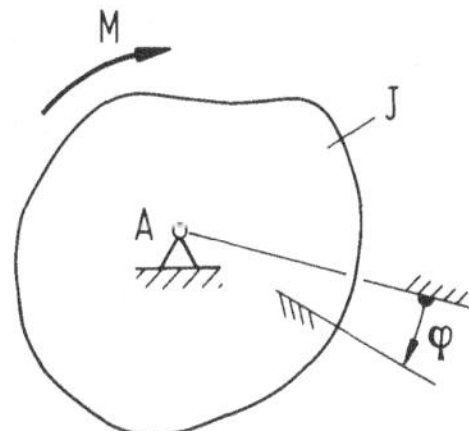

Bild 3.10.2. Drehung eines starren Körpers um eine feste Achse

Dabei ist $J = J_A$ das Massenträgheitsmoment um die körperfeste Drehachse. Multiplikation der Bewegungsgleichung mit $\dot{\varphi}$ und Integration über die Zeit liefert (ähnlich wie im Abschnitt 3.10.1)

$$\int_{t_1}^{t_2} J\ddot{\varphi}\dot{\varphi}\,dt = \int_{t_1}^{t_2} M\dot{\varphi}\,dt,$$

also

$$E_{\text{kin}2} - E_{\text{kin}1} = W_{12},$$

wobei jetzt

$$E_{\text{kin}} := \frac{1}{2}J\dot{\varphi}^2 = \frac{1}{2}J\omega^2$$

die *kinetische Energie der Drehung* (um die feste Achse A) und W_{12} die vom Moment M verrichtete Arbeit bedeuten.

3.11 Der Energiesatz

Die in den Abschnitten 3.10.1 und 3.10.2 hergeleitete Beziehung

$$E_{\text{kin}2} - E_{\text{kin}1} = W_{12}$$

heißt *Energiesatz* (auch Energieerhaltungssatz). Wir deuten ihn in den folgenden Abschnitten in drei Weisen aus.

3.11.1 Erste Form des Energiesatzes (allgemeine Form)

Auflösen des Energiesatzes nach $E_{\text{kin}2}$ liefert

$$E_{\text{kin}2} = E_{\text{kin}1} + W_{12}.$$

Die "neue" kinetische Energie (im Bewegungszustand 2) ist gleich der "alten" kinetischen Energie (im Zustand 1) plus der von 1 nach 2 zugeführten Arbeit W_{12} der äußeren Kräfte (Momente).

Falls $W_{12} < 0$ ist, gilt $E_{\text{kin2}} < E_{\text{kin1}}$. Da die kinetische Energie von einem Geschwindigkeitsquadrat abhängt, kann sie *nie negativ* werden: $E_{\text{kin}} \geq 0$.

Beispiel

Gegeben: Ein Körper, Masse m, Gewicht G, rutscht eine rauhe geneigte Ebene hinab (Reibungskoeffizient μ, Neigungswinkel α), vgl. Bild 3.11.1. Im Zustand 1 (Anfang) hat er die Geschwindigkeit v_1.

Gesucht: Geschwindigkeit v_2, nachdem er um die Strecke l gerutscht ist.

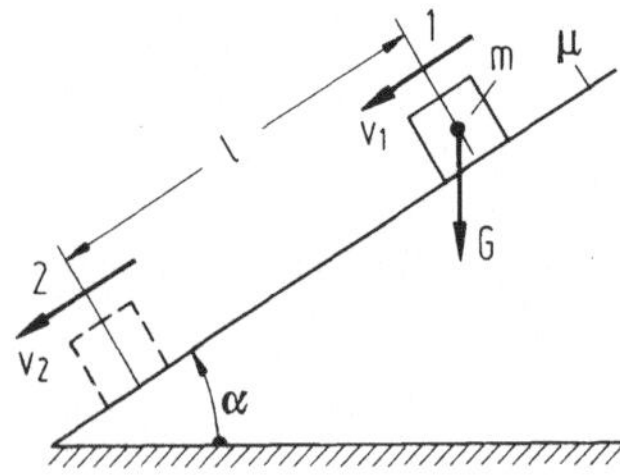

Bild 3.11.1. Bewegung eines Körpers auf schiefer Ebene

Lösung (mit Energiesatz):

Kinetische Energien: $E_{\text{kin1}} = \frac{1}{2} m v_1^2$, $E_{\text{kin2}} = \frac{1}{2} m v_2^2$.

Arbeit: Die Arbeit W_{12} setzt sich aus den Arbeiten *aller* am Körper angreifenden Kräfte zusammen. Da sich die Geometrie des Schnittbildes (Bild 3.11.2) während der Bewegung nicht ändert und μ nicht von der Geschwindigkeit abhängt, gilt nach Abschnitt 3.9.1:

$$W_{12} = lG \sin\alpha - lR.$$

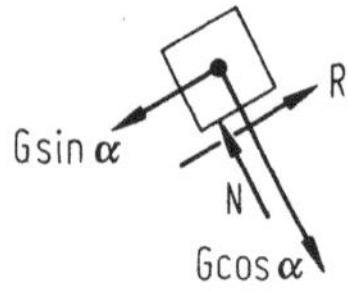

Bild 3.11.2. Kräfte auf Körper

Die Kräfte N und $G\cos\alpha$ stehen senkrecht auf der Bewegungsrichtung und liefern deshalb keinen Beitrag zu W_{12} (vgl. Skalarprodukt in Abschnitt 3.9.1). Mit $N = G\cos\alpha$ und $R = \mu N$ folgt

$$W_{12} = lG(\sin\alpha - \mu\cos\alpha).$$

Der Energiesatz liefert

$$\frac{1}{2} m v_2^2 = \frac{1}{2} m v_1^2 + lG(\sin\alpha - \mu\cos\alpha).$$

Daraus ergibt sich

$$v_2 = \sqrt{v_1^2 + 2lg(\sin\alpha - \mu\cos\alpha)}.$$

Das positive Vorzeichen folgt aus der Bedingung $v_2 = v_1$ für $l = 0$. Ist $(\sin\alpha - \mu\cos\alpha) > 0$, so gilt $v_2 \geq v_1$. Ist $(\sin\alpha - \mu\cos\alpha) < 0$, so gilt $v_2 \leq v_1$; der Körper kommt dann zum Stillstand. Bedingung dafür ist $v_2 = 0$; er hat dann die Strecke $l^* := v_1^2/[2g(\mu\cos\alpha - \sin\alpha)]$ zurückgelegt. (Vgl. die andere Vorgehensweise beim selben Beispiel in Abschnitt 3.5.5.)

3.11.2 Zweite Form des Energiesatzes (gilt nur für konservative Systeme)

Haben *alle* am System angreifenden Kräfte Potentiale, so kann man sie zu *einem* Potential V zusammenfassen, und nach Abschnitt 3.9.3 gilt

$$W_{12} = V_1 - V_2.$$

Mit diesem Ausdruck folgt aus dem Energiesatz

$$E_{\text{kin}2} - E_{\text{kin}1} = W_{12} = V_1 - V_2.$$

Faßt man zum selben Zeitpunkt gehörende Glieder zusammen, so erhält man mit der Umbenennung des Potentials V in *potentielle Energie*, $E_{\text{pot}} := V$, durch Umstellen

$$E_{\text{kin}2} + E_{\text{pot}2} = E_{\text{kin}1} + E_{\text{pot}1}.$$

Die Summe von kinetischer Energie und potentieller Energie ist konstant. Deshalb heißen solche Systeme *konservativ* (Energie bewahrend). Man definiert als *mechanische Energie*

$$E := E_{\text{kin}} + E_{\text{pot}}.$$

Dann lautet obige Aussage: Bei einem *konservativen* System bleibt die *mechanische Energie konstant.*

Beispiel

Gegeben: Punktkörper, Masse m, Gewicht G, ist mit Faden (Länge L) an Feder (Steifigkeit k, entspannte Länge l_0) gehängt, Bild 3.11.3.
Gesucht: Die Feder wird um x_1 ($x_1 > 2G/k$) gezogen und dann losgelassen. Auf welche Höhe h springt der Körper?

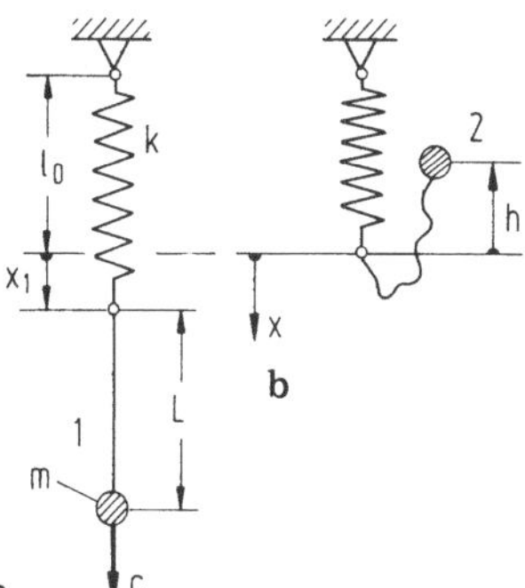

Bild 3.11.3. Punktkörper an Faden und Feder

Lösung (mit Energiesatz):
Aus der Aufgabenstellung folgt wegen $v_1 = v_2 = 0$ auch $E_{\text{kin}2} = E_{\text{kin}1} = 0$. Mithin gilt

$$E_{\text{pot}2} = E_{\text{pot}1}.$$

Als Bezugsniveau wählen wir $x = 0$. Dann gilt (vgl. Abschnitt 3.9.3)

für den Zustand 1: $E_{\text{pot}1} = V_1 = -G(L + x_1) + \frac{1}{2}kx_1{}^2,$

für den Zustand 2: $E_{\text{pot}2} = V_2 = Gh$ (falls Faden schlaff wird!).

Man erhält

$$Gh = -G(L + x_1) + \frac{1}{2}kx_1^2,$$

also

$$h = -(L + x_1) + \frac{1}{2}\frac{k}{G}x_1^2.$$

Man bestätige, daß für $x_1 > 2G/k$ der Faden schlaff wird (die Bedingung lautet $h > -L$). Wie sehen Rechnung und Ergebnis aus, wenn man den Ort von m in Zustand 1 als Bezugspunkt für V und die Höhenmessung wählt?

3.11.3 Dritte Form des Energiesatzes (gilt für beliebige Systeme)

Wir nehmen an, daß die am System angreifenden Kräfte (und Momente) aus konservativen Kräften – mit dem Potential V – und aus *restlichen* Kräften bestehen; für letztere schreiben wir nur eine an und nennen sie $\boldsymbol{F}^r$. Die restlichen Kräfte können zum Beispiel *dissipativ* sein (d.h. Energie "zerstreuen", etwa in Wärme umwandeln) und deshalb kein Potential besitzen (hierher gehören alle Reibungskräfte), oder es handelt sich um Kräfte, deren Potentiale nicht bekannt sind. Dann gilt nach Abschnitt 3.9.1 und 3.9.3

$$W_{12} = V_1 - V_2 + W_{12}^r .$$

Darin erfaßt $V_1 - V_2$ die von den (bekannten) konservativen Kräften verrichtete Arbeit und

$$W_{12}^r = \int_1^2 \boldsymbol{F}^r \cdot d\boldsymbol{r}$$

steht für die Arbeit *aller* restlichen Kräfte.
Aus dem Energiesatz folgt

$$E_{\text{kin}2} - E_{\text{kin}1} = W_{12} = V_1 - V_2 + W_{12}^r$$

und, vgl. Abschnitt 3.11.2,

$$E_{\text{kin}2} + E_{\text{pot}2} = E_{\text{kin}1} + E_{\text{pot}1} + W_{12}^r ,$$

also

$$E_2 = E_1 + W_{12}^r .$$

Die mechanische Energie im "neuen" Zustand (Zustand 2) ist gleich der "alten" mechanischen Energie (Zustand 1) plus der von 1 nach 2 zugeführten Arbeit der im Potential $V \equiv E_{\text{pot}}$ nicht berücksichtigten restlichen Kräfte.
Hinweis: Die Arbeitsüberlegungen in Abschnitt 2.14.2 sind in dieser Energieaussage enthalten. Da dort keine (schnellen) Bewegungen vorkommen, entfällt E_{kin}, obige Energieaussage lautet also

$$E_{\text{pot}2} = E_{\text{pot}1} + W_{12}^r .$$

Ausgangszustand 1 ist das unbelastete System mit $E_{pot1} = 0$. Am Ende von Abschnitt 3.9.3 hatten wir die Formänderungsenergie W^i bereits mit dem Potential $V_2 = E_{pot2}$ identifiziert. Die Arbeit W_{12}^r ist gleich der Arbeit W^a der äußeren Kräfte vom Ausgangszustand 1 bis zum Lastzustand 2. Also ist die Aussage $W^i = W^a$ in Abschnitt 2.14.2 nur eine spezielle Form des allgemeinen Energiesatzes.

Beispiel

Gegeben: Ein mathematisches Pendel (Punktmasse m, Gewicht G, Stangenlänge l), das "überschlagen" kann, hat im Punkt 1 eine (Bahn-) Geschwindigkeit v_0; vgl. Bild 3.11.4.

Gesucht: Wie groß muß ein im Winkelbereich $0 \leq \varphi \leq \pi$ auf das Pendel wirkendes konstantes Moment M sein, damit die Punktmasse bei der Ankunft im obersten Punkt der Bahn (Punkt 3) wieder die Geschwindigkeit v_0 hat?

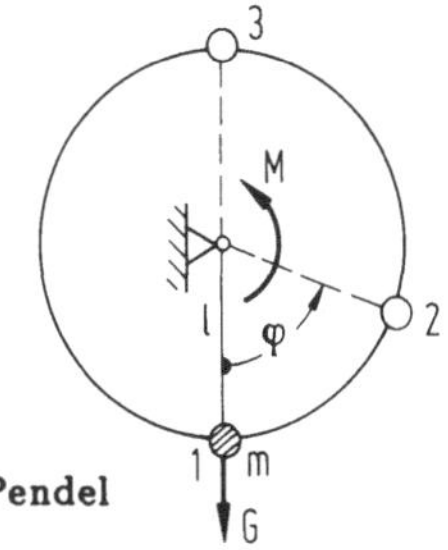

Bild 3.11.4. Überschlagendes Pendel

Lösung (mit Energiesatz):

Es gilt, vgl. Bild 3.11.4, für den beliebigen Punkt 2 (Winkel φ) und für Punkt 3:

$$E_2 = E_1 + W_{12}^r \quad \text{bzw.} \quad E_3 = E_1 + W_{13}^r.$$

In E berücksichtigen wir die kinetische Energie und das Potential (Lageenergie) des Gewichtes. Die vom Moment M geleistete Arbeit berücksichtigen wir in W^r. Mit Punkt 1 als Bezugslage für das Potential gilt

$$V(\varphi) = G\,l\,(1 - \cos\varphi).$$

Für die kinetische Energie erhält man

$$E_{kin1} = \frac{1}{2} m v_1^2, \quad v_1 := v_0; \quad E_{kin2} = \frac{1}{2} m v^2, \quad v_2 = v(\varphi) =: v.$$

Mit der Arbeit des Momentes

$$W_{12}^r = \int_0^{\varphi} M d\phi = M\varphi$$

liefert der Energiesatz für den Punkt 2:

$$\frac{1}{2} m v^2 + G\,l\,(1 - \cos\varphi) = \frac{1}{2} m v_0^2 + M\varphi.$$

Für Zustand 3 gilt mit $\varphi = \pi$, $v(\pi) = v_0$:

$$\frac{1}{2} m v_0^2 + G l 2 = \frac{1}{2} m v_0^2 + M\pi ;$$

man erhält das gesuchte Moment M zu

$$M = \frac{2}{\pi} G l .$$

Setzt man $M = 2Gl/\pi$ in den Energiesatz für den Punkt 2 ein, so folgt

$$\frac{1}{2} m v^2 + mgl(1 - \cos\varphi) = \frac{1}{2} m v_0^2 + \frac{2}{\pi} \varphi m g l ,$$

also

$$v^2 = v_0^2 + \frac{4}{\pi} \varphi g l - 2gl(1 - \cos\varphi).$$

Dieser Ausdruck hat ein Minimum bei $\varphi^* = \arcsin(2/\pi) \approx 140,5°$, nämlich

$$v_{\min}^2 = v_0^2 - 0,421\, g l .$$

Ist $v_0^2 < 0,421gl$, so wird $v_{\min}^2$ negativ, das oben berechnete Moment reicht *nicht* aus, um das Pendel bis zum Winkel φ^* zu bringen: Die einfache, nur auf die Punkte 1 und 3 ausgerichtete Energiebetrachtung liefert für diesen Fall ein falsches Ergebnis. Die unbedachte Anwendung des Energiesatzes kann also zu falschen Aussagen führen!

3.11.4 Der Energiesatz für zusammengesetzte Systeme; Beispiel

Die drei Formen des Energiesatzes nach Abschnitt 3.11.1, 3.11.2 und 3.11.3 gelten auch für aus mehreren Teilen zusammengesetzte Systeme, denn man kann sie zerlegen, für die Teilsysteme die Energieaussagen einzeln formulieren und dann addieren. Dabei heben sich die Arbeitsanteile aller Zwangskräfte zwischen den Teilsystemen heraus, denn als Aktion und Reaktion unterliegen sie den gleichen Verschiebungen (es verbleiben lediglich die Arbeiten der eingeprägten Kräfte). Man erhält zum Beispiel

$$E_2 = E_1 + W_{12}^r \quad \text{mit} \quad E = E_{\text{kin}} + E_{\text{pot}} .$$

Dabei sind für E_{kin} die Summen aus den Beiträgen der verschiedenen Körper nach Abschnitt 3.10.1 und 3.10.2 einzusetzen, E_{pot} enthält alle Potentiale und W_{12}^r die Arbeiten aller restlichen (eingeprägten) Kräfte.

Beispiel

Gegeben: System nach Bild 3.11.5; Massen m_1, m_2; Gewichte G_1, G_2; Trägheitsmoment J, Radius r, Federsteifigkeit k, Drehsteifigkeit k_T (beide Federn bei $x = 0$ entspannt), Neigungswinkel α, Reibungskoeffizient μ, Anfangsbedingungen $x(0) = 0$, $\dot{x}(0) = v_0 > 0$, die Seile S_1 und S_2 sind undehnbar.
Gesucht: Geschwindigkeit $v(x)$ für $v > 0$.

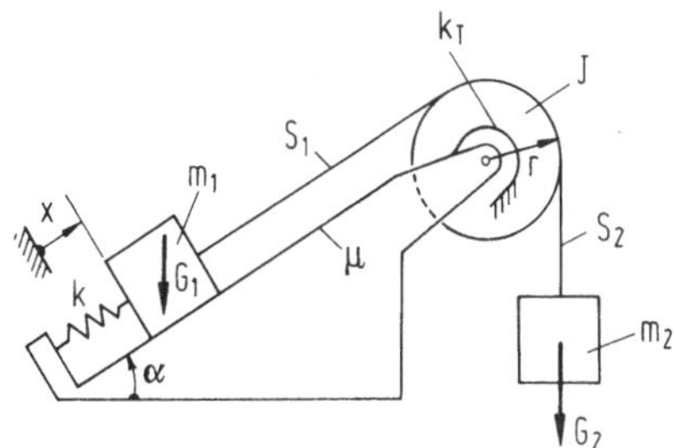

Bild 3.11.5. Zusammengesetztes System

Lösung (mit Energiesatz):
Die Bewegungen aller Körper des Systems lassen sich durch die *eine Koordinate* x ausdrücken, das System hat den *Freiheitsgrad* $f = 1$.
Kinetische Energie:

$$E_{\text{kin}} = \frac{1}{2} m_1 \dot{x}^2 + \frac{1}{2} m_2 \dot{x}^2 + \frac{1}{2} J \left(\frac{\dot{x}}{r}\right)^2 .$$

Potentielle Energie (bezogen auf $x = 0$):

$$E_{\text{pot}} = \frac{1}{2} kx^2 + \frac{1}{2} k_T \left(\frac{x}{r}\right)^2 + G_1 x \sin\alpha - G_2 x.$$

Arbeit der Reibungskraft (R wirkt gegen $\dot{x}$):

$$W_{12}^r = -x\mu G_1 \cos\alpha , \quad \text{solange} \quad \dot{x} > 0.$$

Energiesatz:

$$\frac{1}{2}\left(m_1 + m_2 + \frac{J}{r^2}\right)v^2 + \frac{1}{2}\left(k + \frac{k_T}{r^2}\right)x^2 + G_1 x \sin\alpha - G_2 x$$
$$= \frac{1}{2}\left(m_1 + m_2 + \frac{J}{r^2}\right) v_0^2 - \mu G_1 x \cos\alpha.$$

Hieraus folgt $v(x)$. Wegen der Anfangsbedingungen $v_0 > 0$ muß auch das positive Vorzeichen für $v(x)$ gewählt werden. Die Lösung gilt für $0 \le x \le x^*$, wo x^* die erste Nullstelle von $v(x)$ ist.
Aufgabe: Im betrachteten Beispiel schneide man die Seile 1 und 2, führe die Schnittkräfte S_1 bzw. S_2 ein und schreibe die Energieaussagen für die Körper m_1, m_2 und J an. Man zeige, daß beim Addieren der Energien die Ausdrücke mit S_1 und S_2 herausfallen und nur der "Energiesatz" übrigbleibt.

3.11.5 Das Aufstellen von Bewegungsgleichungen für Systeme mit einem Freiheitsgrad über den Energiesatz

Wenn man den Energiesatz für zeitabhängiges $x = x(t) = x_2(t)$ anschreibt (Zustand 2 in den Beispielen in Abschnitt 3.11.3 und 3.11.4), so gilt bei Systemen mit einem Freiheitsgrad

$$E_2 \equiv E(x, \dot{x}) = E_1 + \int_{x_1}^{x} F_x d\xi.$$

Hier sind alle Ausschläge durch die Koordinate $x(t)$ – dies kann auch ein Winkel sein – und alle Geschwindigkeiten über $\dot{x}(t)$ ausgedrückt. Der Ausdruck F_x enthalte alle Kraft- und Momentenanteile, die nicht im Potential enthalten sind, und sei so geschrieben, daß $F_x\dot{x}$ die dem System zugeführte Leistung dieser Kräfte darstellt.
Da $x = x(t)$ und $\dot{x} = \dot{x}(t)$, können wir den Energiesatz nach t differenzieren und erhalten aus dE/dt

$$\frac{\partial E}{\partial x}\dot{x} + \frac{\partial E}{\partial \dot{x}}\ddot{x} = F_x\dot{x}.$$

Weil E quadratisch von der Geschwindigkeit $\dot{x}$ abhängt, tritt in $\partial E/\partial \dot{x}$ ein linearer Faktor $\dot{x}$ auf; man kann $\dot{x}$ aus der ganzen Gleichung herauskürzen und erhält die Bewegungsdifferentialgleichung.

Beispiel

Als Beispiel betrachten wir das System nach Abschnitt 3.11.4 und fragen nach der Bewegungsgleichung für den Fall, daß am Körper m_2 eine zusätzliche Kraft F – nach unten gerichtet – angreift. Der Energiesatz lautet, vgl. Abschnitt 3.11.4:

$$\frac{1}{2}\left(m_1 + m_2 + \frac{J}{r^2}\right)v^2 + \frac{1}{2}\left(k + \frac{k_T}{r^2}\right)x^2 + G_1 x \sin\alpha - G_2 x$$
$$= E_1 + \int_{x_1}^{x}(-\mu G_1\cos\alpha + F)d\xi.$$

Die Ableitung nach t liefert

$$\left(m_1 + m_2 + \frac{J}{r^2}\right)v\dot{v} + \left(k + \frac{k_T}{r^2}\right)x\dot{x} + G_1\dot{x}\sin\alpha - G_2\dot{x} = -\mu\dot{x}G_1\cos\alpha + F\dot{x}.$$

Daraus folgt mit $v = \dot{x}$:

$$\ddot{x} + \frac{k + k_T/r^2}{m_1 + m_2 + J/r^2}x = \frac{G_2 + F - G_1(\sin\alpha + \mu\cos\alpha)}{m_1 + m_2 + J/r^2}.$$

Wegen der Coulombschen Reibung gilt diese Gleichung nur für $\dot{x} > 0$.
Hinweis: Energieüberlegungen liefern *eine* (skalare) Aussage. Deshalb kann man damit nur Systeme mit *einem* Freiheitsgrad *vollständig* erfassen (vgl. obiges Beispiel). Bei Systemen mit mehreren Freiheitsgraden bietet die Energiebilanz im allgemeinen nur eine *Kontrollmöglichkeit* für auf anderem Wege gefundene Aussagen, es sei denn, man diskutiert Energievariationen bei Variationen von Bewegungen (vgl. Abschnitt 1.21 und den zweiten Satz von Castigliano in Abschnitt 2.14.3) oder bei Variationen von Kräften (vgl. den ersten Satz von Castigliano in Abschnitt 2.14.3). Auf solchem Wege gelangt man in der Kinetik zu den *Lagrangeschen Gleichungen 2. Art* und kann dann auch Systeme mit *mehreren* Freiheitsgraden *vollständig* erfassen (vgl. ein Lehrbuch der "Analytischen Mechanik").

Impulssatz und Drallsatz für den Massenpunkt

3.12 Der Impulssatz

3.12.1 Herleitung

Eine Punktmasse m bewegt sich unter der Einwirkung der (variablen) resultierenden Kraft $\boldsymbol{F}$, s. Bild 3.12.1. Nach Newton gilt

$$m\ddot{\boldsymbol{r}} = \boldsymbol{F} \quad \text{oder} \quad m\dot{\boldsymbol{v}} = \boldsymbol{F}.$$

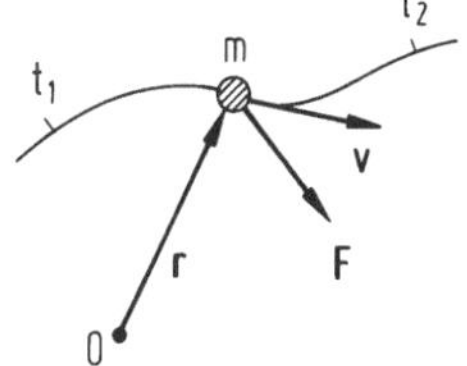

Bild 3.12.1. Punktmasse unter der Einwirkung einer Kraft

In Abschnitt 3.10.1 haben wir diese Gleichung mit der Geschwindigkeit $\boldsymbol{v}$ multipliziert und über die Zeit integriert: Wir erhielten den Energiesatz.
Jetzt integrieren wir die zweite Form der Newtonschen Gleichung unmittelbar über die Zeit t zwischen den Grenzen t_1 und t_2,

$$\int_{t_1}^{t_2} m\dot{\boldsymbol{v}}\, dt = \int_{t_1}^{t_2} \boldsymbol{F} dt,$$

und erhalten den *Impulssatz:*

$$m\boldsymbol{v}_2 - m\boldsymbol{v}_1 = \int_{t_1}^{t_2} \boldsymbol{F} dt.$$

Um den physikalischen Gehalt dieser "Formel" zu erfassen, brauchen wir zwei neue Begriffe. Der erste wird durch die Größe

$$\boldsymbol{I} = \boldsymbol{I}(t_1, t_2) := \int_{t_1}^{t_2} \boldsymbol{F} dt$$

definiert. Diese Größe heißt *Kraftstoß* (engl. *impulse*); man schreibt auch $\hat{\boldsymbol{F}}$ statt $\boldsymbol{I}$. Die zweite Größe,

$$\boldsymbol{p} = \boldsymbol{p}(t) := m\boldsymbol{v},$$

heißt *Bewegungsgröße* (engl. *momentum*) und (leider oft, auch im Normblatt DIN 1304) *Impuls*.

Dimension: $\dim \boldsymbol{p} = \dim \boldsymbol{I} = \mathrm{ML/T}$.

Mit $\boldsymbol{p}_1 := \boldsymbol{p}(t_1)$, $\boldsymbol{p}_2 := \boldsymbol{p}(t_2)$ lautet nun der Impulssatz

$$\boldsymbol{p}_2 = \boldsymbol{p}_1 + \boldsymbol{I}.$$

Die "neue" Bewegungsgröße ist gleich der "alten" Bewegungsgröße plus dem Kraftstoß.

Der Impulssatz ist ein *vektorielles* Gesetz und daher drei skalaren Aussagen gleichwertig. Bei kartesischer Basis $(\boldsymbol{e}_x, \boldsymbol{e}_y, \boldsymbol{e}_z)$ gilt mit $\boldsymbol{p} = \boldsymbol{e}_x p_x + \boldsymbol{e}_y p_y + \boldsymbol{e}_z p_z = \underline{\boldsymbol{e}}^T \underline{p}$, $\boldsymbol{I} = \boldsymbol{e}_x I_x + \boldsymbol{e}_y I_y + \boldsymbol{e}_z I_z = \underline{\boldsymbol{e}}^T \underline{I}$:

$$\underline{p_2} = \underline{p_1} + \underline{I} \qquad \text{oder} \qquad \begin{pmatrix} p_{x2} \\ p_{y2} \\ p_{z2} \end{pmatrix} = \begin{pmatrix} p_{x1} \\ p_{y1} \\ p_{z1} \end{pmatrix} + \begin{pmatrix} I_x \\ I_y \\ I_z \end{pmatrix}.$$

Hinweis: Schreibt man $\boldsymbol{p}_2$ und $\boldsymbol{I}$ für eine variable obere Grenze $t_2 = t$ an und differenziert nach dieser, so folgt das Newtonsche Gesetz in der von Newton ursprünglich angegebenen Form:

$$\frac{d\boldsymbol{p}}{dt} = \boldsymbol{F}.$$

Die Kraft ist gleich der Zeitableitung der Bewegungsgröße (gleich ihrer Änderungsgeschwindigkeit).

3.12.2 Veranschaulichung des Impulssatzes im eindimensionalen Fall

In Bild 3.12.2 liegt die Punktmasse m auf einer glatten Unterlage, in x-Richtung wirkt die (resultierende) Kraft F. (Den Index x lassen wir weg, weil nur eine Richtung zu betrachten ist.)

Die Impulsaussage in x-Richtung lautet

$$p_2 = p_1 + I \quad \text{oder} \quad mv_2 = mv_1 + I.$$

Der Kraftstoß I über das Zeitintervall $t_1 \leq t \leq t_2$ wird in Bild 3.12.3 durch die Fläche zwischen der t-Achse, der Kurve $F(t)$ und den Intervallgrenzen – mit Beachtung der Vorzeichen – wiedergegeben.

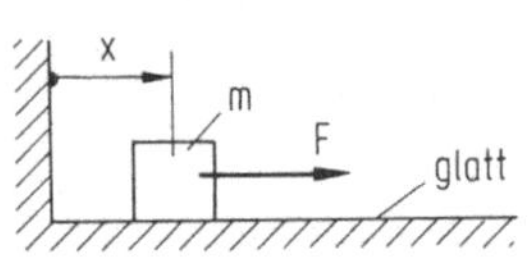

Bild 3.12.2. Punktmasse auf glatter Unterlage

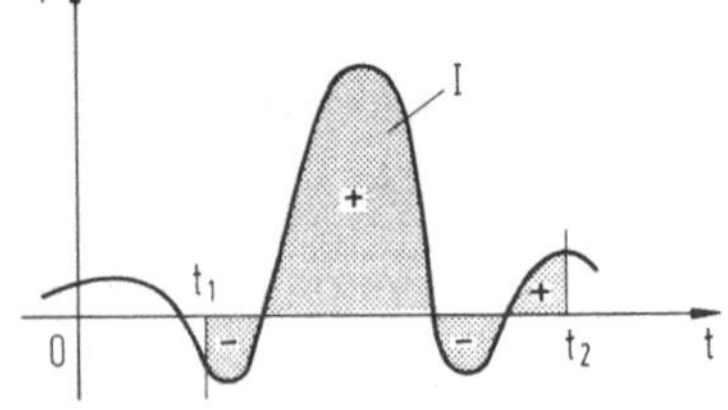

Bild 3.12.3. Kraftverlauf über der Zeit

Beispiel: Tennisball

Ein Tennisball, Masse m, Gewicht G, wird gemäß Bild 3.12.4 periodisch hochgeschlagen [$x(t)$ ist eine periodische Funktion, $x(t+T) = x(t)$, T Periode]. Der Schläger treffe stets bei $x = 0$ mit derselben Geschwindigkeit auf den Ball.

Dann wirken auf den Ball das Gewicht G (gegen x) und die Schlägerkraft $S(t)$ nach Bild 3.12.5. Wir wählen die Zeitpunkte t_1 und $t_2 = t_1 + T$ wie im Bild gezeigt. Dann gilt $v_2 = v_1$, und aus dem Impulssatz

$$I = mv_2 - mv_1 = 0$$

folgt

$$I = \int_{t_1}^{t_1+T} (-G + S)dt = -GT + \hat{S} = 0,$$

also

$$\hat{S} = GT.$$

Kennt man die Stoßdauer Δt, so kann man bei einem S-Verlauf, wie in Bild 3.12.5 gezeigt, den Maximalwert $S_{\max}$ aus $\hat{S} \approx \Delta t\, S_{\max}$ zu $S_{\max} \approx G\,(T/\Delta t)$ abschätzen.

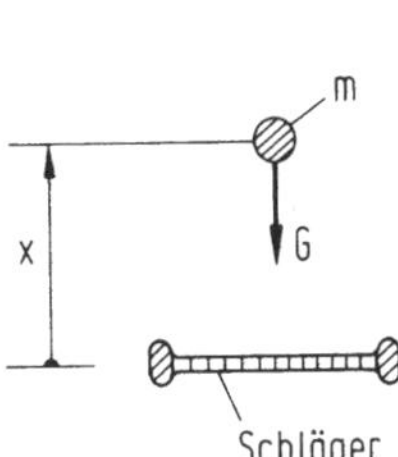

Bild 3.12.4. Tennisball und Schläger

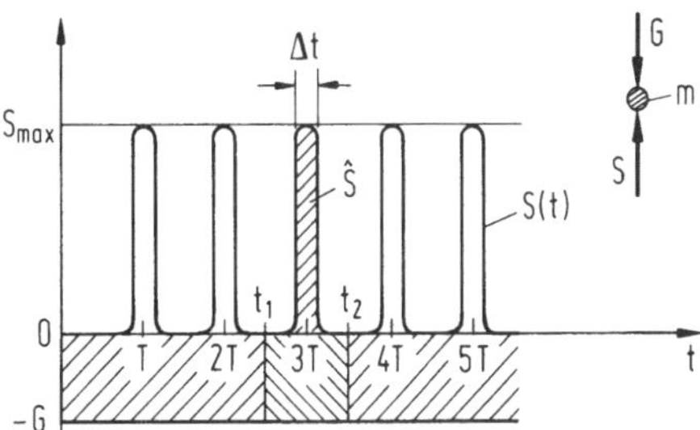

Bild 3.12.5. Zeitlicher Verlauf der Kräfte auf den Tennisball

3.12.3 Plastischer Stoß

Gegeben: Zwei Punktmassen m_1, m_2 rutschen auf einer glatten, horizontalen Ebene mit den Geschwindigkeiten v_1 bzw. v_2, $(v_1 > v_2)$, vgl. Bild 3.12.6. Sie treffen aufeinander, werden plastisch verformt, verhaken sich, bleiben aneinander haften und bewegen sich mit der gemeinsamen Geschwindigkeit v weiter. Man nennt einen solchen Vorgang *plastischen Stoß*.
Gesucht: Geschwindigkeit v.

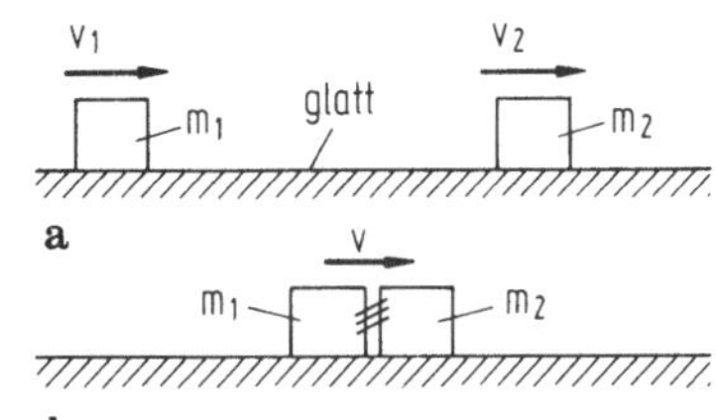

Bild 3.12.6. Plastischer Stoß

Lösung (mit Impulssatz):
Der Impulssatz wird für die beiden Massen m_1, m_2 getrennt angeschrieben; die Zeitpunkte t_v und t_n werden vor den Beginn des Stoßes bzw. hinter (nach) dessen Ende gelegt. Während der Stoßdauer gilt das in Bild 3.12.7a dargestellte

Schnittbild (Vertikalkräfte nicht gezeichnet). Der zugehörige Kraftverlauf $F(t)$ ist in Bild 3.12.7b nur qualitativ wiedergegeben, da der genaue Verlauf für die betrachtete Aufgabe nicht bekannt zu sein braucht.

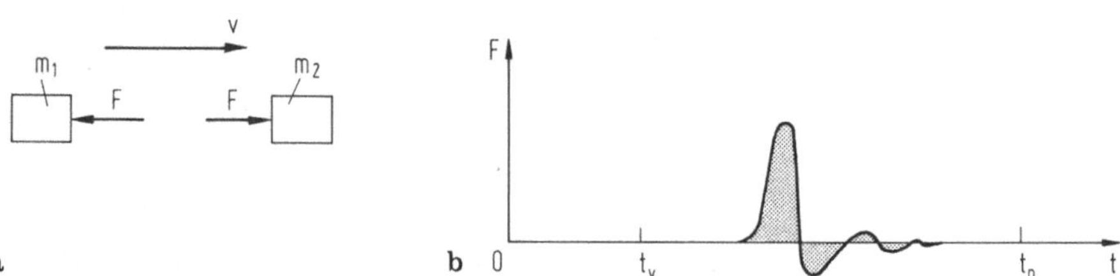

Bild 3.12.7. Schnittbild und Kraftverlauf

Der Impulssatz liefert (auf Vorzeichen achten!)

für die Masse m_1: $m_1 v - m_1 v_1 = -I$,

für die Masse m_2: $m_2 v - m_2 v_2 = I$.

Daraus folgt

$$v = \frac{m_1 v_1 + m_2 v_2}{m_1 + m_2}.$$

Aufgabe: Welche mechanische Energie geht bei dem Stoß verloren?

3.12.4 Elastischer Stoß

Wir betrachten dasselbe Beispiel wie in Abschnitt 3.12.3, nehmen jetzt aber an, daß nach dem Stoß die Körper sich wieder voneinander lösen und die mechanische Energie die gleiche ist wie vor dem Stoß. Das setzt elastische Verformungen voraus, deshalb spricht man vom *elastischen Stoß*. Die Geschwindigkeiten *vor* dem Stoß bezeichnen wir mit v_{1v} bzw. v_{2v}.

Gesucht sind für die Massen m_1 und m_2 die Geschwindigkeiten v_{1n} bzw. v_{2n} *nach* dem Stoß.

Lösung (mit Impuls- und Energiesatz):

Der Impulssatz liefert (vgl. Lösung in Abschnitt 3.12.3):

$$m_1 v_{1n} - m_1 v_{1v} = -I,$$

$$m_2 v_{2n} - m_2 v_{2v} = I.$$

Addition der beiden Gleichungen ergibt

$$m_1(v_{1n} - v_{1v}) + m_2(v_{2n} - v_{2v}) = 0.$$

Da der Stoß elastisch ist, bleibt die mechanische Energie erhalten; da die potentielle Energie vor und nach dem Stoß die gleiche ist, bleibt sogar die kinetische Energie erhalten:

$$E_{\text{kin, nach Stoß}} = E_{\text{kin, vor Stoß}},$$

$$\frac{1}{2} m_1 v_{1n}^2 + \frac{1}{2} m_2 v_{2n}^2 = \frac{1}{2} m_1 v_{1v}^2 + \frac{1}{2} m_2 v_{2v}^2.$$

Aus den beiden Gleichungen kann man v_{1n}, v_{2n} berechnen, denn man hat zwei Gleichungen für zwei Unbekannte.

Um die Verhältnisse anschaulich erfassen zu können, gehen wir dabei indirekt vor und führen als Hilfsgrößen *Relativgeschwindigkeiten* ein: Umstellen der Impuls- und der Energieaussage liefert

$$m_1(v_{1n} - v_{1v}) = -m_2(v_{2n} - v_{2v}),$$
$$\frac{1}{2}m_1(v_{1n}^2 - v_{1v}^2) = -\frac{1}{2}m_2(v_{2n}^2 - v_{2v}^2).$$

Division der zweiten Gleichung durch die erste führt auf

$$v_{1n} + v_{1v} = v_{2n} + v_{2v} \quad \text{oder} \quad v_{2n} - v_{1n} = -(v_{2v} - v_{1v}).$$

Links steht die Relativgeschwindigkeit von m_2 gegenüber m_1 nach dem Stoß,

$$v_{\text{rel,n}} := v_{2n} - v_{1n}\,,$$

rechts steht die negativ genommene Relativgeschwindigkeit vor dem Stoß,

$$v_{\text{rel,v}} := v_{2v} - v_{1v}\,.$$

Demnach gilt

$$v_{\text{rel,n}} = -v_{\text{rel,v}}\,.$$

Beim elastischen Stoß wechselt die Relativgeschwindigkeit ihr Vorzeichen. Zusammen mit dem Impulssatz liefert diese Beziehung

$$v_{1n} = \frac{2m_2v_{2v} + (m_1 - m_2)v_{1v}}{m_1 + m_2}, \quad v_{2n} = \frac{2m_1v_{1v} + (m_2 - m_1)v_{2v}}{m_1 + m_2}.$$

Aufgaben: Deuten Sie diese Gleichungen aus, zum Beispiel für $m_1 = m_2$, für $m_2/m_1 \to \infty$, für $v_{2v} = 0$ usw. Welcher Impuls I wird in jedem Fall übertragen? Wie sieht das Verhältnis zwischen den Relativgeschwindigkeiten beim plastischen Stoß aus?

3.12.5 Hinweis auf reale Stöße; Stoßzahl

"Reale Stöße" liegen zwischen den plastischen und elastischen. Man benutzt zu ihrer Untersuchung den Impulssatz und schreibt als zweite Bedingung für die Relativgeschwindigkeiten den Ausdruck

$$v_{\text{rel,n}} \equiv v_{2n} - v_{1n} = -e\,v_{\text{rel,v}} \equiv -e\,(v_{2v} - v_{1v})$$

an. Darin ist e die sogenannte *Stoßzahl*; es gilt $0 \le e \le 1$, wobei $e = 0$ den plastischen und $e = 1$ den elastischen Stoß kennzeichnet. Die mit der Stoßzahl berechneten Geschwindigkeiten kann man in manchen Fällen nur als grobe Näherung werten, denn es gibt Stöße in konservativen Systemen, denen eine Stoßzahl $e = 0$ entspricht. Gewisse Phänomene, wie "Prallschläge", lassen sich mit Stoßzahlen gar nicht erfassen. Man darf in allen diesen Fällen nicht mehr "starre Körper" als Modelle annehmen.

3.13 Der Drallsatz (Drehimpuls-Satz)

3.13.1 Herleitung

Eine Punktmasse m bewegt sich unter der Einwirkung der resultierenden Kraft $\boldsymbol{F}$, s. Bild 3.13.1. Jetzt multiplizieren wir das Newtonsche Gesetz

$$m\dot{\boldsymbol{v}} = \boldsymbol{F}$$

von links *vektoriell* mit $\boldsymbol{r}$ und bilden das Zeitintegral zwischen den Grenzen t_1 und t_2:

$$\int_{t_1}^{t_2} m(\boldsymbol{r} \times \dot{\boldsymbol{v}})dt = \int_{t_1}^{t_2} (\boldsymbol{r} \times \boldsymbol{F})dt.$$

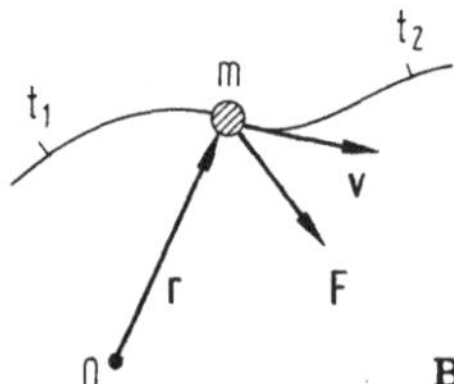

Bild 3.13.1. Punktmasse unter der Einwirkung einer Kraft

Das Produkt $\boldsymbol{r} \times \boldsymbol{F}$ rechts ist das Moment $\boldsymbol{M}$ um den *Bezugspunkt* 0, vgl. Abschnitt 1.9.1. Also ist (analog zum Begriff des Kraftstoßes in Abschnitt 3.12.1)

$$\boldsymbol{H} = \boldsymbol{H}(t_1, t_2) := \int_{t_1}^{t_2} (\boldsymbol{r} \times \boldsymbol{F})dt = \int_{t_1}^{t_2} \boldsymbol{M}dt$$

der *Drehstoß* (engl. *angular impulse*). Man schreibt auch $\hat{\boldsymbol{M}}$ statt $\boldsymbol{H}$; in Analogie zu Kraftstoß sagen wir auch *Momentenstoß*.
Links folgt mit $(\boldsymbol{r} \times \boldsymbol{v})^{\cdot} = (\dot{\boldsymbol{r}} \times \boldsymbol{v}) + (\boldsymbol{r} \times \dot{\boldsymbol{v}}) = (\boldsymbol{r} \times \dot{\boldsymbol{v}})$:

$$\int_{t_1}^{t_2} m(\boldsymbol{r} \times \boldsymbol{v})^{\cdot}\, dt = m(\boldsymbol{r}_2 \times \boldsymbol{v}_2) - m(\boldsymbol{r}_1 \times \boldsymbol{v}_1).$$

Als neue physikalische Größe definiert man den *Drall* (auch *Drehimpuls* genannt, vgl. DIN 1304)

$$\boldsymbol{L} = \boldsymbol{L}(t) := m(\boldsymbol{r} \times \boldsymbol{v}) = \boldsymbol{r} \times (m\boldsymbol{v}) = \boldsymbol{r} \times \boldsymbol{p},$$

wobei $\boldsymbol{p}$ die Bewegungsgröße aus Abschnitt 3.12.1 ist. Die zuletzt genannte Form interpretiert man anschaulich als "Moment der Bewegungsgröße $\boldsymbol{p}$" (engl. *moment of momentum*).
Das oben angeschriebene Zeitintegral liefert nun

$$\boldsymbol{L}_2 = \boldsymbol{L}_1 + \boldsymbol{H}.$$

Das ist der *Drallsatz:* Der "neue" Drall ist gleich dem "alten" plus dem Momentenstoß.

Der Drallsatz ist ein *vektorielles* Gesetz und daher drei skalaren Aussagen gleichwertig. Bei kartesischer Basis $(\boldsymbol{e}_x, \boldsymbol{e}_y, \boldsymbol{e}_z)$ gilt mit $\boldsymbol{L} = \boldsymbol{e}_x L_x + \boldsymbol{e}_y L_y + \boldsymbol{e}_z L_z = \underline{e}^T \underline{L}$, $\boldsymbol{H} = \boldsymbol{e}_x H_x + \boldsymbol{e}_y H_y + \boldsymbol{e}_z H_z = \underline{e}^T \underline{H}$:

$$\underline{L}_2 = \underline{L}_1 + \underline{H} \quad \text{oder} \quad \begin{pmatrix} L_{x2} \\ L_{y2} \\ L_{z2} \end{pmatrix} = \begin{pmatrix} L_{x1} \\ L_{y1} \\ L_{z1} \end{pmatrix} + \begin{pmatrix} H_x \\ H_y \\ H_z \end{pmatrix}.$$

Hinweis: Schreibt man $\boldsymbol{L}_2$ und $\boldsymbol{H}$ für eine variable obere Grenze $t_2 = t$ an und differenziert, so folgt der *Momentensatz*

$$\frac{d\boldsymbol{L}}{dt} = \boldsymbol{M}.$$

Die Zeitableitung des Dralls ist gleich dem Moment.

3.13.2 Beispiel

Gegeben: Eine Punktmasse m läuft – gehalten von einem Faden – auf einem Kreis vom Radius r_1 mit der Geschwindigkeit v_1 auf einer horizontalen glatten Unterlage mit dem Normalenvektor $\boldsymbol{e}$ um, vgl. Bild 3.13.2.

Gesucht: Geschwindigkeit v_2, wenn der Faden verkürzt wird, so daß m auf einem Kreis vom Radius r_2 umläuft.

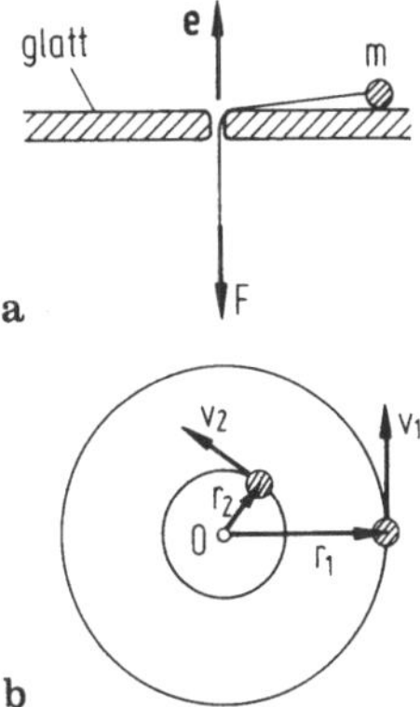

Bild 3.13.2. Umlaufende Punktmasse

Lösung (mit Drallsatz):
Sei 0 der feste Bezugspunkt und seien $\boldsymbol{r}_1$, $\boldsymbol{r}_2$ die jeweiligen Vektoren von 0 zur umlaufenden Punktmasse m, s. Bild 3.13.2b. Dann beträgt der Drall

für Kreis 1: $\boldsymbol{L}_1 = \boldsymbol{r}_1 \times (m\boldsymbol{v}_1) = \boldsymbol{e}\, m r_1 v_1$,

für Kreis 2: $\boldsymbol{L}_2 = \boldsymbol{r}_2 \times (m\boldsymbol{v}_2) = \boldsymbol{e}\, m r_2 v_2$.

Aus dem Drallsatz folgt

$$\boldsymbol{L}_2 = \boldsymbol{L}_1 + \boldsymbol{H}.$$

Die an der Masse angreifende Fadenkraft $\boldsymbol{F}$ erzeugt kein Moment um 0: $\boldsymbol{M} = \boldsymbol{O}$. Damit folgt $\boldsymbol{L}_2 = \boldsymbol{L}_1$, also

$$v_2 = \frac{r_1}{r_2} v_1 \quad \text{oder} \quad \omega_2 = \left(\frac{r_1}{r_2}\right)^2 \omega_1,$$

wo rechts die Winkelgeschwindigkeiten $\omega_1 = v_1/r_1$, $\omega_2 = v_2/r_2$ stehen.

3.13.3 Der Flächensatz (2. Keplersches Gesetz)

In Bild 3.13.3 bewege sich der Massenpunkt m unter der Wirkung einer stets auf den Punkt 0 gerichteten (nicht gezeichneten) "Zentralkraft" $\boldsymbol{Z}$. Dann ist der Drall $\boldsymbol{L} = \boldsymbol{r} \times (m\boldsymbol{v})$ von m um 0 *konstant,* denn $\boldsymbol{Z}$ bewirkt kein Moment. Wir deuten dies geometrisch:
Während des (kleinen) Zeitintervalls Δt durchläuft der Massenpunkt die Strecke $\boldsymbol{v}\,\Delta t$, Bild 3.13.3. In dieser Zeit überstreicht der Fahrstrahl von 0 nach m – der Vektor $\boldsymbol{r}$ – die Dreiecksfläche $\Delta A = (1/2)|\boldsymbol{r} \times \boldsymbol{v}|\Delta t$; der Vektor

$$\Delta \boldsymbol{A} = \frac{1}{2}\boldsymbol{r} \times \boldsymbol{v}\,\Delta t$$

erfaßt die Fläche ΔA und ihre Normale. Man erhält nach Division durch Δt, Grenzübergang $\Delta t \to 0$ und Umformung die *Flächengeschwindigkeit* $\dot{\boldsymbol{A}}$ zu

$$\dot{\boldsymbol{A}} = \frac{d\boldsymbol{A}}{dt} = \frac{1}{2}\boldsymbol{r} \times \boldsymbol{v} = \frac{1}{2m}\boldsymbol{r} \times (m\boldsymbol{v}) = \frac{\boldsymbol{L}}{2m}.$$

Unterliegt ein Massenpunkt allein einer Zentralkraft, so ist seine Flächengeschwindigkeit *konstant* (2. Keplersches Gesetz).

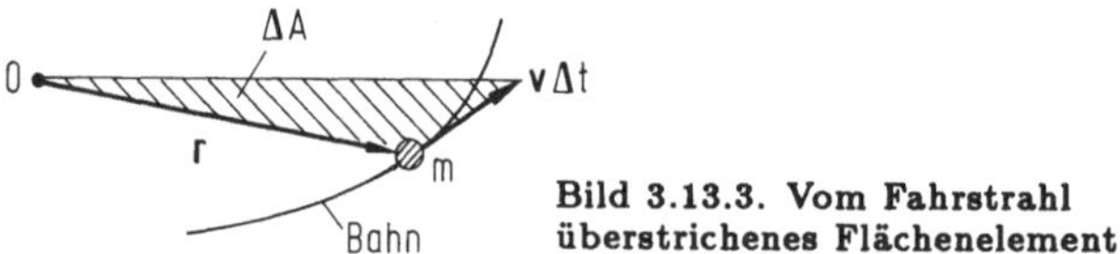

Bild 3.13.3. Vom Fahrstrahl überstrichenes Flächenelement

Kinetik des Punkthaufens

Unter einem Punkthaufen versteht man eine endliche oder auch unendliche Anzahl von Punktmassen m_i.

3.14 Annahmen, Schwerpunktsatz, Impulssatz

3.14.1 Annahmen

Die Bewegung der Punktmassen m_i gegenüber dem festen Bezugspunkt 0 werde durch die Ortsvektoren $\boldsymbol{r}_i(t)$ beschrieben, Bild 3.14.1. Zwischen den Punktmassen wirken *innere Kräfte* $\boldsymbol{F}_{ij}$, von "außen" wirken *äußere Kräfte* $\boldsymbol{F}_i$:

$\boldsymbol{F}_{ij}$ Kraft auf m_i von m_j herrührend,

$\boldsymbol{F}_i$ Resultierende aller an m_i angreifenden äußeren Kräfte.

Für die $\boldsymbol{F}_{ij}$ sollen gelten:

a) $\boldsymbol{F}_{ij} = -\boldsymbol{F}_{ji}$ (Reaktionsgesetz; für $i = j$ folgt daraus $\boldsymbol{F}_{ii} = \boldsymbol{O}$).

b) die $\boldsymbol{F}_{ij}$ sind parallel zu den Verbindungsgeraden der Massen m_i und m_j, also gilt $\boldsymbol{F}_{ij} \times (\boldsymbol{r}_i - \boldsymbol{r}_j) = 0$.

Experimentell hat man noch keine Kräfte gefunden, die diese Bedingungen verletzen.

Für jede der Massen m_i gilt das Newtonsche Gesetz in der Form

$$m_i \boldsymbol{a}_i = \boldsymbol{F}_i + \sum_j \boldsymbol{F}_{ij}.$$

Es muß stets über alle Indizes der dem Punkthaufen *zugerechneten* Massen summiert werden (hier also über alle j)!

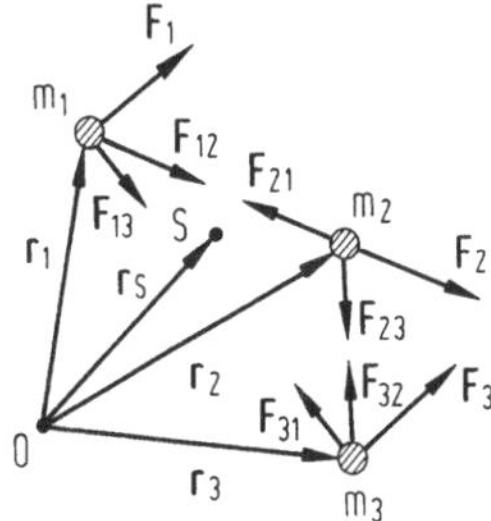

Bild 3.14.1. Punkthaufen

3.14.2 Schwerpunktsatz

Summation der Bewegungsgleichungen liefert

$$\sum_i m_i \ddot{\boldsymbol{r}}_i = \sum_i \boldsymbol{F}_i + \sum_i \Big(\sum_j \boldsymbol{F}_{ij}\Big).$$

Nach Abschnitt 1.15.3 hat der Schwerpunkt (Massenmittelpunkt!) S des Punkthaufens die Koordinate

$$\boldsymbol{r}_S = \frac{1}{m} \sum_i \boldsymbol{r}_i m_i, \quad \text{wo} \quad m := \sum_i m_i.$$

Die Beziehung gilt auch für zeitabhängige $\boldsymbol{r}_i(t)$, also einen bewegten Schwerpunkt, $\boldsymbol{r}_S = \boldsymbol{r}_S(t)$. Differenziert man die letzte Gleichung zweimal nach t, so folgen

$$m\dot{\boldsymbol{r}}_S = \sum_i m_i \dot{\boldsymbol{r}}_i, \quad m\ddot{\boldsymbol{r}}_S = \sum_i m_i \ddot{\boldsymbol{r}}_i.$$

Dies kann man in die Summe der Bewegungsgleichungen links einsetzen. Rechts heben sich wegen der Annahme a) aus Abschnitt 3.14.1 die in der Doppelsumme stehenden Kräfte auf. Man erhält

$$m\ddot{\boldsymbol{r}}_S = \boldsymbol{F},$$

$$\text{wo} \quad \boldsymbol{F} := \sum_i \boldsymbol{F}_i, \quad m := \sum_i m_i.$$

Dies ist der *Schwerpunktsatz:* Der Schwerpunkt eines Punkthaufens bewegt sich so, wie wenn die gesamte Masse in ihm vereinigt wäre und die Resultierende aller (äußeren) Kräfte an ihm angriffe.

Beispiel: Raumschiff

Das in Bild 3.14.2a gezeigte antriebslose Raumschiff, das sich längs einer geraden Bahn ohne Einwirkung äußerer Kräfte bewegt, stößt einen Körper ab (vgl. Bild 3.14.2b). Da das Abstoßen durch *innere* Kräfte verursacht wird, bewegt sich der Gesamtschwerpunkt S auf der ursprünglichen Bahn weiter.

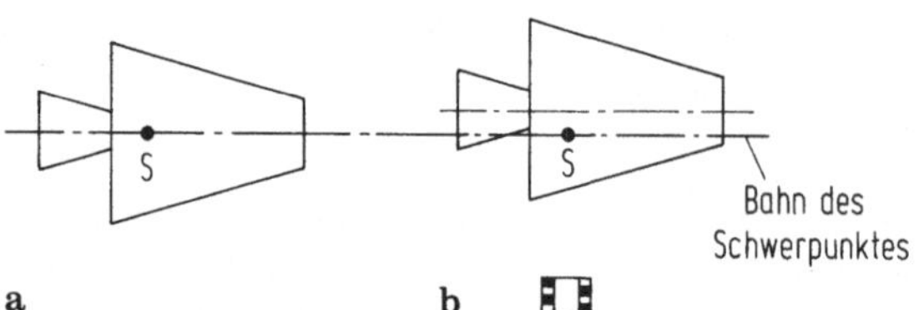

Bild 3.14.2. Raumschiff stößt Körper ab

Beispiel: Schlitten

Zustand 1: Ein Kind sitzt vorn auf seinem Schlitten, der Schwerpunkt des Gesamtsystems liegt bei S_1 in Ruhe; Bild 3.14.3a.

Zustand 2: Das Kind hat sich auf das hintere Schlittenende gesetzt (ohne den Boden zu berühren), der Schwerpunkt des Gesamtsystems liegt bei S_2 in Ruhe, Bild 3.14.3b. Da keine horizontalen *äußeren* Kräfte wirkten, hat sich der Systemschwerpunkt nicht horizontal bewegt.

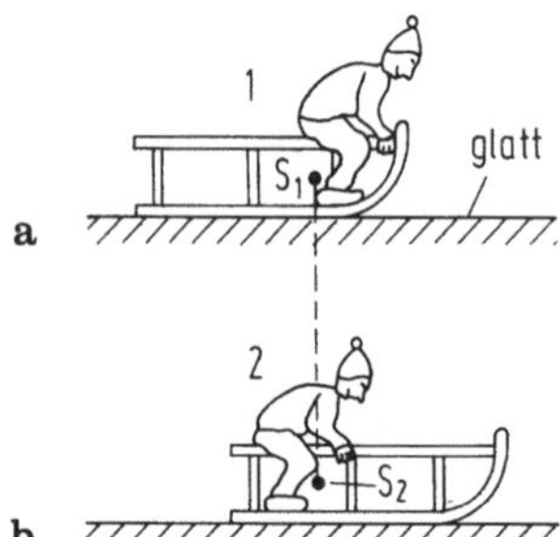

Bild 3.14.3. Schlitten auf glattem Boden

3.14.3 Impulssatz

Aus dem Schwerpunktsatz folgt parallel zu Abschnitt 3.12.1 für den Punkthaufen der *Impulssatz:*

$$\boldsymbol{p}_{\text{ges}2} = \boldsymbol{p}_{\text{ges}1} + \boldsymbol{I}.$$

Dabei steht $\boldsymbol{p}_{\text{ges}}$ für die Gesamtbewegungsgröße,

$$\boldsymbol{p}_{\text{ges}} := \sum_i m_i \boldsymbol{v}_i = \sum_i \boldsymbol{p}_i = m\boldsymbol{v}_S \quad (\boldsymbol{p}_i := m_i\boldsymbol{v}_i \quad \text{Bewegungsgröße von } m_i),$$

und $\boldsymbol{I}$ für den Gesamt-Kraftstoß

$$\boldsymbol{I} = \int_{t_1}^{t_2} \boldsymbol{F}\,dt = \int_{t_1}^{t_2} \sum_i \boldsymbol{F}_i\,dt = \sum_i \boldsymbol{I}_i.$$

Da Schwerpunktsatz wie Impulssatz Vektorform haben, kann man sie "gerichtet" lesen!

Den Schwerpunktsatz $m\ddot{\boldsymbol{r}}_S = \boldsymbol{F}$ kann man analog zum Newtonschen Gesetz in Abschnitt 3.12.1 auch mit der Bewegungsgröße anschreiben:

$$\dot{\boldsymbol{p}}_{\text{ges}} = \boldsymbol{F}.$$

Erhaltung der Bewegungsgröße

Für $\boldsymbol{F} = \boldsymbol{O}$ gilt $\boldsymbol{p}_{\text{ges}} = \text{const.}$: Wirken keine äußeren Kräfte auf das System, so bleibt die Bewegungsgröße erhalten. Ist im Sonderfall der Schwerpunkt zu Anfang in Ruhe, so bleibt er in Ruhe (vgl. das Schlitten-Beispiel oben).

Beispiel "Plastischer Stoß" neu gesehen

Aufgabe: vgl. Abschnitt 3.12.3.

Lösung (über Erhaltung der Bewegungsgröße):

Die beiden Massen m_1, m_2 werden in Bild 3.14.4 als Teile eines Punkthaufens gesehen. Die Kraft während des Stoßes ist eine innere Kraft, deshalb bleibt die Gesamtbewegungsgröße erhalten. Für die horizontale Richtung gilt

$$p_{\text{ges}2} = p_{\text{ges}1}, \quad \text{also} \quad m_1 v + m_2 v = m_1 v_1 + m_2 v_2.$$

Man erhält wieder

$$v = \frac{m_1 v_1 + m_2 v_2}{m_1 + m_2}.$$

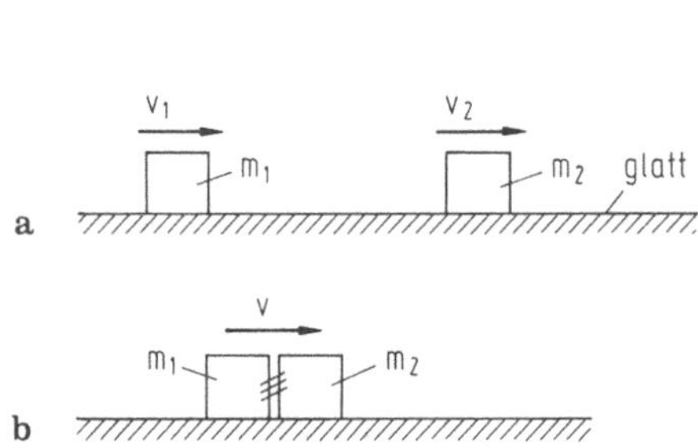

Bild 3.14.4. Punkthaufen m_1, m_2 bei plastischem Stoß

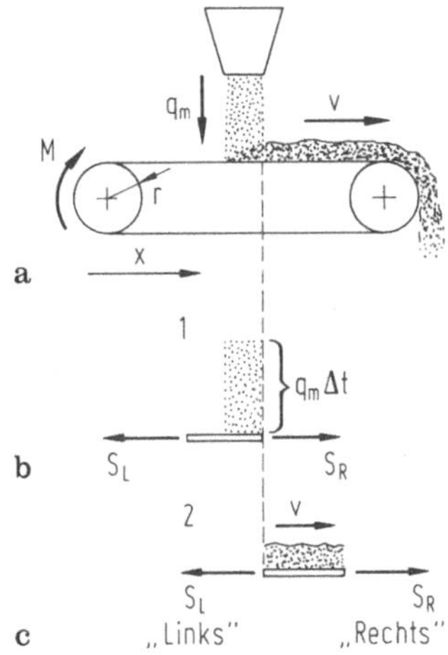

Bild 3.14.5. Förderband

Beispiel: Förderband

Gegeben: Förderband, konstante Laufgeschwindigkeit v, Rollenradius r; aus Trichter fällt körniges Fördergut auf Band, Massenstrom q_m, $\dim q_m = \mathbf{M/T}$; vgl. Bild 3.14.5a.

Gesucht: Erforderliches Antriebsmoment M und Antriebsleistung P.

Lösung:
Wir betrachten die Masse $q_m \Delta t$, die zwischen den Zeitpunkten t (Zustand 1) und $t + \Delta t$ (Zustand 2) auf das Band fällt, vgl. Bilder 3.14.5b bzw. c. Sie bildet gemeinsam mit dem beteiligten Stück des Förderbandes den zu untersuchenden "Punkthaufen".
Es kommt hier auf die Impulsbilanz in x-Richtung an:
Sei $p_{x\mathrm{Bandteil}}$ die Bewegungsgröße des Förderbandstückes, das die Masse $q_m \Delta t$ aufnimmt. Dann gilt

Zustand 1: $p_{x\mathrm{ges1}} = p_{x\mathrm{Bandteil}}$.

Das Fördergut $q_m \Delta t$ hat noch keine Horizontalgeschwindigkeit.

Zustand 2: $p_{x\mathrm{ges2}} = p_{x\mathrm{Bandteil}} + q_m v \Delta t$.

Die Bewegungsgröße $p_{x\mathrm{Bandteil}}$ ist beide Male dieselbe.

Auf den Punkthaufen wirken die äußeren Kräfte S_L und S_R, der Impulssatz lautet

$$p_{x\mathrm{ges2}} = p_{x\mathrm{ges1}} + \int_t^{t+\Delta t} (S_R - S_L) d\tau .$$

Einsetzen der Ausdrücke für $p_{x\mathrm{ges1}}$ und $p_{x\mathrm{ges2}}$ liefert nach Division durch Δt und Grenzübergang $\Delta t \to 0$:

$$(S_R - S_L) = q_m v .$$

Daraus folgen das Antriebsmoment M und die Antriebsleistung P zu

$$M = r(S_R - S_L) = r\, q_m v \quad \text{bzw.} \quad P = v(S_R - S_L) = q_m v^2 .$$

3.15 Der Drallsatz (Drehimpuls-Satz) für den Punkthaufen

Es gelten die im Abschnitt 3.14.1 eingeführten Annahmen.

3.15.1 Drallsatz bezogen auf einen festen Punkt

Für die Masse m_i gilt das Newtonsche Gesetz (vgl. Bild 3.15.1):

$$m_i \ddot{\boldsymbol{r}}_i = \boldsymbol{F}_i + \sum_j \boldsymbol{F}_{ij} .$$

Vektorielle Multiplikation mit $\boldsymbol{r}_i$ von links und Summation über i liefert

$$\sum_i \boldsymbol{r}_i \times (m_i \dot{\boldsymbol{v}}_i) = \sum_i \boldsymbol{r}_i \times \boldsymbol{F}_i + \sum_i \boldsymbol{r}_i \times (\sum_j \boldsymbol{F}_{ij}).$$

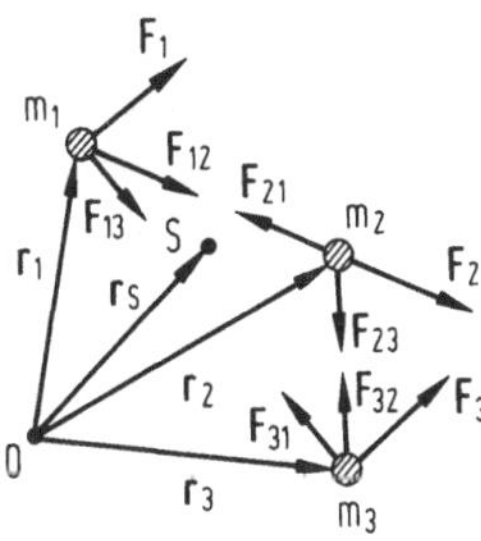

Bild 3.15.1. Punkthaufen

Entsprechend Abschnitt 3.13.1 definiert man jetzt den *Gesamtdrall* (oft Gesamtdrehimpuls) um den festen Punkt 0:

$$\boldsymbol{L}_{\text{ges}} = \boldsymbol{L}_{\text{ges}}(t) := \sum_i \boldsymbol{r}_i \times (m_i \boldsymbol{v}_i) = \sum_i \boldsymbol{r}_i \times \boldsymbol{p}_i = \sum_i \boldsymbol{L}_i\,.$$

Dabei bedeuten $\boldsymbol{p}_i := m_i \boldsymbol{v}_i$ und $\boldsymbol{L}_i := \boldsymbol{r}_i \times \boldsymbol{p}_i$ die Bewegungsgröße bzw. den Drall der Einzel-Punktmasse m_i um den Punkt 0.
Wegen $(\boldsymbol{r}_i \times \boldsymbol{v}_i)^{\cdot} = (\boldsymbol{r}_i \times \dot{\boldsymbol{v}}_i)$ kann man mit Hilfe von $\boldsymbol{L}_{\text{ges}}$ für die linke Seite obiger Summenformel schreiben:

$$\sum_i \boldsymbol{r}_i \times (m_i \dot{\boldsymbol{v}}_i) = \frac{d\boldsymbol{L}_{\text{ges}}}{dt}\,.$$

Auf der rechten Seite verschwindet wegen der Annahmen a) und b) in Abschnitt 3.14.1 die Doppelsumme:

$$\sum_i \boldsymbol{r}_i \times \Big(\sum_j \boldsymbol{F}_{ij}\Big) = \boldsymbol{O}.$$

Mithin verbleibt rechts

$$\boldsymbol{M} := \sum_i \boldsymbol{r}_i \times \boldsymbol{F}_i = \sum_i \boldsymbol{M}_i,$$

das ist das resultierende *Moment* aller äußeren Kräfte um den Punkt 0. Damit erhalten wir den *Momentensatz*:

$$\frac{d\boldsymbol{L}_{\text{ges}}}{dt} = \boldsymbol{M}, \quad \text{abgekürzt} \quad \dot{\boldsymbol{L}}_{\text{ges}} = \boldsymbol{M}.$$

Die Zeitableitung des Gesamtdralls ist gleich dem Moment der äußeren Kräfte. Integriert man den Momentensatz über t zwischen t_1 und t_2, erhält man den *Drallsatz*:

$$\boldsymbol{L}_{\text{ges}2} = \boldsymbol{L}_{\text{ges}1} + \boldsymbol{H},$$

wo

$$\boldsymbol{H} := \int_{t_1}^{t_2} \boldsymbol{M}\,dt$$

der Drehstoß (Momentenstoß) ist.

3.15.2 Drallsatz bezogen auf den Schwerpunkt

Zur Untersuchung von komplexen Systemen möchte man den Momentensatz (und den Drallsatz) auf einen bewegten Punkt beziehen. Dadurch nimmt die Aussage im allgemeinen eine weniger einfache Form an. Übersichtlich werden die Gleichungen wieder, wenn man mit dem *Schwerpunkt* als bewegtem *Bezugspunkt* arbeitet. Die Schwerpunktbewegung $\boldsymbol{r}_S(t)$ ist nach Abschnitt 3.14.2 bekannt oder berechenbar. Wir drücken $\boldsymbol{r}_i(t)$ durch

$$\boldsymbol{r}_i(t) = \boldsymbol{r}_S(t) + \boldsymbol{s}_i(t)$$

aus, wo $\boldsymbol{s}_i$ den Ortsvektor der Masse m_i gegenüber dem Schwerpunkt S bedeutet, vgl. Bild 3.15.2.

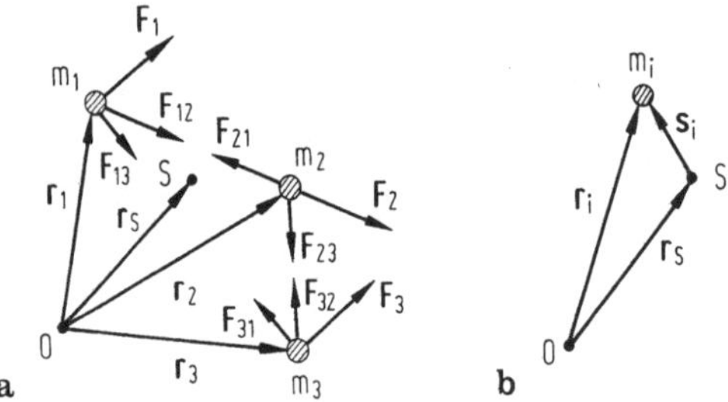

Bild 3.15.2. Punkthaufen und Schwerpunkt als Bezugspunkt

Nun werden der Drall $\boldsymbol{L}_{\text{ges}}$ und das Moment $\boldsymbol{M}$ aus dem vorigen Abschnitt auf den neuen Bezugspunkt S umgeschrieben. Am einfachsten gelingt dies für das Moment:

$$\boldsymbol{M} = \sum_i \boldsymbol{r}_i \times \boldsymbol{F}_i = \sum_i (\boldsymbol{r}_S + \boldsymbol{s}_i) \times \boldsymbol{F}_i = \boldsymbol{r}_S \times \sum_i \boldsymbol{F}_i + \sum_i \boldsymbol{s}_i \times \boldsymbol{F}_i = \boldsymbol{r}_S \times \boldsymbol{F} + \boldsymbol{M}^{(S)},$$

wo $\boldsymbol{F}$ die aus Abschnitt 3.14.2 bekannte Resultierende aller äußeren Kräfte ist und

$$\boldsymbol{M}^{(S)} := \sum_i \boldsymbol{s}_i \times \boldsymbol{F}_i$$

das resultierende *Moment* aller äußeren Kräfte $\boldsymbol{F}_i$ *um* den (bewegten) Schwerpunkt S bedeutet.

Für den Drall erhalten wir

$$\begin{aligned}\boldsymbol{L}_{\text{ges}} &= \sum_i \boldsymbol{r}_i \times (m_i \boldsymbol{v}_i) = \sum_i (\boldsymbol{r}_S + \boldsymbol{s}_i) \times m_i(\dot{\boldsymbol{r}}_S + \dot{\boldsymbol{s}}_i) \\ &= \boldsymbol{r}_S \times \dot{\boldsymbol{r}}_S \sum_i m_i - \dot{\boldsymbol{r}}_S \times \sum_i m_i \boldsymbol{s}_i + \boldsymbol{r}_S \times \sum_i m_i \dot{\boldsymbol{s}}_i + \sum_i \boldsymbol{s}_i \times (m_i \dot{\boldsymbol{s}}_i) \\ &= \boldsymbol{r}_S \times \boldsymbol{p}_{\text{ges}} - \boldsymbol{0} + \boldsymbol{0} + \boldsymbol{L}_{\text{ges}}^{(S)}.\end{aligned}$$

Das erste Glied rechts folgt aus Abschnitt 3.14.2 bzw. 3.14.3, das zweite und dritte verschwinden, weil die Summen als statisches Moment bzw. dessen Zeitableitung um den Schwerpunkt verschwinden (vgl. Abschnitt 1.15.3). Das vierte Glied,

$$\boldsymbol{L}_{\text{ges}}^{(S)} := \sum_i \boldsymbol{s}_i \times (m_i \dot{\boldsymbol{s}}_i),$$

ist der *Gesamtdrall um* den (bewegten) Schwerpunkt S. (Zu seiner Berechnung stelle man sich vor, daß man sich auf dem Schwerpunkt befindet und von dort die Ortsvektoren $\boldsymbol{s}_i(t)$ und die Geschwindigkeiten $\dot{\boldsymbol{s}}_i(t)$ beobachtet oder mißt.)
Wir setzen die Ergebnisse in den Momentensatz $\dot{\boldsymbol{L}}_{\text{ges}} = \boldsymbol{M}$ aus dem vorigen Abschnitt ein,

$$\dot{\boldsymbol{r}}_S \times \boldsymbol{p}_{\text{ges}} + \boldsymbol{r}_S \times \dot{\boldsymbol{p}}_{\text{ges}} + \dot{\boldsymbol{L}}_{\text{ges}}^{(S)} = \boldsymbol{r}_S \times \boldsymbol{F} + \boldsymbol{M}^{(S)},$$

und erhalten wegen $\dot{\boldsymbol{r}}_S \times \boldsymbol{p}_{\text{ges}} = \boldsymbol{O}$ und $\dot{\boldsymbol{p}}_{\text{ges}} = \boldsymbol{F}$ (vgl. Abschnitt 3.14.3) den *Momentensatz* um den Schwerpunkt:

$$\dot{\boldsymbol{L}}_{\text{ges}}^{(S)} = \boldsymbol{M}^{(S)}.$$

Die Zeitableitung des Gesamtdralls um den Schwerpunkt ist gleich dem Moment der äußeren Kräfte um den Schwerpunkt.
Integration des Momentensatzes über die Zeit liefert den entsprechenden *Drallsatz:*

$$\boldsymbol{L}_{\text{ges}2}^{(S)} = \boldsymbol{L}_{\text{ges}1}^{(S)} + \boldsymbol{H}^{(S)}$$

mit

$$\boldsymbol{H}^{(S)} := \int_{t_1}^{t_2} \boldsymbol{M}^{(S)} dt \,.$$

Hinweis 1: Momentensatz und Drallsatz haben für einen festen Bezugspunkt 0 und für den Schwerpunkt S als Bezugspunkt die gleiche Form! (Der Verwechslungsgefahr halber weisen wir in Zukunft auf den Bezugspunkt stets hin und schreiben z.B. $\boldsymbol{L}_{\text{ges}}^{(0)}$ und $\boldsymbol{M}^{(0)}$ statt $\boldsymbol{L}_{\text{ges}}$ und $\boldsymbol{M}$.)
Hinweis 2: Die oben gefundene Aussage

$$\boldsymbol{L}_{\text{ges}}^{(0)} = \boldsymbol{r}_S \times \boldsymbol{p}_{\text{ges}} + \boldsymbol{L}_{\text{ges}}^{(S)}$$

ist häufig nützlich, um $\boldsymbol{L}_{\text{ges}}^{(0)}$ zu berechnen.

Kinematik und Kinetik des starren Körpers in der Ebene

Wir untersuchen Bewegungen starrer Körper parallel zu einer Ebene. Das bedeutet, daß sich die Körperpunkte in zueinander *parallelen Ebenen* bewegen (vgl. auch "ebenes Kräftesystem" in den Abschnitten 1.6 bis 1.8). Solche Bewegungen entstehen zum Beispiel, wenn ein räumlich ausgedehnter Körper auf einer Ebene gleitet oder irgendwie anders parallel zu einer Ebene geführt wird.

3.16 Kinematik des parallel zu einer Ebene bewegten starren Körpers

3.16.1 Referenzkoordinaten, Lagekoordinaten

Wir wollen die Bewegungen des im allgemeinen unregelmäßig geformten starren Körpers K parallel zur x-y-Ebene des in Bild 3.16.1a gezeigten (festen) kartesischen Koordinatensystems $(0, x, y, z)$ mit der Basis $\boldsymbol{e} = (\boldsymbol{e}_x, \boldsymbol{e}_y, \boldsymbol{e}_z)^T$ untersuchen. Die Ebene $z = 0$ nennen wir Ebene der Bewegung, kurz "Bewegungsebene"; alle zur Bewegungsebene parallelen Ebenen sind gleichberechtigt.

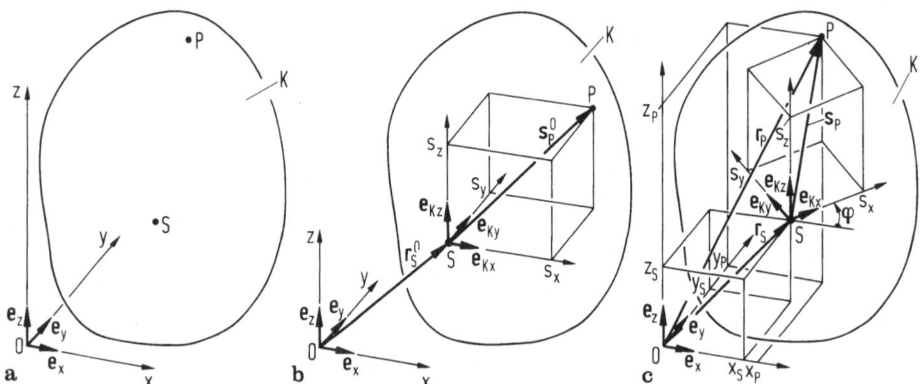

Bild 3.16.1. Koordinatensysteme für ebene Bewegung

Referenzkoordinaten

Wir zeichnen einen Punkt S des Körpers aus und wählen dafür den Schwerpunkt, weil er *später wichtig* sein wird. (Hier könnten wir an seiner Stelle auch irgendeinen *anderen körperfesten Punkt* wählen.) Sei P ein beliebiger herausgegriffener körperfester Punkt. Um ihn koordinatenmäßig zu erfassen, bringen wir den Körper durch eine Bewegung parallel zur x-y-Ebene in die *Referenzlage* (oder *Referenzkonfiguration*; vgl. auch Abschnitt 2.2.3) nach Bild 3.16.1b, die wir uns festgehalten vorstellen (keine Bewegung!).
In der Referenzlage werde die Basis $\boldsymbol{e}_K := (\boldsymbol{e}_{Kx}, \boldsymbol{e}_{Ky}, \boldsymbol{e}_{Kz})^T$ parallel zur Basis $\underline{\boldsymbol{e}}$ gewählt, mit ihrem Ursprung auf S gelegt und mit dem Körper K *fest* verbunden (darauf weist der Index K hin).

Wir erfassen den Punkt P über den Vektor $\boldsymbol{s}_P^0$ der Referenzlage, vgl. Bild 3.16.1b. Bezogen auf die körperfeste Basis $\underline{\boldsymbol{e}}_K$ hat er die Koordinaten (s_x, s_y, s_z):

$$\boldsymbol{s}_P^0 = \boldsymbol{e}_{Kx} s_x + \boldsymbol{e}_{Ky} s_y + \boldsymbol{e}_{Kz} s_z.$$

Faßt man die Koordinaten zur Spaltenmatrix $\underline{s}_{KP} := (s_x, s_y, s_z)^T$ zusammen, so gilt

$$s_P^0 = \underline{e}_K^T \underline{s}_{KP}.$$

Wenn keine Verwechselungen zu befürchten sind, lassen wir die Indizes K und P auch weg.

Lagekoordinaten

Bild 3.16.1c zeigt den Körper in allgemeiner Lage (Momentaufnahme der Bewegung). Bezogen auf die kartesische Basis $\underline{e}$ haben S und P die Koordinaten

$$r_S = r_S(t) = e_x\, x_S(t) + e_y\, y_S(t) + e_z\, z_S = \underline{e}^T \underline{r}_S$$

bzw.

$$r_P = r_P(t) = e_x\, x_P(t) + e_y\, y_P(t) + e_z\, z_P. = \underline{e}^T \underline{r}_P$$

(Die Koordinaten z_S und z_P sind konstant: ebene Bewegung!). Aus Bild 3.16.1c liest man

$$r_P(t) = r_S(t) + s_P(t)$$

ab, wo $s_P(t) := \overrightarrow{SP}$ nun veränderlich ist. Da sich alle Körperpunkte in Ebenen normal zu e_z bewegen, kann sich $s_P(t)$ von s_P^0 nur durch eine – den verschiedenen Ortsvektoren s_P^0 *gemeinsame* – Drehung $\varphi = \varphi(t)$ um e_z unterscheiden, vgl. Bild 3.16.1c. Da sich die körperfeste Basis $\underline{e}_K$ mitdreht, können wir für sie gemäß den Überlegungen in Abschnitt 3.1.4 die Drehung als Matrizengleichung schreiben:

$$\underline{e}_K = \begin{pmatrix} e_{Kx} \\ e_{Ky} \\ e_{Kz} \end{pmatrix} = \begin{pmatrix} \cos\varphi & \sin\varphi & 0 \\ -\sin\varphi & \cos\varphi & 0 \\ 0 & 0 & 1 \end{pmatrix} \begin{pmatrix} e_x \\ e_y \\ e_z \end{pmatrix} = \underline{\underline{D}}(\varphi)\underline{e}.$$

Für den gedrehten Vektor $s_P(t)$ gilt also

$$\begin{aligned} s_P &= \underline{e}_K^T \underline{s}_{KP} = \underline{e}^T \underline{\underline{D}}^T(\varphi) \underline{s}_{KP} \\ &= e_x(s_x \cos\varphi - s_y \sin\varphi) + e_y(s_x \sin\varphi + s_y \cos\varphi) + e_z s_z, \end{aligned}$$

mit den Referenzkoordinaten $\underline{s}_{KP} = (s_x, s_y, s_z)$ nach Bild 3.16.1b.
Aus $r_P = r_S + s_P$ folgt

$$\begin{pmatrix} x_P \\ y_P \\ z_P \end{pmatrix} = \begin{pmatrix} x_S \\ y_S \\ z_S \end{pmatrix} + \begin{pmatrix} s_x \cos\varphi - s_y \sin\varphi \\ s_x \sin\varphi + s_y \cos\varphi \\ s_z \end{pmatrix}.$$

Auf der rechten Seite stehen drei zeitabhängige Funktionen

$$x_S = x_S(t), \qquad y_S = y_S(t), \qquad \varphi = \varphi(t).$$

Sie erfassen die drei Bewegungsmöglichkeiten des starren Körpers parallel zu einer Ebene, nämlich die zwei Verschiebungen (oder *Translationen)* $x_S(t)$, $y_S(t)$ und die Drehung (oder *Rotation)* $\varphi(t)$. In der Ebene hat der starre Körper den *Freiheitsgrad* $f = 3$.

3.16.2 Geschwindigkeit

Ableitung des Ortsvektors $\boldsymbol{r}_P(t)$ oder der Lagekoordinaten $(x_P(t), y_P(t), z_P)$ nach der Zeit liefert die Geschwindigkeit $\boldsymbol{v}_P$ des Punktes P:

$$\boldsymbol{v}_P = \dot{\boldsymbol{r}}_P = \dot{\boldsymbol{r}}_S + \dot{\boldsymbol{s}}_P =: \boldsymbol{v}_S + \boldsymbol{v}_{P/S}$$

oder

$$\begin{pmatrix} v_x \\ v_y \\ v_z \end{pmatrix}_P = \begin{pmatrix} \dot{x} \\ \dot{y} \\ \dot{z} \end{pmatrix}_P = \begin{pmatrix} \dot{x}_S \\ \dot{y}_S \\ 0 \end{pmatrix} + \begin{pmatrix} -\dot{\varphi}(s_x \sin\varphi + s_y \cos\varphi) \\ +\dot{\varphi}(s_x \cos\varphi - s_y \sin\varphi) \\ 0 \end{pmatrix}$$

Aus Abschnitt 3.2.5 folgt mit dem Winkelgeschwindigkeitsvektor

$$\boldsymbol{\omega} := \boldsymbol{e}_z\dot{\varphi} = \boldsymbol{e}_z\omega = \boldsymbol{e}_{Kz}\omega$$

für die *Relativgeschwindigkeit* $\dot{\boldsymbol{s}}_P =: \boldsymbol{v}_{P/S}$ von P bezüglich S:

$$\boldsymbol{v}_{P/S} = \dot{\boldsymbol{s}}_P = \boldsymbol{\omega} \times \boldsymbol{s}_P = \boldsymbol{\omega} \times (\boldsymbol{e}_\varrho \varrho_P).$$

Dabei ist es am günstigsten, mit der körperfesten Basis $\underline{\boldsymbol{e}}_K$ zu rechnen, da darin die Koordinaten $\underline{s}_{KP} = (s_x, s_y, s_z)^T$ des Punktes P fest sind.

Geschwindigkeitsplan

Den Zusammenhang

$$\boldsymbol{v}_P = \boldsymbol{v}_S + \boldsymbol{v}_{P/S} = \boldsymbol{v}_S + \boldsymbol{\omega} \times \boldsymbol{s}_P$$

stellt man für einen Punkt P in der *Ebene* $s_z = 0$ in einem *Lage-* und einem *Geschwindigkeitsplan* (Bild 3.16.2a bzw. b) graphisch dar:

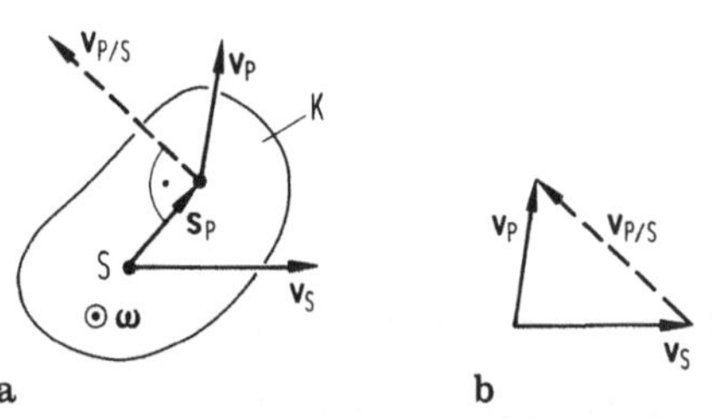

Bild 3.16.2. Lageplan und Geschwindigkeitsplan

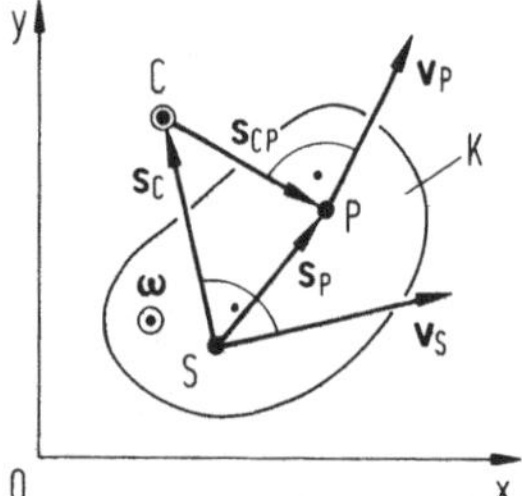

Bild 3.16.3. Momentanpol

Momentanpol

Wählt man in der Ebene $s_z = 0$ einen Punkt C mit einem Vektor $\boldsymbol{s}_C$, der senkrecht auf $\boldsymbol{v}_S$ steht, so daß für die Geschwindigkeit von C

$$\boldsymbol{v}_C = \boldsymbol{v}_S + \boldsymbol{\omega} \times \boldsymbol{s}_C = \boldsymbol{0}$$

gilt, so kann man C als "momentanes Drehzentrum" ansehen, um das sich im betrachteten Moment der Körper dreht; man nennt C *Momentanpol*. Es gilt nämlich (vgl. obigen Geschwindigkeitsplan und Bild 3.16.3):

$$\boldsymbol{v}_P = \boldsymbol{v}_S + \boldsymbol{\omega} \times \boldsymbol{s}_P = \boldsymbol{v}_S + \boldsymbol{\omega} \times (\boldsymbol{s}_C + \boldsymbol{s}_{CP}) = \boldsymbol{v}_S + \boldsymbol{\omega} \times \boldsymbol{s}_C + \boldsymbol{\omega} \times \boldsymbol{s}_{CP} = \boldsymbol{\omega} \times \boldsymbol{s}_{CP}.$$

3.16.3. Beschleunigung

Zweimalige Ableitung des Ortsvektors $\boldsymbol{r}_P(t)$ bzw. der Lagekoordinaten oder einmalige Ableitung des Geschwindigkeitsvektors bzw. der Geschwindigkeitskoordinaten liefert die Beschleunigung $\boldsymbol{a}_P(t)$ des Punktes P (vgl. Abschnitt 3.16.2):

$$\begin{aligned} \boldsymbol{a}_P = \boldsymbol{a}_P(t) = \ddot{\boldsymbol{r}}_P = \dot{\boldsymbol{v}}_P = (\dot{\boldsymbol{r}}_S + \dot{\boldsymbol{s}}_P)^{\cdot} = \ddot{\boldsymbol{r}}_S + \ddot{\boldsymbol{s}}_P = \ddot{\boldsymbol{r}}_S + (\boldsymbol{\omega} \times \boldsymbol{s}_P)^{\cdot} \\ = \ddot{\boldsymbol{r}}_S + \dot{\boldsymbol{\omega}} \times \boldsymbol{s}_P + \boldsymbol{\omega} \times \dot{\boldsymbol{s}}_P = \ddot{\boldsymbol{r}}_S + \dot{\boldsymbol{\omega}} \times \boldsymbol{s}_P + \boldsymbol{\omega} \times (\boldsymbol{\omega} \times \boldsymbol{s}_P) \end{aligned}$$

bzw.

$$\begin{pmatrix} a_x \\ a_y \\ a_z \end{pmatrix}_P = \begin{pmatrix} \ddot{x} \\ \ddot{y} \\ \ddot{z} \end{pmatrix}_P = \begin{pmatrix} \dot{v}_x \\ \dot{v}_y \\ \dot{v}_z \end{pmatrix}_P = \begin{pmatrix} \ddot{x}_S - \ddot{\varphi}(s_x \sin\varphi + s_y \cos\varphi) - \dot{\varphi}^2(s_x \cos\varphi - s_y \sin\varphi) \\ \ddot{y}_S + \ddot{\varphi}(s_x \cos\varphi - s_y \sin\varphi) - \dot{\varphi}^2(s_x \sin\varphi + s_y \cos\varphi) \\ 0 \end{pmatrix}.$$

3.17 Kinetik des parallel zu einer Ebene bewegten starren Körpers

Wir fassen den starren Körper als Punkthaufen nach Abschnitt 3.14 und 3.15 auf, indem wir ihn uns in Massenelemente Δm zerlegt denken. In den folgenden kinematischen Beziehungen ist mit S jetzt stets der Schwerpunkt (gleich Massenmittelpunkt) gemeint.

3.17.1 Schwerpunktbewegung (Translation)

Für den starren Körper mit der Gesamtmasse $m := \int_V dm$ nach Bild 3.17.1 ergibt sich aus dem Schwerpunktsatz (Abschnitt 3.14.2):

$$m\ddot{\boldsymbol{r}}_S = \boldsymbol{F} \quad \text{mit} \quad \boldsymbol{F} := \sum \boldsymbol{F}_i \,.$$

Der Schwerpunkt S des starren Körpers der Masse m bewegt sich so, wie wenn die Resultierende aller äußeren Kräfte an ihm angriffe und die gesamte Masse in ihm vereinigt wäre.

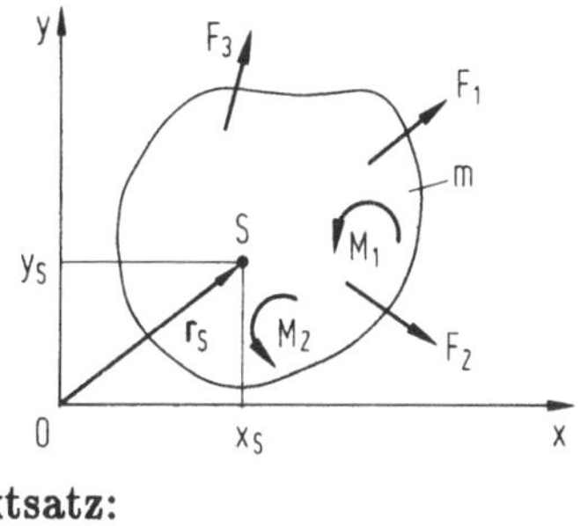

Bild 3.17.1. Schwerpunktbewegung eines starren Körpers

In kartesischen Koordinaten lautet der Schwerpunktsatz:

$$m \begin{pmatrix} \ddot{x}_S \\ \ddot{y}_S \\ 0 \end{pmatrix} = \begin{pmatrix} F_x \\ F_y \\ F_z \end{pmatrix} \quad \text{mit} \quad \begin{pmatrix} F_x \\ F_y \\ F_z \end{pmatrix} = \begin{pmatrix} \sum F_{xi} \\ \sum F_{yi} \\ \sum F_{zi} \end{pmatrix}.$$

Obwohl F_z wegen der ebenen Bewegung verschwindet, können einzelne (Führungs-) Kräfte $F_{zi} \neq 0$ vorhanden sein.

3.17.2 Drehung um den Schwerpunkt (Rotation)

Drall bezogen auf den Schwerpunkt

Wir zerlegen den mit der Winkelgeschwindigkeit $\boldsymbol{\omega} = \omega \boldsymbol{e}_z$ rotierenden starren Körper nach Bild 3.17.2 in Massenelemente Δm mit der Lage $\boldsymbol{s}$ gegenüber S (vgl. Bild 3.15.2b mit Bild 3.17.2). Die Massenelemente bilden einen Punkthaufen, der den Annahmen nach Abschnitt 3.14.1 genügen soll.

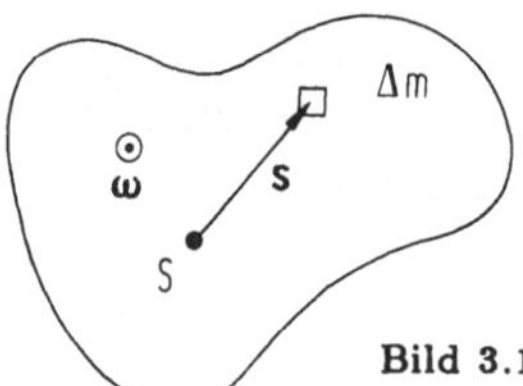

Bild 3.17.2. Starrer Körper mit Massenelement

Für den auf den Schwerpunkt S bezogenen Drall $\boldsymbol{L}^{(S)}$ erhalten wir nach Abschnitt 3.15.2 den Ausdruck

$$\boldsymbol{L}^{(S)} = \int_V \boldsymbol{s} \times \dot{\boldsymbol{s}}\, dm.$$

Mit $\dot{\boldsymbol{s}} = \boldsymbol{\omega} \times \boldsymbol{s}$ (vgl. Abschnitt 3.16.2) und $\boldsymbol{s} = \boldsymbol{e}_{Kx} s_x + \boldsymbol{e}_{Ky} s_y + \boldsymbol{e}_{Kz} s_z$ (vgl. Abschnitt 3.1.3 und 3.16.1) gilt wegen $\boldsymbol{\omega} = \boldsymbol{e}_{Kz}\omega = \boldsymbol{e}_z\omega$

$$\begin{aligned}\boldsymbol{s} \times \dot{\boldsymbol{s}} &= (\boldsymbol{e}_{Kx} s_x + \boldsymbol{e}_{Ky} s_y + \boldsymbol{e}_{Kz} s_z) \times [\omega \boldsymbol{e}_{Kz} \times (\boldsymbol{e}_{Kx} s_x + \boldsymbol{e}_{Ky} s_y + \boldsymbol{e}_{Kz} s_z)] \\ &= -s_x s_z \boldsymbol{e}_{Kx} - s_y s_z \boldsymbol{e}_{Ky} + \omega(s_x^2 + s_y^2)\boldsymbol{e}_{Kz}.\end{aligned}$$

Damit zerfällt der Drall

$$\begin{aligned}\boldsymbol{L}^{(S)} &= \int_V \boldsymbol{s} \times \dot{\boldsymbol{s}}\, dm = \omega \int_V \left[-s_x s_z \boldsymbol{e}_{Kx} - s_y s_z \boldsymbol{e}_{Ky} + (s_x^2 + s_y^2)\boldsymbol{e}_{Kz}\right] dm \\ &= \boldsymbol{e}_z \omega \int_V (s_x^2 + s_y^2) dm - \omega \int_V (s_x s_z \boldsymbol{e}_{Kx} + s_y s_z \boldsymbol{e}_{Ky}) dm\end{aligned}$$

in die Summe

$$\boldsymbol{L}^{(S)} = \boldsymbol{L}_N^{(S)} + \boldsymbol{L}_T^{(S)}$$

der beiden Anteile

$$\boldsymbol{L}_N^{(S)} := \boldsymbol{e}_z \omega \int_V (s_x^2 + s_y^2) dm$$

normal zur Bewegungsebene und

$$\boldsymbol{L}_T^{(S)} := -\omega \boldsymbol{e}_{Kx} \int_V s_x s_z dm - \omega \boldsymbol{e}_{Ky} \int_V s_y s_z dm$$

tangential (parallel) zur Bewegungsebene.

Momentensatz

Der Momentensatz (Abschnitt 3.15.2) lautet jetzt

$$\boldsymbol{M}^{(S)} = \dot{\boldsymbol{L}}^{(S)} = \dot{\boldsymbol{L}}_N^{(S)} + \dot{\boldsymbol{L}}_T^{(S)}.$$

Da auch die Ableitungen von $\boldsymbol{L}_N^{(S)}$ und $\boldsymbol{L}_T^{(S)}$ normal bzw. tangential zur Bewegungsebene gerichtet sind, kann man das Moment entsprechend zerlegen:

$$\boldsymbol{M}^{(S)} = \boldsymbol{M}_N^{(S)} + \boldsymbol{M}_T^{(S)}$$

mit

$$\boldsymbol{M}_N^{(S)} = \dot{\boldsymbol{L}}_N^{(S)} \quad \text{normal zur Bewegungsebene,}$$

und

$$\boldsymbol{M}_T^{(S)} = \dot{\boldsymbol{L}}_T^{(S)} \quad \text{tangential (parallel) zur Bewegungsebene.}$$

Den Normalanteil behandeln wir sofort, den Tangentialanteil in Abschnitt 3.18.3.

Drehung in der Ebene

Für uns ist vor allem die Drehung um die Achse normal zur Bewegungsebene durch den Schwerpunkt S wichtig; sie wird bestimmt durch die Drall- und Momentenkomponenten $\boldsymbol{L}_N^{(S)}$ bzw. $\boldsymbol{M}_N^{(S)}$. Der Kürze halber sprechen wir von "der Drehung" (in der Ebene).

Wegen $r^2 = s_x^2 + s_y^2$ (vgl. Bild 3.8.4 mit Bild 3.16.1c) ist

$$\int_V (s_x^2 + s_y^2)dm = \int_V r^2 dm = J_S$$

das (Massen-) Trägheitsmoment des Körpers bezogen auf die Drehachse durch den *Schwerpunkt*; vgl. Abschnitt 3.8.3.

Dann gilt

$$\boldsymbol{L}_N^{(S)} = \boldsymbol{e}_z\omega \int_V \varrho^2 dm = \boldsymbol{e}_z\,\omega J_S$$

und

$$\boldsymbol{M}_N^{(S)} = \dot{\boldsymbol{L}}_N^{(S)} = \boldsymbol{e}_z\,\dot{\omega} J_S.$$

Wir setzen $\boldsymbol{M}_N^{(S)} = \boldsymbol{e}_z M^{(S)}$ (letzteres ohne Index N) für die Summe der Momente der auf den Körper wirkenden äußeren Kräfte und Momente um die Achse normal zur Bewegungsebene durch den Schwerpunkt. Mit den eingeführten Größen kann man den Momentensatz für die Drehung skalar schreiben (vgl. Bild 3.17.3):

$$J_S\,\dot{\omega} = M^{(S)}.$$

Darin ist

$$M^{(S)} = \sum M_i^{(S)}$$

das resultierende Moment um den Schwerpunkt.

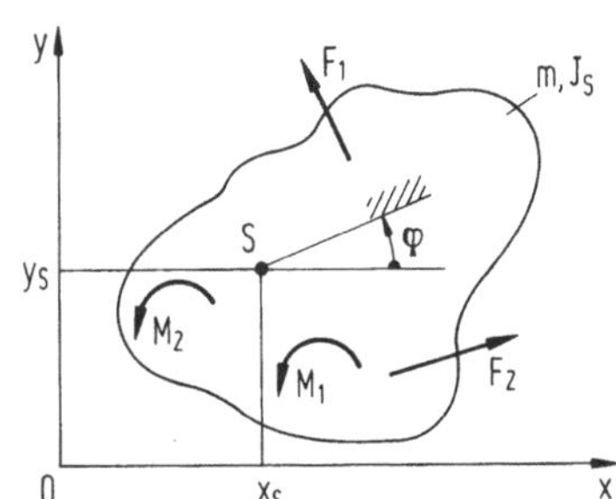

Bild 3.17.3. Drehung eines starren Körpers

Hinweis: Die Bewegungsgleichung für die Drehung in der Ebene um den Schwerpunkt hat die gleiche Form wie die Bewegungsgleichung für die Drehung um eine feste Achse, vgl. Abschnitt 3.8.2.

3.18 Bewegung in der Ebene: Zusammenfassung und Beispiele

3.18.1 Zusammenfassung

Wir fassen die Überlegungen aus den Abschnitten 3.17.1 und 3.17.2 zusammen: Die Bewegung eines starren Körpers parallel zu einer Ebene wird durch die beiden Schwerpunktkoordinaten (die Translationen) $x_S(t)$, $y_S(t)$ und den Winkel (die Rotation) $\varphi(t)$ beschrieben, vgl. Bild 3.18.1. Wir haben drei Koordinaten, der starre Körper in der Ebene hat den *Freiheitsgrad* $f = 3$. (In den Bildern 3.18.1 und 3.18.2 sind die äußeren Kräfte und äußeren Momente nicht eingezeichnet!)

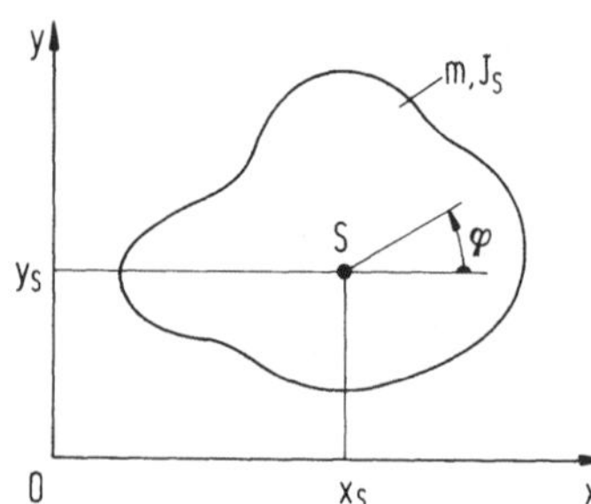

Bild 3.18.1. Bewegung eines starren Körpers in der Ebene

Für die *Translationen* gilt der *Schwerpunktsatz:*

$$m\ddot{x}_S = F_x \quad \text{mit} \quad F_x = \sum F_{xi} ,$$

$$m\ddot{y}_S = F_y \quad \text{mit} \quad F_y = \sum F_{yi} ,$$

wo m die Masse des Körpers und F_x sowie F_y die resultierenden äußeren Kräfte in x- bzw. y-Richtung bedeuten.
Für die *Rotation* gilt der *Momentensatz:*

$$J_S\,\ddot{\varphi} = M^{(S)} \quad \text{mit} \quad M^{(S)} = \sum M_i^{(S)} ,$$

wo J_S das Trägheitsmoment um den Schwerpunkt S und $M^{(S)}$ das resultierende Moment aller äußeren Kräfte und Momente um S bedeutet.

Schreibweise mit d'Alembertschen Kräften und Momenten
Parallel zu den Überlegungen in Abschnitt 3.6 kann man die d'Alembertschen Kräfte $-m\ddot{x}_S$ und $-m\ddot{y}_S$ sowie das Moment $-J_S\ddot{\varphi}$, *gegen* die *angenommenen* Koordinatenorientierungen positiv, eintragen (vgl. Bild 3.18.2) und dann mit den Gleichgewichtsbedingungen für den starren Körper in der Ebene arbeiten, vgl. Abschnitt 1.10.1.

Hinweis: Die d'Alembertschen Kräfte $-m\ddot{x}_S$ und $-m\ddot{y}_S$ greifen am Schwerpunkt an.

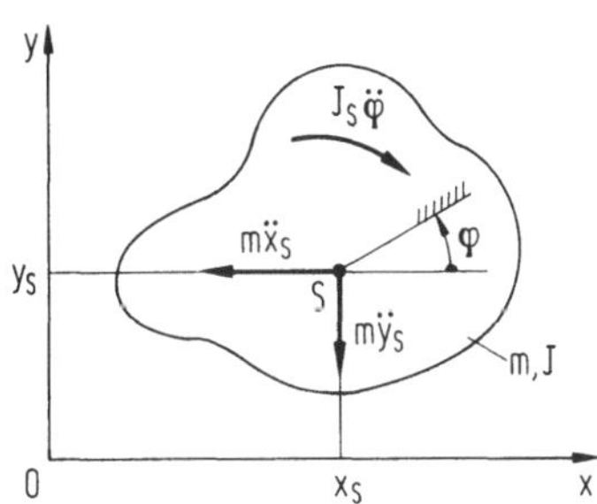

Bild 3.18.2. Körper mit d'Alembertschen Kräften und Momenten

3.18.2 Beispiele

Starre Scheibe auf schiefer Ebene

Gegeben: Eine starre Walze, Radius r, Masse m, Gewicht G, Trägheitsmoment J_S, wird nach Bild 3.18.3 mit den Anfangsbedingungen $x(0) = 0$, $\dot{x}(0) = v_0$, $\varphi(0) = 0$, $\dot{\varphi}(0) = \omega(0) = \omega_0$ auf eine rauhe schiefe Ebene gesetzt; Reibungskoeffizient μ, Neigungswinkel $\alpha > 0$.
Gesucht: Bewegung der Walze.

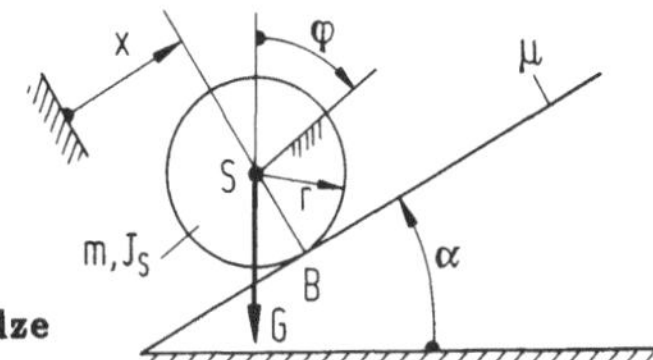

Bild 3.18.3. Aufsetzen einer Walze auf rauhe schiefe Ebene

Lösung (nach Schema):
1. Schritt: Geometrie/Kinematik.
Die Bewegung der Walze wird durch die beiden Koordinaten $x_S =: x(t)$ und $\varphi(t)$ beschrieben.
Um die Richtung der Relativbewegung (des "Rutschens") am Berührpunkt B festzulegen, müssen wir die Geschwindigkeiten des Punktes B' (als Punkt der Ebene) und des Punktes B'' (als Punkt der Walze) untersuchen. In Bild 3.18.4a ist der Punkt B' als materieller Punkt der schiefen Ebene in Ruhe:

$$v_{B'} = 0.$$

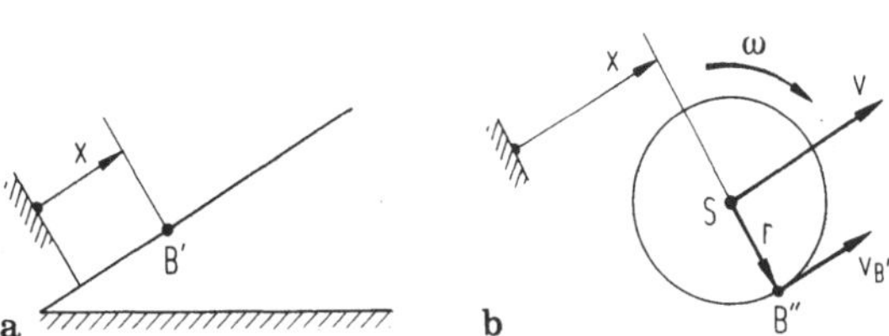

Bild 3.18.4. Relativbewegung am Punkt B

Nach dem Geschwindigkeitsplan in Bild 3.16.2 folgt für den Punkt B'' als materiellen Punkt der Rolle (vgl. Bild 3.18.4b):

$$v_{B''} = v - \omega r = \dot{x} - \omega r \, .$$

Für die Relativgeschwindigkeit von B'' gegenüber B' gilt:

$$v_{rel} = v_{B''/B'} = v_{B''} - v_{B'} = v_{B''} = \dot{x} - \omega r \, .$$

Die Reibungskraft R hemmt stets die Relativbewegung!

2. Schritt: Schnittdiagramm.

Bild 3.18.5 zeigt die freigeschnittene Walze mit der d'Alembertschen Kraft $-m\ddot{x}$ und dem d'Alembertschen Moment $-J_S\ddot{\varphi}$. Die Reibungskraft R ist für $v_{rel} > 0$ eingetragen.

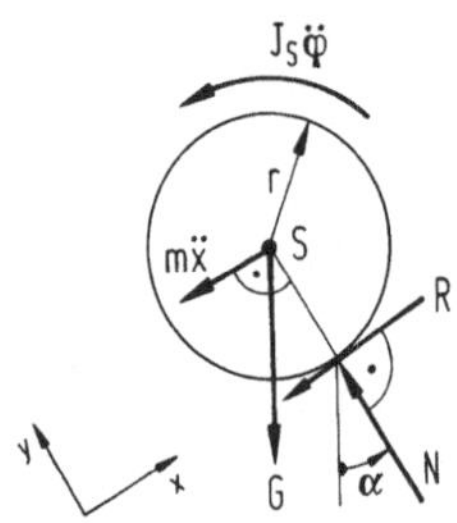

Bild 3.18.5. Freigeschnittene Walze

3. Schritt: Gleichgewichtsbedingungen.

$$\begin{aligned} \sum F_{xi} = 0: &\qquad -m\ddot{x} - G\sin\alpha - R = 0, \\ \sum F_{yi} = 0: &\qquad N - G\cos\alpha = 0, \\ \overset{\curvearrowleft +}{\sum} M_i^{(S)} = 0: &\qquad J_S\ddot{\varphi} - Rr = 0. \end{aligned}$$

4. Schritt: Unbekannte, Gleichungen zählen; Zusatzbedingungen formulieren.

Vier Unbekannte: x, φ, N, R.

Drei Gleichungen (Gleichgewichtsbedingungen).

Zusatzbedingung: Reibungsbedingung $R = \mu N$ (für $v_{rel} > 0$).

5. Schritt: Gleichungen lösen.

Bewegungsgleichungen:

$$\begin{aligned} m\ddot{x} &= -G(\sin\alpha + \mu\cos\alpha), \\ J_S\ddot{\varphi} &= \mu G r \cos\alpha. \end{aligned}$$

Lösung:

$$\begin{aligned} x(t) &= v_0 t - \frac{1}{2} g(\sin\alpha + \mu\cos\alpha)t^2, \\ \varphi(t) &= \omega_0 t + \frac{1}{2}\mu\frac{Gr}{J_S}t^2\cos\alpha. \end{aligned}$$

6. Schritt: Diskussion der Lösung.

Wir betrachten die Geschwindigkeiten

$$\begin{aligned} \dot{x}(t) &= v_0 - g(\sin\alpha + \mu\cos\alpha)t, \\ \dot{\varphi}(t) &= \omega_0 + \mu\frac{Gr}{J_S}t\cos\alpha = \omega(t). \end{aligned}$$

Für v_{rel} ergibt sich

$$v_{rel} = \dot{x} - r\omega = v_0 - \omega_0 r - [g(\sin\alpha + \mu\cos\alpha) + \mu(Gr^2/J_S)\cos\alpha]t.$$

Damit $v_{rel} > 0$ für $t \geq 0$ möglich ist, muß $v_0 - \omega_0 r > 0$ gelten. Wenn dies der Fall ist, gilt $v_{rel} > 0$ für $0 \leq t \leq t^*$, wo t^* die Nullstelle von v_{rel} ist:

$$t^* = \frac{v_0 - \omega_0 r}{g(\sin\alpha + \mu\cos\alpha) + \mu(Gr^2/J_S)\cos\alpha}.$$

Aufgabe: Wie sieht die sich anschließende Bewegung aus? Man untersuche die Bewegungen für andere Vorzeichen der Anfangsbedingungen.

Beispiel zum Drallsatz

Gegeben: Ein starres Rad, Masse m, Gewicht G, Trägheitsmoment $J_S = J_B$, wird von zwei bei A aufgehängten masselosen Laschen der Länge l gehalten und läuft mit der Winkelgeschwindigkeit ω_0 um den Punkt $B = S$ um; vgl. Bild 3.18.6a.

Gesucht: Winkelgeschwindigkeit ω um den Aufhängepunkt A, nachdem bei C ein Stift durch Laschen und Radkranz schlagartig gesteckt wurde; vgl. Bild 3.18.6b.

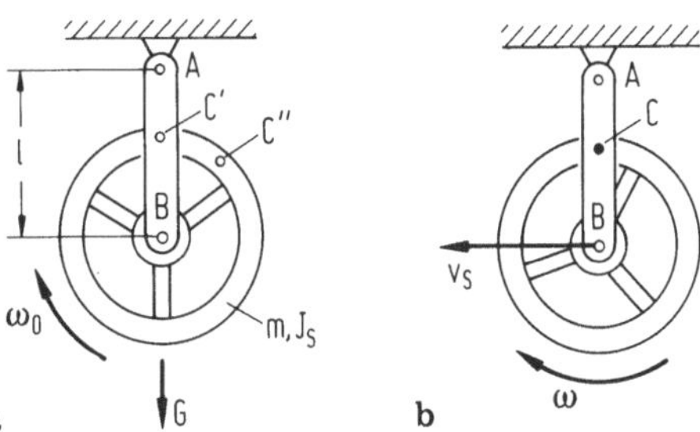

Bild 3.18.6. Aufgehängtes Rad

Lösung (mit Drallsatz nach Abschnitt 3.15.1):

Wir betrachten den Drall um den Punkt A (fester Punkt). Für den starren Körper als Punkthaufen gilt nach Abschnitt 3.15.1

$$L_2^{(A)} = L_1^{(A)} + H,$$

wo Drall und Momente im Uhrzeigersinn positiv gezählt werden. Als äußeres Moment M kommt nur das Gewichtsmoment in Frage. Wenn die Winkelauslenkung ψ der Laschen während der Dauer des Stoßes klein ist, kann man das Moment $|\psi l G|$ vernachlässigen, es folgt $L_2^{(A)} = L_1^{(A)}$.

Gemäß Abschnitt 3.17.2 und Hinweis 2 in Abschnitt 3.15.2 gelten

$$L_1^{(A)} = J_B\,\omega_0, \qquad L_2^{(A)} = J_B\,\omega + l\,(\omega l\,m).$$

Damit ergibt sich

$$\omega = \frac{J_B}{(J_B + ml^2)}\,\omega_0.$$

3.18.3 Die Dralländerung tangential zur Ebene; Deviationsmomente

Für das Moment tangential (parallel) zur Bewegungsebene fanden wir in Abschnitt 3.17.2

$$M_T^{(S)} = \dot{L}_T^{(S)}.$$

Dabei galt für den Drall

$$L_T^{(S)} = -\omega e_{Kx} \int\limits_V s_x s_z \, dm - \omega e_{Ky} \int\limits_V s_y s_z \, dm.$$

Er ist auf die mit dem Körper verbundene – also bewegte – Basis $\underline{e}_K = \underline{e}_K(\varphi(t))$ bezogen:

$$L_T^{(S)} = e_{Kx} L_{TKx}^{(S)} + e_{Ky} L_{TKy}^{(S)} =: \underline{e}_K^T \underline{L}_{TK}^{(S)}.$$

Die in der Spaltenmatrix

$$\underline{L}_{TK}^{(S)} := (L_{TKx}^{(S)}, L_{TKy}^{(S)}, 0)^T$$

zusammengefaßten Koordinaten kürzt man wie folgt ab:

$$L_{TKx}^{(S)} = -\omega \int\limits_V s_x s_z \, dm =: -\omega J_{xz},$$
$$L_{TKy}^{(S)} = -\omega \int\limits_V s_y s_z \, dm =: -\omega J_{yz}.$$

Die Integralausdrücke

$$J_{xz} := \int\limits_V s_x s_z \, dm \quad , \quad J_{yz} := \int\limits_V s_y s_z \, dm$$

heißen *Deviationsmomente.*

Sie sind Massenmomente zweiten Grades, gehören zu den Massenträgheitsmomenten (vgl. Abschnitt 3.8.3) und müssen – wie diese – für einen Körper in Abhängigkeit von seiner Masseverteilung berechnet werden (vgl. auch das Flächen-Deviationsmoment in Abschnitt 2.9.1).

Mit den Deviationsmomenten lautet der Drall

$$L_T^{(S)} = -(J_{xz}, J_{yz}, 0)\, \omega \underline{e}_K.$$

Damit ergibt sich das Moment $M_T^{(S)}$ zu

$$\begin{aligned} M_T^{(S)} &= \dot{L}_T^{(S)} = -(J_{xz}, J_{yz}, 0)(\omega \underline{e}_K)^{\cdot} \\ &= -\dot{\omega}(J_{xz}, J_{yz}, 0)\underline{e}_K + \omega^2 (J_{xz}, J_{yz}, 0)\underline{e}_K \times e_{Kz} \\ &= -\dot{\omega}(e_{Kx}J_{xz} + e_{Ky}J_{yz}) + \omega^2(e_{Kx}J_{yz} - e_{Ky}J_{xz}). \end{aligned}$$

Dabei haben wir $\dot{\underline{e}}_K = \omega \times \underline{e}_K = (\omega e_{Kz}) \times \underline{e}_K$ ausgenutzt (vgl. Hinweis 2 in Abschnitt 3.2.5).

Man sieht: Das Moment läuft mit e_{Kx} und e_{Ky}, also mit dem Körper um. Es muß von außen aufgebracht werden, damit er sich gemäß Abschnitt 3.18.1 drehen kann, ohne zu "kippen."

Die Deviationsmomente – und damit M_T – verschwinden, zum Beispiel, falls a) $s_z = 0$ eine Symmetrieebene des Körpers ist, b) die s_z-Achse eine "Schwerelinie" ist (vgl. Abschnitte 1.16.2 und 3.8.2).

Beispiel

Gegeben: Rad nach Bild 3.18.7, Radius r und Breite $2a$, in seinem Grundaufbau rotationssymmetrisch mit Masse belegt, trägt bei $(s_x, s_y, s_z) = (r, 0, -a)$ und $(s_x, s_y, s_z) = (-r, 0, a)$ je eine punktförmige Unwuchtmasse m. Es läuft mit $\omega(t)$ um.

Gesucht: Das von der Radlagerung aufzubringende Moment.

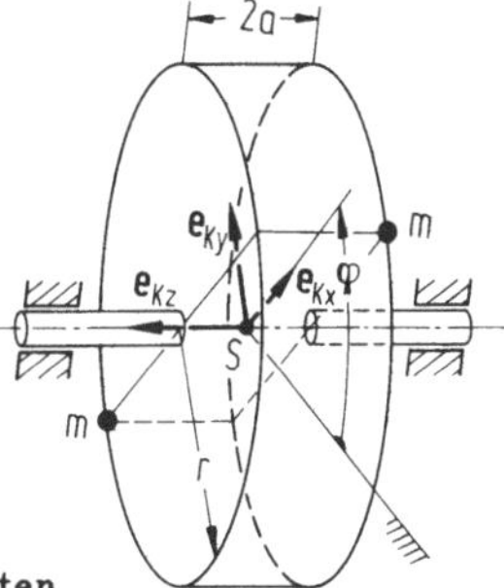

Bild 3.18.7. Rad mit Unwuchten

Lösung:
Für die Deviationsmomente erhält man

$$J_{xz} = \int_V s_x s_y \, dm = -2mra, \quad J_{yz} = \int_V s_y s_z \, dm = 0;$$

die rotationssymmetrische Massebelegung liefert keinen Beitrag.

Damit gilt

$$M_T = 2\dot{\omega} mra \, e_{Kx} + 2\omega^2 mra \, e_{Ky}.$$

Aufgabe: Deuten Sie den ersten Ausdruck rechts als Wirkung von Tangential-Trägheitskräften und den zweiten als Wirkung von Fliehkräften (vgl. auch Abschnitt 3.8.2; das Rad hat eine feste Achse!)

3.19 Der Energiesatz bei ebenen Bewegungen

Da die inneren Kräfte in einem starren Körper keine Arbeit leisten, gilt der Energiesatz in der in Abschnitt 3.11 angegebenen Form auch für Systeme, die starre Körper enthalten. Wir brauchen lediglich die Ausdrücke für die potentielle Energie (das Potential) und für die kinetische Energie aufzustellen. Wir beschränken unsere Überlegungen auf ebene Bewegungen.

3.19.1 Potentielle Energie des Gewichts

Denken wir uns den Körper in Massenelemente Δm zerlegt und wirkt das Gewicht gegen $\boldsymbol{e}_y$ in Bild 3.16.1, so erhalten wir die potentielle Energie aller Gewichtskräfte $\Delta G = g\Delta m$ gemäß Abschnitt 3.9.3 zu

$$E_{\text{pot}} = g\int_V [y_S+(s_x \sin\varphi+s_y\cos\varphi)]dm = mg\,y_S+g\sin\varphi\int_V s_x\,dm+g\cos\varphi\int_V s_y\,dm.$$

Da S Schwerpunkt ist, folgen $\int_V s_x\,dm = 0$, $\int_V s_y\,dm = 0$, vgl. Abschnitt 1.15.3; es gilt

$$E_{\text{pot}} = G\,y_S.$$

Auch die potentielle Energie verhält sich so, wie wenn die Masse im Schwerpunkt vereinigt wäre (Massenmittelpunkt und Schwerpunkt sind hier wieder identisch; s. auch Abschnitt 1.15.3).

3.19.2 Kinetische Energie des starren Körpers in der Ebene

Nach einer Zerlegung in Massenelemente Δm gilt

$$E_{\text{kin}} = \frac{1}{2}\int_V v^2 dm.$$

Setzt man gemäß Abschnitt 3.16.2

$$\begin{aligned} v^2 &= (\boldsymbol{v})^2 = (\dot{\boldsymbol{r}}_S + \dot{\boldsymbol{s}})^2 = \dot{\boldsymbol{r}}_S^2 + 2\dot{\boldsymbol{r}}_S\cdot\dot{\boldsymbol{s}} + \dot{\boldsymbol{s}}^2 \\ &= \dot{x}_S^2 + \dot{y}_S^2 + 2\dot{\boldsymbol{r}}_S\cdot(\boldsymbol{\omega}\times\boldsymbol{s}) + (\boldsymbol{\omega}\times\boldsymbol{s})^2 = \dot{x}_S^2 + \dot{y}_S^2 + \omega^2(s_x^2+s_y^2) + 2\,\dot{\boldsymbol{r}}_S\cdot\boldsymbol{\omega}\times\boldsymbol{s}, \end{aligned}$$

so erhält man

$$E_{\text{kin}} = \underbrace{\frac{1}{2}(\dot{x}_S^2+\dot{y}_S^2)\int_V dm}_{\frac{1}{2}mv_S^2} + \underbrace{\frac{1}{2}\omega^2\int_V (s_x^2+s_y^2)\,dm}_{\frac{1}{2}J_S\,\omega^2} + \underbrace{\dot{\boldsymbol{r}}_S\cdot\boldsymbol{\omega}\times\int_V \boldsymbol{s}dm}_{0}.$$

Die kinetische Energie setzt sich aus einem translatorischen Anteil,

$$E_{\text{kin,t}} = \frac{1}{2}mv_S^2 = \frac{1}{2}m(\dot{x}_S^2+\dot{y}_S^2),$$

und einem rotatorischen Anteil,

$$E_{\text{kin,r}} = \frac{1}{2} J_S \omega^2,$$

zusammen:

$$E_{\text{kin}} = E_{\text{kin,t}} + E_{\text{kin,r}} .$$

3.19.3 Beispiel für den Energiesatz

Gegeben: Walze, Gewicht G, Masse m, Trägheitsmoment J_S, *rollt* aus der Ruhe (Lage 1) eine schiefe Ebene, Neigungswinkel α, um die Höhe h hinab; vgl. Bild 3.19.1.
Gesucht: Schwerpunktgeschwindigkeit v_S und Winkelgeschwindigkeit ω in der unteren Lage 2.

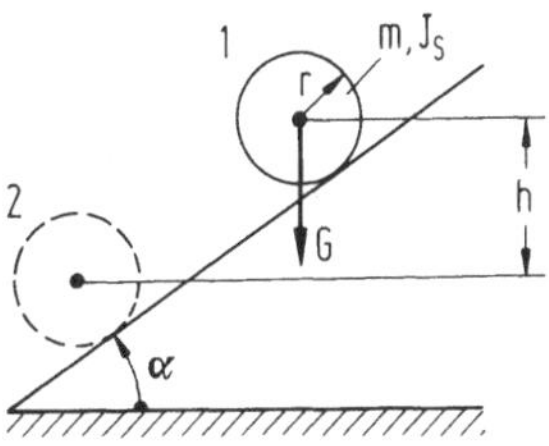

Bild 3.19.1. Rollende Walze

Lösung (mit Energiesatz):
Das System ist konservativ: $E_2 = E_1$.

Zustand 1: $E_{\text{kin}} = 0$, $E_{\text{pot}} = Gh$; also $E_1 = Gh$.

Zustand 2: $E_{\text{kin,t}} = \frac{m}{2} v_S^2$, $E_{\text{kin,r}} = \frac{J_S}{2}\omega^2$, $E_{\text{pot}} = 0$,

Rollbedingung: $v_S = \omega r$;

also $E_2 = \frac{1}{2}\left(m + \frac{J_S}{r^2}\right) v_S^2 = \frac{1}{2}(mr^2 + J_S)\omega^2$.

Es folgen

$$v_S = \sqrt{\frac{2Gh}{m + J_S/r^2}}, \quad \omega = \sqrt{\frac{2Gh}{mr^2 + J_S}} .$$

Für einen Vollzylinder gilt mit $J_S = mr^2/2$ (vgl. Abschnitt 3.8.3):

$$v_S = \sqrt{\frac{4}{3} gh} .$$

Für einen dünnwandigen Hohlzylinder gilt mit $J_S = mr^2$ (vgl. Abschnitt 3.8.3, $r \to R$):

$$v_S = \sqrt{gh}.$$

Der Vollzylinder läuft schneller als der Hohlzylinder von gleicher Masse und gleichem Radius.

3.20 Vermischte Aufgaben und Probleme

3.20.1 Innere Kräfte infolge Bewegung

Gegeben ist der in Bild 3.20.1 skizzierte Balken AB mit konstantem Querschnitt. Er sei bei A durch einen Faden und bei B durch ein Gelenk horizontal gehalten; Länge l, Massebelegung μ, Erdbeschleunigung g; $h \ll l$.
Gesucht wird die Querkraft-, die Normalkraft- und die Momentenlinie unmittelbar nach Durchtrennen des Fadens.

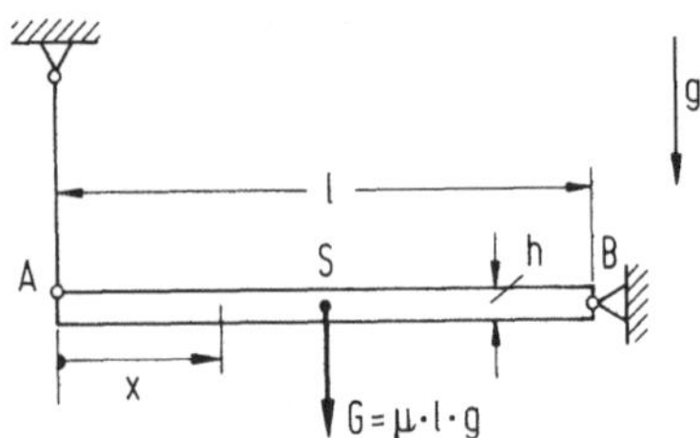

Bild 3.20.1. Horizontal aufgehängter Balken

Lösung:
a) Zunächst muß die Winkelbeschleunigung $\ddot{\varphi}$ bestimmt werden:
Nach dem Durchtrennen des Fadens dreht sich der Balken als starrer Körper um das Lager B, vgl. Bild 3.20.2. Für J_B gilt $J_B = ml^2/3$. Aus der Bedingung für Momentengleichgewicht um den Punkt B folgt

$$\overset{\curvearrowleft +}{\sum} M^{(B)} = 0 : \qquad \frac{1}{2} G\, l \cos\varphi - J_B\, \ddot{\varphi} = 0.$$

Unmittelbar nach dem Fadenschnitt gilt $\varphi(0) = 0$, $\dot{\varphi}(0) = 0$. Man erhält dann

$$\ddot{\varphi} = \frac{3}{2}\frac{g}{l}.$$

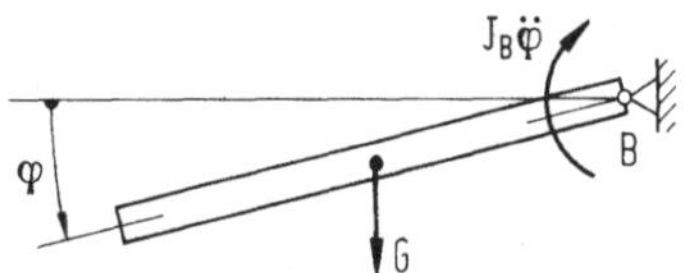

Bild 3.20.2. Balken mit d'Alembertschen Moment

b) Im zweiten Schritt werden die Schnittgrößen ermittelt: Bild 3.20.3 zeigt das System nach dem Schnitt an der Stelle x, wobei *nur* am linken Teil *alle* d'Alembertschen und sonstigen Kräfte und Momente eingetragen sind.

Dabei bezeichnet S_x den Schwerpunkt des abgeschnittenen Teiles und $J_{Sx} = (\mu x)x^2/12$ ist Trägheitsmoment dieses Teiles um S_x. Die Gleichgewichtsbedingungen liefern

$$\sum F_x = 0: \qquad N = 0 \quad (\text{für alle } x),$$

$$\sum F_z = 0: \qquad -\mu x \ddot{\varphi}\left(l - \frac{x}{2}\right) + \mu x g + Q = 0,$$

$$\text{also} \quad Q(x) = \frac{1}{4}\mu g x\left(2 - 3\frac{x}{l}\right);$$

$$\overset{\curvearrowleft +}{\sum} M^{(x)} = 0: \quad M - J_{Sx}\ddot{\varphi} + \frac{1}{2}\mu g x^2 - \mu\ddot{\varphi}\left(l - \frac{x}{2}\right)\frac{x^2}{2} = 0,$$

$$\text{also} \quad M(x) = \frac{1}{4}\mu g x^2\left(1 - \frac{x}{l}\right).$$

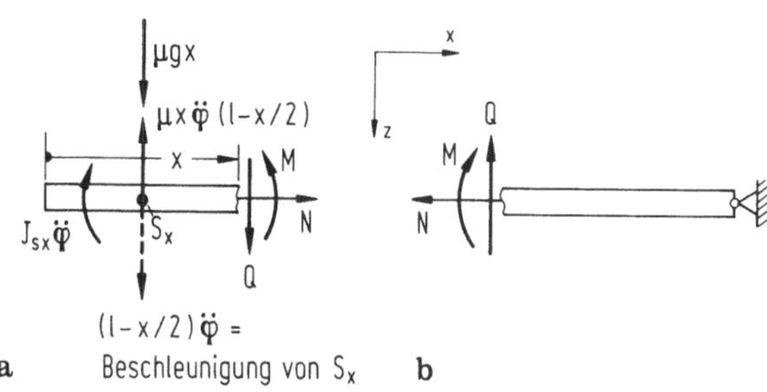

Bild 3.20.3. Schnittbild

Der Querkraft- und der Momentenverlauf sind in Bild 3.20.4 dargestellt.

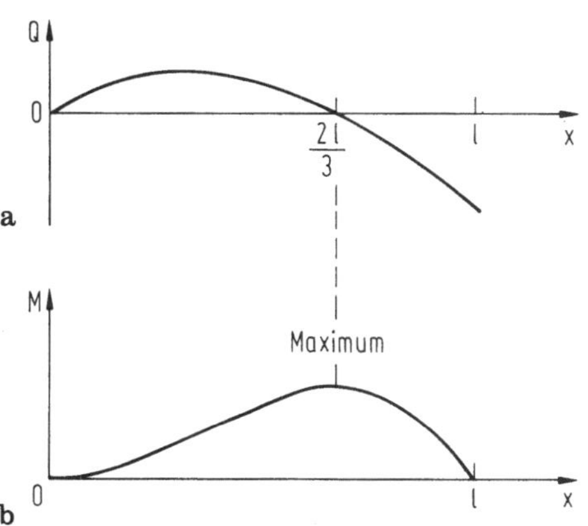

Bild 3.20.4. Querkraft- und Momentenverlauf

3.20.2 Drall- und Kreiseleffekte

Schleuderstange

Gegeben: Eine dünne homogene Stange AB (Länge l, Gewicht G, Masse m) ist bei A gelenkig (Scharnier!) mit einer um die vertikale Achse rotierenden Stange (Winkelgeschwindigkeit Ω) verbunden; vgl. Bild 3.20.5.
Gesucht: Winkel α für gleichförmige Bewegung (Ω konstant).

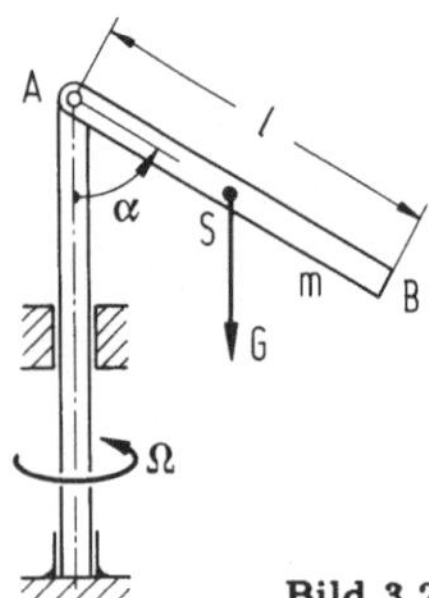

Bild 3.20.5. Schleuderstange

Lösung (Drall bezüglich festem Punkt):
Die Winkelgeschwindigkeit Ω (den Vektor!) zerlegen wir in die beiden Komponenten $\Omega\cos\alpha$ und $\Omega\sin\alpha$, Bild 3.20.6. Die Komponente $\Omega\cos\alpha$ erzeugt (bei unendlich dünner Stange) keine Bewegung. Die Komponente $\Omega\sin\alpha$ ergibt eine Drehung um den festen Punkt A mit dem Drall

$$L^{(A)} = \Omega J_A \sin\alpha \qquad \text{(momentane Richtung s. Bild 3.20.6)},$$

wo $J_A = ml^2/3$. Nach dem Momentensatz gilt

$$\dot{\boldsymbol{L}}^{(A)} = \boldsymbol{M}^{(A)}.$$

Da der Pfeil $\boldsymbol{L}^{(A)}$ mit der Winkelgeschwindigkeit Ω auf dem Kegel mit dem Öffnungswinkel $2\beta = 2(90° - \alpha)$ umläuft (vgl. Bild 3.20.6), erhält man

$$|\dot{\boldsymbol{L}}^{(A)}| = \Omega\, L^{(A)} \sin\beta = \Omega\, L^{(A)} \cos\alpha.$$

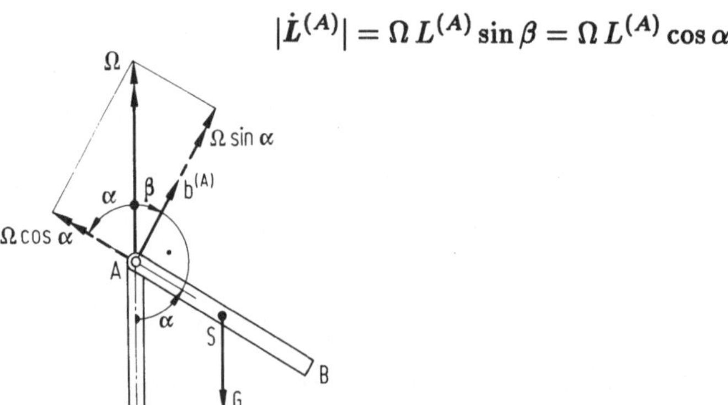

Bild 3.20.6. Winkelgeschwindigkeit und Drall der Schleuderstange

Der Vektor $\dot{L}^{(A)}$ weist senkrecht in die Blattebene. Also folgt aus dem Momentensatz

$$\frac{1}{3}ml^2\Omega^2 \sin\alpha\cos\alpha = \frac{1}{2}Gl\sin\alpha.$$

Daraus erhält man

$$\text{Lösung 1:}\quad \sin\alpha = 0,\quad \text{instabil, falls}\quad \Omega^2 > \frac{3}{2}\frac{g}{l};$$

$$\text{Lösung 2:}\quad \cos\alpha = \frac{3}{2}\frac{g}{l\Omega^2},\quad \text{falls}\quad \Omega^2 > \frac{3}{2}\frac{g}{l}.$$

3.20.3 Kreisel

Als technischen *Kreisel* bezeichnet man einen Rotationskörper, der um seine Symmetrieachse, die *Figurenachse*, mit der Winkelgeschwindigkeit ω rotiert, vgl. Bild 3.20.7. Für den Drall gilt

$$L^{(S)} = \omega J,$$

wobei J das Trägheitsmoment um die Figurenachse bedeutet.

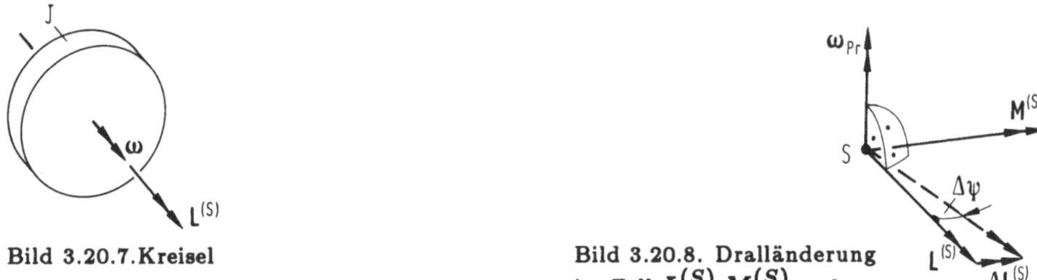

Bild 3.20.7. Kreisel

Bild 3.20.8. Dralländerung im Fall $L^{(S)} \cdot M^{(S)} = 0$

Ein *momentenfrei* aufgehängter Kreisel behält wegen $\dot{L}^{(S)} = O$, also $L^{(S)} = C$ (konstant), seine Lage im Raum bei, die Figurenachse bewegt sich nicht. Diese Eigenschaft nutzt man bei Navigationsinstrumenten aus.

"Kippt" oder "schwenkt" die Figurenachse des Kreisels, so enthält $L^{(S)}$ neben ωJ noch weitere Drallanteile. Ein Kreisel heißt *schnell*, wenn diese Anteile und ihre Zeitableitungen klein gegenüber ωJ bzw. ωJ sind.

Wirkt auf einen schnellen Kreisel ein Moment $M^{(S)}$, so liefert der Drallsatz, angeschrieben für ein Zeitinkrement $\Delta t = t_2 - t_1$,

$$\Delta L^{(S)} = M^{(S)}\Delta t.$$

Ist dieses Moment, wegen der besonderen Lagerung oder Aufhängung des Kreisels, normal zu $L^{(S)}$ gerichtet, d. h. $L^{(S)} \cdot M^{(S)} = 0$, so dreht sich die Figurenachse gemäß Bild 3.20.8 während Δt um den Winkel $\Delta\psi$. Es gilt

$$|L^{(S)}|\Delta\psi = |M^{(S)}|\Delta t\,,$$

und man erhält die *Präzessionsgeschwindigkeit*

$$\omega_{Pr} := \lim_{\Delta t\to 0}\frac{\Delta\psi}{\Delta t} = \frac{|M^{(S)}|}{|L^{(S)}|} = \frac{|M^{(S)}|}{J|\omega|}.$$

Die Präzession ω_{Pr} ist um so langsamer, je höher die "Eigendrehung" $|\omega|$ ist.

Ein Beispiel hierzu ist in Bild 3.20.9 dargestellt. Die Figurenachse des dort gezeigten "schweren" schnellen Kreisels läuft unter dem Einfluß des Gewichtsmomentes $|M^{(S)}| = Ga$ mit der Präzessionsgeschwindigkeit

$$\omega_{Pr} = \frac{Ga}{J\omega}$$

in einer horizontalen Ebene um, falls $|\omega_{Pr}| \ll |\omega|$ und das System geeignet in Gang gesetzt wurde.

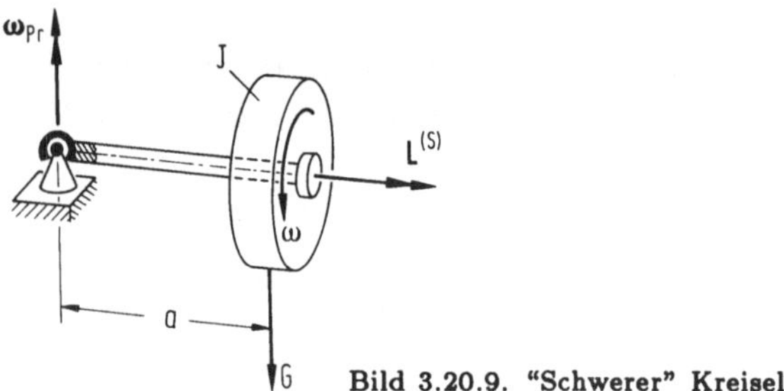

Bild 3.20.9. "Schwerer" Kreisel

Schwingungen

Wir betrachten hier lineare Schwingungen.

3.21 Freie Schwingungen

3.21.1 Feder-Masse-Schwinger ohne Gewicht

Gegeben: Eine Punktmasse m hängt an einer linearen Feder der Steifigkeit k, vgl. Bild 3.21.1; Länge der entspannten Feder l_0 (Feder soll auch Druck aufnehmen können, ohne auszuknicken); das Gewicht wird vernachlässigt.

Gesucht: Bewegung $x(t)$ zu den vorgegebenen Anfangsbedingungen $x(0) = x_0$, $\dot{x}(0) = v_0$.

Lösung (nach Schema mit d'Alembert):
Mit der Bedingung für Gleichgewicht an der Punktmasse m (vgl. Bild 3.21.2),

$$m\ddot{x} + F = 0 ,$$

und dem Federgesetz

$$F = kx$$

ergibt sich die Bewegungsgleichung

$$m\ddot{x} + kx = 0.$$

Dies ist eine lineare, homogene Differentialgleichung zweiter Ordnung mit konstanten Koeffizienten. Division durch m führt mit $\omega_0^2 := k/m$ auf

$$\ddot{x} + \omega_0^2 x = 0,$$

und nach Abschnitt 3.4.3 erhalten wir die gesuchte Lösung zu

$$x(t) = \hat{x}\cos(\omega_0 t + \varphi_0) = x_0 \cos\omega_0 t + \frac{v_0}{\omega_0}\sin\omega_0 t.$$

Der Feder-Masse-Schwinger schwingt unabhängig von der Amplitude mit der *Eigenfrequenz* $\omega_0 := \sqrt{k/m}$; Schwingungsdauer (Periode) $T = 2\pi/\omega_0$.
Aufgabe: Man kontrolliere die Dimensionen und drücke $\hat{x}$ und φ_0 durch x_0 und v_0 aus; auf Vorzeichen achten!

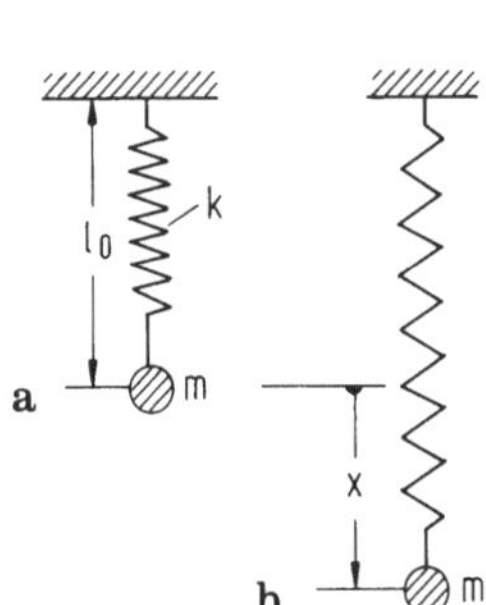

Bild 3.21.1. Feder-Masse-Schwinger

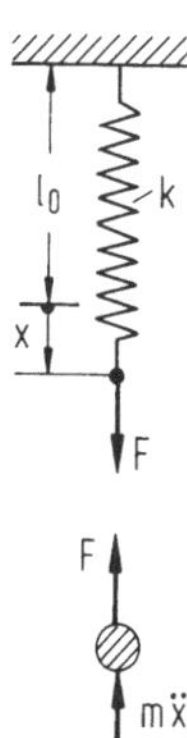

Bild 3.21.2. Kräfte an Feder und Punktmasse

3.21.2 Feder-Masse-Schwinger mit Gewicht

Gegeben: Feder-Masse-Schwinger nach Abschnitt 3.21.1; die Masse m hat jetzt das Gewicht G, s. Bild 3.21.3.
Gesucht: Bewegung $x(t)$ zu den Anfangsbedingungen $x(0) = x_0$, $\dot{x}(0) = v_0$.
Lösung (Newton):
Mit dem Newtonschen Gesetz für die Punktmasse m (s. Bild 3.21.3b),

$$m\ddot{x} = G - F\,,$$

und dem Federgesetz

$$F = kx$$

ergibt sich die Bewegungsgleichung

$$m\ddot{x} + kx = G.$$

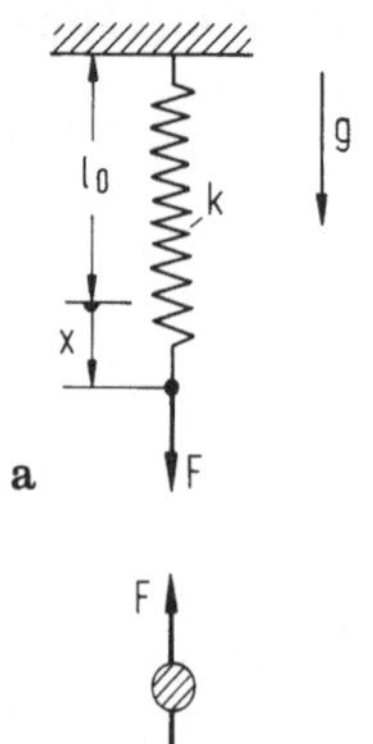

Bild 3.21.3. Kräfte an Feder und Masse mit Gewicht

Dies ist eine lineare, inhomogene Differentialgleichung zweiter Ordnung mit konstanten Koeffizienten. Ihre Lösung erhält man durch Überlagern (Superponieren) mit dem Ansatz

$$x(t) = x_1(t) + x_2(t).$$

Darin sei $x_1(t)$ die allgemeine Lösung der homogenen Differentialgleichung nach Abschnitt 3.21.1, geschrieben in der Form

$$x_1(t) = A\cos\omega_0 t + B\sin\omega_0 t,$$

wobei A, B freie (Integrations-) Konstanten sind. Einsetzen von $x = x_1 + x_2$ in die Bewegungsgleichung liefert

$$m\ddot{x}_2 + kx_2 = G,$$

d. h., $x_1(t)$ hebt sich heraus (unabhängig von A, B). Für die zweite Funktion, die *Partikularlösung* $x_2(t)$, macht man einen *Ansatz vom Typ der rechten Seite* (der Differentialgleichung):

$$x_2(t) = C = \text{const.}$$

Die Differentialgleichung liefert für diesen Ansatz die Aussage

$$Ck = G, \quad \text{also} \quad C = \frac{G}{k}.$$

Wir erhalten als Partikularlösung

$$x_2 = \frac{G}{k} =: x_{\text{stat}}.$$

Dies ist die statische Absenkung der Masse infolge des Gewichtes G.
Die allgemeine Lösung der Bewegungsgleichung lautet nun:

$$x(t) = x_{\text{stat}} + A\cos\omega_0 t + B\sin\omega_0 t.$$

Das Ergebnis besagt: Die *allgemeine* Lösung der linearen inhomogenen Differentialgleichung setzt sich zusammen aus einem Partikularintegral (Lösung) der vollständigen inhomogenen Gleichung – das die Wirkung der äußeren Kraft wiedergibt – und der allgemeinen Lösung der zugehörigen homogenen Gleichung – die die freien Schwingungen des unbeeinflußten Systems wiedergibt. Dieser Teil enthält auch die zum Anpassen an Anfangsbedingungen erforderlichen freien Konstanten, deren Anzahl gleich der Ordnung der Differentialgleichung ist.

Einsetzen der allgemeinen Lösung in die Anfangsbedingungen liefert

$$x(0) = x_{\text{stat}} + A = x_0, \qquad \text{also} \quad A = x_0 - x_{\text{stat}} = x_0 - \frac{G}{k},$$

$$\dot{x}(0) = \omega_0 B = v_0, \qquad \text{also} \quad B = \frac{v_0}{\omega_0};$$

man erhält die angepaßte (spezielle) Lösung

$$x(t) = \frac{G}{k} + \left(x_0 - \frac{G}{k}\right) \cos \omega_0 t + \frac{v_0}{\omega_0} \sin \omega_0 t.$$

Bild 3.21.4 zeigt das Ergebnis: Die Punktmasse schwingt mit der Periode $T = 2\pi/\omega_0$ frei um die statische Gleichgewichtslage.

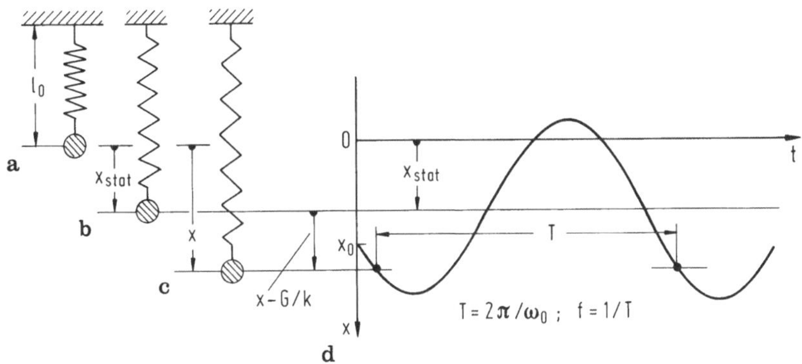

Bild 3.21.4. Schwingung um statische Gleichgewichtslage

3.21.3 Mathematisches Pendel

Gegeben: Mathematisches Pendel mit Punktmasse m, Gewicht G und masseloser Stange der Länge l; vgl. Bild 3.21.5.

Gesucht: Bewegungsgleichung und Eigenfrequenz für kleine Winkel φ, $|\varphi| \ll 1$.

Lösung (d'Alembert):

Da die Punktmasse m auf einem Kreis vom Radius l um den Punkt A läuft, gilt nach Abschnitt 3.3.5 für die

Tangentialbeschleunigung $a_T = l\ddot{\varphi}$,

Normalbeschleunigung $a_N = \dot{\varphi}^2 l$.

Die zugehörigen d'Alembertschen Kräfte sind in Bild 3.21.6 eingetragen. Das Momentengleichgewicht um den Punkt A liefert für die Pendelstange

$$\overset{\curvearrowleft}{\underset{+}{\sum}} M^{(A)} = 0: \quad -(m\ddot{\varphi}l)l - Gl\sin\varphi = 0.$$

Man erhält die Bewegungsgleichung

$$\ddot{\varphi} + \frac{g}{l}\sin\varphi = 0.$$

Dies ist eine *nichtlineare* Differentialgleichung zweiter Ordnung (ihre Lösung führt auf "Elliptische Integrale").

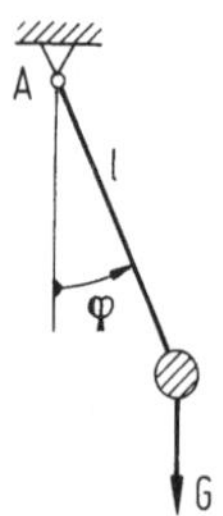

Bild 3.21.5. Mathematisches Pendel

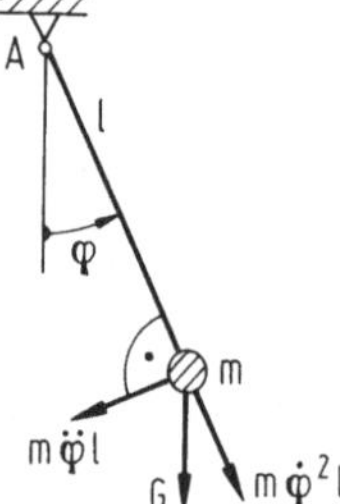

Bild 3.21.6. Kräfte an Punktmasse

Für $|\varphi| \ll 1$ dürfen wir "linearisieren", das heißt, wir setzen näherungsweise $\sin\varphi \approx \varphi$. Dann erhält man die lineare Differentialgleichung

$$\ddot{\varphi} + \frac{g}{l}\varphi = 0,$$

die wir – mit anderen Bezeichnungen – aus Abschnitt 3.21.1 kennen. Das mathematische Pendel schwingt bei kleinen Auslenkungen $|\varphi| \ll 1$ also unabhängig von der Amplitude und unabhängig von der Masse m mit der Frequenz $\omega_0 = \sqrt{g/l}$.

3.21.4 Drehschwinger

Gegeben: Eine Scheibe vom Trägheitsmoment J um die Achse $A - A$ (vgl. Bild 3.21.7) hängt an einem Drehstab der Drehsteifigkeit k_T (vgl. Abschnitt 2.13.3).

Gesucht: Bewegungsgleichung und Eigenfrequenz für Drehschwingungen $\varphi(t)$ um $A - A$.

Lösung (d'Alembert):

Mit dem Momentengleichgewicht für die Scheibe nach Bild 3.21.8b,

$$J\ddot{\varphi} + M = 0,$$

und dem Drehfedergesetz

$$M = k_T \varphi$$

ergibt sich die Bewegungsgleichung

$$J\ddot{\varphi} + k_T \varphi = 0.$$

Auch dies ist eine Schwingungsgleichung von dem im Abschnitt 3.21.1 behandelten Typ. Wir erhalten die Eigenfrequenz $\omega_0 = \sqrt{k_T/J}$.

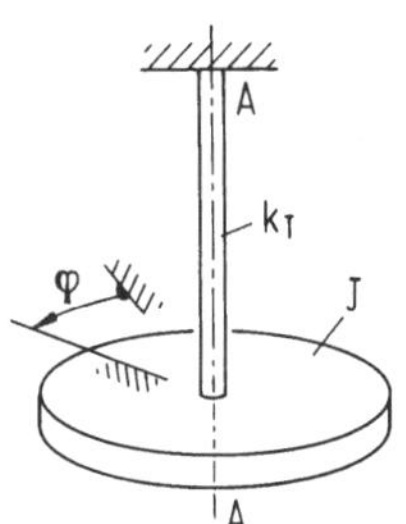

Bild 3.21.7. Scheibe an Drehstab

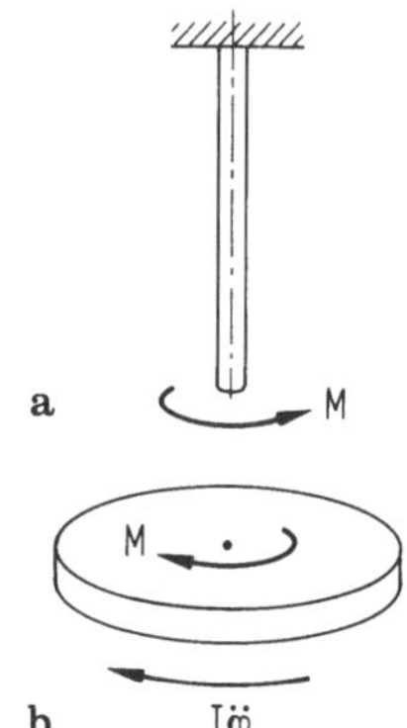

Bild 3.21.8. Momente an Scheibe und Drehstab

3.22 Freie gedämpfte Schwingungen

3.22.1 Dämpferelement

Für das Federelement nach Bild 3.22.1 haben wir in Abschnitt 2.6.1 das Federgesetz $F = kx$, "Federkraft = Federsteifigkeit · Federlängung", aufgestellt. Die Beziehung gilt – oft nur näherungsweise bei "kleinen" Verformungen – für irgendwelche elastischen Bauelemente, die skizzierte Schraubenfeder ist dann nur als Symbol für das Verhalten des Elements, nicht als Bild für seine Form zu verstehen.

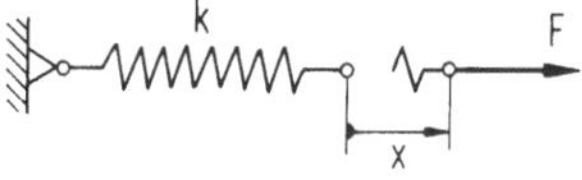

Bild 3.22.1. Federelement

Neben elastischen Elementen (Federn), die Energie speichern (sie sind *konservativ*), trifft man häufig auf Elemente, die mechanische Energie direkt oder indirekt in Wärmeenergie umwandeln (*Dämpfer*). Die Wärmeenergie kann man sich als "zerstreute" Energie vorstellen, deshalb spricht man von *dissipativen* Elementen und von *Energiedissipation*. Der einfachste Dämpfer ist ein flüssigkeitsgefüllter Zylinder, in dem ein nicht dichtender Kolben hin- und herbewegt wird, Bild 3.22.2a. Bei kleinen Geschwindigkeiten $\dot{x}$ gilt in erster Näherung für die Dämpferkraft F die Beziehung (Vorzeichen vgl. Bild 3.22.2b)

$$F = b\,\dot{x}.$$

Der *Dämpfungskoeffizient* b ($\dim b = \dim F / \dim \dot{x} = \mathbf{KT/L}$) hängt vom Aufbau des Dämpfers ab und muß im allgemeinen am jeweiligen Element gemessen werden. Die Beziehung wird auf andere Dämpfertypen übertragen. Da sie – wie das Federgesetz – linear ist und deshalb nicht zu nichtlinearen Bewegungsgleichungen führt, die sich nicht allgemein lösen lassen, werden Dämpferwirkungen häufig noch mit $b\dot{x}$ beschrieben, auch wenn F längst nichtlinear von $\dot{x}$ (und evtl. auch von x) abhängt. Im folgenden wird b als gegeben angesehen.
Analog zu $F = b\,\dot{x}$ setzt man bei Drehungen für ein dämpfendes Element an:

$$M = b_T\,\dot{\varphi}$$

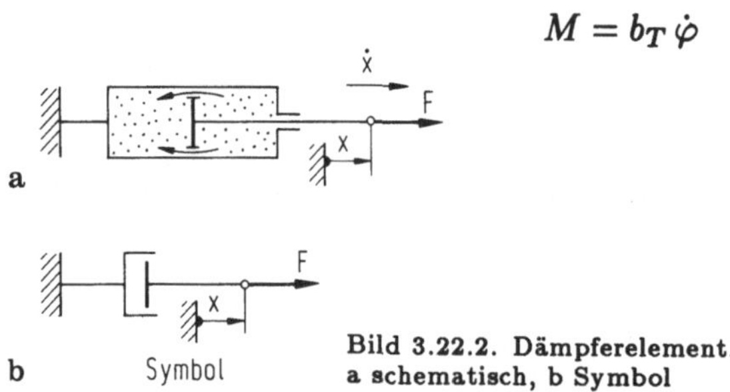

Bild 3.22.2. Dämpferelement.
a schematisch, b Symbol

3.22.2 Bewegungsgleichung für einen linear gedämpften Schwinger

Gegeben: Eine Feder der Steifigkeit k und ein Dämpfer mit dem Dämpfungskoeffizienten b sind nach Bild 3.22.3 parallel geschaltet (vgl. Abschnitt 2.6.2) und tragen die Punktmasse m (Gewicht vernachlässigt).
Gesucht: Bewegungsgleichung für die Masse m; Ausschlag $x(t)$ gegen entspannte Feder gemessen.

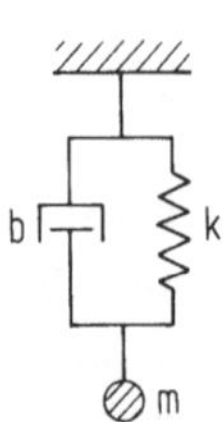

Bild 3.22.3. Gedämpfter Schwinger (Feder-Dämpfer-Parallelschaltung)

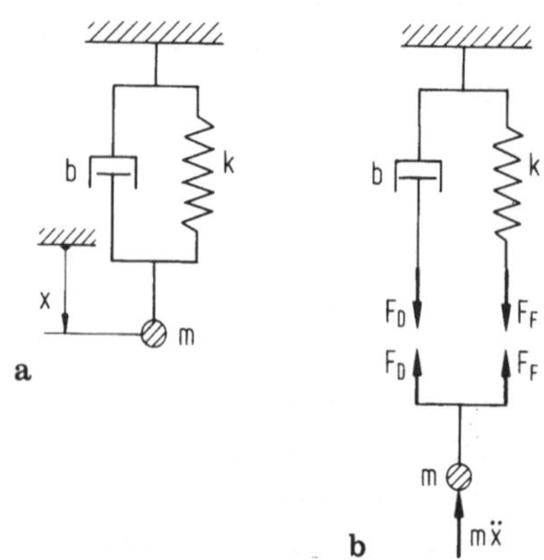

Bild 3.22.4. Gedämpfter Schwinger.
a Schema, b Schnittbild

Lösung (nach Schema):
1. Schritt: Koordinate.
Die Koordinate wird gemäß Bild 3.22.4a gewählt.
2. Schritt: Schnittbild (d'Alembert).
Bild 3.22.4b zeigt die wirkenden Kräfte.
3. Schritt: Gleichgewicht.
Für die Traverse und die Masse gilt

$$m\ddot{x} + F_D + F_F = 0.$$

4. Schritt: Zusatzbedingungen (Kennlinien).
Feder: $F_F = k\,x$; Dämpfer: $F_D = b\,\dot{x}$.
5. Schritt: Bewegungsgleichung.
Aus Punkt 3 und 4 folgt

$$m\ddot{x} + b\dot{x} + kx = 0.$$

6. Schritt: Umschreiben der Differentialgleichung.
In der Schwingungslehre gibt man den Koeffizienten der Differentialgleichung eine unmittelbar interpretierbare Form: Division durch m liefert

$$\ddot{x} + \frac{b}{m}\dot{x} + {\omega_0}^2 x = 0,$$

wo $\omega_0 = \sqrt{k/m}$ die Eigenfrequenz des ungedämpften Schwingers bedeutet. Für b/m setzt man

$$2D\omega_0 := \frac{b}{m}, \quad \text{also} \quad D := \frac{b}{2\sqrt{km}}.$$

Die dimensionslose Größe D (Kontrolle!) heißt *Dämpfungsgrad* oder *Dämpfungsmaß;* für schwach gedämpfte Systeme gilt $D \approx 0{,}01 - 0{,}001$.
Die umgeschriebene Differentialgleichung lautet

$$\ddot{x} + 2D\omega_0\dot{x} + \omega_0^2 x = 0.$$

3.22.3 Lösen der Bewegungsgleichung mit dem $e^{\lambda t}$-Ansatz

Gegeben sei die Differentialgleichung

$$\ddot{x} + 2D\omega_0\dot{x} + \omega_0^2 x = 0.$$

Gesucht ist die Lösung $x(t)$ zu den Anfangsbedingungen $x(0) = x_0$, $\dot{x}(0) = v_0$.
Lösung:
Lineare homogene Differentialgleichungen mit konstanten Koeffizienten löst man am einfachsten mit einem $e^{\lambda t}$-Ansatz. Hier setzt man an

$$x(t) = Ce^{\lambda t},$$

wo C und λ zunächst unbekannte ("freie") Konstanten sind. Einsetzen des Ansatzes in die Differentialgleichung liefert

$$C\lambda^2 e^{\lambda t} + 2D\omega_0 C\lambda e^{\lambda t} + \omega_0^2 Ce^{\lambda t} = 0, \quad \text{also} \quad (\lambda^2 + 2D\omega_0\lambda + \omega_0^2)Ce^{\lambda t} = 0.$$

Da $e^{\lambda t} \neq 0$ für beliebige endliche λ und t, darf man durch $e^{\lambda t}$ teilen. Man erhält das *Eigenwertproblem*

$$(\lambda^2 + 2D\omega_0\lambda + \omega_0^2)C = 0.$$

Die "triviale Lösung" $C = 0$ beschreibt die Ruhelage des Systems, $x(t) \equiv 0$, und interessiert deshalb nicht.
Nichttriviale Lösungen mit $C \neq 0$ erhält man, falls die *charakteristische Gleichung*

$$\lambda^2 + 2D\omega_0\lambda + \omega_0^2 = 0$$

erfüllt ist. Ihre Lösungen sind die beiden *Eigenwerte*

$$\lambda_{1/2} = -D\omega_0 \pm \sqrt{D^2\omega_0^2 - \omega_0^2} = -D\omega_0 \pm \omega_0\sqrt{D^2 - 1}.$$

Für $0 \leq D < 1$ setzt man

$$\lambda_{1/2} = -D\omega_0 \pm j\omega_0\sqrt{1 - D^2} =: -\delta \pm j\omega$$

mit

$j := \sqrt{-1}$	*imaginäre Einheit,*
$\delta := D\omega_0$	*Abklingkoeffizient,*
$\omega := \omega_0\sqrt{1 - D^2}$	*Kreisfrequenz der gedämpften Schwingung.*

Mit $\lambda_{1/2}$ erhält man die "allgemeine Lösung" der Differentialgleichung in der Form

$$x(t) = C_1 e^{(-\delta + j\omega)t} + C_2 e^{(-\delta - j\omega)t}.$$

Darin sind C_1, C_2 zwei komplexe Integrationskonstanten.

Reelle Schreibweise
Man schreibt die gefundene Lösung wie folgt um:

$$\begin{aligned} x(t) &= e^{-\delta t}\left[C_1 e^{j\omega t} + C_2 e^{-j\omega t}\right] \\ &= e^{-\delta t}\left[(C_1 + C_2)\frac{e^{j\omega t} + e^{-j\omega t}}{2} + j(C_1 - C_2)\frac{e^{j\omega t} - e^{-j\omega t}}{2j}\right] \\ &= e^{-\delta t}\left[A\cos\omega t + B\sin\omega t\right] . \end{aligned}$$

Dies gilt wegen

$$\cos\omega t = \frac{e^{j\omega t} + e^{-j\omega t}}{2}, \quad \sin\omega t = \frac{e^{j\omega t} - e^{-j\omega t}}{2j}$$

und mit

$$A := C_1 + C_2, \quad B := j(C_1 - C_2).$$

Anpassen an Anfangsbedingungen
Mit $x(t)$ und $\dot{x}(t) = e^{-\delta t}[(\omega B - \delta A)\cos\omega t - (\omega A + \delta B)\sin\omega t]$ folgen durch Einsetzen in die Anfangsbedingungen:

$$\begin{aligned} x(0) &= A = x_0, &\quad \text{also} \quad A &= x_0, \\ \dot{x}(0) &= \omega B - \delta A = v_0, &\quad \text{also} \quad B &= (v_0 + \delta x_0)/\omega. \end{aligned}$$

Damit gilt

$$x(t) = e^{-\delta t}\left[x_0 \cos\omega t + \frac{v_0 + \delta x_0}{\omega}\sin\omega t\right].$$

Häufig ist es zweckmäßig, $x(t)$ in der Form

$$x(t) = \hat{x}e^{-\delta t}\cos(\omega t + \varphi_0)$$

zu schreiben, vgl. Abschnitt 3.4.3. Der Vergleich von

$$x(t) = \hat{x}e^{-\delta t}\cos(\omega t + \varphi_0) = e^{-\delta t}\left[(\hat{x}\cos\varphi_0)\cos\omega t - (\hat{x}\sin\varphi_0)\sin\omega t\right]$$

mit der Lösung liefert

$$x_0 = \hat{x}\cos\varphi_0, \qquad \frac{v_0 + \delta x_o}{\omega} = -\hat{x}\sin\varphi_0.$$

Daraus folgen

$$\hat{x} = \sqrt{x_0^2 + \left(\frac{v_0 + \delta x_0}{\omega}\right)^2}, \qquad \tan\varphi_0 = -\frac{v_0 + \delta x_0}{\omega x_0}.$$

Der Quadrant von φ_0 muß hierbei mit Rücksicht auf die Vorzeichen in den vorherigen beiden Gleichungen gewählt werden.

Form der Lösungen, logarithmisches Dekrement
In Bild 3.22.5 ist die Schwingung $x = \hat{x}\exp(-\delta t)\cos(\omega t + \varphi_0)$ dargestellt.

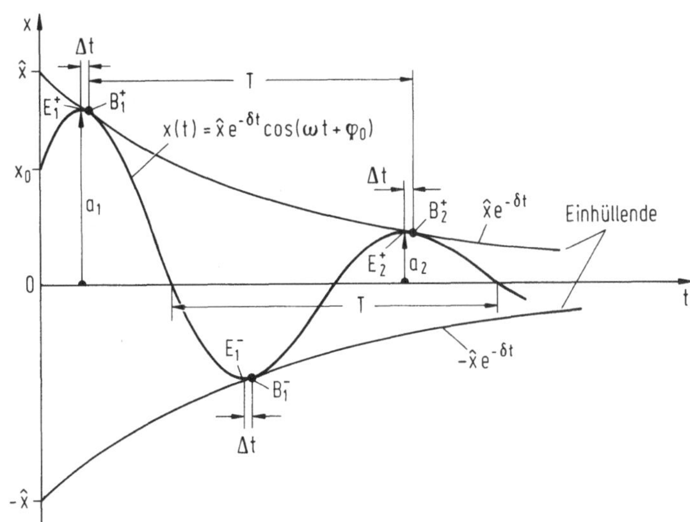

Bild 3.22.5. Exponentiell abklingende Schwingung

Man entnimmt dem Bild die folgenden kennzeichnenden Merkmale:

a) Die freie gedämpfte Schwingung ist *nicht* periodisch und *klingt* mit der Zeit exponentiell gegen Null *ab*.

b) Die Zeitdauer

$$T := \frac{2\pi}{\omega} = \frac{2\pi}{\omega_0\sqrt{1-D^2}}$$

ist der Abstand zweier aufeinanderfolgender *gleichsinniger* Nulldurchgänge sowie der Abstand der Extrema E^+ oder E^- (positiv bzw. negativ) und der Berührpunkte B^+ oder B^- von $x(t)$ mit den Einhüllenden.

c) Die Abstände Δt zwischen zusammengehörenden Punkten $E^\pm$ und $B^\pm$ sind konstant,

$$\Delta t = \frac{1}{\omega}\operatorname{Arctan}\frac{\delta}{\omega}.$$

Seien a_n und a_{n+1} zwei aufeinanderfolgende Maximalausschläge nach derselben Seite (vgl. a_1, a_2 in Bild 3.22.5.) Da zwischen a_n und a_{n+1} der Zeitabstand T liegt, gilt

$$a_{n+1} = a_n e^{-\delta T} \quad \text{und} \quad \delta T = -ln\frac{a_{n+1}}{a_n} = ln\frac{a_n}{a_{n+1}}.$$

Man nennt $\Lambda := \ln(a_n/a_{n+1})$ das *logarithmische Dekrement.*
Mit $T = 2\pi/(\omega_0\sqrt{1-D^2})$ und $\delta = D\omega_0$ kann D bestimmt werden, wenn man Λ über eine Messung von a_n/a_{n+1} kennt:

$$D^2 = \frac{1}{1+(2\pi/\Lambda)^2}.$$

3.22.4 Aperiodische Bewegungen

Für $D > 1$ erhält man nach Abschnitt 3.22.3 zwei negative, reelle Eigenwerte:

$$\lambda_{1/2} = -D\omega_0 \pm \omega_0\sqrt{D^2-1}.$$

Die Lösung der Differentialgleichung lautet mit den Integrationskonstanten C_1 und C_2:

$$x(t) = C_1 e^{-(D-\sqrt{D^2-1})\omega_0 t} + C_2 e^{-(D+\sqrt{D^2-1})\omega_0 t}.$$

Für $D = 1$ erhält man den *aperiodischen Grenzfall* mit der negativ reellen Doppelwurzel

$$\lambda_{1/2} = -D\omega_0$$

und der Lösung

$$x(t) = C_1 e^{-D\omega_0 t} + C_2 t e^{-D\omega_0 t}.$$

In beiden Fällen schwingen die Lösungen nicht mehr um die Zeitachse – das meint man mit *aperiodisch* –, sondern "kriechen" gegen Null; dies kann erwünscht sein. Bild 3.22.6 zeigt einige typische Lösungsformen, die sich je nach Differentialgleichungsparametern und Anfangsbedingungen einstellen können.

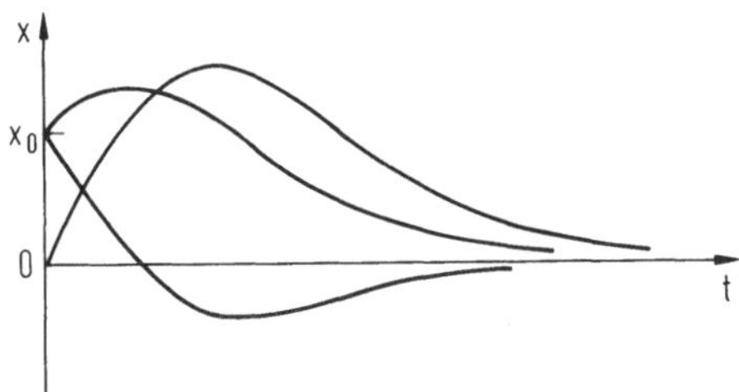

Bild 3.22.6. Kriechbewegungen

3.23 Erzwungene gedämpfte Schwingungen

3.23.1 Bewegungsgleichung eines fußpunkterregten Schwingers

Gegeben: Ein gedämpfter Feder-Masse-Schwinger (Masse m, Gewicht G, Federsteifigkeit k, Dämpfungskoeffizient b) wird am Aufhängepunkt A ("Fußpunkt") nach einer vorgegebenen Zeitfunktion $u = u(t)$ bewegt, z.B. gemäß

$$u(t) = U_0 \cos \Omega t,$$

wo U_0 die Erregeramplitude und Ω die Erreger-Kreisfrequenz ist; vgl. Bild 3.23.1.
Gesucht: Bewegungsgleichung bezüglich der Koordinate x (Auslenkung gegen entspannte Feder).

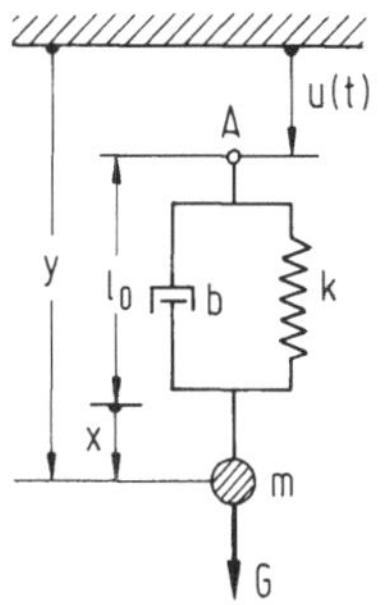

Bild 3.23.1. Fußpunkterregter Schwinger

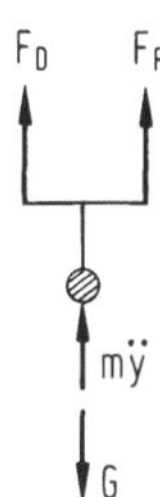

Bild 3.23.2. Kräfte an Masse und Traverse

Lösung (nach Schema):
1. Schritt: Geometrie, Kinematik (Bild 3.23.1).

$$y = u(t) + l_0 + x, \quad \ddot{y} = \ddot{u} + \ddot{x}.$$

2. Schritt: System aufschneiden (d'Alembert), s. Bild 3.23.2.
3. Schritt: Gleichgewicht an Traverse.

$$m\ddot{y} + F_D + F_F = G.$$

4. Schritt: Kennlinien.

$$F_D = b\dot{x}, \quad F_F = kx.$$

5. Schritt: Bewegungsgleichung.

$$m\ddot{x} + b\dot{x} + kx = G - m\ddot{u}.$$

6. Schritt: Umformungen.
Mit $u(t) = U_0 \cos \Omega t$ folgen

$$\ddot{u} = -U_0\Omega^2 \cos \Omega t \quad \text{und} \quad m\ddot{x} + b\dot{x} + kx = G + mU_0\Omega^2 \cos \Omega t.$$

Wir setzen $P_0 := mU_0\Omega^2$ (Kraft!) und erhalten

$$m\ddot{x} + b\dot{x} + kx = G + P_0 \cos \Omega t.$$

Diese lineare, inhomogene Differentialgleichung zweiter Ordnung kann als Bewegungsgleichung eines Schwingers mit festem Aufhängepunkt angesehen werden, an dem die Kraft $P(t) = P_0 \cos \Omega t$ eine Schwingung erzwingt (P_0 wird im folgenden als frequenzunabhängig, als konstant, angesehen), vgl. Bild 3.23.3.

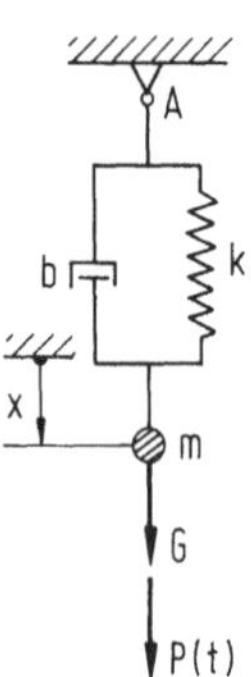

Bild 3.23.3. Schwinger mit Kraftanregung an der Masse

3.23.2 Superposition (Überlagerung) von Lösungen

Zur Lösung von

$$m\ddot{x} + b\dot{x} + kx = G + P_0 \cos \Omega t$$

setzen wir $x(t)$ aus drei Anteilen zusammen (vgl. Abschnitt 3.21.2):

$$x(t) = x_1(t) + x_2(t) + x_3(t).$$

Der Anteil $x_1(t)$ sei die allgemeine Lösung der homogenen Differentialgleichung

$$m\ddot{x}_1 + b\dot{x}_1 + kx_1 = 0,$$

wir haben ihn in Abschnitt 3.22.3 zu

$$x_1(t) = e^{-\delta t}[A \cos \Omega t + B \sin \Omega t]$$

bestimmt, wo $\delta = D\Omega_0 = b/(2m)$, $\Omega = \Omega_0\sqrt{1-D^2}$, $\Omega_0 = \sqrt{k/m}$.
Der Anteil $x_2(t)$ sei (irgend-) eine spezielle Lösung der inhomogenen Differentialgleichung

$$m\ddot{x}_2 + b\dot{x}_2 + kx_2 = G.$$

Der *Ansatz vom Typ der rechten Seite* (vgl. Abschnitt 3.21.2) führt auf

$$x_2 = x_{stat} = \frac{G}{k}.$$

Der dritte Anteil $x_3(t)$ sei (irgend-) eine spezielle Lösung der inhomogenen Differentialgleichung

$$m\ddot{x}_3 + b\dot{x}_3 + kx_3 = P_0 \cos \Omega t.$$

Auch hier führt ein *Ansatz vom Typ der rechten Seite* zum Erfolg:

$$x_3 = C_1 \cos \Omega t + C_2 \sin \Omega t \quad \text{oder} \quad x_3 = \hat{x}_3 \cos(\Omega t - \beta),$$

wo die Konstanten C_1, C_2 bzw. $\hat{x}_3$, β aus der Differentialgleichung bestimmt werden müssen. Man erhält (Übungsaufgabe!)

$$C_1 = \frac{(k - m\Omega^2)P_0}{\Delta}, \quad C_2 = \frac{b\Omega P_0}{\Delta} \quad \text{mit} \quad \Delta := (k - m\Omega^2)^2 + b^2\Omega^2.$$

Die so gefundene *erzwungene Schwingung* $x_3(t)$ läßt sich jedoch *übersichtlicher* über eine "komplexe Rechnung" *ermitteln* und *interpretieren*, wie wir es im nächsten Abschnitt darlegen.
Addiert man die drei Differentialgleichungen und die Teillösungen gemäß den Ansätzen, so folgt aus

$$m(x_1 + x_2 + x_3)^{\cdot\cdot} + b(x_1 + x_2 + x_3)^{\cdot} + k(x_1 + x_2 + x_3) = G + P_0 \cos \Omega t$$

das Erfülltsein von

$$m\ddot{x} + b\dot{x} + kx = G + P_0 \cos \Omega t.$$

Hierbei enthält die allgemeine Lösung $x(t)$ über $x_1(t)$ die beiden freien Integrationskonstanten A und B, die das Anpassen an zwei vorgegebene Anfangsbedingungen, z. B. $x(0) = x_0$, $\dot{x}(0) = v_0$, gestatten; vgl. Abschnitt 3.21.2 und 3.23.4.

3.23.3 Komplexe Behandlung der erzwungenen Schwingungen

Gegeben sei die Bewegungsgleichung

$$m\ddot{x} + b\dot{x} + kx = P_0 \cos \Omega t$$

(wir schreiben hier x statt x_3 in Abschnitt 3.23.2). Als zusätzliche Gleichung schreiben wir an:

$$m\ddot{y} + b\dot{y} + ky = P_0 \sin \Omega t.$$

Multipliziert man die zweite Gleichung mit der imaginären Einheit $j := \sqrt{-1}$ und addiert sie zur ersten, so folgt

$$m(x + jy)^{\cdot\cdot} + b(x + jy)^{\cdot} + k(x + jy) = P_0(\cos \Omega t + j \sin \Omega t),$$

also die "komplexe" Differentialgleichung

$$m\ddot{z} + b\dot{z} + kz = P_0 e^{j\Omega t}.$$

Hier ist $z := x + jy$ ein (komplexer) Vektor – auch *Zeiger* genannt – in der komplexen Zahlenebene nach Bild 3.23.4a; x und y sind die *Projektionen* von z

auf die reelle bzw. die imaginäre Achse:

$$x = Re\, z, \quad y = Im\, z.$$

Die Darstellung des Ausdrucks auf der rechten Seite der Differentialgleichung,

$$P_0 e^{j\Omega t} = P_0(\cos \Omega t + j \sin \Omega t),$$

folgt aus der Eulerschen Formel. Der Vektor $P_0 e^{j\Omega t}$ stellt in der komplexen Ebene einen mit der Winkelgeschwindigkeit Ω gegen den Uhrzeigersinn umlaufenden Pfeil ("Drehzeiger") der Länge P_0 dar (vgl. Bild 3.23.4b).

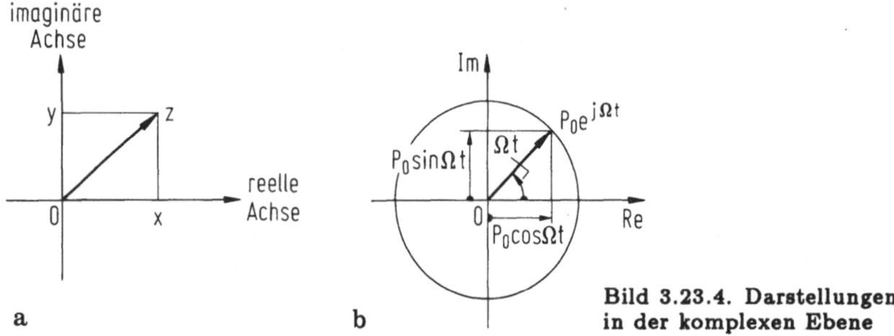

Bild 3.23.4. Darstellungen in der komplexen Ebene

Formal geht die komplexe Differentialgleichung aus der ursprünglichen Bewegungsgleichung hervor, indem man x durch z und $\cos \Omega t$ durch $e^{j\Omega t}$ ersetzt. Kommt in der ursprünglichen Differentialgleichung rechts ein Glied $P_1 \sin \Omega t$ vor, so steht in der komplexen dort $-jP_1 e^{j\Omega t}$. (Dies sieht man unmittelbar, wenn man die komplexe Differentialgleichung der Projektion *Re* ... unterwirft).

Lösen der komplexen Differentialgleichung

Gesucht ist ein Partikularintegral der komplexen Differentialgleichung

$$m\ddot{z} + b\dot{z} + kz = P_0 e^{j\Omega t}.$$

Der *Ansatz vom Typ der rechten Seite* – das ist ein linksdrehender Zeiger – lautet nun

$$z = C e^{j\Omega t},$$

wo C ein komplexe Konstante ist (vgl. Bild 3.23.5).

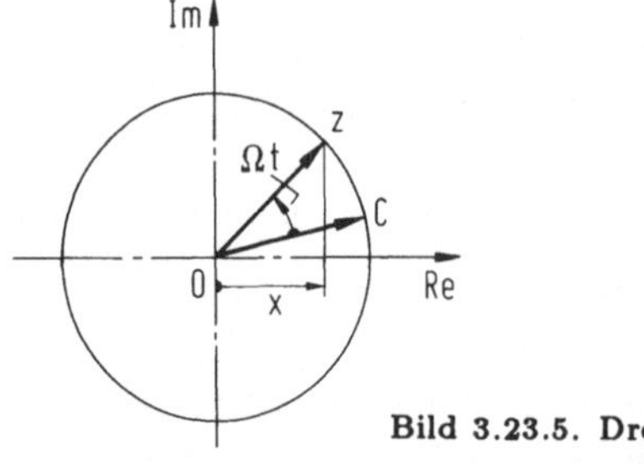

Bild 3.23.5. Drehzeiger

Mit diesem Ansatz folgt aus der Differentialgleichung

$$(-m\Omega^2 + jb\Omega + k)Ce^{j\Omega t} = P_0 e^{j\Omega t},$$

also

$$C = \frac{P_0}{k - m\Omega^2 + jb\Omega} \quad \text{und} \quad z(t) = \frac{P_0 e^{j\Omega t}}{k - m\Omega^2 + jb\Omega}\,.$$

Der Zeiger $z(t)$ unterscheidet sich von $P_0 e^{j\Omega t}$ nur durch einen komplexen Faktor, der hier als Nenner steht.

Interpretation der komplexen Lösung
Mit reellem Nenner lautet die obige Lösung

$$z = \frac{(k - m\Omega^2) - jb\Omega}{(k - m\Omega^2)^2 + b^2\Omega^2} P_0 e^{j\Omega t}.$$

Erweitern mit k^2/k^2 erlaubt es, die Lösung mit Hilfe der Eigenfrequenz $\omega_0 = \sqrt{k/m}$ der ungedämpften freien Schwingung sowie des Dämpfungsgrades $2D = b\omega_0/k$ auszudrücken. Man erhält

$$z = \frac{(1 - m\Omega^2/k) - j(b\omega_0/k)\Omega/\omega_0}{(1 - m\Omega^2/k)^2 + (b^2\omega_0{}^2/k^2)(\Omega/\omega_0)^2} \frac{P_0}{k} e^{j\Omega t}$$

und

$$z(t) = \frac{(1 - \eta^2) - j2D\eta}{(1 - \eta^2)^2 + 4D^2\eta^2} \frac{P_0}{k} e^{j\Omega t},$$

wo $\eta := \Omega/\omega_0$ die auf die Eigenfrequenz ω_0 (des ungedämpften Schwingers) normierte dimensionsfreie Erreger-Kreisfrequenz bezeichnet.
Je nach Größe von η unterscheidet man:

$\eta \ll 1$,	gleichwertig $\omega_0 \gg \Omega$,	"hohe Abstimmung";
$\eta = 1$,	gleichwertig $\omega_0 = \Omega$,	"Resonanz" (s. unten);
$\eta \gg 1$,	gleichwertig $\omega_0 \ll \Omega$,	"tiefe Abstimmung".

Die letzte Gleichung für $z(t)$ kann man auf zwei Weisen lesen:
In der *Regelungstechnik*, wo man die verschiedensten technischen Systeme nach einheitlichen Gesichtspunkten behandelt, sieht man den Schwinger als ein *Übertragungssystem* mit *Eingang* und *Ausgang* (vgl. Bild 3.23.6), dessen technische Details nicht unbedingt interessieren (man spricht deshalb vom "Block" oder vom "schwarzen Kasten").

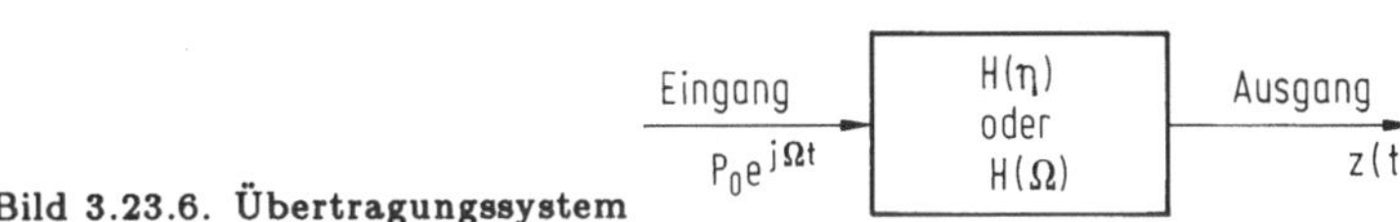

Bild 3.23.6. Übertragungssystem

Dort schreibt man

$$z(t) = H(j\eta)P_0 e^{j\Omega t}$$

und sagt: Der Ausgang $z(t)$ ist das *Produkt* des Eingangs $P_0 e^{j\Omega t}$ mit der (komplexen) *Übertragungsfunktion* $H = H(j\eta)$; man spricht auch vom *Frequenzgang*. Für das betrachtete Übertragungssystem gilt also

$$H = \frac{1}{k} \frac{1}{1-\eta^2 + j2D\eta} = \frac{1}{k} \frac{(1-\eta^2) - j2D\eta}{(1-\eta^2)^2 + 4D^2\eta^2}.$$

Für viele regelungstechnische Untersuchungen genügt die Kenntnis der Übertragungsfunktion $H(j\eta)$ oder auch $H(j\Omega)$, falls man an die erste Gleichung für $z(t)$ anschließt und auf die normierte Erregerfrequenz η verzichtet.

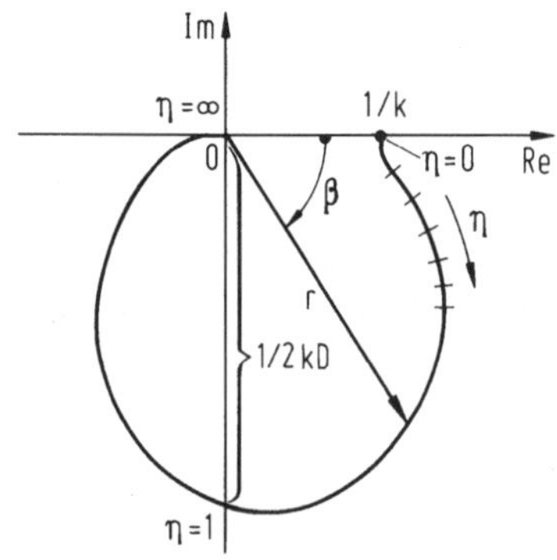

Bild 3.23.7. Ortskurve für $H(j\eta)$

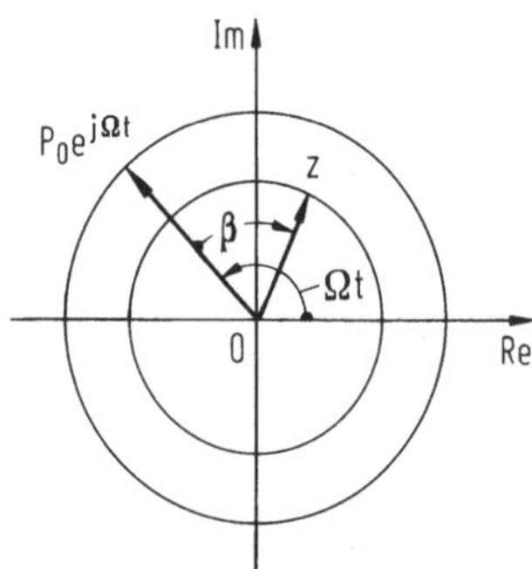

Bild 3.23.8. Relative Lage der Zeiger $P_0 e^{j\Omega t}$ und $z(t)$

Bild 3.23.7 zeigt eine Skizze der *Ortskurve* von $H(j\eta)$. Man schreibt zweckmäßig

$$H(j\eta) = re^{-j\beta}$$

und liest aus Bild 3.23.7 ab:

$$r(\eta) = \frac{1}{k} \frac{1}{\sqrt{(1-\eta^2)^2 + 4D^2\eta^2}},$$

$$\tan\beta = \frac{2D\eta}{1-\eta^2}, \quad 0 \le \beta < \pi.$$

Für den Zeiger $z(t)$ folgt dann

$$z(t) = re^{-j\beta} P_0 e^{j\Omega t} = rP_0 e^{j(\Omega t - \beta)}.$$

Er eilt der Störkraft um den Winkel $\beta(\eta)$ nach und hat die Länge $P_0 r(\eta)$, vgl. Bild 3.23.8.

In der *Schwingungslehre der Mechanik* schreibt man die Lösung $z(t)$ meistens in der Form

$$z(t) = \tilde{H}(j\eta)\frac{P_0}{k} e^{j\Omega t} \quad \text{mit} \quad \tilde{H}(j\eta) := kH(j\eta),$$

setzt

$$V(\eta) := kr(\eta) = \frac{1}{\sqrt{(1-\eta^2)^2 + 4D^2\eta^2}}, \quad \tan\beta = \frac{2D\eta}{1-\eta^2}, \quad 0 \le \beta < \pi,$$

und erhält

$$z(t) = \frac{P_0}{k} V(\eta)\, e^{j(\Omega t - \beta)}.$$

Für den Realteil gilt

$$x = x_3(t) = Re\, z(t) = \frac{P_0}{k} V(\eta)\, \cos(\Omega t - \beta) = \hat{x}_3 \cos(\Omega t - \beta).$$

Den Ausschlag P_0/k kann man als statische Auslenkung der Feder k unter einer konstanten Last P_0 ansehen, $V(\eta)$ gibt die "Vergrößerung" der Schwingungsamplitude gegenüber dieser statischen Auslenkung an. Bild 3.23.9 zeigt das Diagramm der *Vergrößerungsfunktion* $V(\eta)$ ("Resonanzkurve"). In der Umgebung von $\eta = 1$ – im Resonanzbereich – treten sehr große Ausschläge auf.

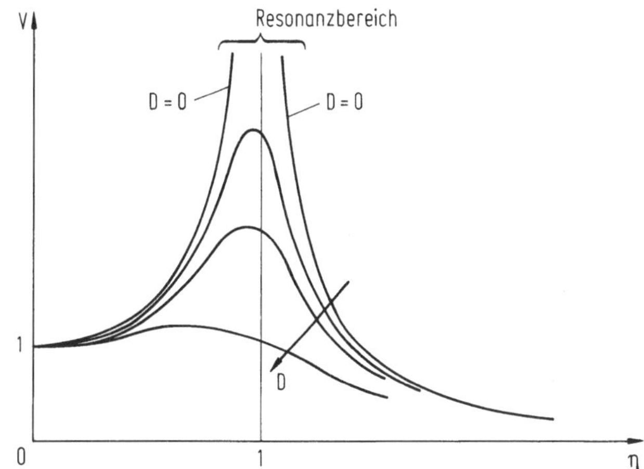

Bild 3.23.9. Vergrößerungsfunktion $V(\eta)$

Bild 3.23.10 zeigt das Diagramm des *Phasenverschiebungswinkels* $\beta(\eta)$ (kurz Phasenwinkel, auch Nacheilwinkel). Im Resonanzbereich liegt β in der Nähe von 90°, vgl. auch Bild 3.23.7.

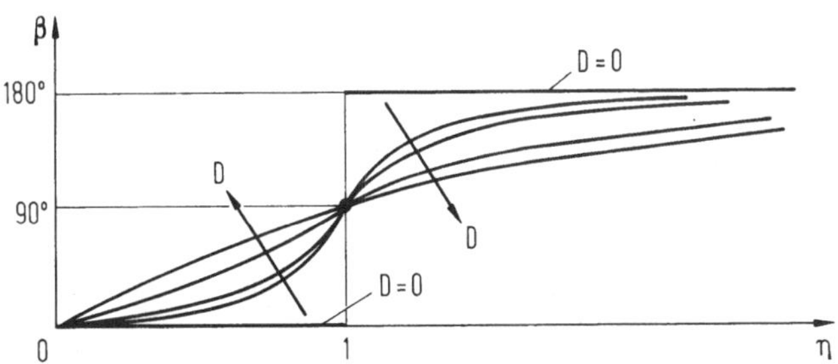

Bild 3.23.10. Phasenverschiebungswinkel $\beta(\eta)$

Hinweis: Bei fehlender oder sehr, sehr schwacher Dämpfung ($b \to 0$ bzw. $D \to 0$) wachsen die Vergrößerungsfunktion $V(\eta)$ und damit die Amplitude der erzwungenen Schwingung bei Annäherung an die Resonanzstelle (formal) über alle Maßen:

$$\lim_{D\to 0, \eta\to 1} V(\eta) \to \infty,$$

vgl. Bild 3.23.9. Man spricht dann gelegentlich von einer "unendlich großen Amplitude bei Resonanz". Dies ist eine *falsche* Vorstellung, denn die zugehörige Bewegungsgleichung $\ddot{x} + \omega_0^2 x = P_0 \cos \omega_0 t$ besitzt nicht eine Partikularlösung $x = C \cos \omega_0 t$ mit $C \to \infty$, sondern eine der Form $x = Ct \sin \omega_0 t$. Der Ausschlag *wächst also mit der Zeit* – solange, wie die Differentialgleichung gilt oder das technische Gebilde es aushält. Man darf in solchen Fällen demnach nicht die erzwungenen Schwingungen vom Einschwingvorgang getrennt sehen (vgl. Abschnitt 3.23.4).

Aufgabe: Man berechne C so, daß $x = Ct \sin \omega_0 t$ eine Lösung der Differentialgleichung $\ddot{x} + \omega_0^2 x = P_0 \cos \omega_0 t$ ist.

3.23.4 Einschwingvorgang

Nach den vorstehenden Überlegungen lautet die allgemeine Lösung der in Abschnitt 3.23.1 aufgestellten Bewegungsgleichung

$$x(t) = e^{-\delta t}(A \cos \omega t + B \sin \omega t) + \frac{G}{k} + \frac{P_0}{k} V \cos(\Omega t - \beta),$$

wo A und B von den Anfangsbedingungen abhängen. Bild 3.23.11 zeigt beispielhaft eine solche Lösung für $\Omega < \omega$.

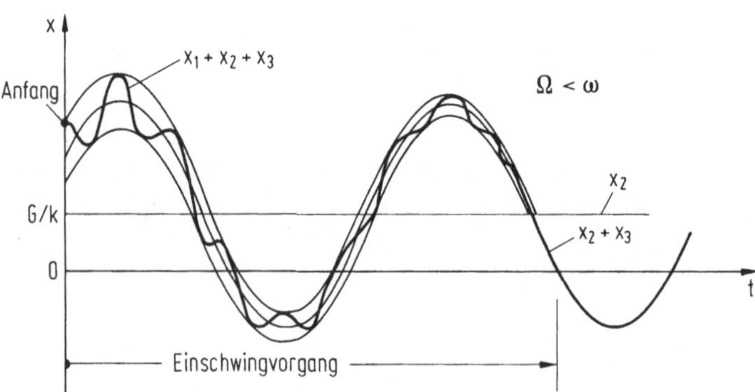

Bild 3.23.11. Einschwingvorgang

Wegen der stets vorhandenen Dämpfung, $\delta > 0$, klingt die *freie Schwingung* (die Lösung $x_1(t)$ der homogenen Differentialgleichung) exponentiell ab, der Einfluß der Anfangsbedingungen verschwindet (praktisch nach endlich langer Zeit). Übrig bleiben die *statische Auslenkung* x_2 und die *erzwungene Schwingung* x_3.

Die hier vorgetragenen Überlegungen werden sinngemäß auf andere Schwingungssysteme übertragen.

Aufgabe 1: Für den Fall $G = 0$ passe man obige allgemeine Lösung an die Anfangsbedingungen $x(0) = x_0$, $\dot{x}(0) = v_0$ an; x_0, v_0 gegeben.

Aufgabe 2: In der Lösung von Aufgabe 1 führe man den Grenzübergang $b \to 0$ (bzw. $D \to 0$) durch. (Man vergleiche das Ergebnis mit dem aus der Aufgabe am Ende von Abschnitt 3.23.3.)

3.24 Freie ungedämpfte Schwingungen mit dem Freiheitsgrad zwei

Bemerkung: Schwingungsaufgaben mit dem Freiheitsgrad $f = 2$ und $f > 2$ lassen sich im allgemeinen nur numerisch lösen. Ein Durchblick ist nur dann möglich, wenn man die Bewegungsgleichungen und ihre Lösungen strukturiert und mit Hilfe geeigneter Begriffe an den Schwinger vom Freiheitsgrad eins anschließt. Deshalb arbeiten wir hier – ausgehend vom Beispiel – die allgemeinen Aussagen in Form von Hinweisen stärker heraus.

3.24.1 Bewegungsgleichungen für einen ungedämpften Schwinger vom Freiheitsgrad zwei

Gegeben: Auf der im Bild 3.24.1a gezeigten, am linken Ende eingespannten Blattfeder (Biegesteifigkeit EI, Längen l_1, l_2) sind die beiden Punktmassen m_1 und m_2 angebracht, sie haben die Gewichte G_1 bzw. G_2.

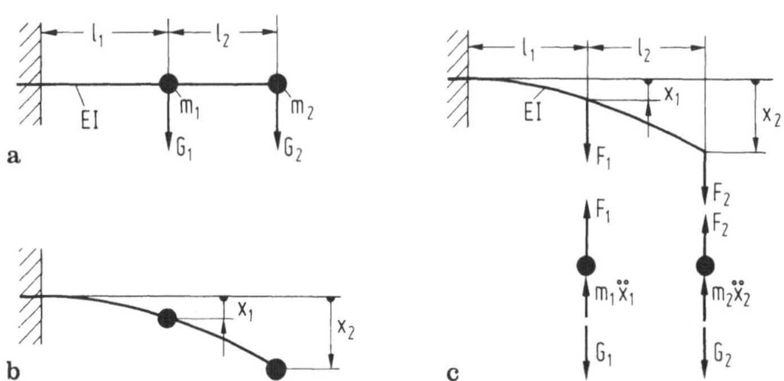

Bild 3.24.1. Zweimassenschwinger. a Lageplan, b Auslenkungen, c Schnittbilder

Gesucht sind die Bewegungsgleichungen für die kleinen Vertikalauslenkungen $x_1(t), x_2(t)$ der Massen m_1 und m_2; vgl. Bild 3.24.1b. (Bei $|x_1|, |x_2| \ll l_1 + l_2$ können die Horizontalauslenkungen vernachlässigt werden.)

Lösung (nach Schema):
1. Schritt: Koordinaten.
Die Auslenkungen (Koordinaten) x_1, x_2 werden gemäß Bild 3.24.1b gegenüber der unbelastet geraden Blattfeder gemessen.
2. Schritt: Schnittbild (d'Alembert).
Bild 3.24.1c zeigt die wirkenden Kräfte.
3. Schritt: Gleichgewicht.
Für die beiden Punktmassen in Bild 3.24.1c gelten Gleichgewichtsbedingungen

$$m_1\ddot{x}_1 + F_1 = G_1, \quad m_2\ddot{x}_2 + F_2 = G_2.$$

4. Schritt: Zusatzbedingungen (Kennlinien).
Die Zusammenhänge zwischen den nach Bild 3.24.1c auf die Blattfeder wirkenden Kräften F_1, F_2 und den Auslenkungen x_1, x_2 entnehmen wir dem zweiten Beispiel in Abschnitt 2.11.6 (vgl. Bilder 2.11.11 und 2.11.12). Mit $x_1 = f_1$ und $x_2 = f_2$ lauten die Beziehungen

$$x_1 = h_{11}F_1 + h_{12}F_2, \quad x_2 = h_{21}F_1 + h_{22}F_2,$$

wobei die Abkürzungen

$$h_{11} := \frac{l_1^3}{3EI}, \quad h_{12} = h_{21} := \frac{l_1^2(2l_1 + 3l_2)}{6EI}, \quad h_{22} := \frac{(l_1 + l_2)^3}{3EI}$$

die *Verschiebungs-Einflußzahlen* h_{ik} nach Abschnitt 2.14.3 bedeuten. Setzt man in die Ausdrücke für die Auslenkungen die Kräfte F_1 und F_2 aus den Gleichgewichtsbedingungen von Schritt 3 ein, erhält man Bewegungsgleichungen (Übungsaufgabe!).

Für systematische Untersuchungen ist es jedoch günstiger, mit *Kraft-Einflußzahlen* k_{ik} zu arbeiten (vgl. Abschnitt 2.14.3). Dazu muß man die Ausdrücke für die Auslenkungen nach den Kräften auflösen. Man erhält

$$F_1 = k_{11}x_1 + k_{12}x_2, \quad F_2 = k_{21}x_1 + k_{22}x_2,$$

und die k_{mn} lauten für allgemeine h_{ik}:

$$k_{11} = \frac{h_{22}}{\Delta}, \quad k_{12} = k_{21} = -\frac{h_{12}}{\Delta}, \quad k_{22} = \frac{h_{11}}{\Delta}, \quad \text{wo} \quad \Delta = h_{11}h_{22} - h_{12}h_{21}.$$

Für unseren Fall ergeben sich

$$k_{11} = \frac{12EI(l_1 + l_2)^3}{l_1^3 l_2^2(3l_1 + 4l_2)}, \quad k_{12} = k_{21} = -\frac{6EI(2l_1 + 3l_2)}{l_1 l_2^2(3l_1 + 4l_2)}, \quad k_{22} = \frac{12EI}{l_2^2(3l_1 + 4l_2)}.$$

5. Schritt: Bewegungsgleichungen.
Mit den zuletzt gefundenen Ausdrücken für die Kräfte F_1, F_2 ergeben sich aus den Gleichgewichtsbedingungen die Bewegungsgleichungen

$$m_1\ddot{x}_1 + k_{11}x_1 + k_{12}x_2 = G_1,$$
$$m_2\ddot{x}_2 + k_{21}x_1 + k_{22}x_2 = G_2.$$

6. Schritt: Ausdeuten und Umschreiben der Bewegungsgleichungen.
Die Bewegungsgleichungen bilden ein System von zwei linearen Differentialgleichungen mit konstanten Koeffizienten, die in den Auslenkungen – über k_{12} und k_{21} – gekoppelt sind.

Man schreibt die Bewegungsgleichungen in Matrizenform,

$$\begin{pmatrix} m_1 & 0 \\ 0 & m_2 \end{pmatrix} \begin{pmatrix} \ddot{x}_1 \\ \ddot{x}_2 \end{pmatrix} + \begin{pmatrix} k_{11} & k_{12} \\ k_{21} & k_{22} \end{pmatrix} \begin{pmatrix} x_1 \\ x_2 \end{pmatrix} = \begin{pmatrix} G_1 \\ G_2 \end{pmatrix},$$

und kürzt ab:

$$\underline{\underline{M}}\,\ddot{\underline{x}} + \underline{\underline{K}}\,\underline{x} = \underline{G}.$$

Dabei stehen $\underline{x} := \underline{x}(t) := (x_1, x_2)^T$ für die *Spaltenmatrix* der Auslenkungen, $\underline{\underline{M}}$ für die *Massen-* oder *Trägheitsmatrix*, $\underline{\underline{K}}$ für die *Steifigkeitsmatrix*, und $\underline{G}$ ist die *Spaltenmatrix* der äußeren Kräfte (hier sind es zeitunabhängige Gewichtskräfte).

Verallgemeinernde Hinweise

Hinweis 1: In allgemeinen Fällen ist auch die Massenmatrix "voll besetzt":

$$\underline{\underline{M}} = \begin{pmatrix} m_{11} & m_{12} \\ m_{21} & m_{22} \end{pmatrix}.$$

Je nach Dimension der Auslenkungen x_1, x_2 (z.B. Länge oder Winkel) können die m_{ii} auch Trägheitsmomente sein, und statische Massenmomente (ersten Grades) treten als Koppelelemente m_{12}, $m_{21} \neq 0$ auf.
Hinweis 2: Ob und welche *Koppelglieder* k_{12}, $k_{21} \neq 0$ und/oder m_{12}, $m_{21} \neq 0$ auftreten, hängt (auch) von den gewählten Koordinaten ab. Zum Beispiel ergäben sich für unseren Schwinger Elemente m_{12}, $m_{21} \neq 0$ (und andere Werte für die k_{ik}), wenn man als Koordinaten die Blattfeder-Auslenkungen $x_1^*(t)$, $x_2^*(t)$ in den Feldmitten wählte (Übungsaufgabe!).
Hinweis 3: In unserem Beispiel sind Massen- und Steifigkeitsmatrix symmetrisch (zur Hauptdiagonalen):

$$\underline{\underline{M}}^T = \underline{\underline{M}}, \quad \underline{\underline{K}}^T = \underline{\underline{K}}, \text{ das heißt } m_{ik} = m_{ki}, \; k_{ik} = k_{ki}.$$

Die *Symmetrie* ist eine *Systemeigenschaft* und hat wichtige Vereinfachungen der mathematischen Behandlung wie der Lösungsstruktur zur Folge.
Symmetrie ist bei der Massenmatrix $\underline{\underline{M}}$ stets und bei der Steifigkeitsmatrix $\underline{\underline{K}}$ dann möglich, wenn die Kräfte ein Potential besitzen (vgl. Abschnitte 2.14.3 und 3.9.3). Man erhält die symmetrischen Formen systematisch, zum Beispiel, indem man mit dem Prinzip der virtuellen Verrückungen – einschließlich d'Alembertscher Trägheitskräfte – statt mit Gleichgewichtsbedingungen arbeitet (vgl. Abschnitt 1.21). Die Symmetrie bleibt unerkannt oder wird zerstört, wenn man die Bewegungsgleichungen "ungünstig" ansetzt (z.B. nicht von Ver-

schiebungs- auf Krafteinflußzahlen übergeht) oder nachträglich manipuliert (z.B. die zweite Gleichung mit 2 multipliziert).

Hinweis 4: Wegen der Gewichtskräfte auf der rechten Seite von $\underline{\underline{M}}\,\ddot{\underline{x}}+\underline{\underline{K}}\,\underline{x}=\underline{G}$ ist diese Bewegungsgleichung inhomogen. Parallel zu Abschnitt 3.21.2 kann man von der allgemeinen Lösung die statische Auslenkung $\underline{x}_{stat}=\underline{\underline{K}}^{-1}\underline{G}$ abspalten; es verbleibt die homogene Differentialgleichung $\underline{\underline{M}}\,\ddot{\underline{x}}+\underline{\underline{K}}\,\underline{x}=\underline{0}$ (vgl. auch Abschnitt 3.25.2).

3.24.2 Lösen der Bewegungsgleichung mit dem $e^{\lambda t}$-Ansatz

Gegeben sei die obige Bewegungsgleichung

$$\underline{\underline{M}}\,\ddot{\underline{x}}+\underline{\underline{K}}\,\underline{x}=\underline{0}$$

mit $\underline{G}=\underline{0}$ sowie mit den speziellen Längen $l_1=l_2=l$ und Massen $m_1=4m$, $m_2=m$.

Gesucht ist die Lösung $\underline{x}(t)=(x_1(t),x_2(t))^T$ zu den Anfangsbedingungen $\underline{x}(0)=\underline{x}_0=(x_{10},x_{20})^T$, $\dot{\underline{x}}(0)=\underline{v}_0=(v_{10},v_{20})^T$.

Lösung:

Da (wieder) eine lineare, homogene Differentialgleichung mit konstanten Koeffizienten vorliegt, arbeitet man mit dem $e^{\lambda t}$-Ansatz. Er hat hier die Form

$$\underline{x}(t)=\hat{\underline{x}}e^{\lambda t},$$

wo λ und die Spaltenmatrix $\hat{\underline{x}}$ mit ihren Elementen $\hat{\underline{x}}=(\hat{x}_1,\hat{x}_2)^T$ unbekannte ("freie") Konstanten sind. Mit $\underline{x}=\hat{\underline{x}}e^{\lambda t}$ und $\ddot{\underline{x}}=\lambda^2\hat{\underline{x}}e^{\lambda t}$ folgt aus der Bewegungsgleichung $(\underline{\underline{M}}\lambda^2+\underline{\underline{K}})\hat{\underline{x}}e^{\lambda t}=\underline{0}$ und wegen $e^{\lambda t}\neq 0$:

$$(\underline{\underline{M}}\lambda^2+\underline{\underline{K}})\hat{\underline{x}}=\underline{0}.$$

Dieses ist ein lineares, homogenes Gleichungssystem mit dem *Parameter* λ. Ausgeschrieben hat es die Form

$$\begin{pmatrix} m_1\lambda^2+k_{11} & k_{12} \\ k_{21} & m_{22}\lambda^2+k_{22}\end{pmatrix}\begin{pmatrix}\hat{x}_1\\ \hat{x}_2\end{pmatrix}=\begin{pmatrix}0\\0\end{pmatrix}.$$

Es handelt sich um ein *Eigenwertproblem:* Gesucht sind die *Eigenwerte* $\lambda=\lambda_k$, für die es *nichttriviale* Lösungen $\hat{\underline{x}}=\hat{\underline{x}}_k\neq\underline{0}$, sogenannte *Eigenvektoren*, besitzt.

In der linearen Algebra wird gezeigt, daß ein lineares, homogenes Gleichungssystem solche Lösungen besitzt, wenn seine Koeffizientendeterminante verschwindet:

$$\begin{aligned}\Delta(\lambda):&=\det(\underline{\underline{M}}\lambda^2+\underline{\underline{K}})\\ &=\lambda^4 m_1m_2+\lambda^2(m_1k_{22}+m_2k_{11})+\det\underline{\underline{K}}=0.\end{aligned}$$

Die Gleichung 4. Grades für λ heißt *charakteristische Gleichung*, in der Schwingungslehre auch *Frequenzgleichung.*

Sie läßt sich im allgemeinen nur zu zahlenmäßig vorgegebenen Parametern numerisch lösen. Mit den k_{ik} aus dem vorigen Abschnitt und zu gegebenen Parametern m, EI und l lautet sie

$$\lambda^4\, 4m^2 + \lambda^2\, 144EIm/(7l^3) + 36EI^2/(7l^6) = 0.$$

Wir definieren *willkürlich* die Bezugs(kreis-)frequenz

$$\omega_0 := \sqrt[4]{\frac{\det \underline{\underline{K}}}{\det \underline{\underline{M}}}} = \sqrt{\frac{3EI}{\sqrt{7}ml^3}}$$

und gewinnen damit die übersichtliche Form:

$$\lambda^4 + (12/\sqrt{7})\,\lambda^2\omega_0^2 + \omega_0^4 = 0.$$

Ihre Wurzeln λ_k sind die *Eigenwerte*:

$$\begin{aligned}
\lambda_1 &= j\omega_0\sqrt{(6-\sqrt{29})/\sqrt{7}} =: j\omega_1 \approx 0{,}4820...j\omega_0,\\
\lambda_2 &= j\omega_0\sqrt{(6+\sqrt{29})/\sqrt{7}} =: j\omega_2 \approx 2{,}0744...j\omega_0,\\
\lambda_3 &= -j\omega_0\sqrt{(6-\sqrt{29})/\sqrt{7}} =: -j\omega_1,\\
\lambda_4 &= -j\omega_0\sqrt{(6+\sqrt{29})/\sqrt{7}} =: -j\omega_2.
\end{aligned}$$

Gewählte Reihenfolge: Zuerst stehen die λ_k mit positivem Imaginärteil, nach dessen Betrag steigend geordnet, dann die mit negativem Imaginärteil. (Diese Anordnung gestattet später Umformungen ohne wesentliche Neu-Numerierungen.)

Setzt man einen Eigenwert λ_k in die Ausgangsgleichung ein, so entsteht

$$(\underline{\underline{M}}\lambda_k^2 + \underline{\underline{K}})\hat{\underline{x}}_k = \underline{0},$$

ein lineares, homogenes Gleichungssystem mit verschwindender Koeffizientendeterminante. Dies hat gemäß der linearen Algebra bei einem allgemeinen Gleichungssytem zur Folge, daß eine der Gleichungszeilen eine Linearkombination der übrigen ist. Man kann dann ein Element der Spaltenmatrix $\hat{\underline{x}}_k$ frei, zum Beispiel gleich 1, wählen und die übrigen aus den unabhängigen Zeilen berechnen.

Bei den hier vorliegenden 2 Gleichungen braucht man also nur eine Zeile zu erfüllen; wir wählen die erste und erhalten

$$(m_1\lambda_k^2 + k_{11})\hat{x}_{1k} + k_{12}\hat{x}_{2k} = 0; \quad k = 1,...,4.$$

Mit $\hat{x}_{1k} = 1$ ergeben sich nach Einsetzen der speziellen Parameter die *Eigenvektoren*

$$\begin{aligned}
\hat{\underline{x}}_1 = \hat{\underline{x}}_3 &= (1,\ 2(\sqrt{29}+2)/5)^T \approx (1,\ \ 2{,}9540...),\\
\hat{\underline{x}}_2 = \hat{\underline{x}}_4 &= (1,\ -2(\sqrt{29}-2)/5)^T \approx (1,\ -1{,}3540...).
\end{aligned}$$

Die allgemeine Lösung unserer Gleichung $\underline{\underline{M}}\ddot{\underline{x}} + \underline{\underline{K}}\underline{x} = \underline{0}$ lautet

$$\underline{x}(t) = (C_1 e^{j\omega_1 t} + C_3 e^{-j\omega_1 t})\hat{\underline{x}}_1 + (C_2 e^{j\omega_2 t} + C_4 e^{-j\omega_2 t})\hat{\underline{x}}_2.$$

Entsprechend der Ordnung $2 \times 2 = 4$ des Differentialgleichungssystems enthält sie die 4 freien Konstanten C_k.
Ehe wir diese Lösung im nächsten Abschnitt ausdeuten, fassen wir die bisherigen Ergebnisse in allgemeinen Aussagen zusammen und verweisen dabei in Klammern auf den Fall vom Freiheitsgrad $f > 2$.

Allgemeine Aussagen

Hinweis 1: Die charakteristische Gleichung des Schwingers vom Freiheitsgrad 2 (allgemein f) hat die Ordnung $2 \times 2 = 4$ (bzw. $2f$) und liefert in der Regel 2 (bzw. f) im allgemeinen verschiedene Eigenfrequenzen ω_1, ω_2 (ω_k, $k = 1,..,f$).
Hinweis 2: Hinreichend für die Existenz von 2 (bzw. f) Eigenfrequenzen $\omega_k > 0$ (Mehrfachwurzeln entsprechend ihrer Vielfachheit gezählt) mit einem System von 2 (bzw. f) linear unabhängigen Eigenvektoren $\hat{\underline{x}}_k$ ist die Bedingung, daß beide Matrizen $\underline{\underline{M}}$ und $\underline{\underline{K}}$ *positiv definit* sind. Das heißt, sie müssen zu beliebigen (auch komplexwertigen!) Spaltenmatrizen $\underline{x} \neq \underline{0}$ die Bedingungen

$$\overline{\underline{x}}^T \underline{\underline{M}}\underline{x} > 0 \quad \text{und} \quad \overline{\underline{x}}^T \underline{\underline{K}}\underline{x} > 0$$

erfüllen. (Dabei bedeutet die Überstreichung die komplexe Konjugation.) Sind nämlich beide Bedingungen erfüllt und ist $(\lambda_k, \hat{\underline{x}}_k)$ eine zunächst beliebig komplex angenommene Lösung der Eigenwertaufgabe

$$(\underline{\underline{M}}\lambda_k^2 + \underline{\underline{K}})\hat{\underline{x}}_k = 0,$$

so folgt nach Multiplikation mit $\overline{\hat{\underline{x}}}_k$ von links durch Umstellen

$$\lambda_k^2 = -(\overline{\hat{\underline{x}}}^T \underline{\underline{K}}\hat{\underline{x}})/(\overline{\hat{\underline{x}}}^T \underline{\underline{M}}\hat{\underline{x}}) < 0, \text{ reell.}$$

Die Eigenwerte λ_k sind demnach rein imaginär, wir haben sie – mit $f = 2$ – gemäß $\lambda_k = j\omega_k$, $\lambda_{k+f} = \overline{\lambda}_k = -j\omega_k$ numeriert, $k = 1, ..., f$.
Für reelles λ_k^2 lassen sich andererseits aus $(\underline{\underline{M}}\lambda_k^2 + \underline{\underline{K}})\hat{\underline{x}}_k = \underline{0}$ reelle Eigenvektoren $\hat{\underline{x}}_k = \hat{\underline{x}}_{k+f}$ berechnen.
Hinweis 3: Man kann obige Definitheitsbedingungen über kinetische bzw. potentielle Energierelationen physikalisch deuten:

$$E_{\text{kin}} := \frac{1}{2}\,\dot{\underline{x}}^T \underline{\underline{M}}\dot{\underline{x}}, \quad E_{\text{pot}} := \frac{1}{2}\,\underline{x}^T \underline{\underline{K}}\underline{x};$$

vgl. die Abschnitte 3.10, 3.19.2 bzw. 2.14.3. Danach ist $\underline{\underline{M}}$ positiv definit, falls zu jeder denkbaren Geschwindigkeit $\dot{\underline{x}} \neq \underline{0}$ ein $E_{\text{kin}} > 0$ gehört, und $\underline{\underline{K}}$ ist positiv definit, falls zu jeder denkbaren Systemverformung $\underline{x} \neq \underline{0}$ eine Energie $E_{\text{pot}} > 0$ aufgewandt werden muß.

3.24.3 Ausdeuten der Lösung; Eigenschwingungen; Umformen der Lösung; Anpassen an Anfangsbedingungen

Die allgemeine Lösung der Bewegungsgleichung eines Zweimassenschwingers,

$$\underline{\underline{M}}\ddot{\underline{x}} + \underline{\underline{K}}\underline{x} = \underline{0},$$

haben wir im vorigen Abschnitt in der Form

$$\underline{x}(t) = (C_1 e^{j\omega_1 t} + C_3 e^{-j\omega_1 t})\hat{\underline{x}}_1 + (C_2 e^{j\omega_2 t} + C_4 e^{-j\omega_2 t})\hat{\underline{x}}_2$$

angegeben. Mit

$$A_1 := C_1 + C_3,\ B_1 := j(C_1 - C_3),\ A_2 := C_2 + C_4,\ B_2 := j(C_2 - C_4)$$

lautet sie reell (vgl. Abschnitt 3.22.3):

$$\underline{x}(t) = (A_1 \cos\omega_1 t + B_1 \sin\omega_1 t)\hat{\underline{x}}_1 + (A_2 \cos\omega_2 t + B_2 \sin\omega_2 t)\hat{\underline{x}}_2.$$

Daraus folgt durch Ableiten:

$$\dot{\underline{x}}(t) = \omega_1(-A_1 \sin\omega_1 t + B_1 \cos\omega_1 t)\hat{\underline{x}}_1 + \omega_2(-A_2 \sin\omega_2 t + B_2 \cos\omega_2 t)\hat{\underline{x}}_2.$$

Mit den zu Beginn von Abschnitt 3.24.2 gesetzten Anfangsbedingungen erhalten wir

$$\begin{aligned}\underline{x}(0) &= A_1\hat{\underline{x}}_1 + A_2\hat{\underline{x}}_2 = \underline{x}_0,\\ \dot{\underline{x}}(0) &= \omega_1 B_1\hat{\underline{x}}_1 + \omega_2 B_2\hat{\underline{x}}_2 = \underline{v}_0.\end{aligned}$$

Dies sind je zwei gekoppelte Gleichungen für A_1, A_2 und B_1, B_2:

$$\begin{pmatrix}\hat{x}_{11} & \hat{x}_{12}\\ \hat{x}_{21} & \hat{x}_{22}\end{pmatrix}\begin{pmatrix}A_1\\ A_2\end{pmatrix} = \begin{pmatrix}x_{10}\\ x_{20}\end{pmatrix},\quad \begin{pmatrix}\hat{x}_{11} & \hat{x}_{12}\\ \hat{x}_{21} & \hat{x}_{22}\end{pmatrix}\begin{pmatrix}\omega_1 B_1\\ \omega_2 B_2\end{pmatrix} = \begin{pmatrix}v_{10}\\ v_{20}\end{pmatrix}.$$

Dabei sind die Eigenfrequenzen ω_i und die Elemente $\hat{x}_{ki}$ der Eigenvektoren $\hat{\underline{x}}_i$ aus dem vorigen Abschnitt bekannt, und die Anfangswerte x_{k0}, v_{k0} sind gegeben.

Aufgabe: Berechnen Sie mit den im vorigen Abschnitt angegeben Werten zu angenommenen Anfangswerten die Koeffizienten A_i, B_i.

Eigenschwingungen

Wir schreiben die allgemeine Lösung,

$$\underline{x}(t) = (A_1 \cos\omega_1 t + B_1 \sin\omega_1 t)\hat{\underline{x}}_1 + (A_2 \cos\omega_2 t + B_2 \sin\omega_2 t)\hat{\underline{x}}_2,$$

mit

$$\begin{aligned}a_1 \cos(\omega_1 t + \varphi_{10}) &:= A_1 \cos\omega_1 t + B_1 \sin\omega_1 t,\\ a_2 \cos(\omega_2 t + \varphi_{20}) &:= A_2 \cos\omega_2 t + B_2 \sin\omega_2 t\end{aligned}$$

als phasenverschobene Sinus-Schwingungen (vgl. Abschnitte 3.4.3 und 3.22.3):

$$\begin{aligned}\underline{x}(t) &= a_1\hat{\underline{x}}_1 \cos(\omega_1 t + \varphi_{10}) + a_2\hat{\underline{x}}_2 \cos(\omega_2 t + \varphi_{20})\\ &= \begin{pmatrix}a_1\hat{x}_{11}\\ a_1\hat{x}_{21}\end{pmatrix}\cos(\omega_1 t + \varphi_{10}) + \begin{pmatrix}a_2\hat{x}_{12}\\ a_2\hat{x}_{22}\end{pmatrix}\cos(\omega_2 t + \varphi_{20}).\end{aligned}$$

Wählt man die Anfangsbedingungen $\underline{x}(0)$ und $\dot{\underline{x}}(0)$ so, daß sich $a_1 \neq 0$ mit $a_2 = 0$ oder $a_1 = 0$ mit $a_2 \neq 0$ ergeben, so schwingt das System rein sinusförmig gemäß

$$\underline{x}(t) = \underline{x}_1(t) = a_1 \hat{\underline{x}}_1 \cos(\omega_1 t + \varphi_{10})$$

bzw.

$$\underline{x}(t) = \underline{x}_2(t) = a_2 \hat{\underline{x}}_2 \cos(\omega_2 t + \varphi_{20}).$$

Dies sind die sogenannten Eigenschwingungen:
In der k-ten Eigenschwingung, $k = 1,2$ bzw. $(k = 1, ..., f)$, schwingt das (ungedämpfte) System rein sinusförmig mit der Kreisfrequenz ω_k und mit einer festen *Eigenform*, die durch den Eigenvektor $\hat{\underline{x}}_k$ vorgegeben ist:

$$\underline{x}_k(t) = a_k \begin{pmatrix} \hat{x}_{1k} \\ \hat{x}_{2k} \end{pmatrix} \cos(\omega_k t + \varphi_{k0})$$

Bild 3.24.2 zeigt die Eigenschwingungen $\underline{x}_1(t)$ und $\underline{x}_2(t)$ für $a_1 = 1,3$ mm, $\varphi_{10} = \pi/6$ bzw. $a_2 = 1,8$ mm, $\varphi_{20} = \pi/4$.
Für die Gesamtbewegung gilt $\underline{x}(t) = \underline{x}_1(t) + \underline{x}_2(t)$.

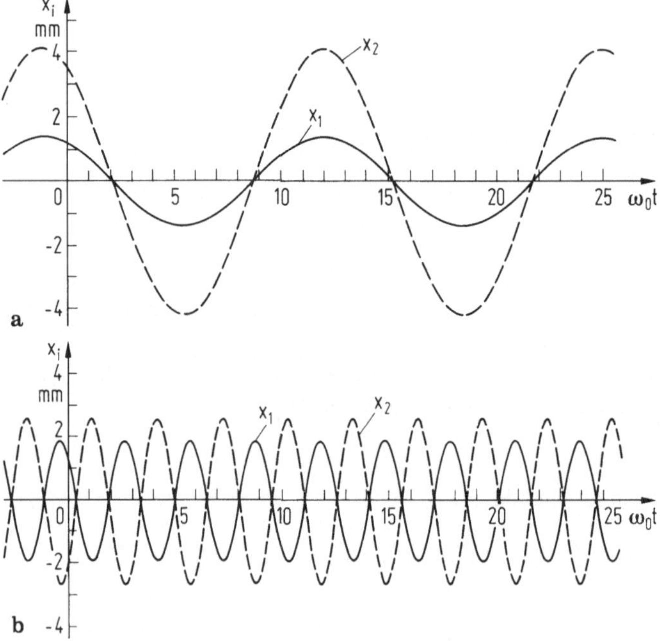

Bild 3.24.2. Eigenschwingungen
a zu ω_1=0.4820...ω_0, b zu ω_2=2.0744..ω_0

Trägt man die Bewegungen in einem rechtwinkligen x_1-x_2-Koordinatensystem – mit der Zeit t als Parameter – auf, so erhält man (vgl. Bild 3.24.3) die beiden Pfeilpaare $\pm a_1 \hat{\underline{x}}_1$ und $\pm a_2 \hat{\underline{x}}_2$, auf denen $(x_1(t),\ x_2(t))$ in den Eigenschwingungen jeweils "entlanglaufen":

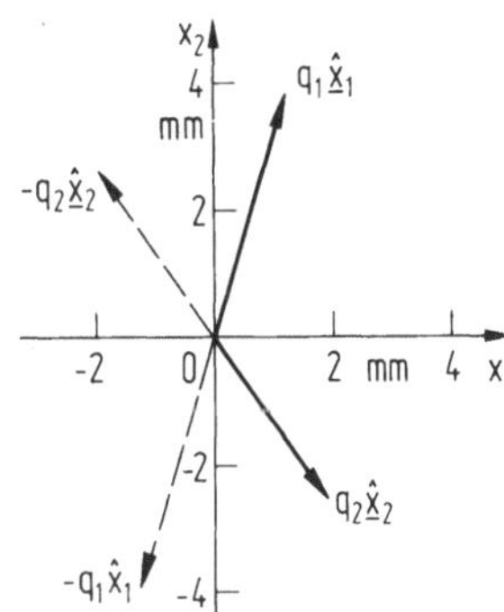

Bild 3.24.3. Eigenschwingungen $\underline{x}_1(t), \underline{x}_2(t)$ im x_1-x_2-Diagramm

In der ersten Eigenschwingung schwingt das System "in Richtung von $\hat{\underline{x}}_1$", dabei bewegen sich die Massen m_1 und m_2 gleichläufig – "in Phase" (vgl. die Extremlagen in Bild 3.24.4a). In der zweiten Eigenschwingung schwingt das System "in Richtung von $\hat{\underline{x}}_2$", m_1 und m_2 bewegen sich gegenläufig – "in Gegenphase" (vgl. die Extremlagen in Bild 3.24.4b); der Punkt P der Blattfeder bleibt in Ruhe, man spricht von einem "Knotenpunkt" (auch "Schwingungsknoten").

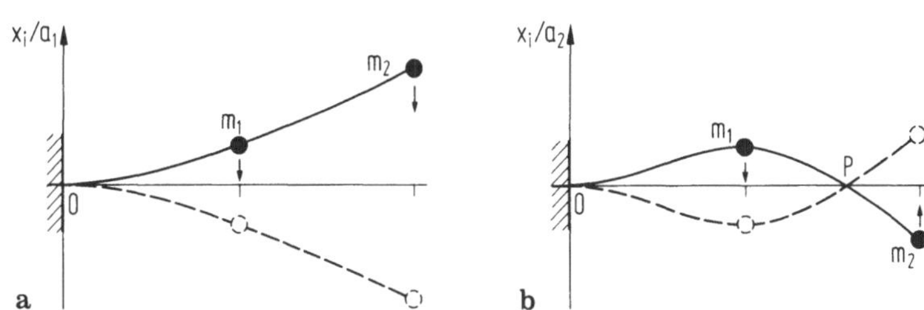

Bild 3.24.4. Extremlagen $a_1\hat{\underline{x}}_1$ und $a_2\hat{\underline{x}}_2$ (durchgezogen) bzw. $-a_1\hat{\underline{x}}_1$ und $-a_2\hat{\underline{x}}_2$ (gestrichelt) der Eigenschwingungen. a 1. Eigenschwingung, b 2. Eigenschwingung

Aufgabe: Berechnen Sie mit Hilfe der Eigenschwingungsform $\hat{\underline{x}}_2$ (vgl. Abschnitt 3.24.2) und aus den Gleichungen der Balkenbiegung (Abschnitt 2.11) zu den gewählten Parametern den Ort des Knotenpunktes P in Bild 3.24.4b.

Allgemeine Lösung als Überlagerung von Eigenschwingungen

Bild 3.24.5 zeigt die oben bereits angeschriebene allgemeine Lösung $\underline{x}(t)$ als Überlagerung – als Summe – der beiden Eigenschwingungen $\underline{x}_k(t)$ aus Bild 3.24.2. Auf den ersten Blick springt die Unregelmäßigkeit ins Auge, auf den zweiten vermag man (hier noch) die zweite Eigenschwingung zu erkennen (vgl. mit Bild 3.24.2b).

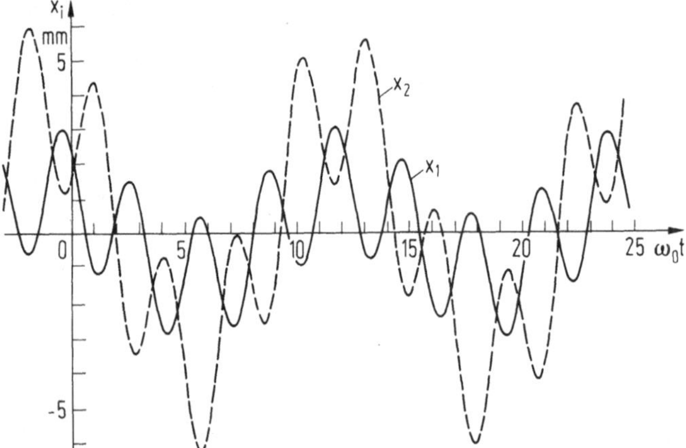

Bild 3.24.5. Allgemeine Lösung als Funktion der Zeit (Zeit in Form $\omega_0 t$ dimensionslos geschrieben)

Trägt man die allgemeine Lösung in der x_1-x_2-Ebene auf, so erhält man die sogenannte *Lissajous*-Figur nach Bild 3.24.6a für $0 \leq \omega_0 t \leq 25$. (Darin bezeichnet A den Anfangspunkt, $\omega_0 t = 0$, und B den Endpunkt, $\omega_0 t = 25$.) Die allgemeine Lösung wird durch das von $\pm a_1 \hat{\underline{x}}_1$ und $\pm a_2 \hat{\underline{x}}_2$ aufgespannte Parallelogramm nach Bild 3.24.6b eingehüllt.

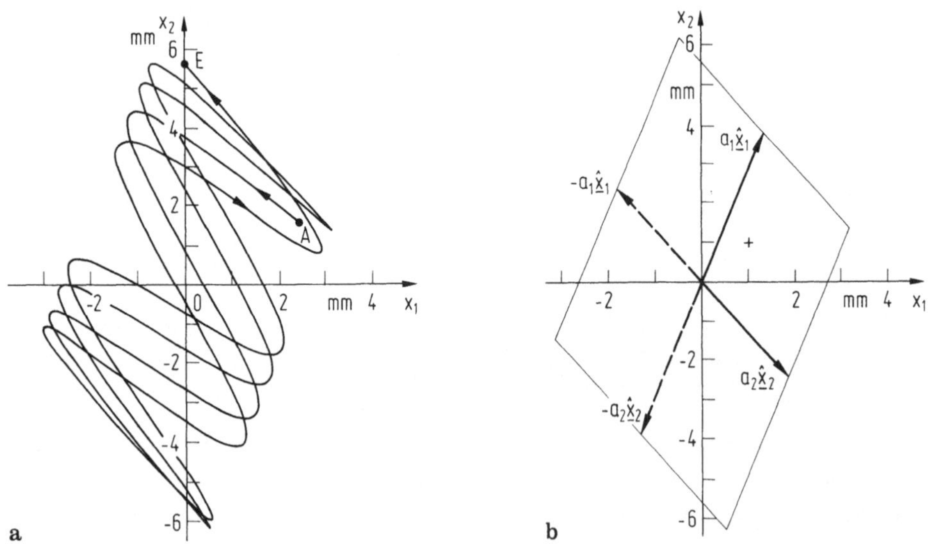

Bild 3.24.6. Lissajous-Figuren. a allgemeine Lösung, b einhüllendes Parallelogramm

Aufgabe: Verfolgen Sie die Bewegungen $x_i(t)$ in den Bildern 3.24.5 und 3.24.6a parallel zueinander. Wie kann man aus Bild 3.24.6a das Frequenz*verhältnis* ω_1/ω_2 näherungsweise gewinnen?

3.25 Erzwungene ungedämpfte Schwingungen mit dem Freiheitsgrad zwei

Wie in der einleitenden Bemerkung zu Abschnitt 3.24 gesagt, lassen sich Schwinger mit dem Freiheitsgrad $f \geq 2$ nur numerisch behandeln. Bei den erzwungenen gedämpften Schwingungen werden die zugehörigen allgemeinen Überlegungen - auch in komplexer Schreibweise - rasch recht verwickelt. Deshalb beschränken wir uns hier auf die leichter durchschaubaren ungedämpften erzwungenen Schwingungen.

3.25.1 Bewegungsgleichungen

Gegeben sei der Zweimassenschwinger aus Abschnitt 3.24.1 (dort Bild 3.24.1a), auf den nun - vergleichbar mit dem Einmassenschwinger in Bild 3.23.3 - die zwei Kraftanregungen $P_1(t) = P_{10} \cos \Omega t$ und $P_2(t) = P_{20} \cos \Omega t$ mit gegebenen Amplituden P_{10}, P_{20} und (gleicher) Erreger-Kreisfrequenz Ω wirken mögen (vgl. Bild 3.25.1).

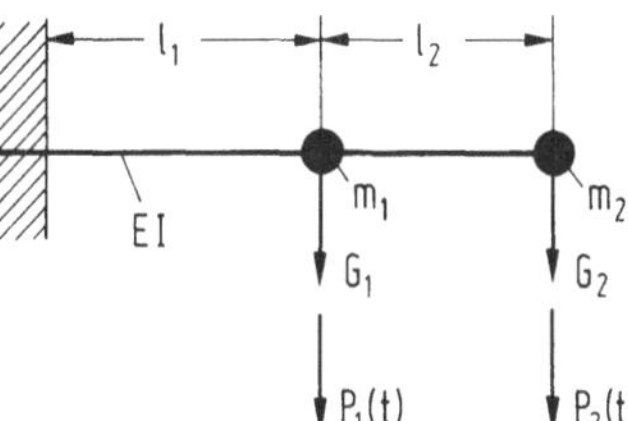

Bild 3.25.1 Zweimassenschwinger mit Kraftanregungen

Gesucht sind die Bewegungsgleichungen für kleine Auslenkungen $x_1(t)$, $x_2(t)$, vgl. Abschnitt 3.24.1.

Lösung im Anschluß an die Überlegungen in Abschnitt 3.24.1:
Der Vergleich der Bilder 3.24.1a und 3.25.1 zeigt, daß an die Stellen der früheren Gewichtskräfte G_1 und G_2 jetzt die Summen $G_1 + P_1(t)$ bzw. $G_2 + P_2(t)$ treten. Dann lauten die Bewegungsgleichungen (vgl. Schritte 5 und 6 in Lösung zu Abschnitt 3.24.1)
skalar:

$$m_1\ddot{x}_1 + k_{11}x_1 + k_{12}x_2 = G_1 + P_1(t)\,,$$
$$m_2\ddot{x}_2 + k_{21}x_1 + k_{22}x_2 = G_2 + P_2(t)\,,$$

in Matrixschreibweise:

$$\begin{pmatrix} m_1 & 0 \\ 0 & m_2 \end{pmatrix} \begin{pmatrix} \ddot{x}_1 \\ \ddot{x}_2 \end{pmatrix} + \begin{pmatrix} k_{11} & k_{12} \\ k_{21} & k_{22} \end{pmatrix} \begin{pmatrix} x_1 \\ x_2 \end{pmatrix} = \begin{pmatrix} G_1 \\ G_2 \end{pmatrix} + \begin{pmatrix} P_1(t) \\ P_2(t) \end{pmatrix}\,,$$

abgekürzt:

$$\underline{\underline{M}}\,\underline{\ddot{x}} + \underline{\underline{K}}\,\underline{x} = \underline{G} + \underline{P}(t).$$

Dies ist ein lineares, inhomogenes Differentialgleichungssystem zweiter Ordnung.

Hinweis 1: Wirken auf den Schwinger mehrere Kräfte $\underline{P}_l(t)$, zum Beispiel unterschiedlicher Frequenz oder Phasenlage, so steht in obiger (Matrix-) Bewegungsdifferentialgleichung rechts die entsprechende Summe.

Hinweis 2: Bei einem Schwinger vom Freiheitsgrad $f > 2$ bestehen die Spaltenmatrizen $\underline{x}(t)$, $\underline{G}$ und $\underline{P}(t)$ aus f Elementen und $\underline{\underline{M}}$, $\underline{\underline{K}}$ sind $f \times f$-Matrizen. In der Matrix-Schreibweise ändert sich sonst nichts.

3.25.2 Superposition (Überlagerung) von Lösungen

Zur Lösung von

$$\underline{\underline{M}}\ddot{\underline{x}} + \underline{\underline{K}}\underline{x} = \underline{G} + \underline{P}(t)$$

setzen wir $\underline{x}(t)$ – parallel zu Abschnitt 3.23.2 – aus drei Anteilen* zusammen:

$$\underline{x}(t) = \underline{x}_1(t) + \underline{x}_2(t) + \underline{x}_3(t).$$

Der Anteil $\underline{x}_1(t)$ sei die allgemeine Lösung der homogenen Differentialgleichung

$$\underline{\underline{M}}\ddot{\underline{x}}_1 + \underline{\underline{K}}\underline{x}_1 = \underline{0}.$$

Wir haben sie in den Abschnitten 3.24.2 und 3.24.3 behandelt.
Der Anteil $\underline{x}_2$ sei die statische Auslenkung

$$\underline{x}_2 = \underline{x}_{\text{stat}} = \underline{\underline{K}}^{-1}\underline{G},$$

also (irgend-)eine Lösung der inhomogenen Differentialgleichung

$$\underline{\underline{M}}\ddot{\underline{x}}_2 + \underline{\underline{K}}\underline{x}_2 = \underline{G},$$

vgl. Hinweis 4 in Abschnitt 3.24.1.

Der Anteil $\underline{x}_3(t)$ sei (irgend-)eine spezielle Lösung (Partikularintegral) der inhomogenen Differentialgleichung

$$\underline{\underline{M}}\ddot{\underline{x}} + \underline{\underline{K}}\underline{x} = \underline{P}(t) = \underline{P}_0 \cos \Omega t,$$

mit $\underline{P}_0 = (P_{10}, P_{20})^T$.
Die Summe der drei Anteile ist die allgemeine Lösung der Ausgangsdifferentialgleichung (entsprechend den abschließenden Sätzen von Abschnitt 3.23.2).

Hinweis: Stehen auf der rechten Seite der inhomogenen Differentialgleichung mehrere Kraftanregungen $\underline{P}_l(t)$, so muß man in die allgemeine Lösung die entsprechende Partikularintegrale $\underline{x}_l(t)$ aufnehmen.

---

* Die hier mit $\underline{x}_1(t)$ und $\underline{x}_2(t)$ bezeichneten Anteile sind nicht mit den Eigenlösungen in den Abschnitten 3.24.2 und 3.24.3 zu verwechseln.

3.25.3 Berechnen der erzwungenen Schwingungen

Gegeben sei die Bewegungsgleichung

$$\underline{\underline{M}}\,\ddot{\underline{x}} + \underline{\underline{K}}\,\underline{x} = \underline{P}_0 \cos \Omega t$$

(wir schreiben hier $\underline{x}$ statt $\underline{x}_3$ im vorigen Abschnitt).
Gesucht ist das der rechten Seite – den anregenden schwingenden Kräften – entsprechende Partikularintegral $\underline{x}(t)$, die *erzwungene Schwingung*.

Lösung:
Im allgemeineren Fall, wenn der Schwinger auch Dämpfungsterme enthält, rechnet (und "denkt") man am besten komplex (vgl. Abschnitt 3.23.3). Ein Blick auf obige Differentialgleichung zeigt jedoch, daß man hier mit dem *Ansatz vom Typ der rechten Seite* in der besonders einfachen Form

$$\underline{x}(t) = \hat{\underline{x}}_0 \cos \Omega t = \begin{pmatrix} \hat{x}_{10} \\ \hat{x}_{20} \end{pmatrix} \cos \Omega t$$

auskommt, wo $\hat{\underline{x}}_0 = (\hat{x}_{10}, \hat{x}_{20})^T$ konstant ist. Mit

$$\underline{x} = \hat{\underline{x}}_0 \cos \Omega t, \quad \dot{\underline{x}} = -\hat{\underline{x}}_0 \Omega \sin \Omega t, \quad \ddot{\underline{x}} = -\hat{\underline{x}}_0 \Omega^2 \cos \Omega t$$

erhält man aus der Differentialgleichung

$$(-\underline{\underline{M}}\,\Omega^2 + \underline{\underline{K}})\hat{\underline{x}}_0 \cos \Omega t = \underline{P}_0 \cos \Omega t.$$

Daraus folgt wegen $\cos \Omega t \not\equiv 0$:

$$(\underline{\underline{K}} - \underline{\underline{M}}\,\Omega^2)\hat{\underline{x}}_0 = \underline{P}_0.$$

Multipliziert man von links mit der Kehrmatrix $(\underline{\underline{K}} - \underline{\underline{M}}\,\Omega^2)^{-1}$, so ergibt sich

$$\hat{\underline{x}}_0 = \underline{\underline{H}}\,\underline{P}_0$$

mit der *Übertragungsmatrix*

$$\underline{\underline{H}} = \underline{\underline{H}}(j\Omega) := (\underline{\underline{K}} - \underline{\underline{M}}\,\Omega^2)^{-1}$$

(vgl. die Übertragungs*funktion* $H(j\Omega)$ in Abschnitt 3.23.3). Die gesuchte *erzwungene Schwingung* lautet formal

$$\underline{x}(t) = \underline{\underline{H}}(j\Omega)\underline{P}_0 \cos \Omega t.$$

Ausdeuten der erzwungenen Schwingung

Der Ausdruck für die erzwungene Schwingung,

$$\underline{x}(t) = \underline{\underline{H}}(j\Omega)\underline{P}_0 \cos \Omega t = \hat{\underline{x}}_0 \cos \Omega t$$

läßt sich im allgemeinen Fall nur numerisch auswerten. Da der Zeitverlauf $\hat{\underline{x}}_0 \cos \Omega t$ einfach sinusförmig – also unmittelbar vorstellbar – ist, fragt man nur noch nach den Amplituden $\hat{\underline{x}}_0 = (\hat{x}_{10}, \hat{x}_{20})^T$ in Abhängigkeit von den Systemparametern, insbesondere in Abhängigkeit von der Erreger(kreis)frequenz Ω. Für den Schwinger vom Freiheitsgrad $f = 2$ läßt sich die Gleichung

$$(\underline{\underline{K}} - \underline{\underline{M}}\Omega^2)\hat{\underline{x}}_0 = \underline{P}_0,$$

also

$$\begin{pmatrix} k_{11} - m_1\Omega^2 & k_{12} \\ k_{21} & k_{22} - m_2\Omega^2 \end{pmatrix} \begin{pmatrix} \hat{x}_{10} \\ \hat{x}_{20} \end{pmatrix} = \begin{pmatrix} P_{10} \\ P_{20} \end{pmatrix},$$

noch formelmäßig anschreiben. Man erhält

$$\hat{\underline{x}}_0 = \begin{pmatrix} \hat{x}_{10} \\ \hat{x}_{20} \end{pmatrix} = \begin{pmatrix} H_{11}(j\Omega) & H_{12}(j\Omega) \\ H_{21}(j\Omega) & H_{22}(j\Omega) \end{pmatrix} \begin{pmatrix} P_{10} \\ P_{20} \end{pmatrix} = \underline{\underline{H}}\,\underline{P}_0$$

mit

$$\underline{\underline{H}} = \underline{\underline{H}}(j\Omega) = (\underline{\underline{M}}(j\Omega)^2 + \underline{\underline{K}})^{-1} = (\underline{\underline{K}} - \underline{\underline{M}}\Omega^2)^{-1}$$

$$= \frac{1}{\Delta(j\Omega)} \begin{pmatrix} k_{22} - m_2\Omega^2 & -k_{12} \\ -k_{21} & k_{11} - m_1\Omega^2 \end{pmatrix},$$

wo

$$\Delta(j\Omega) = \det(\underline{\underline{M}}(j\Omega)^2 + \underline{\underline{K}}) = (k_{11} - m_1\Omega^2)(k_{22} - m_2\Omega^2) - k_{12}k_{21}$$

(vgl. $\Delta(\lambda)$ in Abschnitt 3.24.2).

Die $H_{mn}(j\Omega)$ sind die *Übertragungsfunktionen* von P_{n0} nach $\hat{x}_{m0}$; erster Index m: Wirkung, zweiter Index n: Ursache (vgl. Abschnitte 1.15.3 und 2.14.3). Man kann die $H_{mn}(j\Omega)$ parallel zu den Abschnitten 2.6.1 und 2.14.3 als "dynamische Verschiebungseinflußzahlen" (oder Nachgiebigkeiten) auffassen; s. Aufgabe 1, unten.

Die folgenden Eigenschaften der Übertragungsmatrix (bzw. der Übertragungsfunktionen) liest man unmittelbar aus den allgemeinen Beziehungen ab:

Sind sowohl die Massen-(oder Trägheits-)matrix als auch die Steifigkeitsmatrix symmetrisch, $\underline{\underline{M}} = \underline{\underline{M}}^T$ und $\underline{\underline{K}} = \underline{\underline{K}}^T$, so ist auch die Übertragungsmatrix symmetrisch:

$$\underline{\underline{H}} = \underline{\underline{H}}^T \quad \text{bzw.} \quad H_{mn}(j\Omega) = H_{nm}(j\Omega).$$

Man vergleiche diese Aussage mit dem Maxwellschen Reziprozitätssatz in Abschnitt 2.14.3.

Die Nennerdeterminante $\Delta(j\Omega)$ in obiger Gleichung für $\underline{\underline{H}}(j\Omega)$ hat dieselben Nullstellen $\pm j\omega_k$ wie die charakteristische Gleichung $\Delta(\lambda) = 0$ in Abschnitt 3.24.2. Die Nennerdeterminante $\Delta(j\Omega)$ verschwindet also, wenn die Erregerfrequenz Ω mit einer der Eigenfrequenzen ω_k übereinstimmt. Die Frequenzen

$$\Omega = \omega_1 \quad \text{und} \quad \Omega = \omega_2$$

sind die *Resonanzfrequenzen* (oder *Resonanzstellen*) des Schwingers vom Freiheitsgrad $f = 2$. (Man vergleiche mit $\eta = 1$, also $\Omega = \omega_0$, in Abschnitt 3.23.3.)

In der Nähe der Resonanzstellen, bei $\Omega \approx \omega_k$, werden die Übertragungsfunktionen $H_{mn}(\Omega)$ und damit die Amplituden $\hat{x}_{n0}$ (dem Betrage nach) sehr groß, vgl. die Bilder 3.25.2/3.
Hinweis 1: Bei einem Schwinger vom Freiheitsgrad f hat man die Resonanzstellen $\Omega = \omega_k$, $k = 1, ..., f$.
Hinweis 2: In der Regel nimmt man die Erregerfrequenz $\Omega \geq 0$ an. Damit entfallen die Resonanzstellen $\Omega = -\omega_k$, $k = 1, ..., f$.
Hinweis 3: Auf den Resonanzstellen $\Omega = \omega_k$ gibt es (beim ungedämpften System) *keine* Lösung der Form $\underline{x} = \hat{\underline{x}}_0 \cos\omega_k t$. Man muß dann die Lösung ähnlich wie in der Aufgabe am Ende von Abschnitt 3.23.3 ansetzen.
Hinweis 4: Sei $\Omega = \tilde{\Omega}$ eine Nullstelle von $H_{\tilde{m}\tilde{n}}(j\Omega)$. Dann hat $P_{\tilde{n}0}$ bei $\Omega = \tilde{\Omega}$ keinen Einfluß auf $\hat{x}_{\tilde{m}0}$; vgl. den im Anschluß an Bild 3.25.2 und in Hinweis 5 diskutierten Begriff der Tilgung.

Zahlenbeispiel

Um einen Einblick in die Zusammenhänge zu gewinnen, müssen wir in obigen Beziehungen Zahlenwerte (Parameter) einsetzen.
Wir gehen dabei von Abschnitt 3.24.2 aus, wo wir in den k_{ik} aus Abschnitt 3.24.1 die Werte $l_1 = l_2 = l$, $m_1 = 4m$, $m_2 = m$ setzten und die Bezugsfrequenz $\omega_0 = \sqrt{3EI/(\sqrt{7}ml^3)}$ erhielten. Wir wählen nun für die Spaltenmatrix der Erregerkräfte (im Hinblick auf günstig darstellbare Ergebnisse) die Werte

$$\underline{P}_0 = P_0\,(0{,}15\,, \quad -0{,}1)^T\,,$$

wo P_0 eine beliebige Kraft ($\neq 0$) bedeutet.
Mit

$$\eta := \Omega/\omega_0$$

erhalten wir aus obigen Gleichungen nach einigen Zwischenrechnungen für die Amplituden $\hat{x}_{m0}$ die Ausdrücke

$$\hat{x}_{10} = \frac{0{,}15(4 - \eta^2\sqrt{7}) - 10 \cdot 0{,}1}{\eta^4 - \eta^2\,12/\sqrt{7} + 1}\,\hat{x}_0,$$

$$\hat{x}_{20} = \frac{10 \cdot 0{,}15 - 4(8 - \eta^2\sqrt{7}) \cdot 0{,}1}{\eta^4 - \eta^2 12/\sqrt{7} + 1}\,\hat{x}_0,$$

wo $\hat{x}_0 := P_0 l^3/(12EI)$ zu gegebenen Zahlenwerten P_0, l, EI berechnet werden muß.

Bild 3.25.2 zeigt die auf $\hat{x}_0$ bezogenen Amplituden $\hat{x}_{i0}$ als Funktionen von $\eta = \Omega/\omega_0$.

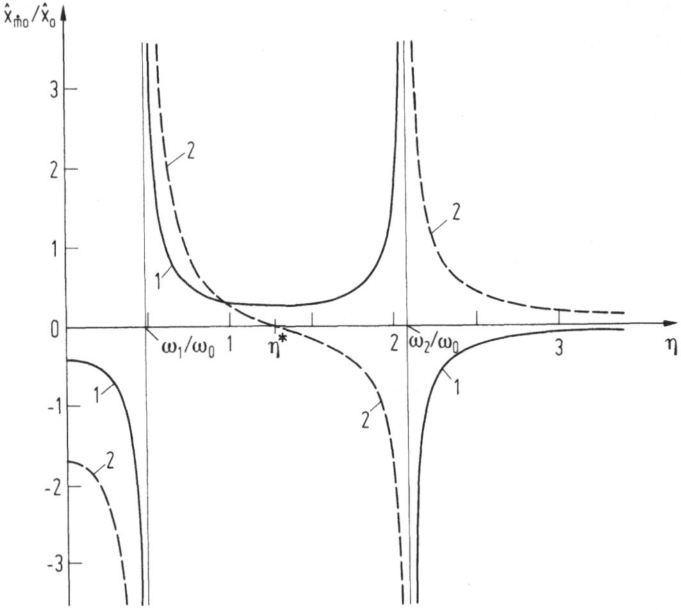

Bild 3.25.2. Normierte Amplituden $\hat{x}_{m0}/\hat{x}_0$ in Abhängigkeit von der normierten Erregerfrequenz $\eta = \Omega/\omega_0$.

Für $\eta = 0$ liest man (zu den gewählten Parametern) aus dem Bild (und aus obigen Gleichungen) $\hat{x}_{10} = -0,4\hat{x}_0$, $\hat{x}_{20} = -1,7\hat{x}_0$ ab. Dies sind *statische* Auslenkungen *gegen* die Richtung von $P_1 = 0,15P_0$ und *in* Richtung von $P_2 = -0,1P_0$.

Für kleine $\eta > 0$ behalten die $\hat{x}_{i0}$ ihre Vorzeichen, sie schwingen also in Gegenphase zu P_1 und in Phase zu P_2, ihre Beträge nehmen zu.

Nähert sich η dem Wert ω_1/ω_0, der auf ω_0 bezogenen ersten Eigenfrequenz, so streben die Beträge $|\hat{x}_{m0}|$ beider Ausschläge $\hat{x}_{m0}$ gegen unendlich; man ist an der ersten *Resonanzstelle*; vgl. die allgemeinere Ausdeutung oben.

Unmittelbar oberhalb ω_1/ω_0 "kehren beide Ausschläge aus dem Unendlichen zurück", doch haben die Phasen umgeschlagen.

Bei weiterer Erhöhung von η nimmt $\hat{x}_{10}/\hat{x}_0$ ein Minimum an, während $\hat{x}_{20}/\hat{x}_0$ bei η^* eine Nullstelle hat. Bei der Erregerfrequenz $\eta = \eta^*$ steht die Masse m_2 still (!), oberhalb $\eta > \eta^*$ hat sie dann ihre Phase gegen m_1 gewechselt, beide Massen schwingen in Gegenphase. Steigt η weiter und nähert sich ω_2/ω_0, der auf ω_0 bezogenen zweiten Eigenfrequenz, so streben die Beträge $|\hat{x}_{m0}|$ beider

Ausschläge $\hat{x}_{m0}$ wieder gegen unendlich; man ist an der zweiten *Resonanzstelle*. Oberhalb der zweiten Resonanzstelle nehmen die Beträge der Ausschläge ab, weil die (d'Alembertschen) Trägheitskräfte dominieren.

Hinweis 5: Der Punkt $\eta = \eta^*$ in Bild 3.25.2, an dem die Masse m_2 nicht schwingt, heißt *Tilgerpunkt*. Die Masse m_1 "tilgt" *bei dieser Frequenz* gerade die auf die Masse m_2 wirkenden schwingenden Kräfte. Hat man m_1 speziell zu diesem Zweck auf dem Schwinger (dem Balken) angebracht, so spricht man von einer *Tilgermasse* oder einem Tilger (Tilgung hat nichts mit Dämpfung zu tun!). Wie man sieht, hängt die Tilgerfrequenz bei konstanten Systemparametern noch vom Verhältnis P_{10}/P_{20} der Erregeramplituden ab. Man kann Tilgung also nur nutzen, wenn sowohl P_{10}/P_{20} als auch die Erregerfrequenz Ω gleichbleibend fest sind.

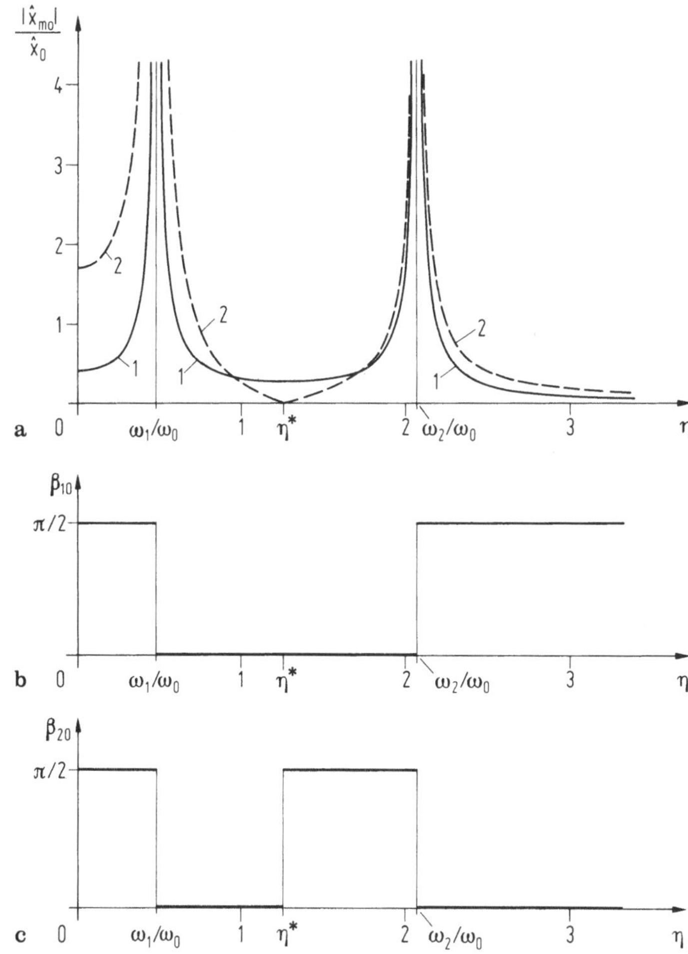

Bild 3.25.3. Amplituden und Null-Phasenwinkel
a Normierte Amplitudenbeträge $|\hat{x}_{m0}|/\hat{x}_0$, b,c Null-Phasenwinkel β_{10}, β_{20}

Bei Darstellung der ungedämpften erzwungenen Schwingungen in der Form

$$x_m(t) = \hat{x}_{m0} \cos \Omega t,$$

können die Amplituden auch negative Werte annehmen (vgl. Bild 3.25.2), wobei der Vorzeichenwechsel einem Phasensprung von 180° entspricht. Daher läßt sie sich nicht unmittelbar mit den erzwungenen Schwingungen in der Form

$$x(t) = \frac{P_0}{K} V \cos(\Omega t - \beta) =: x_0 \cos(\Omega t - \beta)$$

aus (zum Beispiel) Abschnitt 3.23.4 vergleichen, weil da die Amplitude x_0 positiv ist und β die Phasenlage wiedergibt.

Um diesen Mangel zu beheben, schreiben wir auch die erstgenannten Lösungen mit Null-Phasenwinkeln β_{m0} und erhalten

$$x_m(t) = |\hat{x}_{m0}| \cos(\Omega t - \beta_{m0}) .$$

Bild 3.25.3 zeigt die (normierten Amplitudenbeträge) $|\hat{x}_{m0}|/\hat{x}_0$ und die zugehörigen Null-Phasenwinkel β_{m0} in Abhängigkeit von der normierten Erregerfrequenz $\eta = \Omega/\omega_0$.

Vermischte Aufgaben

Aufgabe 1: Zeichnen Sie Diagramme für die Verläufe der oben angegebenen Übertragungsfunktionen $H_{mn}(j\eta)$ in Abhängigkeit von η.

Aufgabe 2: Zeigen Sie allgemein, daß die $H_{mn}(j\eta)$ für $\eta \to 0$ in die Verschiebungseinflußzahlen h_{mn} übergehen (vgl. Abschnitt 3.24.1).

Aufgabe 3: Gibt es für obiges Zahlenbeispiel auch einen Tilgerpunkt η^{**}, wo nur die Masse m_2 schwingt und m_1 stillsteht? (Warum nicht? Untersuchen Sie alternativ den Fall $\underline{P}_0 = P_0(0,\ 15,\ 0,1)^T$).

Aufgabe 4: Gegeben sei ein Kragbalken (Biegesteifigkeit EI, Länge $3l$) mit einer aufgesetzten Endmasse m_1, auf die eine Erregerkraft $P_1 = P_0 \cos \Omega^* t$ mit vorgegebener fester Frequenz Ω^* wirkt. Durch Anbringen einer Zusatzmasse m_2 im Abstand $2l$ von der Einspannung soll die Masse m_1 „beruhigt" werden. Gesucht ist die Größe von m_2.

Aufgabe 5: Skizzieren Sie parallel zu Bild 3.24.4 für die erzwungenen Schwingungen des Zahlenbeispiels die Schwingungsformen $(\hat{x}_{10}, \hat{x}_{20})^T$ für $\eta = 1$ und $\eta = 2$. Gibt es Schwingungsknoten?

Aufgabe 6: Der Aufhängepunkt A eines *Doppelpendels* (Längen l_1, l_2, Punktmassen m_1, m_2) werde gemäß $u = \hat{u} \cos \Omega t$ horizontal bewegt (s. Bild 3.25.4). Gesucht sind für den Fall kleiner Auslenkungen $|\varphi_1|$, $|\varphi_2| \ll 1$ die Bewegungsgleichungen für $\varphi_1(t)$ und $\varphi_2(t)$.

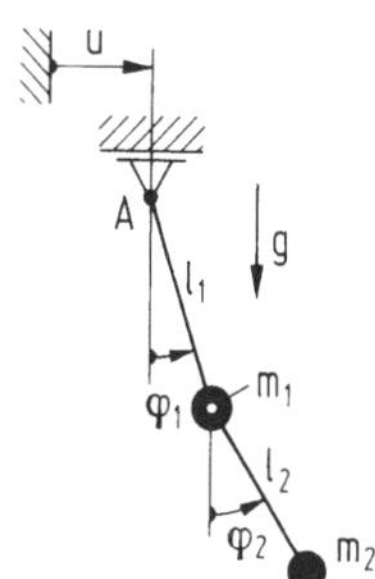

Bild 3.25.4. Doppelpendel

Aufgabe 7: Berechnen Sie für das Doppelpendel nach Aufgabe 6 zu festgehaltenem Aufhängepunkt A, d.h. $u \equiv 0$, für die Parameter $l_1 = l_2 = l$ und $m_1 = m_2 = m$ die Eigenfrequenzen und Eigenschwingungsformen (mit Skizzen; vgl. Abschnitt 3.24).

Aufgabe 8: Berechnen Sie für das Doppelpendel nach Aufgabe 6 für die Parameter $l_1 = l_2 = l$ und $m_1 = m_2 = m$ die erzwungenen Schwingungen und tragen Sie deren Amplituden über der Frequenz auf. (Als Bezugsfrequenz können Sie zum Beispiel $\omega_0 = \sqrt{g/l}$ wählen.)

Personenverzeichnis

Namen und Lebensdaten der Wissenschaftler, die im Buch direkt oder indirekt genannt werden.

Bernoulli, Jacob I	1655 – 1705
Castigliano, Carlo Alberto	1847 – 1884
Coriolis, Gustave Gaspard	1792 – 1843
Coulomb, Charles Augustin	1736 – 1806
D'Alembert, Jean le Rond	1717 – 1783
Descartes, René	1596 – 1650
Euler, Leonhard	1707 – 1783
Galilei, Galileo	1564 – 1642
Hooke, Robert	1635 – 1703
Kepler, Johann	1571 – 1630
Lagrange, Joseph Louis Comte de	1736 – 1813
Mohr, Christian Otto	1835 – 1918
Newton, Isaac	1643 – 1727
Pascal, Blaise	1623 – 1662
Poisson, Simeon-Denis	1781 – 1840

Sachverzeichnis

Der Zusatz 'f' bedeutet, daß ein Stichwort auf mehreren Folgeseiten behandelt wird.

Lösungsschema für Aufgaben aus Statik und Kinetik

Die Zusätze [...] gelten für die Kinetik.

1. Schritt:

System skizzieren (Lageplan). Koordinaten einführen; Bindungen und Freiheitsgrad überlegen, geometrische [und kinematische] Beziehungen anschreiben.

2. Schritt:

System aufschneiden (Freikörper-Bilder); Schnittkräfte und Schnittmomente eintragen und benennen; [d'Alembertsche (Trägheits-) Kräfte und Momente eintragen, wenn mit dem d'Alembertschen Prinzip gearbeitet wird].

3. Schritt:

Gleichgewichtsbedingungen für Systemteile ansetzen [reicht aus bei d'Alembertschem Prinzip; beim Arbeiten mit dem Newtonschen Gesetz: Gleichungen für die Translations- und Rotationsbeschleunigungen hinzufügen]. Randbedingungen anschreiben.

4. Schritt:

Unbekannte und Gleichungen abzählen. Möglicherweise zusätzlich erforderliche Gleichungen z. B. für Reibungs-, Feder- [oder Dämpfer-] Kräfte, für Stoffverhalten (z.B. Hookesches Gesetz) usw. einführen. Nicht interessierende Variable eliminieren; man erhält einen Satz von [Bewegungs-] Gleichungen.

5. Schritt:

Gleichungen lösen und Lösungen an Rand- [und Anfangs-] Bedingungen (ggf. auch Zahlenwerte) anpassen.

6. Schritt:

Lösungen ausdeuten.